建筑施工企业管理人员岗位资格培训教材

土建质量员岗位实务知识

（第二版）

建筑施工企业管理人员岗位资格培训教材编委会　组织编写

阚咏梅　曹安民　主编

U0213982

中国建筑工业出版社

图书在版编目（CIP）数据

土建质量员岗位实务知识/阚咏梅等主编. —2版.
北京：中国建筑工业出版社，2012.8
建筑施工企业管理人员岗位资格培训教材
ISBN 978-7-112-14549-2

Ⅰ.①土…　Ⅱ.①阚…　Ⅲ.①土木工程-工程质量-
质量控制-岗位培训-教材　Ⅳ.①TU712

中国版本图书馆 CIP 数据核字（2012）第 172386 号

　　本书是建筑施工企业管理人员岗位资格培训教材之一，在第一版的基础上，按照最新颁布的法律法规和标准、规范进行了全面的修订，主要介绍施工质量管理和分部分项工程施工要点和验收要求等土建质量员必备知识，全书包括建筑工程质量管理基础、建筑工程施工质量验收、地基与基础工程、砌体工程、混凝土结构工程、钢结构工程、屋面工程、地下防水工程、建筑地面工程、建筑装饰装修工程等方面的内容。本书体现了科学性、实用性、系统性和可操作性的特点，既注重了内容的全面性又重点突出，做到理论联系实际。

　　本书可作为建筑施工企业土建质量员岗位资格的培训教材，也可供建筑工程质量管理人员及相关专业技术人员参考使用。

* * *

责任编辑：刘　江　范业庶
责任设计：张　虹
责任校对：王誉欣　关　健

建筑施工企业管理人员岗位资格培训教材
土建质量员岗位实务知识
（第二版）
建筑施工企业管理人员岗位资格培训教材编委会　组织编写
阚咏梅　曹安民　主编

*

中国建筑工业出版社出版、发行（北京西郊百万庄）
各地新华书店、建筑书店经销
北京红光制版公司制版
北京世知印务有限公司印刷

*

开本：787×1092毫米　1/16　印张：23　字数：557千字
2012年10月第二版　2013年10月第十一次印刷
定价：**48.00**元
ISBN 978-7-112-14549-2
（22628）

《建筑施工企业管理人员岗位资格培训教材》

编 写 委 员 会

（以姓氏笔画排序）

艾伟杰　中国建筑一局（集团）有限公司
冯小川　北京城市建设学校
叶万和　北京市德恒律师事务所
李树栋　北京城建集团有限责任公司
宋林慧　北京城建集团有限责任公司
吴月华　中国建筑一局（集团）有限公司
张立新　北京住总集团有限责任公司
张囡囡　中国建筑一局（集团）有限公司
张俊生　中国建筑一局（集团）有限公司
张胜良　中国建筑一局（集团）有限公司
陈　光　中国建筑一局（集团）有限公司
陈　红　中国建筑一局（集团）有限公司
陈御平　北京建工集团有限责任公司
周　斌　北京住总集团有限责任公司
周显峰　北京市德恒律师事务所
孟昭荣　北京城建集团有限责任公司
贺小村　中国建筑一局（集团）有限公司

出 版 说 明

建筑施工企业管理人员（各专业施工员、质量员、造价员，以及材料员、测量员、试验员、资料员、安全员等）是施工企业项目一线的技术管理骨干。他们的基础知识水平和业务能力的大小，直接影响到工程项目的施工质量和企业的经济效益；他们的工作质量的好坏，直接影响到建设项目的成败。随着建筑业企业管理的规范化，管理人员持证上岗已成为必然，其岗位培训工作也成为各施工企业十分关心和重视的工作之一。但管理人员活跃在施工现场，工作任务重，学习时间少，难以占用大量时间进行集中培训；而另一方面，目前已有的一些培训教材，不仅内容因多年没有修订而较为陈旧，而且科目较多，不利于短期培训。有鉴于此，我们通过了解近年来施工企业岗位培训工作的实际情况，结合目前管理人员素质状况和实际工作需要，以少而精的原则，于2007年组织出版了这套"建筑施工企业管理人员岗位资格培训教材"，2012年，由于我国建筑工程设计、施工和建筑材料领域等标准规范已部分修订，一些新技术、新工艺和新材料也不断应用和发展，为了适应当前建筑施工领域的新形势，我们对本套教材中的8个分册进行了相应的修订。本套丛书分别为：

◇《建筑施工企业管理人员相关法规知识》（第二版）

◇《土建专业岗位人员基础知识》

◇《材料员岗位实务知识》（第二版）

◇《测量员岗位实务知识》（第二版）

◇《试验员岗位实务知识》

◇《资料员岗位实务知识》（第二版）

◇《安全员岗位实务知识》（第二版）

◇《土建质量员岗位实务知识》（第二版）

◇《土建施工员（工长）岗位实务知识》（第二版）

◇《土建造价员岗位实务知识》（第二版）

◇《电气质量员岗位实务知识》

◇《电气施工员（工长）岗位实务知识》

◇《安装造价员岗位实务知识》

◇《暖通施工员（工长）岗位实务知识》

◇《暖通质量员岗位实务知识》

◇《统计员岗位实务知识》

◇《劳资员岗位实务知识》

其中，《建筑施工企业管理人员相关法规知识》（第二版）为各岗位培训的综合科目，《土建专业岗位人员基础知识》为土建专业施工员、质量员、造价员培训的综合科目，其他分册则是根据不同岗位编写的。参加每个岗位的培训，只需使用2~3册教材即可（土建专业施工员、质量员、造价员岗位培训使用 3 册，其他岗位培训使用 2 册），各书均按照企业实际培训课时要求编写，极大地方便了培训教学与学习。

本套丛书以现行国家规范、标准为依据，内容强调实用性、科学性和先进性，可作为施工企业管理人员的岗位资格培训教材，也可作为其平时的学习参考用书。希望本套丛书能够帮助广大施工企业管理人员顺利完成岗位资格培训，提高岗位业务能力，从容应对各自岗位的管理工作。也真诚地希望各位读者对书中不足之处提出批评指正，以便我们进一步完善和改进。

中国建筑工业出版社

2012 年 8 月

第 二 版 前 言

自本书第一版出版后，我国建筑工程标准规范又进行了新的修订。例如，《工程建设标准强制性条文》(2009 版)、《工程建设施工企业质量管理规范》(GB/T 50430—2007)、《建筑工程施工质量评价标准》(GB/T 50375—2006)、《ISO 9000 质量管理系列标准(2008 版)》、《混凝土结构工程施工质量验收规范 (2011 版)》(GB 50204—2002)、《砌体结构工程施工质量验收规范》(GB 50203—2011)、《地下防水工程质量验收规范》(GB 50208—2011)、《建筑地面工程施工质量验收规范》(GB 50209—2010) 等。针对上述规范标准的变化，我们对于本书所涉的内容做了及时的更新和调整，力求使读者能够了解到最具实效性的建设工程质量管理的规定。

全书共十章内容，包括建筑工程质量管理基础、建筑工程施工质量验收、地基与基础工程、砌体工程、混凝土结构工程、钢结构工程、屋面工程、地下防水工程、建筑地面工程、建筑装饰装修工程。主要介绍了施工质量管理的内容和建筑工程的分部分项工程施工的要点和验收的要求。

本书由阚咏梅、曹安民共同编写修订完成，在编写修订过程中得到了业内专家及工程项目管理人员和技术人员的支持与帮助，同时参阅并吸收了大量的文献资料，在此对他们的工作、贡献表示深深的谢意。

本书在编写修订过程中虽经反复修改，但由于作者水平所限，书中缺点和谬误在所难免，敬请专家与同行指正，以期不断完善。

第 一 版 前 言

　　随着建筑业的发展，对建筑施工企业岗位人员的要求越来越高，为了满足施工项目管理的需求，在广泛征求意见的基础上，以新颁发的法律法规和建筑行业新标准、新规范为依据，体现了科学性、实用性、系统性和可操作性的特点，既注重了内容的全面性又重点突出，做到理论联系实际。

　　全书共包括十章内容：建筑工程质量管理基础、建筑工程施工质量验收、地基与基础工程，砌体工程、混凝土工程、钢结构工程、屋面工程、地下防水工程、建筑地面工程、建筑装饰装修工程。主要介绍了施工质量管理的内容和建筑工程的分部分项工程施工的要点和验收的要求。

　　本书由曹安民、阚冬梅编写，由于作者学识有限，编写时间较紧，教材内容的选取以及文字的提炼推敲可能存在不足之处，敬请专家与同行指正，以期不断完善。

　　本书在编写过程中参阅并吸收了大量的文献，在此对他们的工作、贡献表示深深的谢意。

目 录

第一章　建筑工程质量管理基础

第一节　质量的概念

一、质量

2008 版 GB/T 19000—ISO 9000 族标准中质量的定义是：一组固有特性满足要求的程度。

上述定义可以从以下几方面去理解：

1. 质量组成

质量不仅是指产品质量，也可以是某项活动或过程的工作质量，还可以是质量管理体系运行的质量。质量是由一组固有特性组成，这些固有特性是指满足顾客和其他相关方的要求的特性，并由其满足要求的程度加以表征。

2. 质量特性

特性是指区分的特征。特性可以是固有的或赋予的，可以是定性的或定量的。特性有各种类型，如一般有：物质特性（如机械的、电的、化学的或生物的特性）、官感特性（如嗅觉、触觉、味觉、视觉及感觉控测的特性）、行为特性（如礼貌、诚实、正直）、人体工效特性（如语言或生理特性、人身安全特性）、功能特性（如飞机的航程、速度）。质量特性是固有的特性，并通过产品、过程或体系设计和开发及其之后实现过程形成的属性。固有的意思是指在某事或某物中本来就有的，尤其是那种永久的特性。赋予的特性（如某一产品的价格）并非是产品、过程或体系的固有特性，不是它们的质量特性。

3. 质量要求

满足要求就是应满足明示的（如合同、规范、标准、技术、文件、图纸中明确规定的）、通常隐含的（如组织的惯例、一般习惯）或必须履行的（如法律、法规、行业规则）的需要和期望。与要求相比较，满足要求的程度才反映为质量的好坏。对质量的要求除考虑满足顾客的需要外，还应考虑其他相关方（即组织自身利益、提供原材料和零部件等供方的利益）和社会利益等多种需求。例如，需考虑安全性、环境保护、节约能源等外部的强制要求。只有全面满足这些要求，才能评定为好的质量或优秀的质量。

4. 质量改进

顾客和其他相关方对产品、过程或体系的质量要求是动态的、发展的和相对的。质量要求随着时间、地点、环境的变化而变化。如随着技术的发展、生活水平的提高，人们对产品、过程或体系会提出新的质量要求。因此应定期评定质量要求、修订规范标准，不断开发新产品、改进老产品，以满足已变化的质量要求。另外，不同国家、不同地区因自然环境条件不同，技术发达程度不同，消费水平不同和民俗习惯等的不同会对产品提出不同的要求，产品应具有对这种环境的适应性，对不同地区应提供不同性能的产品，以满足该地区用户的明示或隐含的要求。

二、建设工程质量

建设工程质量简称工程质量。工程质量是指工程满足业主需要的，符合国家法律、法规、技术规范标准、设计文件及合同规定的特性综合。

建设工程作为一种特殊的产品，除具有一般产品共有的质量特性，如性能、寿命、可靠性、安全性、经济性等满足社会需要的使用价值及其属性外，还具有特定的内涵。

建设工程质量的特性主要表现在以下六个方面：

1. 适用性

适应性即功能，是指工程满足使用目的的各种性能。包括理化性能（如尺寸、规格、保温、隔热、隔声等）；化学性能（如耐酸、耐碱、耐腐蚀、防火、防风化、防尘等）；结构性能（如地基基础牢固程度，结构的足够承载力、刚度和稳定性）；使用性能（如民用住宅工程要能使居住者安居，工业厂房要能满足生产活动需要，道路、桥梁、铁路、航道要能通达便捷）等。建设工程的组成部件、配件，水、暖、电、卫器具、设备也要能满足其使用功能；外观性能（如指建筑物的造型、布置、室内装饰效果、色彩等美观大方、协调）等。

2. 耐久性

耐久性即寿命，是指工程在规定的条件下，满足规定功能要求使用的年限，也就是工程竣工后的合理使用寿命周期。由于建筑物本身结构类型不同、质量要求不同、施工方法不同、使用性能不同的个性特点，目前国家对建设工程的合理使用寿命周期还缺乏统一的规定，仅在少数技术标准中，提出了明确要求。

3. 安全性

安全性是指工程建成后在使用过程中保证结构安全、保证人身和环境免受危害的程度。建设工程产品的结构安全度、抗震、耐火及防火能力，人民防空的抗辐射、抗核污染、抗爆炸波等能力，是否能达到特定的要求，都是安全性的重要标志。工程交付使用之后，必须保证人身财产、工程整体都有能免遭工程结构破坏及外来危害的伤害。工程组成部件，如阳台栏杆、楼梯扶手、电器产品漏电保护、电梯及各类设备等，也要保证使用者的安全。

4. 可靠性

可靠性是指工程在规定的时间和规定的条件下完成规定功能的能力。工程不仅要求在交工验收时要达到规定的指标，而且在一定的使用时期内要保持应有的正常功能。如工程上的防洪与抗震能力、防水隔热、恒温恒湿措施、工业生产用的管道防"跑、目、滴、漏"等，都属可靠性的质量范畴。

5. 经济性

经济性是指工程从规划、勘察、设计、施工到整个产品使用寿命周期内的成本和消耗的费用。工程经济性具体表现为设计成本、施工成本、使用成本三者之和，包括从征地、拆迁、勘察、设计、采购（材料、设备）、施工、配套设施等建设全过程的总投资和工程使用阶段的能耗、水耗、维护、保养乃至改建更新的使用维修费用。通过分析比较，判断工程是否符合经济性要求。

6. 与环境的协调性

与环境协调性是指工程与其周围生态环境协调，与所在地区经济环境协调以及与周围已建工程相协调，以适应可持续发展的要求。

上述六个方面的质量特性彼此之间是相互依存的，总体而言，适用、耐久、安全、可靠、经济、与环境适应性，都是必须达到的基本要求，缺一不可。但是对于不同门类不同专业的工程，如工业建筑、民用建筑、公共建筑、住宅建筑、道路建筑，可根据其所处的特定地域环境条件、技术经济条件的差异，有不同的侧重面。

三、工程质量形成过程与影响因素分析

1. 工程建设各阶段对质量形成的作用与影响

工程建设的不同阶段，对工程项目质量的形成起着不同的作用和影响。

（1）项目可行性研究

项目可行性研究是在项目建议书和项目策划的基础上，运用经济学原理对投资项目的有关技术、经济、社会、环境及所有方面进行调查研究，对各种可能的拟建方案和建成投产后的经济效益、社会效益和环境效益等进行技术经济分析、预测和论证，确定项目建设的可行性，并在可行的情况下，通过多方案比较从中选择出最佳建设方案，作为项目决策和设计的依据。在此过程中，需要确定工程项目的质量要求，并与投资目标相协调。因此，项目的可行性研究直接影响项目的决策质量和设计质量。

（2）项目决策

项目决策阶段是通过项目可行性研究和项目评估，对项目的建设方案作出决策，使项目的建设充分反映业主的意愿，并与地区环境相适应，做到投资、质量、进度三者协调统一。所以，项目决策阶段对工程质量的影响主要是确定工程项目应达到的质量目标和水平。

（3）工程勘察、设计

工程的地质勘察是为建设场地的选择和工程的设计与施工提供地质资料依据。而工程设计是根据建设项目总体需求（包括已确定的质量目标和水平）和地质勘察报告，对工程的外形和内在的实体进行筹划、研究、构思、设计和描绘，形成设计说明书和图纸等相关文件，使得质量目标和水平具体化，为施工提供直接依据。

工程设计质量是决定工程质量的关键环节，工程采用什么样的平面布置和空间形式、选用什么样的结构类型、使用什么样的材料、构配件及设备等，都直接关系到工程主体结构的安全可靠，关系到建设投资的综合功能是否充分体现规划意图。在一定程度上，设计的完美性也反映了一个国家的科技水平和文化水平。设计的严密性、合理性，也决定了工程建设的成败，是建设工程的安全、适用、经济与环境保护等措施得以实现的保证。

（4）工程施工

工程施工是指按照设计图纸和相关文件要求，在建设场地上将设计意图付诸实现的测量、作业、检验，形成工程实体，建成最终产品的活动。任何优秀的勘察设计成果，只有通过施工才能变为现实。因此工程施工活动决定了设计意图能否体现，它直接关系到工程的安全可靠、使用功能的保证，以及外表观感能否体现建筑设计的艺术水平。在一定程度上，工程施工是形成实体质量的决定性环节。

（5）工程竣工验收

工程竣工验收就是对项目施工阶段的质量通过检查评定、试车运转，考核项目质量是否达到设计要求；是否符合决策阶段确定的质量目标和水平，并通过验收确保工程项目的质量。所以工程竣工验收对质量的影响是保证最终产品的质量。

2. 影响工程质量的因素

影响工程的因素很多，但归纳起来主要有五个方面，即人、材料、机械、方法和环境。

（1）人员素质

人是生产经营活动的主体，也是工程项目建设的决策者、管理者、操作者，工程建设的全过程，如项目的规划、决策、勘察、设计和施工，都是通过人来完成的。人员的素质，即人的文化水平、技术水平、决策能力、管理能力、组织能力、作业能力、控制能力、身体素质及职业道德等，都将直接和间接地对规划、决策、勘察、设计和施工的质量产生影响，而规划是否合理、决策是否正确、设计是否符合所需要的质量功能要求、施工能否满足合同、规范、技术标准的需要等，都将对工程质量产生不同程度的影响，所以人员素质是影响工程质量的一个重要因素。因此，建筑行业实行经营资质管理和各类专业从业人员持证上岗制度是保证人员素质的重要管理措施。

（2）工程材料

工程材料泛指构成工程实体的各类建筑材料、构配件、半成品等，它是工程建设的物质条件，是工程质量的基础。工程材料选用是否合理、产品是否合格、材质是否经过检验、保管使用是否得当等，都将直接影响建设工程的结构刚度和承载力，影响工程外表及观感，影响工程的使用功能，影响工程的使用安全。

（3）机械设备

机械设备可分为两类：一是指组成工程实体及配套的工艺设备和各类机具，如电梯、泵机、通风设备等，它们构成了建筑设备安装工程或工业设备安装工程，形成完整的使用功能。二是指施工过程中使用的各类机具设备，包括大型垂直与水平运输设备、各类操作工具、各种施工安全设施、各类测量仪器和计量器具等，简称施工机具设备，它们是施工生产的手段。机具设备对工程质量也有重要的影响。工程用机具设备产品质量优劣，直接影响工程使用功能和质量。施工机具设备的类型是否符合工程施工特点，性能是否先进稳定，操作是否方便安全等，都将会影响工程项目的质量。

（4）方法

方法是指工艺方法、操作方法和施工方案。在工程施工中，施工方案是否合理，施工工艺是否先进，施工操作是否正确，都将对工程质量产生重大的影响。大力推进采用新技术、新工艺、新方法，不断提高工艺技术水平，是保证工程质量稳定提高的重要因素。

（5）环境条件

环境条件是指对工程质量特性起重要作用的环境因素，包括工程技术环境（如工程地质、水文、气象等）；工程作业环境（如施工环境作业面大小、防护设施、通风照明和通信条件等）；工程管理环境（主要指工程实施的合同结构与管理关系的确定，组织体制及管理制度等）；周边环境（如工程邻近的地下管线、建（构）筑物等）。环境条件往往对工程质量产生特定的影响。加强环境管理，改进作业条件，把握好技术环境，辅以必要的措

4

施，是控制环境对质量影响的重要保证。

四、工程质量的特点

建设工程质量的特点是由建设工程本身和建设生产的特点决定的。建设工程（产品）及其生产的特点：一是产品的固定性，生产的流动性；二是产品多样性，生产的单件；三是产品形体庞大、高投入、生产周期长、具有风险性；四是产品的社会性，生产的外部约束性。正是由于上述建设工程的特点而形成了工程质量本身有以下特点。

1. 影响因素多

建设工程质量受到多种因素的影响，如决策、设计、材料、机具设备、施工方法、施工工艺、技术措施、人员素质、工期、工程造价等，这些因素直接或间接地影响工程项目质量。

2. 质量波动大

由于建筑生产的单件性、流动性，不像一般工业产品的生产那样，有固定的生产流水线、有规范化的生产工艺和完善的检测技术、有成套的生产设备和稳定的生产环境，所以工程质量容易产生波动且波动大。同时，由于影响工程质量的偶然性因素和系统性因素比较多，其中任一因素发生变动，都会使工程质量产生波动。如材料规格品种使用错误、施工方法不当、操作未按规程进行、机械设备过度磨损或出现故障、设计计算失误等，都会发生质量波动，产生系统因素的质量变异，造成工程质量事故。为此，要严防出现系统性因素的质量变异，要把质量波动控制在偶然性因素范围内。

3. 质量隐蔽性

建设工程在施工过程中，分项工程交接多、中间产品多、隐蔽工程多，因此质量存在隐蔽性。若在施工中不及时进行质量检查，事后只能从表面上检查，就很难发现内在的质量问题，这样就容易产生判断错误，即第二类判断错误（将不合格品误认为合格品）。

4. 终检的局限性

工程项目建成后不可能像一般工业产品那样依靠终检来判断产品质量，或将产品拆卸、解体来检查其内在的质量，或对不合格零部件可以更换。而工程项目的终检（竣工验收）无法进行工程内在质量的检验来发现隐蔽的质量缺陷。因此，工程项目的终检存在一定的局限性。这就要求工程质量控制应以预防为主，防患于未然。

5. 评价方法的特殊性

工程质量的检查评定及验收是按检验批、分项工程、分部工程、单位工程进行的。检验批的质量是分项工程乃至整个工程质量检验的基础，检验批合格质量主要取决于主控项目和一般项目经抽样检验的结果。隐蔽工程在隐蔽前要检查合格后验收；涉及结构安全的试块、试件以及有关材料，应按规定进行见证取样检测；涉及结构安全和使用功能的重要分部工程要进行抽样检测。工程质量是在施工单位按合格质量标准自行检查评定的基础上，由监理工程师（或建设单位项目负责人）组织有关单位、人员进行检验确认验收。这种评价方法体现了"验评分离、强化验收、完善手段、过程控制"的指导思想。

第二节　质量管理的发展

最早提出质量管理的国家是美国。日本在第二次世界大战后引进美国的整套质量管理技术和方法，结合本国实际，又将其向前推进，使质量管理走上了科学的道路，取得了世界瞩目的成绩。质量管理作为企业管理的有机组成部分，它的发展也是随着企业管理的发展而发展的，其产生、形成、发展和日益完善的过程大体经历了以下几个阶段。

一、质量检验阶段（20 世纪 20～40 年代）

20 世纪前，主要是手工作业和个体生产方式，依靠生产操作者自身的手艺和经验来保证质量，只能称为"操作者质量管理"时期。进入 20 世纪，由于资本主义生产力的发展，机器化大生产方式与手工作业的管理制度的矛盾，阻碍了生产力的发展，于是出现了管理革命。美国的泰勒研究了从工业革命以来的大工业生产的管理实践，创立了"科学管理"的新理论。他提出了计划与执行、检验与生产的职能需要分开的主张，即企业中设置专职的质量检验部门和人员，从事质量检验。这使产品质量有了基本保证，对提高产品质量，防止不合格产品出厂或流入下一道工序有积极的意义。这种制度把过去的"操作者质量管理"变成了"检验员的质量管理"，标志着进入了质量检验阶段。由于这个阶段的特点是质量管理单纯依靠事后检查、剔除废品。因此，它的管理效能有限。按现在的观点来看，它只是质量管理中的一个必不可少的环节。

1924 年，美国统计学家休哈特提出了"预防缺陷"的概念。他认为，质量管理除了事后检查以外，还应做到事先预防，在有不合格产品出现的苗头时，就应发现并及时采取措施予以制止。他创造了统计质量控制图等一套预防质量事故的理论。与此同时，还有一些统计学家提出了抽样检验的办法，把统计方法引入了质量管理领域，使得检验成本得到降低，但由于当时不为人们充分认识和理解，故未得到真正执行。

二、统计质量管理阶段（20 世纪 40～50 年代）

第二次世界大战初期，由于战争的需要，美国许多民用生产企业转为军用品生产。由于事先无法控制产品质量，造成废品量很大，耽误了交货期，甚至因军火质量差而发生事故，同时，军需品的质量检验大多属于破坏性检验，不可能进行事后检验。于是人们采用休哈特的"预防缺陷"的理论。美国国防部请休哈特等研究制定了一套美国战时质量管理方法，强制生产企业执行。这套方法主要是采用统计质量控制图，了解质量变动的先兆，进行预防，使不合格产品率大为下降，对保证产品质量收到了较好的效果。这种用数理统计方法来控制生产过程影响质量的因素，把单纯的质量检验变成了过程管理。使质量管理从"事后"转到了"事中"，较单纯的质量检验进了一大步。第二次世界大战后，许多工业发达国家生产企业也纷纷采用和仿效这种质量工作模式。但因为对数理统计知识的掌握有一定的要求，在过分强调的情况下，给人们以统计质量管理是少数数理统计人员责任的错觉，而忽略了广大生产与管理人员的作用，结果是既没有充分发挥数理统计方法的作用，又影响了管理功能的发展，把数理统计在质量管理中的应用推向了极端。到了 20 世纪 50 年代，人们认识到统计质量管理方法并不能全面保证产品质量，进而导致了"全面质量管理"新阶段的出现。

三、全面质量管理阶段（20世纪60年代以后）

20世纪60年代以后，随着社会生产力的发展和科学技术的进步，经济上的竞争也日趋激烈。特别是一大批高安全性、高可靠性、高科技和高价值的技术密集型产品和大型复杂产品的质量在很大程度上依靠对各种影响质量的因素加以控制，才能达到设计标准和使用要求。人们对控制质量的认识有了深化，意识到单纯靠统计检验手段已不能满足要求了，大规模的工业化生产，质量保证除与设备、工艺、材料、环境等因素有关外，与职工的思想意识、技术素质，企业的生产技术管理等息息相关。同时，检验质量的标准与用户中所需求的功能标准之间也存在时差。必须及时地收集反馈信息，修改制定满足用户需要的质量标准，使产品具有竞争性。60年代，美国的菲根堡姆首先提出了较系统的"全面质量管理"概念。其中心意思是，数理统计方法是重要的，但不能单纯依靠它。只有将它和企业管理结合起来，才能保证产品质量。这一理论很快应用于不同行业生产企业（包括服务行业和其他行业）的质量工作，此后，这一概念通过不断完善，便形成了今天的"全面质量管理"。

全面质量管理阶段的特点是针对不同企业的生产条件、工作环境及工作状态等多方面因素的变化，把组织管理、数理统计方法以及现代科学技术、社会心理学、行为科学等综合运用于质量管理，建立适用和完善的质量工作体系，对每一个生产环节加以管理，做到全面运行和控制。通过改善和提高工作质量来保证产品质量；通过对产品的形成和使用全过程管理，全面保证产品质量；通过形成生产（服务）企业全员、全企业、全过程的质量工作系统，建立质量体系，以保证产品质量始终满足用户需要，使企业用最少的投入获取最佳的效益。

全面质量管理的核心是"三全"管理；全面质量管理的基本观点是全面质量的观点、为用户服务的观点、预防为主的观点、用数据说话的观点；全面质量管理的基本工作方法是PDCA循环法。现就其主要内容简述于下：

1. "三全"管理

所谓"三全"管理，主要是指全过程、全员、全企业的质量管理。

（1）全过程的质量管理

全过程质量管理是指一个工程项目从立项、设计、施工到竣工验收的全过程，或指工程项目施工的全过程，即从施工准备、施工实施、竣工验收直到回访保修的全过程。全过程管理就是对每一道工序都要有质量标准，严把质量关，防止不合格产品流入下一道工序。

（2）全员的质量管理

要使每一道工序质量都符合质量标准，必然涉及每一位职工是否具有强烈的质量意识和优秀的工作质量。因此，全员质量管理要强调企业的全体员工用自己的工作质量来保证每一道工序质量。

（3）全企业的质量管理

所谓"全企业"，主要是从组织管理来理解。在企业管理中，每一个管理层次都有相应的质量管理活动，不同层次的质量管理活动的重点不同。上层侧重于决策与协调；下层侧重于执行其质量职能；基层（施工班组）侧重于严格按技术标准和操作规程进行施工。

2. 全面质量管理的基本观点

（1）全面质量的观点

全面质量的观点是指除了要重视产品本身的质量特性外，还要特别重视数量（工程量）、交货期（工期）、成本（造价）和服务（回访保修）的质量，以及各部门各环节的工作质量。把产品质量建立在企业各个环节的工作质量的基础上，用科学技术和高效的工作质量来保证产品质量。因此，全面质量管理要有全面质量的观点，才能在企业中建立一个比较完整的质量保证体系。

（2）为用户服务的观点

为用户服务就是要满足用户的期望，让用户得到满意的产品和服务，把用户的需要放在第一位，不仅要使产品质量达到用户要求，而且要价廉物美，供货及时，服务周到；要根据用户的需要，不断地提高产品的技术性能和质量标准。

为用户服务还应贯穿于整个施工过程中，明确提出"下道工序就是用户"的口号，使每一道工序都为下一道工序着想，精心地提高本工序的工作质量，保证不为下道工序留下质量隐患。

（3）预防为主的观点

工程质量是在施工过程中形成的，而不是检查出来的。为此，全面质量管理中的全过程质量管理就是强调各道工序、各个环节部要采取预防性控制，重点控制影响质量的因素，把各种可能产生质量隐患的苗头消灭在萌芽之中。

（4）用数据说话的观点

数据是质量管理的基础，是科学管理的依据。一切用数据说话，就是用数据来判别质量标准；用数据来寻找质量波动的原因，揭示质量波动的规律；用数据来反映客视事实，分析质量问题，把管理工作定量化，以便于及时采取对策、措施，对质量进行动态控制。这是质量科学管理的重要标志。

3. 全面质量管理的基本工作方法

全面质量管理的基本工作方法为 PDCA 循环法。美国质量管理专家戴明博士把全面质量管理活动的全过程划分为计划（Plan）、实施（Do）、检查（Check）、处理（Action）四个阶段。即按计划→实施→检查→处理四个阶段周而复始地进行质量管理，这四个阶段不断循环下去，故称为 PDCA 循环。它是提高产品质量的一种科学管理工作方法，在日本称为"戴明环"。PDCA 循环，事实上就是认识→实践→再认识→再实践的过程。做任何工作总有一个设想、计划或初步打算；然后根据计划去实施；在实施过程中或进行到某一阶段，要把实施结果与原来的设想、计划进行对比，检查计划执行的情况，最后根据检查的结果来改进工作，总结经验教训，或者修改原来的设想、制订新的工作计划。这样，通过一次次的循环，便能把质量管理活动推向一个新的高度，使产品的质量不断地得到改进和提高。

四、质量管理与质量管理标准的形成

全球经济的发展，要求贸易中质量管理和质量保证要有共同的语言和准则，作为质量评价所依据的基础。为适应全球性质量体系认证的多边互认、减少技术壁垒和贸易壁垒的需要，国际标准化组织（ISO）在总结世界各国，特别是工业发达国家质量管理的基础上，通过协调各国质量标准的差异，于 1987 年发布 ISO 9000《质量管理和质量保证系列国际标准》，并于 1994 年发布 ISO 9000 族国际标准版本（ISO 9000 Family）。

ISO 9000 族标准发布以来，有 100 多个国家和地区采用，并转化为本国的国家标准，至 1999 年底已有 30 多万个企业通过了认证，其应用的广泛和影响的深远前所未有。我国于 1988 年等效采用 ISO 9000 标准，1992 年将等效采用改为等同采用，1994 年等同采用 ISO 9000 族标准版本，至 1999 年底已有 15000 多家企业通过了认证。至 1999 年底，已有近百家家具生产企业通过了质量体系认证和（或）产品认证。

1995 年 ISO/TC176 国际标准化组织技术委员会针对 ISO 9000 族标准的适应性以及世界重大变化对其影响，进行广泛的调查和分析，提出了 2000 年改进设想，要点是正确处理了质量保证标准（ISO9 001）与质量管理标准（ISO 9004）的关系，使两者间可以对照使用；整个标准按过程模式来编写，将质量体系要素简化为四大要素，从而体现了标准的兼容性、通用性，强调质量持续改进的指导思想，并考虑了继承性。ISO 9001：2008 标准是根据世界上 170 个国家大约 100 万个通过 ISO 9001 认证的组织的 8 年实践，更清晰、明确地表达 ISO 9001：2000 的要求，并增强与 ISO 14001：2004 的兼容性。ISO 标准进程：1987-1994-2000-2008。

因此，ISO 9000 系列标准的诞生，顺应了消费者的要求；为生产方提供了当代企业寻求发展的途径；有利于一个国家对企业的规范化管理，更有利于国际间贸易和生产合作。它的诞生顺应了国际经济发展的形势，适应了企业和顾客及其他受益者的需要。因而它的诞生具有必然性。

第三节　建筑工程质量管理体系

一、质量管理的八项原则

ISO（国际标准化组织）和 IAF（国际认可论坛）于 2008 年 8 月 20 日发布联合公报，一致同意平稳转换全球应用最广的质量管理体系标准，实施 ISO 9001：2008 认证。

ISO 9000：2008 八项质量管理原则是 ISO/TC176 在总结质量管理实践经验，并吸纳了国际上最受尊敬的一批质量管理专家的意见，用高度概括、易于理解的语言所表达的质量管理的最基本、最通用的一般性规律，成为质量管理的理论基础。它是组织的领导者有效的实施质量管理工作必须遵循的原则。

1. 以顾客为关注焦点

组织依赖于顾客，因此组织应该理解顾客当前的和未来的需求，从而满足顾客要求并超越其期望。（①客户永远是对的；②如果客户不对，则执行①）。

主要利益：通过对市场机遇灵活而快速的反应，增加收益和市场份额。提高组织资源使用的有效性来增强顾客的满意度。强化顾客的忠诚度，招来回头客。

2. 领导作用

领导者将本组织的宗旨、方向和内部环境统一起来，并创造使员工能够充分参与实现组织目标的环境。80％质量问题与管理有关，20％与员工有关。

主要利益：员工能了解组织目标并追求组织的成功。以统一的方式来评估、安排和实施活动。将组织内部沟通的失误减至最少。

3. 全员参与

各级员工是组织的生存和发展之本，只有他们的充分参与，才能使其给组织带来最佳效益。岗位职责包括了全员，从总经理到基层员工。

主要利益：组织内员工被激励，尽忠职守，积极参与。进一步促进组织目标的创新和创造力。员工对其业绩负有责任感。员工积极为组织的持续改进作出贡献。

4. 过程方法

将相关的资源和活动作为过程进行管理，可以更高效地取得预期结果。

主要利益：通过有效地使用资源来降低成本和缩短周期。获得不断改进，协调一致，并可预测的结果。提供有重点和有优先次序的改进机会。

5. 管理的系统方法

针对设定的目标，识别、理解并管理一个由相互关联的过程所组成的体系，有助于提高组织的有效性和效率。如木水桶的围板原理。

主要利益：过程的协调一致可以最大限度地实现预期的结果。具有将注意力集中于重点过程的能力。使利益相关方对组织的协调性、有效性和效率建立信心。

6. 持续改进

持续改进是组织的一个永恒发展的目标。采用 PDCA 循环。

主要利益：通过改进组织能力增强竞争优势。根据组织的战略意图，协调各层次上的改进活动。对机遇的快速灵活反应。

7. 基于事实的决策方法

针对数据和信息的逻辑分析或判断是有效决策的基础，用数据和事实说话。

主要利益：有信息依据的决策，增强通过参照实际记录来证明过去的决策有效性的能力，增强对各种意见和决定加以评审、质疑和改变的能力。应用举例：确保数据和信息具有足够的精确度、可靠性和可获取性，确保数据被需要者得到。争取使用正确的方法分析数据和信息。根据对事实的分析，以及经验和直觉进行决策并采取行动。

8. 互利的供方关系

通过互利的关系，增强组织及其供方创造价值的能力。如麦当劳管理方。

主要利益：增强双方创造价值的能力。对市场或顾客的需求和期望的变化，一起作出灵活快速的反应。优化资源和成本。

上述八项质量管理原则之间是相互联系和相互影响的。其中，以顾客为关注焦点是主要的，是满足顾客要求的核心。为了以顾客为关注焦点，必须持续改进，才能不断地满足顾客不断提高的要求。而持续改进又是依靠领导作用、全员参与和互利的供方关系来完成的。所采用的方法是过程方法（控制论）、管理的系统方法（系统论）和基于事实的决策方法（信息论）。可见，这八项质量管理原则，体现了现代管理理论和实践发展的成果，并被人们普遍接受。

为了与质量管理八项原则相呼应，ISO 9000：2008 标准给出了质量管理体系的基础，以阐明建立和实施质量管理体系的基本思路、主要活动和相关关系，具体包括：

（1）质量管理体系的理论说明。

（2）质量管理体系要求和产品要求。

（3）质量管理体系方法。

（4）过程方式。

（5）建立质量方针和质量目标。

（6）最高管理者在质量管理体系中的作用。

（7）文件。

（8）质量管理体系评价。

（9）持续改进。

（10）统计技术的作用。

（11）质量管理体系和其他管理体系的关注点。

（12）质量管理体系与组织优秀模式之间的关系。

如将上述基础按性质分，基础（1）、（3）、（4）给出了质量管理体系的建立和实施的基本思路和途径，基础（5）～（10）描述了质量体系中的几项重要活动；基础（2）、（11）、（12）则明确了质量管理体系和相关方面的关系。

二、质量管理体系文件的构成

1. 质量管理体系概述

企业是需要建立形成文件的质量管理体系，而不是只建立质量管理体系的文件。建立质量管理体系文件的价值是便于沟通意图、统一行动，有利于质量管理体系的实施、保持和改进。所以，编制质量管理体系文件不是目的，而是手段，是质量管理体系的一种资源。

编制和使用质量管理体系文件是一项具有动态管理要求的活动。因为质量管理体系的建立、健全要从编制完善的体系文件开始，质量管理体系的运行、审核与改进都是依据文件的规定进行，质量管理体系实施的结果也要形成文件，作为证实产品质量符合规定要求及质量管理体系有效的证据。

2. GB/T19000 中的质量管理体系内容

（1）质量手册（QM）：

主要功能是将管理层的质量方针及目标以文件形式告诉全体员工或顾客。是为了确保质量而说明"做了哪些工作以保证质量"。

（2）程序文件（QP）：

程序文件是指导员工如何进行及完成质量手册内容所表达的方针及目标的文件。

（3）作业指导书（WI）：

详细说明特定作业是如何运作的文件。

（4）记录表格（F）：

不同组织的质量管理体系文件的多少与详略程度取决于：组织的规模和活动的类型；过程及其相互作用的复杂程度；人员的能力。

三、质量管理体系的建立和运行

1. 建立质量管理体系的基本工作

建立质量管理体系的基本工作主要有：确定质量管理体系过程，明确和完善体系结构，质量管理体系文件化，定期进行质量管理体系审核与质量管理体系复审。

（1）确定质量管理体系过程

施工企业的产品是工程项目，无论其工程复杂程度、结构形式怎样变化，无论是高楼大厦还是一般建筑物，其建造和使用的过程、环节和程序基本是一致的。施工项目质量管理体系过程，一般可分为以下8个阶段：

1）工程调研和任务承接。

2）施工准备。

3）材料采购。

4）施工生产。

5）试验与检验。

6）建筑物功能试验。

7）交工验收。

8）回访与维修。

（2）完善质量管理体系结构使之有效运行

企业决策层领导及有关管理人员要负责质量管理体系的建立、完善、实施和保持各项工作的开展，使企业质量管理体系达到预期目标。

质量管理体系的有效运行要依靠相应的组织机构网络。这个机构要严密完整，充分体现各项质量职能的有效控制。对建筑业企业来讲，一般有集团（总公司）、公司、分公司、工程项目经理部等各级管理组织，但由于其管理职责不同，所建立质量管理体系的侧重点可能有所不同，但其组织机构应上下贯通，形成一体。特别是直接承担生产与经营任务的实体公司的质量管理体系更要形成覆盖全公司的组织网络，该网络系统要形成一个纵向统一指挥，分级管理，横向分工合作、协调一致、职责分明的统一整体。一般讲，一个企业只有一个质量管理体系，其下属基层单位的质量管理和质量保证活动以及质量机构和质量职能只是企业质量管理体系的组成部分，是企业质量管理体系在该特定范围的体现。对不同产品对象的基层单位，如混凝土构件厂、实验室、搅拌站……则应根据其生产对象和生产环境特点补充或调整体系要素，使其在该范围达到更适合产品质量保证的最佳效果。

（3）质量管理体系文件化

文件是质量管理体系中必需的要素。质量管理文件能够起到沟通意图和统一行动的作用。

文件化的质量管理体系包括建立和实施两个方面。建立文件化的质量管理体系只是开始，只有通过实施文件化，质量管理体系才能变成增值活动。

质量管理体系的文件共有4种：

1）质量手册：规定组织质量管理体系的文件，也是向组织内部和外部提供关于质量管理体系的信息文件。

2）质量计划：规定用于某一具体情况的质量管理体系要素和资源的文件，也是表述质量管理体系用于特定产品、项目或合同的文件。

3）程序文件：提供如何完成活动的信息文件。

4）质量记录：对完成的活动或达到的结果提供客观证据的文件。

根据各组织的类型、规模、产品、过程、顾客、法律和法规以及人员素质的不同，质量管理体系文件的数量、详尽程度和媒体种类也会有所不同。

（4）定期质量审核

质量管理体系能够发挥作用，并不断改进以提高工作质量，主要是在建立体系后坚持质量管理体系审核和评审活动。

为了查明质量管理体系的实施效果是否达到了规定的目标要求。企业管理者应制订内部审核计划，定期进行质量管理体系审核。

质量管理体系审核由企业胜任的管理人员对体系各项活动进行客观评价，这些人员独立于被审核的部门和活动范围。质量管理体系审核范围如下：①组织机构；②管理与工作程序；③人员、装备和器材；④工作区域、作业和过程；⑤在制品（确定其符合规范和标准的程度）；⑥文件、报告和记录。

质量管理体系审核一般以质量管理体系运行中各项工作文件的实施程度及产品质量水平为主要工作对象，一般为符合性评价。

（5）质量管理体系评审和评价

质量管理体系的评审和评价，一般称为管理者评审，它是由上层领导亲自组织的，对质量管理体系、质量方针、质量目标等项工作所开展的适合性评价。就是说，质量管理体系审核时主要精力放在是否将计划工作落实，效果如何；而质量管理体系评审和评价重点为该体系的计划、结构是否合理有效，尤其是结合市场及社会环境、企业情况进行全面的分析与评价，一旦发现这些方面的不足，就应对其体系结构、质量目标、质量政策提出改进意见，以便企业管理者采取必要的措施。

质量管理体系的评审和评价也包括各项质量管理体系审核范围的工作。

与质量管理体系审核不同的是，质量管理体系评审更侧重于质量管理体系的适合性（质量管理体系审核侧重符合性），而且，一般评审与评价活动要由企业领导直接组织。

2. 质量管理体系的建立和运行

（1）建立和完善质量管理体系的程序

按照国家标准 GB/T 19000 建立一个新的质量管理体系或更新、完善现行的质量管理体系，一般有以下步骤。

1）企业领导决策。

企业主要领导要下决心走质量效益型的发展道路，有建立质量管理体系的迫切需要。建立质量管理体系是涉及企业内部很多部门参加的一项全面性的工作，如果没有企业主要领导亲自领导、亲自实践和统筹安排，是很难搞好这项工作的。因此。领导真心实意地要求建立质量管理体系，是建立、健全质量管理体系的首要条件。

2）编制工作计划。

工作计划包括培训教育、体系分析、职能分配、文件编制、配备仪器仪表设备等内容。

3）分层次教育培训。

组织学习 GB/T 19000 系列标准，结合本企业的特点，了解建立质量管理体系的目的和作用，详细研究与本职工作有直接联系的要素，提出控制要素的办法。

4）分析企业特点。

结合建筑施工企业的特点和具体情况，确定采用哪些要素和采用程度。

要素要对控制工程实体质量起主要作用，能保证工程的适用性、符合性。

5）落实各项要素。

企业在选好合适的质量管理体系要素后，要进行二级要素展开。制订实施二级要素所必需的质量活动计划，并把各项质量活动落实到具体部门或个人。

一般，企业在领导的亲自主持下，合理地分配各级要素与活动，使企业各职能部门都明确各自在质量管理体系中应担负的责任、应开展的活动和各项活动的衔接办法。分配各级要素与活动的一个重要原则就是责任部门只能是一个，但允许有若干个配合部门。

在各级要素和活动分配落实后，为了便于实施、检查和考核，还要把工作程序文件化，即把企业的各项管理标准、工作标准、质量责任制、岗位责任制形成与各级要素和活动相对应的有效运行的文件。

6）编制质量管理体系文件。

质量管理体系文件按其作用可分为法规性文件和见证性文件两类。质量管理体系法规性文件是用以规定质量管理工作的原则，阐述质量管理体系的构成，明确有关部门和人员的质量职能，规定各项活动的目的要求、内容和程序的文件。在合同环境下这些文件是供方向需方证实质量管理体系适用性的证据。质量管理体系的见证性文件是用以表明质量管理体系的运行情况和证实其有效性的文件（如质量记录、报告等）。这些文件记载了各质量管理体系要素的实施情况和工程实体质量的状态，是对质量管理体系运行的见证。

（2）质量管理体系的运行

保持质量管理体系的正常运行和持续实用有效，是企业质量管理的一项重要任务，是质量管理体系发挥实际效能、实现质量目标的主要阶段。

质量管理体系运行是执行质量体系文件、实现质量目标、保持质量管理体系持续有效和不断优化的过程。

质量管理体系的有效运行是依靠体系的组织机构进行组织协调、实施质量监督、开展信息反馈、进行质量管理体系审核和复审实现的。

1）组织协调。

质量管理体系的运行是借助于质量管理体系组织结构的组织和协调来进行的。组织和协调工作是维护质量管理体系运行的动力。质量管理体系的运行涉及企业众多部门的活动。就建筑业企业而言，计划部门、施工部门、技术部门、试验部门、测量部门、检查部门等都必须在目标、分工、时间和联系方面协调一致，责任范围不能出现空档，保持体系的有序性。这些都需要通过组织和协调工作来实现。实现这种协调工作的人，应是企业的主要领导，只有主要领导主持，质量管理部门负责，通过组织协调才能保持体系的正常运行。

2）质量监督。

质量管理体系在运行过程中，各项活动及其结果不可避免地会有发生偏离标准的可能。为此，必须实施质量监督。

质量监督有企业内部监督和外部监督两种，需方或第三方对企业进行的监督是外部质量监督。需方的监督权是在合同环境下进行的，就建筑业企业来说，叫做甲方的质量监督，按合同规定，从地基验槽开始，甲方对隐蔽工程进行检查签证。第三方的监督，对单位工程和重要分部工程进行质量等级核定，并在工程开工前检查企业的质量管理体系。施工过程中，监督企业质量管理体系的运行是否正常。

质量监督是符合性监督。质量监督的任务是对工程实体进行连续性的监视和验证。发现偏离管理标准和技术标准的情况时及时反馈，要求企业采取纠正措施，严重者责令停工整顿。从而促使企业的质量活动和工程实体质量均符合标准所规定的要求。

实施质量监督是保证质量管理体系正常运行的手段。外部质量监督应与企业本身的质量监督考核工作相结合，杜绝重大质量事故的发生，促进企业各部门认真贯彻各项规定。

3）质量信息管理。

企业的组织机构是企业质量管理体系的骨架，而企业的质量信息系统则是质量管理体系的神经系统，是保证质量管理体系正常运行的重要系统。在质量管理体系的运行中，通过质量信息反馈系统对异常信息的反馈和处理进行动态控制，从而使各项质量活动和工程实体质量保持受控状态。

质量信息管理和质量监督、组织协调工作是密切联系在一起的。异常信息一般来自质量监督，异常信息的处理要依靠组织协调工作，三者的有机结合，是使质量管理体系有效运行的保证。

4）质量管理体系审核与评审。

企业进行定期的质量管理体系审核与评审，一是对体系要素进行审核、评价，确定其有效性；二是对运行中出现的问题采取纠正措施，对体系的运行进行管理，保持体系的有效性；三是评价质量管理体系对环境的适应性，对体系结构中不适用的采取改进措施。开展质量管理体系审核与评审是保持质量管理体系持续有效运行的主要手段。

四、质量管理体系认证与监督

由于建筑工程行业产品具有单项性，不能以某个项目作为质量认证的依据。因此，只能对企业的质量管理体系进行认证。

质量管理体系认证是指根据有关的质量保证模式标准，由第三方机构对供方（承包方）的质量管理体系进行评定和注册的活动。这里的第三方机构指的是经国家质量监督检验检疫总局质量管理体系认可委员会认可的质量管理体系认证机构。质量管理体系认证机构是个专职机构，各认证机构具有自己的认证章程、程序、注册证书和认证合格标志。国家质量监督检验检疫总局对质量认证工作实行统一管理。

1. 质量管理体系认证的特征

（1）认证的对象是质量管理体系而不是工程实体。

（2）认证的依据是质量保证模式标准，而不是工程的质量标准。

（3）认证的结论不是证明工程实体是否符合有关的技术标准，而是质量管理体系是否符合标准，是否具有按规范要求保证工程质量的能力。

（4）认证合格标志只能用于宣传，不得用于工程实体。

（5）认证由第三方进行，与第一方（供方或承包单位）和第二方（需方或业主）既无行政隶属关系，也无经济上的利益关系，以确保认证工作的公正性。

2. 企业质量管理体系认证的意义

1992年，我国按国际准则正式组建了第一个具有法人地位的第三方质量管理体系认证机构，开始了我国质量管理体系的认证工作。我国质量管理体系认证工作起步虽晚，但发展迅速，为了使质量管理尽快与国际接轨，各类企业纷纷"宣贯"标准，争相通过认证。

（1）促使企业认真按 GB/T 19000 族标准去建立、健全质量管理体系，提高企业的质量管理水平，保证施工项目质量。由于认证是第三方的权威性的公正机构对质量管理体系的评审，企业达不到认证的基本条件不可能通过认证，这就可以避免形式主义地去"贯标"，或用其他不正当手段获取认证的可能性。

（2）提高企业的信誉和竞争能力。企业通过了质量管理体系认证机构的认证，就获得了权威性机构的认可，证明其具有保证工程实体的能力。因此，获得认证的企业信誉得以提高，大大增强了市场竞争能力。

（3）加快双方的经济技术合作。在工程的招标投标中，不同业主对同一个承包单位的质量管理体系的评审中，80％以上的评审内容和质量管理体系要素是重复的。若投标单位的质量管理体系通过了认证，对其评定的工作量大大减小，省时、省钱，避免了不同业主对同一承包单位进行的重复评定，加快了合作的进展，有利于选择合格的承包方。

（4）有利于保护业主和承包单位双方的利益。企业通过认证，证明了它具有保证工程实体的能力，保护了业主的利益。同时，一旦发生了质量争议，也是承包单位自我保护的措施。

（5）有利于国际交往。在国际工程的招标投标工作中，要求经过 GB/T19000 标准认证已是惯用的做法，由此可见，只有取得质量管理体系的认证才能进入国际市场。

3. 质量管理体系的申报及批准程序

（1）提出申请

申请认证者按照规定的内容和格式向体系认证机构提出书面申请，并提交质量手册和其他必要的资料。认证机构由申请认证者自己选择。

认证机构在收到认证申请之日起 60 天内作出是否受理申请的决定，并书面通知申请者；如果不受理申请应说明理由。

（2）体系审核

由体系认证机构指派审核组对申请的质量管理体系进行文件审查和现场审核。文件审查的目的主要是审查申请者提交的质量手册的规定是否满足所申请的质量保证标准的要求。如果不能满足，应进行补充或修改。只有当文件审查通过后方可进行现场审核，现场审核的主要目的是通过收集客观证据检查评定质量管理体系的运行与质量手册的规定是否一致，证实其符合质量保证标准要求的程度，作出审核结论，向体系认证机构提交审核报告。

（3）审批发证

体系认证机构审查审核组提交的审核报告，对符合规定要求的批准认证，向申请者颁发体系认证证书，证书有效期三年；对不符合规定要求的亦应书面通知申请者。体系认证机构应公布证书持有者的注册名录。

（4）监督管理

对获准认证后的监督管理有以下几项规定：

1）标志的使用。体系认证证书的持有者应按体系认证机构的规定使用其专用的标志，不得将标志使用在产品上。

2）通报。证书持有者改变其认证审核时的质量管理体系，应及时将更改情况报体系认证机构。体系认证机构根据具体情况决定是否需要重新评定。

3）监督审核。体系认证机构对证书持有者的质量管理体系每年至少进行一次监督审核，以使其质量管理体系继续保持。

4）监督后的处置。通过对证书持有者的质量管理体系的监督审查，如果符合规定要求时，则保持其认证资格；如果不符合要求时，则视其不符合的严重程度，由体系认证机构决定暂停使用认证证书和标志或撤销认证资格，收回其体系认证证书。

5）换发证书。在证书有效期内，如果遇到质量管理体系标准变更，或者体系认证的范围变更，或者证书的持有者变更时，证书持有者可申请换发证书，认证机构决定作必要的补充审核。

6）注销证书。在证书有效期内，由于体系认证规则或体系标准变更或其他原因，证书的持有者不愿保持其认证资格的，体系认证机构应收回认证证书，并注销认证资格。

第四节　建筑工程质量控制

一、质量控制

2008 版 GB/T 19000—ISO 9000 族标准中，质量控制的定义是：质量控制是质量管理的一部分，致力于满足质量要求。

上述定义可以从以下几方面去理解：

（1）质量控制是质量管理的重要组成部分，其目的是为了使产品、体系或过程的固有特性达到规定的要求，即满足顾客、法律、法规等方面所提出的质量要求（如适用性、安全性等）。所以，质量控制是通过采取一系列的作业技术和活动对各个过程实施控制的。

（2）质量控制的工作内容包括了作业技术和活动，也就是包括专业技术和管理技术两个方面。围绕产品形成全过程每一阶段的工作如何能保证做好，应对影响其质量的人、机、料、法、环（4M1E）因素进行控制，并对质量活动的成果进行分阶段验证，以便及时发现问题，查明原因，采取相应纠正措施，防止不合格的发生。因此，质量控制应贯彻预防为主与检验把关相结合的原则。

（3）质量控制应贯穿在产品形成和体系运行的全过程。每一过程都有输入、转换和输出等三个环节，通过对每一个过程三个环节实施有效控制，对产品质量有影响的各个过程处于受控状态，持续提供符合规定要求的产品才能得到保障。

二、建筑工程质量控制

建筑工程质量控制是指致力于满足工程质量要求，也就是为了保证工程质量满足工程合同、规范标准所采取的一系列措施、方法和手段。工程质量要求主要表现为工程合同、设计文件、技术规范标准规定的质量标准。

工程质量控制按其实施主体不同，分为自控主体和监控主体。前者是指直接从事质量职能的活动者，后者是指对他人质量能力和效果的监控者，主要包括以下四个方面：

1. 政府的工程质量控制

政府属于监控主体，它主要是以法律法规为依据，通过抓工程报建、施工图设计文件审查、施工许可、材料和设备准用、工程质量监督、重大工程竣工验收备案等主要环节进行的。

2. 工程监理单位的质量控制

工程监理单位属于监控主体，它主要是受建设单位的委托，代表建设单位对工程实施全过程进行的质量监督和控制，包括勘察设计阶段质量控制、施工阶段质量控制，以满足建设单位对工程质量的要求。

3. 勘察设计单位的质量控制

勘察设计单位属于自控主体，它是以法律、法规及合同为依据，对勘察设计的整个过程进行控制，包括工作程序、工作进度、费用及成果文件所包含的功能和使用价值，以满足建设单位对勘察设计质量的要求。

4. 施工单位的质量控制

施工单位属于自控主体，它是以工程合同、设计图纸和技术规范为依据，对施工准备阶段、施工阶段、竣工验收交付阶段等施工全过程的工作质量和工程质量进行的控制，以达到合同文件规定的质量要求。

三、施工项目质量控制的对策

对施工项目而言，质量控制，就是为了确保合同、规范所规定的质量标准，所采取的一系列检测、监控措施、手段和方法。在进行施工项目质量控制过程中，为确保工程质量，其主要对策如下：

1. 以人的工作质量确保工程质量

工程质量是人（包括参与工程建设的组织者、指挥者和操作者）所创造的。人的政治思想素质、责任感、事业心、质量观、业务能力、技术水平等均直接影响工程质量。据统计资料证明，88％的质量安全事故都是人的失误所造成的。为此，我们对工程质量的控制始终应"以人为本"，狠抓人的工作质量，避免人的失误；充分调动人的积极性，发挥人的主导作用，增强人的质量观和责任感，使每个人牢牢树立"百年大计，质量第一"的思想，认真负责地搞好本职工作，以优秀的工作质量来创造优质的工程质量。

2. 严格控制投入品的质量

任何一项工程施工，均需投入大量的各种原材料、成品、半成品、构配件和机械设备，要采用不同的施工工艺和施工方法，这是构成工程质量的基础。投入品质量不符合要求，工程质量也就不可能符合标准，所以，严格控制投入品的质量，是确保工程质量的前提。为此，对投入品的订货、采购、检查、验收、取样、试验均应进行全面控制，从组织货源，优选供货厂家，直到使用认证，做到层层把关；对施工过程中所采用的施工方案要进行充分论证，要做到工艺先进、技术合理、环境协调，这样才有利于安全文明施工，有利于提高工程质量。

3. 全面控制施工过程，重点控制工序质量

任何一个工程项目都是由若干分项、分部工程所组成，要确保整个工程项目的质量，达到整体优化的目的的，就必须全面控制施工过程，使每一个分项、分部工程都符合质量标准。而每一个分项、分部工程又是通过一道道工序来完成，由此可见，工程质量是在工序中所创造的，为此，要确保工程质量就必须重点控制工序质量。对每一道工序质量都必须进行严格检查，当上一道工序质量不符合要求时，决不允许进入下一道工序施工。这样，只要每一道工序质量都符合要求，整个工程项目的质量就能得到保证。

4. 严把分项工程质量检验评定关

分项工程质量等级是分部工程、单位工程质量等级评定的基础；分项工程质量等级不符合标准，分部工程、单位工程的质量也不可能被评为合格；而分项工程质量等级评定正确与否，又直接影响分部工程和单位工程质量等级评定的真实性和可靠性。为此，在进行分项工程质量检验评定时，一定要坚持质量标准，严格检查，一切用数据说话，避免出现第一、第二判断错误。

5. 贯彻"以预防为主"的方针

"以预防为主"，防患于未然，把质量问题消灭于萌芽之中，这是现代化管理的观念。预防为主就是要加强对影响质量因素的控制，对投入品质量的控制；就是要从对质量的事后检查把关，转向对质量的事前控制、事中控制；从对产品质量的检查，转向对工作质量的检查、对工序质量的检查、对中间产品的质量检查。这些是确保施工项目质量的有效措施。

6. 严防系统性因素的质量变异

系统性因素，如使用不合格的材料，违反操作规程、混凝土达不到设计强度等级、机械设备发生故障等，均必然会造成不合格产品或工程质量事故。系统性因素的特点是易于识别、易于消除，是可以避免的；只要我们增强质量观念，提高工作质量，精心施工，完全可以预防系统性因素引起的质量变异。为此，工程质量的控制，就是要把质量变异控制在偶然性因素引起的范围内。要严防或杜绝由系统性因素引起的质量变异，以免造成工程质量事故。

四、施工项目质量控制的过程

任何工程都是由分项工程、分部工程和单位工程所组成，施工项目是通过一道道工序来完成。所以，施工项目的质量控制是从工序质量到分项工程质量、分部工程质量、单位工程质量的系统控制过程；也是一个由对投入原材料的质量控制开始，直到完成工程质量检验为止的全过程的系统过程。

五、施工项目质量控制阶段

为了加强对施工项目的质量控制，明确各施工阶段质量控制的重点，可把施工项目质量分为事前控制、事中控制和事后控制三个阶段。

1. 事前质量控制

指在正式施工前进行的质量控制，其控制重点是做好施工准备工作，且施工准备工作要贯穿于施工全过程中。

（1）施工准备的范围

1）全场性施工准备，是以整个项目施工现场为对象而进行的各项施工准备。

2）单位工程施工准备，是以一个建筑物或构筑物为对象而进行的施工准备。

3）分项（部）工程施工准备，是以单位工程中的一个分项（部）工程或冬、雨期施工为对象而进行的施工准备。

4）项目开工前的施工准备，是在拟建项目正式开工前所进行的一切施工准备。

5）项目开工后的施工准备，是在拟建项目开工后，每个施工阶段正式开工前所进行的施工准备，如混合结构住宅施工，通常分为基础工程、主体工程和装饰工程等施工阶段，每个阶段的施工内容不同，其所需的物质技术条件、组织要求和现场布置也不同，因此，必须做好相应的施工准备。

（2）施工准备的内容

1）技术准备，包括：项目扩大初步设计方案的审查；熟悉和审查项目的施工图纸；项目建设地点的自然条件、技术经济条件调查分析；编制项目施工图预算和施工预算；编制项目施工组织设计等。

2）物资准备，包括：建筑材料准备、构配件和制品加工准备、施工机具准备、生产工艺设备的准备等。

3）组织准备，包括：建立项目组织机构；集结施工队伍；对施工队伍进行入场教育等。

4）施工现场准备，包括：控制网、水准点、标桩的测量；"五通一平"；生产、生活临时设施等的准备；组织机具、材料进场；拟定有关试验、试制和技术进步项目计划；编制季节性施工措施；制定施工现场管理制度等。

2．事中质量控制

指在施工过程中进行的质量控制。事中质量控制的策略是：全面控制施工过程，重点控制工序质量。其具体措施是：

（1）工序交接有检查。

（2）质量预控有对策。

（3）施工项目有方案。

（4）技术措施有交底，图纸会审有记录。

（5）配制材料有试验。

（6）隐蔽工程有验收。

（7）计量器具校正有复核。

（8）设计变更有手续。

（9）钢筋代换有制度。

（10）质量处理有复查。

（11）成品保护有措施。

（12）行使质控有否决（如发现质量异常、隐蔽未经验收、质量问题未处理、擅自变更设计图纸、擅自代换或使用不合格材料、无证上岗未经资质审查的操作人员等，均应对质量予以否决）。

（13）质量文件有档案，凡是与质量有关的技术文件，如水准、坐标位置，测量、放线记录，沉降、变形观测记录，图纸会审记录，材料合格证明、试验报告，施工记录，隐蔽工程记录，设计变更记录，调试、试压运行记录，试车运转记录，竣工图等都要编目建档。

3. 事后质量控制

指在完成施工过程形成产品的质量控制，其具体工作内容有：

（1）组织联动试车。

（2）准备竣工验收资料，组织自检和初步验收。

（3）按规定的质量评定标准和办法，对完成的分项、分部工程、单位工程进行质量评定。

（4）组织竣工验收。

（5）质量文件编目建档。

（6）办理工程交接手续。

六、施工项目质量控制的方法

施工项目质量控制的方法，主要是审核有关技术文件、报告（表）和直接进行现场质量检验或必要的试验等。

1. 审核有关技术文件、报告或报表

对技术文件、报告、报表的审核，是项目经理对工程质量进行全面控制的重要手段，其具体内容有：

（1）审核有关技术资质证明文件。

（2）审核开工报告，并经现场核实。

（3）审核施工方案、施工组织设计和技术措施。

（4）审核有关材料、半成品的质量检验报告。

（5）审核反映工序质量动态的统计资料或控制图表。

（6）审核设计变更、修改图纸和技术核定书。

（7）审核有关质量问题的处理报告。

（8）审核有关应用新工艺、新材料、新技术、新结构的技术鉴定书。

（9）审核有关工序交接检查，分项、分部工程质量检查报告。

（10）审核并签署现场有关技术签证、文件等。

2. 现场质量检验

（1）现场质量检验的内容

1）开工前检查。目的是检查是否具备开工条件，开工后能否连续正常施工，能否保证工程质量。

2）工序交接检查。对于重要的工序或对工程质量有重大影响的工序，在自检、互检的基础上，还要组织专职人员进行工序交接检查。

3）隐蔽工程检查。凡是隐蔽工程均应检查认证后方能掩盖。

4）停工后复工前的检查。因处理质量问题或某种原因停工后需复工时，亦应经检查认可后方能复工。

5) 分项、分部工程完工后，应经检查认可，签署验收记录后，才许进行下一工程项目施工。

6) 成品保护检查。检查成品有无保护措施，或保护措施是否可靠。

此外，还应经常深入现场，对施工操作质量进行巡视检查；必要时还应进行跟班或追踪检查。

(2) 现场质量检验工作的作用

1) 质量检验工作。质量检验就是根据一定的质量标准，借助一定的检测手段来估价工程产品、材料或设备等的性能特征或质量状况的工作。

质量检验工作在检验每种质量特征时，一般包括以下工作：

① 明确某种质量特性的标准。

② 量度工程产品或材料的质量特征数值或状况。

③ 记录与整理有关的检验数据。

④ 将量度的结果与标准进行比较。

⑤ 对质量进行判断与估价。

⑥ 对符合质量要求的作出安排。

⑦ 对不符合质量要求的进行处理。

2) 质量检验的作用。要保证和提高施工质量，质量检验是必不可少的手段。概括起来，质量检验的主要作用如下。

① 它是质量保证与质量控制的重要手段。为了保证工程质量，在质量控制中，需要将工程产品或材料、半成品等的实际质量状况（质量特性等）与规定的某一标准进行比较，以便判断其质量状况是否符合标准的要求，这就需要通过质量检验手段来检测实际情况。

② 质量检验为质量分析与质量控制提供了所需依据的有关技术数据和信息，所以它是质量分析、质量控制与质量保证的基础。

③ 通过对进场和使用的材料、半成品、构配件及其他器材、物资进行全面的质量检验工作，可以避免因材料、物资的质量问题而导致工程质量事故的发生。

④ 在施工过程中，通过对施工工序的检验取得数据，可以及时判断质量，采取措施，防止质量问题的延续与积累。

(3) 现场质量检查的方法

现场进行质量检查的方法有目测法、实测法和试验法三种：

1) 目测法。其手段可归纳为看、摸、敲、照四个字。

① 看，就是根据质量标准进行外观目测。

② 摸，就是手感检查，主要用于装饰工程的某些检查项目。

③ 敲，是运用工具进行声感检查。

④ 照，对于难以看到或光线较暗的部位，则可采用镜子反射或灯光照射的方法进行检查。

2) 实测法。就是通过实测数据与施工规范及质量标准所规定的允许偏差对照，来判别质量是否合格。实测检查法的手段，也可归纳为靠、吊、量、套四个字。

① 靠，是用直尺、塞尺检查墙面、地面、屋面的平整度。

② 吊，是用托线板以线坠吊线检查垂直度。

③ 量，是用测量工具和计量仪表等检查断面尺寸、轴线、标高、湿度、温度等的偏差。

④ 套，是以方尺套方，辅以塞尺检查。

3）试验检查。指必须通过试验手段，才能对质量进行判断的检查方法。

第五节 建筑工程质量问题分析与处理

一、工程质量问题分析处理程序

1. 工程质量问题的特点

工程质量问题具有复杂性、严重性、可变性和多发性的特点。

（1）复杂性

工程质量问题的复杂性，主要表现在引发质量问题的因素复杂，从而增加了对质量问题的性质、危害的分析、判断和处理的复杂性。

（2）严重性

工程质量问题，轻者影响施工顺利进行，拖延工期，增加工程费用；重者，给工程留下隐患，成为危房，影响安全使用或不能使用；更严重的是引起建筑物倒塌，造成人民生命财产的巨大损失。

（3）可变性

许多工程质量问题还将随着时间不断发展变化，所以，在分析、处理工程质量问题时，一定要特别重视质量事故的可变性，应及时采取可靠的措施，以免事故进一步恶化。

（4）多发性

工程中有些质量问题，就像"常见病"、"多发病"一样经常发生，而成为质量通病。另有一些同类型的质量问题，往往一再重复发生。因此，吸取多发性事故的教训，认真总结经验，是避免事故重演的有效措施。

2. 工程质量事故的分类

建筑工程的质量事故一般可按下述不同的方法分类：

（1）按事故的性质及严重程度划分

1）一般事故：通常是指经济损失在 5000 元～10 万元额度内的质量事故。

2）重大事故：凡是有下列情况之一者，可列为重大事故。

① 建筑物、构筑物或其他主要结构倒塌者为重大事故。

② 超过规范规定或设计要求的基础严重不均匀沉降、建筑物倾斜、结构开裂或主体结构强度严重不足，影响结构物的寿命，造成不可补救的永久性质量缺陷或事故。

③ 影响建筑设备及其相应系统的使用功能，造成永久性质量缺陷者。

④ 经济损失在 10 万元以上者。

（2）按事故造成的后果区分

1）未遂事故：发现了质量问题，经及时采取措施，未造成经济损失、延误工期或其他不良后果者，均属未遂事故。

2）已遂事故：凡出现不符合质量标准或设计要求，造成经济损失、工期延误或其他不良后果者，均构成已遂事故。

（3）按事故责任区分

1）指导责任事故：指由于在工程实施指导或领导失误而造成的质量事故。

2）操作责任事故：指在施工过程中，由于实施操作者不按规程或标准实施操作，而造成的质量事故。

（4）按质量事故产生的原因区分

1）技术原因引发的质量事故：是指在工程项目实施中由于设计、施工在技术上的失误而造成的质量事故。

2）管理原因引发的质量事故：主要是指由于管理上的不完善或失误而引发的质量事故。

3）社会、经济原因引发的质量事故：主要是指由于社会、经济因素及社会上存在的弊端和不正之风引起建设中的错误行为，而导致出现质量事故。

因此，进行质量控制，不但要在技术方面、管理方面入手，严格把住质量关，而且还要从思想作风方面入手严格把住质量关，这是更为艰巨的任务。

3. 工程质量问题原因

（1）违背建设程序

1）如不经可行性论证，不作调查分析就拍板定案；没有搞清工程地质、水文地质就仓促开工。

2）无证设计，无图施工；任意修改设计，不按图纸施工。

3）工程竣工不进行试车运转、不经验收就交付使用等蛮干现象，致使不少工程项目留有严重隐患，房屋倒塌事故也常有发生。

（2）工程地质勘察原因

1）未认真进行地质勘察，提供地质资料、数据有误。

2）地质勘察时，钻孔间距太大，不能全面反映地基的实际情况；地质勘察钻孔深度不够，没有查清地下软土层、滑坡、墓穴、孔洞等地层构造。

3）地质勘察报告不详细、不准确等，均会导致采用错误的基础方案，造成地基不均匀沉降、失稳，使上部结构及墙体开裂、破坏、倒塌。

（3）未加固处理好地基

对软弱土、冲填土、杂填土、湿陷性黄土、膨胀土、岩层出露、溶岩、土洞等不均匀地基未进行加固处理或处理不当，均是导致重大质量问题的原因。必须根据不同地基的工程特性，按照地基处理应与上部结构相结合，使其共同工作的原则，从地基处理、设计措施、结构措施、防水措施、施工措施等方面综合考虑治理。

（4）设计计算问题

1）设计考虑不周，结构构造不合理，计算简图不正确。

2）计算荷载取值过小，内力分析有误。

3）沉降缝及伸缩缝设置不当，悬挑结构未进行抗倾覆验算等，都是诱发质量问题的隐患。

（5）建筑材料及制品不合格

诸如：钢筋物理力学性能不符合标准，水泥受潮、过期、结块、安定性不良，砂石级配不合理、有害物含量过多，混凝土配合比不准，外加剂性能、掺量不符合要求时，均会影响混凝土强度、和易性、密实性、抗渗性，导致混凝土结构强度不足、裂缝、渗漏、蜂窝、露筋等质量问题

（6）施工和管理问题

许多工程质量问题，往往是由施工和管理所造成。例如：

1）不熟悉图纸，盲目施工，图纸未经会审，仓促施工；未经监理、设计部门同意，擅自修改设计。

2）不按图纸施工。

3）不按有关施工验收规范施工。

4）不按有关操作规程施工。

5）缺乏基本结构知识，施工蛮干。

6）施工管理紊乱，施工方案考虑不周，施工顺序错误。技术组织措施不当，技术交底不清，违章作业。不重视质量检查和验收工作等，都是导致质量问题的祸根。

（7）自然条件影响

施工项目周期长，露天作业多，受自然条件影响大，温度、湿度、日照、雷电、供水、大风、暴雨等都能造成重大的质量事故，施工中应特别重视，采取有效措施予以预防。

（8）建筑结构使用问题

1）建筑物使用不当，也易造成质量问题。如不经校核、验算，就在原有建筑物上任意加层。

2）使用荷载超过原设计的容许荷载。

3）任意开槽、打洞、削弱承重结构的截面等。

4. 工程质量问题分析处理的目的及程序

（1）工程质量问题分析、处理的目的

1）正确分析和妥善处理所发生的质量问题，以创造正常的施工条件。

2）保证建筑物、构筑物的安全使用，减少事故的损失。

3）总结经验教训，预防事故重复发生。

4）了解结构实际工作状态，为正确选择结构计算简图、构造设计，修订规范、规程和有关技术措施提供依据。

图 1-1　质量问题分析、处理程序框图

（2）工程质量问题分析处理的程序

工程质量问题分析、处理的程序，一般可按图 1-1 所示进行。

事故发生后，应及时组织调查处理。调查的主要目的是要确定事故的范围、性质、影响和原因等，通过调查为事故的分析与处理提供依据，一定要力求全面、准确、客观。调查结果，要整理撰写成事故调查报告，其内容包括：1）工程概况，重点介绍事故有关部分的工程情况；2）事故情况，事故发生时间、性质、现状及发展变化的情况；3）是否需要采取临时应急防护措施；4）事故调查中的数据、资料；5）事故原因的初步判断；6）事故涉及人员与主要责任者的情况等。

事故的原因分析，要建立在事故情况调查的基础上，避免情况不明就主观分析推断事故的原因。尤其是有些事故，其原因错综复杂，往往涉及勘察、设计、施工、材质、使用管理等几方面，只有对调查提供的数据、资料进行详细分析后，才能去伪存真，找到造成事故的主要原因。

事故的处理要建立在原因分析的基础上，对有些事故一时认识不清时，只要事故不致产生严重的恶化，可以继续观察一段时间，做进一步调查分析，不要急于求成，以免造成同一事故多次处理的不良后果。事故处理的基本要求是：安全可靠，不留隐患，满足建筑功能和使用要求，技术可行，经济合理，施工方便。在事故处理中，还必须加强质量检查和验收。对每一个质量事故，无论是否需要处理都要经过分析，作出明确的结论。

（3）质量问题不作处理的论证

工程质量问题，并非都要处理，即使有些质量缺陷，虽已超出了国家标准及规范要求，但也可以针对工程的具体情况，经过分析、论证，作出无须处理的结论，总之，对质量问题的处理，也要实事求是，既不能掩饰，也不能扩大，以免造成不必要的经济损失和工期延误。

无须作处理的质量问题常有以下几种情况：

1）不影响结构安全、生产工艺和使用要求。

2）检验中的质量问题，经论证后可不作处理。

3）某些轻微的质量缺陷，通过后续工序可以弥补的，可不处理。

4）对出现的质量问题，经复核验算，仍能满足设计要求者，可不作处理。

（4）质量问题处理的鉴定

质量问题处理是否达到预期的目的，是否留有隐患，需要通过检查验收来作出结论。事故处理质量检查验收，必须严格按施工验收规范中有关规定进行；必要时，还要通过实测、实量，荷载试验，取样试压，仪表检测等方法来获取可靠的数据。这样，才可能对事故作出明确的处理结论。

事故处理结论的内容有以下几种：

1）事故已排除，可以继续施工。

2）隐患已经消除，结构安全可靠。

3）经修补处理后，完全满足使用要求。

4）基本满足使用要求，但附有限制条件，如限制使用荷载，限制使用条件等。

5）对耐久性影响的结论。

6）对建筑外观影响的结论。

7）对事故责任的结论等。

此外，对一时难以作出结论的事故，还应进一步提出观测检查的要求。

事故处理后，还必须提交完整的事故处理报告，其内容包括：事故调查的原始资料、测试数据；事故的原因分析、论证；事故处理的依据；事故处理方案、方法及技术措施；检查验收记录；事故不需处理的论证，以及事故处理结论等。

二、工程项目质量通病防治

常见质量通病及其防治的技术措施见表1-1。

质量通病及其防治技术措施

表 1-1

序号	通病现象	部位或项目	技 术 措 施
1	渗漏	外墙	（1）当外墙采用空心砖或加气混凝土等新型墙体材料时，应按DBJ15-9-97要求全面挂金属网。 （2）支承在悬臂梁和悬臂板上的墙体，应按图1-2（a）和图1-2（b）所示设置钢筋混凝土抗裂柱。 <div align="center">图 1-2 抗裂柱</div>

序号	通病现象	部位或项目	技 术 措 施
1	渗漏	外墙	（3）当外墙设置通长窗时，窗下应设钢筋混凝土压顶，压顶配筋见图1-3；压顶下应设置抗裂柱，间距不大于3m，抗裂柱内配不小于 2φ12 纵筋及 φ6@200 箍筋；压顶和抗裂柱纵筋搭接、锚固长度不小于 500mm。拉结筋设置应符合抗震要求。 图 1-3　窗下压顶配筋 （4）混凝土结构在找平层施工前应凿毛或甩浆，混凝土结构及砌体结构在找平层施工前应充分淋水湿润。 （5）外墙从基体表面开始至饰面层应留分隔缝，间隔宜为 3m×3m，可预留或后切缝，金属网、找平层、防水层、饰面层应在相同位置留缝，缝宽不宜大于 10mm，也不宜小于5mm，切缝后宜采用空气压缩机具吹除缝内粉末，嵌填高弹性耐候胶。 （6）找平层水泥砂浆宜掺防水剂、抗裂剂、减水剂等外加剂。 （7）找平层每层抹灰厚度不大于 10mm，抹灰厚度≥35mm 时应有挂网等防裂、防空鼓措施。 （8）防水层宜用聚合物水泥砂浆。 （9）当建筑长度超过规范设缝要求（以下简称超长建筑）时，设计及施工应制定专门的抗裂措施，外墙面宜采用高弹性涂料。
2	漏裂	屋面	（1）砌体女儿墙，砌体强度等级应大于 MU10，砂浆强度等级不低于 M10，应按图1-2（a）要求设置钢筋混凝土构造柱、按图1-3要求设置钢筋混凝土压顶。 （2）天沟或女儿墙应按 DBJ15-19-97 规定留设溢水孔。 （3）屋面工程宜采用图1-4防水保温隔热构造；宜采用现场发泡的硬泡聚氨酯、聚苯乙烯板等导热系数 λ≤0.05W/(m・K)) 的高效保温隔热材料；不宜采用水泥膨胀珍珠岩、水泥膨胀蛭石等水溶性保温隔热材料；架空隔热层（图1-5）净高宜大于 180mm，屋面宽度大于10m 时应设通风屋脊；架空层至女儿墙边宽度不小于 250mm，也不大于 300mm；当未设保温层时，架空隔热层仅适用于长度不大于 35m 的建筑；当建筑长度超过规范设缝要求时应增强屋面保温隔热功能，不得采用无保温隔热设施、或未设保温层且架空层净高小于 180mm 的屋面构造。

序号	通病现象	部位或项目	技 术 措 施
2	漏裂	屋面	

图 1-4　无架空隔热层屋面泛水收口及分隔缝做法

图 1-5　设架空隔热层屋面泛水收口及分隔缝做法

注：1. ①高弹性防水油膏嵌缝 10mm×20mm；②泛水收口处设金属
　　网；③固定金属网螺栓（或钢钉）@500；④砌体女儿墙与
　　混凝土交接处设金属网；⑤女儿墙内侧及压顶每隔 3m 设
　　10mm 分隔缝，嵌填密封材料。

2. 图 1-4 中，当采用现场发泡的硬泡聚氨酯时，其面上可不做
找平层和柔性防水层。

3. 采用 C20 细石混凝土时，内配 $\phi 4@100$ 双向钢筋网，钢筋在
分隔缝处切断。

序号	通病现象	部位或项目	技术措施
3	积水及渗漏	排水口	(4) 屋面、露台地漏汇水区直径宜≥500mm，坡度宜≥5%，如图1-6和图1-7所示。 图1-6　屋面、露台地漏、雨水斗 图1-7　雨水斗
4	渗漏	门窗	(1) 推拉窗扇应设限位装置。 (2) 外窗下框宜有泄水结构，如无泄水结构时应做如下处理（图1-8）： 1) 推拉窗：导轨在靠两边框处铣8mm宽的泄水口。 2) 平开窗：在靠框中挺位置每个扇洞铣一个8mm宽的泄水口。 (3) 铝合金窗外周边留宽5mm深8mm槽，防水胶嵌缝。 (4) 安装所用的螺钉应为铜螺钉或不锈钢螺钉，钉口应做好防渗处理。 (5) 每条窗边框与墙体的连接固定点不得少于2处，间距不得大于0.5m，边框端部的第一固定点距端部的距离≤0.2m。 (6) 窗高≥2m或面积≥6m² 的窗框宜固定在混凝土或其他可靠构件上。 (7) 铝合金门窗框安装前，应撕去水泥砂浆接触处的包装纸并涂刷聚氨酯清漆等保护剂。门窗框与墙体安装缝隙宜用防水砂浆或聚合物水泥砂浆嵌填饱满，必要时也可采用注浆工艺，不得使用混合砂浆嵌缝。

序号	通病现象	部位或项目	技　术　措　施
4	渗漏	门窗	图 1-8　门窗详图
5	使用安全	安全玻璃	（1）玻璃：在人流出入较多，可能产生拥挤和儿童集中的公共场所的门和落地窗，必须采用钢化玻璃或夹层玻璃等安全玻璃。 （2）层数≥7层时，应采用安全玻璃。 （3）无室外阳台的外窗台距室内地面高度小于 0.9m 时，必须采用安全玻璃并采取可靠的防护措施，窗台高度小于 0.6m 的窗，其计算高度应从窗台面开始计算。 （4）单块玻璃大于 1.5m² 时应采用安全玻璃。
6	使用安全	栏板、栏杆、扶手	（1）阳台、外廊、室内回廊、内天井及上人屋面临空处防护栏杆高度（h）应符合下列规定： 1）多层和低层建筑物：$h\geqslant1.05$m； 2）高层建筑：1.10m$<h\leqslant1.20$m； 3）中小学建筑：$h\geqslant1.1$m； 4）托儿所、幼儿园建筑：$h\geqslant1.2$m。 注：以上高度指施工完成后的净高度，起算面从阳台地面算起。 （2）栏板和栏杆应以坚固、耐用的材料制作，并能承受规范规定的水平荷载。 （3）阳台栏板和栏杆与外墙交接处应用聚合物水泥砂浆嵌填处理。 （4）栏板或栏杆距楼面或屋面 0.1m 高度范围内不应留空。 （5）住宅和有儿童经常使用的建筑，其栏杆垂直杆件间的净距不应大于 0.11m，栏杆应用不易攀登的构造。 （6）楼梯扶手高度（h）应符合下列规定： 1）住宅室内楼梯扶手$h\geqslant0.9$m，当水平段栏杆长度大于 0.5m 时，其扶手高度$h\geqslant1.05$m；

序号	通病现象	部位或项目	技 术 措 施
6	使用安全	栏板、栏杆、扶手	2）中小学室外楼梯扶手 $h \geqslant 1.1\text{m}$； 3）其他建筑室外楼梯扶手 $h \geqslant 1.05\text{m}$； 4）其他建筑室内楼梯扶手 $h \geqslant 0.9\text{m}$。 注：以上高度均指施工完成后的净高度，自踏步前缘线量起。 （7）住宅和有儿童经常使用的楼梯，垂直杆件间的净距不应大于 0.11m；栏杆应采用不易攀登的构造；梯井净宽大于 0.20m 时，必须采取防儿童攀滑的措施。
7	裂缝	混凝土梁板	（1）楼板厚度不宜小于 100mm；当埋设线管较密、或线管交叉时，板厚不宜小于 120mm。建筑外转角处的室内角部板块和井式楼盖的角部板块，其板厚不宜小于 120mm（见图 1-9）。建筑物平面刚度突变处的楼板宜适当加厚。 图 1-9 楼板厚度 （2）挑出阳台宜用梁式结构；当挑出长度 $L > 1.5\text{m}$ 时，应采用梁式结构；当 $1.0\text{m} \leqslant L < 1.5\text{m}$ 且需采用悬挑板时，其根部板厚不小于 $L/10$ 且不小于 120mm。 （3）板面钢筋的直径不宜小于 10mm。受力钢筋的间距不大于 200mm，分布钢筋的间距不大于 300mm。 （4）单向板长跨方向底筋配筋量 $A_s \geqslant 1.5bh/1000$，钢筋间距不宜大于 200mm，直径不宜小于 6mm。 （5）阳台悬挑板长度 $1.0\text{m} \leqslant L < 1.5\text{m}$ 时，受力钢筋直径不宜小于 12mm。 （6）建筑外转角处的室内角部板块和井式梁角部板块宜按图 1-9 配筋。 （7）在建筑平面刚度（或宽度）突变处，板底板面通长钢筋配筋量 $A_s \geqslant 3bh/1000$。 （8）室外悬臂板跨度 $L \geqslant 400\text{mm}$、长度大于 3m 时，应按图 1-10 所示配抗裂钢筋。 图 1-10 悬挑板 （9）屋面板、露台板、厨房厕所板以及 ≤2m 的多跨连续单向板均宜设置通长面筋。 （10）梁腹板高度 $h_w \geqslant 450\text{mm}$ 时，应在梁两侧面设置腰筋，每侧腰筋配筋率 $A_s > bh_w/1000$，间距不大于 200mm，如图 1-11 所示。

序号	通病现象	部位或项目	技 术 措 施
7	裂缝	混凝土梁板	(11) 悬吊于梁下的外墙混凝土装饰板，不论整浇或后浇，均应设置足够的抗裂纵筋，限制裂缝宽度，如图 1-12 所示。 图 1-11 梁腹板腰筋　　图 1-12 外墙装饰板抗裂钢筋
8	夹渣蜂窝	模板工程	柱、梁柱节点、混凝土墙以及梯板的模板安装均应在其根部预留 100mm×100mm 的垃圾出口孔，清洗垃圾后再予以封孔，防止接口处出现夹渣现象。垃圾出口孔按下列要求留设： (1) 柱、梁柱节点模板每根（处）留一个垃圾孔。 (2) 楼梯板模板每跑留一个垃圾孔。 (3) 混凝土墙模板每 3m 留一个垃圾孔。
9	施工质量	钢筋工程	(1) 梁两排钢筋固定应符合下列要求： 图 1-13 梁二排钢筋固定 1）一、二排纵筋之间的净距不小于 25mm 和一排纵筋直径的较大者。如箍筋弯钩阻挡二排纵筋位置，应按如图 1-13 或图 1-14 (b) 处理。 2）分隔筋直径不小于 25mm 和纵筋直径的较大者，一、二排纵筋与分隔筋三者必须靠紧，用粗钢丝绑扎。 3）梁面第一分隔筋距支座 0.5m 处设置，以后每增加 3m 设一处，同一面纵筋每跨不少于 2 处。 4）梁底第一分隔筋距支座 1.5m 处设置，以后每增加 3m 设一处，每跨不少于 2 处。 (2) 箍筋：框架梁、柱箍筋应符合下列要求： 1）框架梁、柱箍筋应按图 1-14 制作；当梁、柱纵筋较密，无法按图 1-14 制作时，应做成焊接封闭环式箍筋（如图 1-14 或规范的焊接工艺），不得焊伤箍筋。

序号	通病现象	部位或项目	技术措施
9	施工质量	钢筋工程	<div align="center">图 1-14　箍筋</div> 2) 梁柱节点箍筋必须按图 1-14 或焊接封闭环式箍筋制作，并按设计要求的间距加密箍筋。当现场安装有困难时，可在柱每侧设置不少于 1 根 φ12 钢筋段与节点箍筋点焊制成钢筋笼，随绑扎后的梁筋一齐下沉至设计位置，如图 1-15 所示。 图 1-15　柱侧钢筋段与箍筋点焊 （3）垫块与支架 1) 垫卡及垫块：禁止使用碎石作梁、板、基础等钢筋保护层的垫块。梁、板、柱、墙、基础的钢筋保护层宜优先选用塑料垫卡；当采用砂浆垫块时，强度应不低于 M15，面积不小于 40mm×40mm。梁柱垫块应垫于主筋处，厚度为纵筋保护层厚度减去箍筋直径；基础垫块厚度同基础保护层。垫块上应按图 1-16 预留 18 号绑扎固定钢丝。 图 1-16　垫块

序号	通病现象	部位或项目	技 术 措 施
9	施工质量	钢筋工程	2）当板面受力钢筋和分布钢筋的直径均小于10mm时，应采用图1-17（a）所示支架，支架间距为：当采用ϕ6分布筋时不大于500mm，当采用ϕ8分布筋时不大于800mm，支架与受支承钢筋应绑扎牢固。当板面受力钢筋和分布钢筋的直径均不小于10mm时，可采用图1-17（b）所示马凳作支架。马凳在纵横两个方向的间距均不大于800mm，并与受支承的钢筋绑扎牢固。当板厚$h \leq 200mm$时马凳可用ϕ10钢筋制作；当$200mm < h \leq 300mm$时马凳应用ϕ12钢筋制作；当$h > 300mm$时，制作马凳的钢筋应适当加大。 图1-17 支架 3）应采用增高型的灯头盒和过线盒，保证接线孔下缘至盒的开口面的距离，不小于板底筋直径与规范规定的板筋保护层厚度两者之和。
10	施工质量	混凝土工程	（1）楼板、屋面板混凝土浇筑前，必须搭设可靠的施工平台、走道，施工中应派专人护理钢筋，确保钢筋位置符合要求。 （2）对已浇筑完毕的混凝土养护应符合下列规定： 1）应在浇筑完毕后的12h以内（终凝后）对混凝土加以覆盖和保湿养护： ①根据气候条件，淋水次数应能使混凝土处于润湿状态。养护用水应与拌制用水相同。 ②用塑料布覆盖养护，应全面将混凝土盖严，并保持塑料布内有凝结水。 ③日平均气温低于5℃时，不得淋水。 2）混凝土养护时间应根据所用水泥品种确定： ①采用硅酸盐水泥、普通硅酸盐水泥或矿渣硅酸盐水泥拌制的混凝土，养护时间不得少于7d。 ②对掺用缓凝型外加剂或有抗渗性能要求的混凝土养护时间不得少于14d。 3）对不便淋水和覆盖养护的，宜涂刷保护层（如薄膜养生液等）养护，减少混凝土内部水分蒸发。 （3）施工缝设置及处理： 1）当设计未作要求时，楼屋面施工缝留设位置及表面处理应符合下列规定： 留在结构受剪力较小且便于施工的部位。有主次梁的楼板应留在次梁跨度的中间1/3范围内。 2）板厚>200mm时应按图1-18（a）留阶梯缝。 3）板厚≤200mm时应按图1-18（b）留直缝。 4）进行表面处理时，混凝土强度必须大于$1.2N/mm^2$。主要处理工作有：清除杂物、水泥薄膜、松动碎石和砂浆凿毛并湿润养护。 5）继续浇筑混凝土时施工缝表面应充分湿润且不得积水。

序号	通病现象	部位或项目	技 术 措 施
10	施工质量	混凝土工程	图 1-18 施工缝留置
11	裂缝	砌块墙材	（1）砌块 砌筑时，普通混凝土小型空心砌块和轻集料混凝土小型空心砌块的龄期不得少于 28d，蒸压加气混凝土砌块的龄期不应少于 15d。 （2）砂浆 蒸压加气混凝土砌块砌筑砂浆的密度不应大于 1800kg/m³，分层度不应大于 20mm，粘结强度（剪切）不应小于 0.2MPa，收缩率不应大于 0.11%。 普通混凝土小型空心砌块和轻集料混凝土小型空心砌块砌筑砂浆的密度不应小于 1800kg/m³，分层度不应大于 25mm。 施工时所用的砂浆，宜选用专用的小砌块砌筑砂浆。 （3）砌筑方法 非承重砌体应分次砌筑，每次砌筑高度不应超过 1.5m。应待前次砌筑砂浆终凝后，再继续砌筑；日砌筑高度不宜大于 2.8m。 非承重砌体顶部应预留空隙，再将其补砌顶紧。墙高小于 3m 时，应待砌体砌筑完毕至少间隔 3d 后补砌；墙高大于 3m 时，应待砌体砌筑完毕至少间隔 5d 后补砌。补砌顶紧可用配套砌块斜顶砌筑，在砌体顶部预留 200mm 左右空隙，按图 1-19（a）所示方法补砌。

图 1-19 砌体顶部斜砌

1—砌体转角部位；2—砌体中部

三、工程质量问题的处理

1. 质量问题处理的应急措施

工程中的质量问题具有可变性，往往随时间、环境、施工情况而发展变化，为此，在处理质量问题前，应及时对问题的性质进行分析，作出判断，对那些随着时间、温度、湿度、荷载条件变化的变形、裂缝要认真观测记录，寻找变化规律及可能产生的后果；对另外一些表面的质量问题，要进一步查明问题的性质是否会转化；对那些可能发展成为构件断裂、房屋倒塌的恶性事故，更要及时采取应急补救措施。

在拟定应急措施时，一般应注意以下事项：

（1）对危险性较大的质量事故，首先应予以封闭或设立警戒区，只有在确认不可能倒塌或进行可靠支护后，方准许进入现场处理，以免人员的伤亡。

（2）对需要进行部分拆除的质量事故，应充分考虑事故对相邻区域结构的影响，以免事故进一步扩大，且应制定可靠的安全措施和拆除方案，要严防对原有事故的处理引发新的事故。

（3）凡涉及结构安全的质量事故，应对处理阶段的结构强度、刚度和稳定性进行验算，提出可靠的防护措施，并在处理中严密监视结构的稳定性。

（4）在不卸荷条件下进行结构加固时，要注意加固方法和施工荷载对结构承载力的影响。

（5）要充分考虑对事故处理中所产生的附加内力对结构的作用，以及由此引起的不安全因素。

2. 质量问题处理的基本要求

（1）处理应达到安全可靠，不留隐患，满足生产、使用要求，施工方便，经济合理的目的。

（2）重视消除事故的原因。这不仅是一种处理方向，也是防止事故重演的重要措施。

（3）注意综合治理。既要防止原有事故的处理引发新的事故；又要注意处理方法的综合应用。

（4）正确确定处理范围。除了直接处理事故发生的部位外，还应检查事故对相邻区域及整个结构的影响，以正确确定处理范围。

（5）正确选择处理时间和方法。发现质量问题后，一般均应及时分析处理；但并非所有质量问题的处理都是越早越好，如裂缝、沉降、变形尚未稳定就匆忙处理，往往不能达到预期的效果，而常会进行重复处理。处理方法的选择，应根据质量问题的特点，综合考虑安全可靠、技术可行、经济合理、施工方便等因素，经分析比较，择优选定。

（6）加强事故处理的检查验收工作。从施工准备到竣工，均应根据有关规范的规定和设计要求的质量标准进行检查验收。

（7）认真复查事故的实际情况。在事故处理中若发现事故情况与调查报告中所述的内容差异较大时，应停止施工，待查清问题的实质，采取相应的措施后再继续施工。

（8）确保事故处理期的安全。事故现场中不安全因素较多，应事先采取可靠的安全技术措施和防护措施，并严格检查、执行。

3. 质量问题处理的资料

（1）与事故有关的施工图。

（2）与施工有关的资料，如建筑材料试验报告、施工记录、试块强度试验报告等。

（3）事故调查分析报告，包括：

1）事故情况：出现事故时间、地点；事故的描述；事故观测记录；事故发展变化规律；事故是否已经稳定等。

2）事故性质：应区分属于结构性问题还是一般性缺陷；是表面性的还是实质性的；是否需要及时处理；是否需要采取防护性措施。

3）事故原因：应阐明所造成事故的重要原因，如结构裂缝，是因地基不均匀沉降，还是温度变形；是因施工振动，还是由于结构本身承载能力不足所造成。

4）事故评估：阐明事故对建筑功能、使用要求、结构受力性能及施工安全有何影响，并应附有实测、验算数据和试验资料。

5）事故涉及人员及主要责任者的情况。

（4）设计、施工、使用单位对事故的意见和要求等。

4. 质量问题处理决策的辅助方法

在对于某些复杂的质量问题作出处理决定前，可采取以下方法做好进一步论证。

（1）试验验证。

即对某些有严重质量缺陷的项目，可采取合同规定的常规试验以外的试验方法进一步进行验证，以便确定缺陷的严重程度。根据对试验验证检查的分析、论证，再研究处理决策。

（2）定期观测。

有些工程，在发现其质量缺陷及其状态可能尚未达到稳定，仍会继续发展，在这种情况下一般不宜过早作出决定，可以对其进行一段时间的观测，然后再根据情况作出决定。

（3）专家论证。

对于某些工程缺陷，可能涉及的技术领域比较广泛，则可采取专家论证。采用这种办法时，应事先做好充分准备，尽早为专家提供尽可能详尽的情况和资料，以便使专家能够进行较充分、全面和细致的分析、研究，提出切实的意见与建议。实践证明，采取这种方法，对重大的质量问题作出恰当处理的决定十分有益。

5. 质量问题的处理方案

（1）根据质量问题的性质，常见的处理方案有封闭保护、防渗堵漏、复位纠偏、结构卸荷、加固补强、限制使用、拆除重建等。例如，结构裂缝，根据其所在部位和受力情况，有的只需要表面维护，有的需要同时做内部灌浆和表面封闭，有的则需要进行结构补强等。

（2）在确定处理方案时，必须掌握事故的情况和变化规律。同时，处理方案还应征得有关单位对事故调查和分析的一致意见，避免事故处理后，无法作出一致的结论。

（3）处理方案确定后，还要对方案进行设计，提出施工要求，以便付诸实施。

第六节　建筑工程质量统计与分析

一、质量统计方法

1. 排列图法

排列图法又叫做巴氏图法或巴雷特图法，也叫做主次因素分析图法，是分析影响质量主要问题的方法。

排列图由两个纵坐标、一个横坐标、几个长方形和一条曲线组成。左侧的纵坐标是频数或件数，右侧的纵坐标是累计频率，横轴则是项目（或因素），按项目频数大小顺序在横轴上自左而右画长方形，其高度为频数，并根据右侧纵坐标，画出累计频率曲线，又称为巴雷特曲线，常用的排列图做法有两种，现以地坪起砂原因排列图为例说明。

【例 1-1】 某建筑工程对房间地坪质量不合格问题进行了调查，发现有 80 间房间起砂，调查结果统计见表 1-2。试画出地坪起砂原因排列图。

地坪起砂原因调查   表 1-2

地平起砂原因	出现房间数	地平起砂原因	出现房间数
砂含泥量过大	16	水泥强度等级太低	2
砂粒径过细	45	砂浆终凝前压光不足	2
后期养护不良	5	其他	3
砂浆配合比不当	7		

首先作出地坪起砂原因的排列表，见表 1-3。

地坪起砂原因排列表   表 1-3

项 目	频数	累计频数	累计频率
砂粒径过细	45	45	56.2%
砂含泥量过大	16	61	76.2%
砂浆配合比不当	7	68	85%
后期养护不良	5	73	91.3%
水泥强度等级太低	2	75	93.8%
砂浆终凝前压光不足	2	77	96.2%
其 他	3	80	100%

根据表 1-2 中的频数和累计频率的数据画出"地坪起砂原因排列图"，如图 1-20 所示。其左侧的纵坐标高度为累计频数 $N=80$，从 80 处作一条平行线交右侧纵坐标处即为累计频率的 100%，然后再将右侧纵坐标等分为 10 份。

排列图的观察与分析，通常把累计百分数分为三类：0～80% 为 A 类，A 类因素是影响产品质量的主要因素；80%～90% 为 B 类，B 类因素为次要因素；90%～100% 为 C 类，C 类因素为一般因素。

画排列图时应注意的几个问题：

（1）左侧的纵坐标可以是件数、频数，也可以是金额，也就是说，可以从不同的角度去分析问题。

（2）要注意分层，主要因素不应超过 3 个，否则没有抓住主要矛盾。

（3）频数很少的项目归入"其他项"，以免横轴过长，"其他项"一定放在最后。

图 1-20 地坪起砂原因排列图

（4）效果检验，重画排列图。针对 A 类因素采取措施后，为检查其效果，经过一段时间，需收集数据重画排列图，若新画的排列图与原排列图主次换位，总的废品率（或损失）下降，说明措施得当，否则，说明措施不力，未取得预期的效果。

排列图广泛应用于生产的第一线，如车间、班组或工地，项目的内容、数据、绘图时间和绘图人等资料都应在图上写清楚，使人一目了然。

2. 因果分析图法

因果分析图又叫做特性要因图、鱼刺图、树枝图。这是一种逐步深入研究和讨论质量问题的图示方法。在工程实践中，任何一种质量问题的产生，往往是多种原因造成的。这些原因有大有小，把这些原因依照大小顺序分别用主干、大枝、中枝和小枝图形表示出来，便可一目了然地观察出产生质量问题的原因。运用因果分析图可以帮助我们制定对策，解决工程质量上存在的问题，从而达到控制质量的目的。

现以混凝土强度不足的质量问题为例来阐明因果分析图的画法，如图 1-21 所示。

图 1-21 混凝土强度不足因果分析图

（1）确定质量特性。特性就是需要解决的质量问题，放在主干箭头的前面。

（2）确定影响质量特性的大枝。影响工程质量的因素主要是人、材料、工艺、设备和环境五方面。

（3）进一步画出中、小细枝，即找出中、小原因。

（4）发扬技术民主，反复讨论，补充遗漏的因素。

（5）针对影响质量的因素，有的放矢地制定对策，并落实到解决问题的人和时间，通过对策计划表的形式列出，限期改正。

3. 分层法

分层法又称为分类法或分组法，就是将收集到的质量数据，按统计分析的需要，进行分类整理，使之系统化，以便于找到产生质量问题的原因，及时采取措施加以预防。

分层的方法很多，可按班次、日期分类；按操作者、操作方法、检测方法分类；可按设备型号、施工方法分类；也可按使用的材料规格、型号、供料单位分类等。

多种分层方法应根据需要灵活运用，有时用几种方法组合进行分层，以便找出问题的症结。如钢筋焊接质量的调查分析，调查了钢筋焊接点 50 个，其中不合格的 19 个，不合格率为 38％，为了查清不合格原因，将收集的数据分层分析。现已查明，这批钢筋是由三个工人操作的，而焊条是两个厂家提供的产品，因此，分别按操作者分层和按供应焊条的工厂分层，进行分析，表 1-4 是按操作者分层，分析结果可看出，焊接质量最好的 B 师傅，不合格率达 25％；表 1-5 是按供应焊条的厂家分层，发现不论是采用甲厂还是乙厂的焊条，不合格率都很高而且相差不多。为了找出问题之所在，又进行了更细的分层，表 1-6 是将操作者与供应焊条的厂家结合起来分层，根据综合分层数据的分析，问题即可清楚，解决焊接质量问题，可采取如下措施：

(1) 在使用甲厂焊条时，应采用 B 师傅的操作方法；

(2) 在使用乙厂焊条时，应采用 A 师傅的操作方法。

按操作者分层　　　　　　　　　　　　表 1-4

操作者	不合格	合格	不合格率（％）
A	6	13	32
B	3	9	23
C	10	9	53
合计	19	31	38

按供应焊条工厂分层　　　　　　　　表 1-5

工厂	不合格	合格	不合格率（％）
甲	9	14	39
乙	10	17	37
合计	19	31	38

综合分层分析焊接质量　　　　　　　表 1-6

操 作 者		甲 厂	乙 厂	合 计
A	不合格	6	0	6
	合格	2	11	13
B	不合格	0	3	3
	合格	5	4	9
C	不合格	3	7	10
	合格	7	2	9
合计	不合格	9	10	19
	合格	14	17	31

4. 调查分析法

调查分析法又称为调查表法，是利用表格进行数据收集和统计的一种方法。表格形式根据需要自行设计，应便于统计、分析。

如图 1-22 所示为工序质量特性分布统计分析图。该图是为掌握某工序产品质量分布情况而使用的，可以直接把测出的每个质量特性值填在预先绘制好的频数分布空白格上，每测出一个数据就在相应值栏内划一记号组成"正"字，记测完毕，频率分布也就统计出来了。此法较简单，但填写统计分析图时若出现差错，事后无法发现，为此，一般都先记工程名称：
施工单位：
操作人：

质量标准：5mm
测定日期：
检查点数：
测试人：

图 1-22　某墙体工程平整度统计分析

录数据，然后再用直方图法进行统计分析。

5. 直方图法

直方图又称为质量分布图、矩形图、频数分布直方图。它是将产品质量频数的分布状态用直方形来表示，根据直方的分布形状和与公差界限的距离来观察、探索质量分布规律，分析、判断整个生产过程是否正常。

利用直方图，可以制定质量标准，确定公差范围，可以判明质量分布情况，是否符合标准的要求。但其缺点是不能反映动态变化，而且要求收集的数据较多（50～100 个以上），否则难以体现其规律。

（1）直方图的做法

直方图由一个纵坐标、一个横坐标和若干个长方形组成。横坐标为质量特性，纵坐标是频数时，直方图为频数直方图；纵坐标是频率时，直方图为频率直方图。

现以大模板边长尺寸误差的测量为例，说明直方图的做法。表 1-7 为模板边长尺寸误差数据表。

模板边长尺寸误差表　　　　　　　　表 1-7

−2	−3	−3	−4	−3	0	−1	−2
−2	−2	−3	−1	+1	−2	−2	−1
−2	−1	0	−1	−2	−3	−1	+2
0	−5	−1	−3	0	+2	0	−2
−1	+3	0	0	−3	−2	−5	+1
0	−2	−4	−3	−4	−1	+1	+1
−2	−4	−6	−1	−2	+1	−1	+1
−3	−1	−4	−1	−3	−1	+2	0
−5	−3	0	−2	−4	0	−3	−2
−2	0	−3	−4	−2	+1	−1	+1

1）确定组数、组距和组界。

一批数据究竟分多少组，通常根据数据的多少而定，可参考表 1-8。

组　　数　　　　　　　　表 1-8

数据数目 n	组数 K	数据数目 n	组数 K
<50	5～7	100～250	7～12
50～100	6～10	>250	10～20

若组数取得太多，每组内的数据较少，作出的直方图过于分散；若组数取得太少，则数据集中于少数组内，容易掩盖了数据间的差异，所以，分组数目太多或太少都不好。

本例收集了 80 个数据，取 $K=10$ 组。

为了将数据的最大值和最小值都包含在直方图内，并防止数据落在组界上，测量单位（即测量精确度）为 δ 时，将最小值减去半个测量单位，最大值加上半个测量单位。

本例测量单位 $\delta = 1$（mm）

$$x'_{\min} = x_{\min} - \frac{\delta}{2} = -6 - \frac{1}{2} = -6.5 \text{（mm）}$$

$$x'_{\max} = x_{\max} + \frac{\delta}{2} = 3 + \frac{1}{2} = 3.5 \text{（mm）}$$

计算极差为：

$$R' = x'_{\max} - x'_{\min} = 3.5 - (-6.5) = 10 \text{（mm）}$$

分组的范围 R' 确定后，就可确定其组距 h。

$$h = \frac{R'}{K}$$

所求得的 h 值应为测量单位的整倍数，若不是测量单位的整倍数时可调整其分组数。其目的是为了使组界值的尾数为测量单位的一半，避免数据落在组界上。

本例：

$$h = \frac{R'}{K} = \frac{10}{10} = 1 \text{（mm）}$$

组界的确定应由第一组起。

本例各组界限值计算结果见表1-8。

2）编制频数分布表。

按上述分组范围，统计数据落入各组的频数，填入表内，计算各组的频率并填入表内，见表1-9。

频数分布表 表1-9

组号	分组区间	频数	频率	组号	分组区间	频数	频率
1	$-6.5 \sim -5.5$	1	0.0125	6	$-1.5 \sim -0.5$	17	0.2125
2	$-5.5 \sim -4.5$	3	0.0375	7	$-0.5 \sim 0.5$	12	0.15
3	$-4.5 \sim -3.5$	7	0.0875	8	$0.5 \sim 1.5$	6	0.075
4	$-3.5 \sim -2.5$	13	0.1625	9	$1.5 \sim 2.5$	3	0.0375
5	$-2.5 \sim -1.5$	17	0.2125	10	$2.5 \sim 3.5$	1	0.0125

据频数分布表中的统计数据可作出直方图，本例的频数直方图如图1-23所示。

（2）直方图的观察分析

1）直方图图形分析。

直方图形象直观地反映了数据分布情况，通过对直方图的观察和分析，可以看出生产是否稳定及其质量的情况。常见的直方图典型形状有以下几种，如图1-24所示。

图1-23 频数直方图

① 正常形。又称为"对称形"。它的特点是中间高、两边低，并呈左右基本对称，说明相应工序处于稳定状态，如图1-24（a）所示。

② 孤岛形。在远离主分布中心的地方出现小的直方，形如孤岛，如图1-24（b）所示。孤岛的存在表明生产过程中出现了异常因素。

③ 双峰形。直方图出现两个中心，形成双峰状。这往往是由于把来自两个总体的数

43

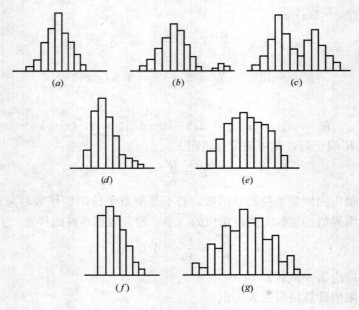

图 1-24　常见直方图形状

（a）正常形；（b）孤岛形；（c）双峰形；（d）偏向形；（e）平顶形；（f）陡壁形；（g）锯齿形

据混在一起作图所造成的，如图 1-24（c）。

④ 偏向形。直方图的顶峰偏向一侧，故又称偏坡型，它往往是因计数值或计量值只控制一侧界限或剔除了不合格数据造成的，如图 1-24（d）所示。

⑤ 平顶形。在直方图顶部呈平顶状态。一般是由多个母体数据混在一起造成的，或者在生产过程中有缓慢变化的因素在起作用所造成。如图 1-24（e）所示。

⑥ 陡壁形。直方图的一侧出现陡峭绝壁状态。这是由于人为地剔除一些数据，进行不真实的统计造成的，如图 1-24（f）所示。

⑦ 锯齿形。直方图出现参差不齐的形状，即频数不是在相邻区间减少，而是隔区间减少，形成了锯齿状。造成这种现象的原因不是生产上的问题，而主要是绘制直方图时分组过多或测量仪器精度不够而造成的，如图 1-24（g）所示。

2）对照标准分析比较。

如图 1-25 所示。

当工序处于稳定状态时（直方图为正常形），还需进一步将直方图与规格标准进行比较，以判定工序满足标准要求的程度。其主要是分析直方图的平均值 $\overline{X}$ 与质量标准中心重合程度，比较分析直方图的分布范围 B 同公差范围 T 的关系。如图 1-25 所示，在直方图中标出了标准范围 T，标准的上偏差 T_{U} 和下偏差 T_{L}，实际尺寸范围 B。对照直方图图形，可以看出实际产品分布与实际要求标准的差异。

① 理想形。实际平均值 $\overline{X}$ 与规格标准中心 μ 重合，实际尺寸分布与标准范围两边有一定余量，约为 T/8。

② 偏向形。虽在标准范围之内，但分布中心偏向一边，说明存在系统偏差，必须采取措施。

③ 双侧压线形。又称无富余形。分布虽然落在规格范围之内，但两侧均无余地，稍

44

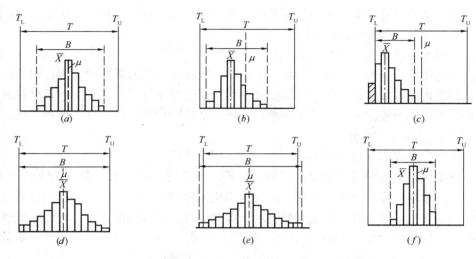

图 1-25　与标准对照的直方图

(a) 理想形；(b) 偏向形；(c) 陡壁形；(d) 无富余形；(e) 能力不足形；(f) 能力富余形

有波动就会出现超差、出现废品。

④ 能力富余形。又称过于集中形。实际尺寸分布与标准范围两边余量过大，属控制过严，质量有富余，不经济。

⑤ 能力不足形。又称双侧超越线形。此种图形实际尺寸超出标准线，已产生不合格品。

⑥ 陡壁形。此种图形反映数据分布过分地偏离规格中心，造成超差，出现不合格品。这是由于工序控制不好造成的，应采取措施使数据中心与规格中心重合。

以上产生质量散布的实际范围与标准范围比较，表明了工序能力满足标准公差范围的程度，也就是施工工序能稳定地生产出合格产品的工序能力。

二、工程质量成本

1. 项目施工质量成本概念

在项目施工质量控制中，为了保证和提高项目质量所支付的一切费用，以及未达到项目质量标准而产生的一切损失费用之和，就构成了项目施工质量成本。

2. 项目施工质量成本构成

项目施工质量成本包括：内部故障质量成本、外部故障质量成本、工程鉴别成本和工程预防成本四项。

（1）内部故障质量成本。

内部故障质量成本是指在施工项目竣工前，由于项目自身缺陷而造成的损失，以及为处理缺陷而发生的费用之和。如废品损失费、返工损失费、停工损失费和事故分析处理费等项。

（2）外部故障质量成本。

外部故障质量成本是指工程交工后，因项目质量缺陷而发生的一切费用。如申诉受理费、回访保修费和施工索赔费等项。

（3）工程鉴别成本。

工程鉴别成本是指为了确保施工项目质量达到项目质量标准要求，对工程项目本身以及材料、构件和设备进行质量鉴定所需要的一切费用。如材料检验费、工序检验费、竣工检查费、机械设备试验和维修费等项。

（4）工程预防成本。

工程预防成本是指为了确保施工项目质量而采取预防措施所耗用的费用，即为使故障质量成本和鉴别成本减到最低限度所需要的一切费用。如项目质量规划费、新材料或新工艺评审费和工序能力控制费，以及研究费用、质量情报费用和质量教育培训费等项。

3. 项目施工质量成本分析

（1）施工质量成本项目之间关系。

各个施工质量成本项目之间存在着相互联系、相互制约的关系。在施工质量成本中，如果某一组成本项目发生变化，都将引起其他组成本项目的变化，甚至引起项目质量总成本的变化。通常预防成本和鉴别成本都有利于提高项目质量和经济效益，它们是能够获得直接补偿和间接补偿的成本。内部故障质量成本和外部故障质量成本对提高项目质量并不起作用，并对降低项目质量成本起负作用，它们是得不到任何补偿的纯损失费用。

（2）施工质量成本分析。

在一般情况下，如果增加预防成本，就可以提高项目质量和降低不合格品率，并减小内部故障损失和外部故障损失；反之，若减小预防成本，将使项目质量下降和不合格品率上升；这样势必增加鉴别成本、内部故障质量成本和外部故障质量成本，并使项目质量总成本急剧增加。但是，预防成本并不是越高越好，当项目质量已达到一定标准，若再进一步提高其质量，承建单位将会付出高昂代价。也就是项目质量提高引起内部和外部故障质量成本的减小弥补不了所增加的预防成本，项目质量总成本反而增加；这时增加的预防成本已属得不偿失。

由此可知，项目施工质量成本分析，就是对其组成项目在质量成本中应占比例进行分析，并寻求一个最佳比例构成；也就是当内部故障质量成本、外部故障质量成本、工程鉴别成本和预防成本之和最低时所构成的施工质量成本。通过施工质量成本分析，也可以找出影响项目成本的关键因素，从而提出改进项目质量和降低项目成本的途径。施工质量成本与质量关系曲线，如图 1-26 所示。各项质量成本项目在其总成本中应占比例范围见表 1-10。

图 1-26　施工质量成本与质量关系图

<table>
<tr><td colspan="7" align="center">质量成本比例表</td><td align="right">表 1-10</td></tr>
<tr><td>质量成本项目</td><td>占质量总成本（%）</td><td>质量成本项目</td><td>占质量总成本（%）</td><td>质量成本项目</td><td>占质量总成本（%）</td><td>质量成本项目</td><td>占质量总成本（%）</td></tr>
<tr><td>工程预防成本</td><td>0.5～10</td><td>工程鉴别成本</td><td>10～50</td><td>内部故障成本</td><td>25～40</td><td>外部故障成本</td><td>25～40</td></tr>
</table>

第七节 建筑工程施工质检员的职责

按照全面质量管理的观点，企业要保证工程质量，必须实行全企业、全员、全过程的质量管理。工程质量是施工单位各部门、各环节、各项工作质量的综合反映，质量保证工作的中心是认真履行各自的质量职能，所以，建立各部门、各级人员的质量责任制是十分必要的。质量责任制要目标明确，职责分明，权责一致，避免互不负责、互相推诿、贻误或影响质量保证工作。

一、工程施工质量员的基本素质

对于一个建设工程来说，项目质量员应对现场质量管理的实施全面负责，因此，质量员的人选很重要。其必须具备如下素质：

（1）足够的专业知识。质量员的工作具有很强的专业性和技术性，必须由专业技术人员来承担，一般要求应连续从事本专业工作三年以上。此外，对于设计、施工、材料、测量、计量、检验、评定等各方面专业知识应了解或精通。

（2）较强的管理能力和一定的管理经验。质量员是现场质量监控体系的组织者和负责人，具有一定的组织协调能力也是非常必要的，一般有两年以上的管理经验，才能胜任质量员的工作。

（3）很强的工作责任心。质量员除派专人负责外，还可以由技术员、项目经理助理、内业技术员等其他工程技术人员担任。

二、工程施工质量员的基本工作

质量员负责工程的全部质量控制工作，明确质量控制系统中每一人员的称谓，并规定相应的职责和责任。负责现场各组织部门的各类专项质量控制工作的执行。质量员负责向工程项目班子所有人员介绍该工程项目的质量控制制度，负责指导和保证此项制度的实施，通过质量控制来保证工程建设满足技术规范和合同规定的质量要求。具体有：

（1）负责适用标准的识别和解释。

（2）负责质量控制手段的介绍，指导质量保证活动。如负责对钢结构以及混凝土工程的施工质量进行检查、监督；对到达现场的设备、材料和半成品进行质量检查；对焊接、铆接、螺栓、设备定位以及技术要求严格的工序进行检查；检查和验收隐蔽工程并做好记录等。

（3）组织现场试验室和质监部门实施质量控制。

（4）建立文件和报告制度，包括建立一套日常报表体系。报表汇录和反映以下信息：将要开始的工作；各负责人员的监督活动；业主提出的检查工作的要求；在施工中的检验或现场试验；其他质量工作内容。此外，现场试验简报是极为重要的记录，每月底须以表格或图表形式送达项目经理及业主，每季度或每半年也要进行同样汇报，报告每项工作的结果。

（5）组织工程质量检查，主持质量分析会，严格执行质量奖罚制度。

（6）接受工程建设各方关于质量控制的申请和要求，包括向各有关部门传达必要的质量措施。如质量员有权停止分包商不符合验收标准的工作，有权决定需要进行实验室分析的项目并亲自准备样品、监督实验工作等。

（7）指导现场质量监督员的质量监督工作。

三、工程施工质量员的职责

1. 施工准备阶段的职责

（1）制定工程项目的现场质量管理制度。根据工程项目特点，结合工程质量目标、工期目标，建立质量控制系统，制定现场质量检验制度，质量统计报表制度，质量事故处理报告制度，质量文件管理制度，并协助分包单位完善其他现场质量管理制度，保证整个工程项目保质保量地完成。

（2）参加施工组织设计和施工方案会审、施工图会审和设计交底。全面掌握施工方法、工艺流程、检验手段和关键部位的质量要求；掌握新工艺、新材料、新技术的特殊质量和施工方法。

（3）对分包队伍人员进行质量培训教育。根据工程项目特点，检查特殊、专业工种和关键的施工工艺或新技术、新工艺、新材料等应用方面的操作人员的能力，对其进行重点质量培训，提高其操作水平和技术水平以及质量意识。

（4）协助机械员和计量员检查施工机械设备和计量仪器。检查施工机械设备型号、技术性能是否满足施工质量控制的要求，是否处于完好状态，能否正常运转；检查用于质量检测、试验和测量的仪器、设备和仪表是否处于可用状态，是否满足使用需要，检查其合格证明书和检定表是否齐全。

（5）对进场原材料和现场配制的材料进行检验。检查进场材料的出厂合格证和材质化验单，并仔细核对其品种、规格、型号、性能；新型材料必须通过试验和鉴定，报经监理工程师审核与审批；现场配制的材料的配合比，应先试配，试配检验合格才能使用。

（6）检查分包队伍的质量管理体系和劳动条件，检查外送委托检测、试验机构资质等级是否合格；复核原始基准点、基准线、参考标高，复测施工测量控制网，并报监理工程师审核。

2. 施工过程中的职责

（1）根据工程施工工序和施工关键部位，建立工程质量控制点。在施工过程中，对关键工序和质量薄弱环节实施强化管理，防止和减少质量问题的发生。工程质量控制点设置位置见表1-11。

（2）在单位工程、分部工程、分项工程正式施工前，协助工长认真做好技术交底工作。技术交底是参与施工的人员在施工前了解设计与施工的技术要求，以便科学地组织施工，按合理的工序、工艺进行作业的重要制度。在单位工程、分部工程、分项工程正式施工前都必须认真做好技术交底工作。

分项工程	质 量 控 制 点
工程测量定位	标准轴线桩、水平桩、龙门板、定位轴线、标高
地基、基础 （含设备基础）	基坑（槽）尺寸、标高、土质、地基承载力，基础位置、尺寸、标高、基础垫层标高、预留洞孔、预埋件的位置、规格、数量、基础墙皮数杆及标高、杯底弹线
砌体	砌体轴线、皮数杆、砂浆配合比、预留洞孔、预埋件位置、数量、砌块排列
模板	位置、尺寸、标高、预埋件位置，预留洞孔尺寸、位置，模板承载力及稳定性，模板内部清理及湿润情况
钢筋混凝土	水泥品种、强度等级、砂石质量，混凝土配合比，外加剂比例，混凝土振捣，钢筋品种、规格、尺寸、搭接长度，钢筋接头，预留洞孔及预埋件规格、数量、尺寸、位置，预制构件吊装或出场（脱模）强度，吊装位置、标高、支承长度、焊缝长度
吊装	吊装设备起重能力、吊具、索具、地锚
钢结构	翻样图、放大样
焊接	焊接条件、焊接工艺
装修	视具体情况而定

技术交底的内容根据不同层次有所不同，主要包括施工图纸、施工组织设计、施工工艺、技术安全措施、规范要求、操作规程、质量标准要求等。对于重点工程、特殊工程，采用新结构、新工艺、新材料、新技术的特殊要求，更要详细地交待清楚。分项工程技术交底后，一般应填写施工技术交底记录。

施工现场技术交底的主要内容有以下几点：

① 提出图纸上必须注意的尺寸，如轴线、标高、预留孔洞、预埋件、镶入构件的位置、规格、大小、数量等。

② 所用各种材料的品种、规格、等级及质量要求。

③ 混凝土、砂浆、防水、保温、耐火、耐酸和防腐蚀材料的配合比和技术要求。

④ 有关工程的详细施工方法、程序，工种之间、土建与各专业单位之间的交叉配合部位、工序搭接及安全操作要求。

⑤ 设计修改、变更的具体内容或应注意的关键部位。

⑥ 结构吊装机械及设备的性能、构件重量、吊点位置、索具规格尺寸、吊装顺序、节点焊接及支撑系统等。

（3）在施工过程中进行技术复核工作。技术复核一方面是在分项工程施工前指导、帮助施工人员正确掌握技术要求；另一方面是在施工过程中再次督促检查施工人员是否已按施工图纸、技术交底及技术操作规程施工，避免发生重大差错。技术复核应作为书面凭证归档。技术复核主要内容见表 1-12。

（4）负责监督施工过程中自检、互检、交接检制度的执行，并参加施工的中间检查、工序交接检查，填写好相关记录。负责纠正不合格工序，对出现的质量事故，应及时停止该部位及相关部位施工，实施事故处理程序。

（5）按照有关验收规定做好隐预检验收工作，并做好隐预检记录，归档保存。隐蔽工程验收项目内容见表 1-13。

项目	复核内容
建筑物的位置及高程	四角定位轴线桩的坐标位置；各轴线桩的位置及其间距；龙门板上轴线钉的位置；轴线引桩的位置；水平桩上所示室内地面的绝对标高
地基与基础工程	基坑（槽）底的土质；基础中心线的位置；基础的底标高；基础各部分尺寸
钢筋混凝土工程	模板的位置、标高及各部分尺寸；预埋件及预留孔的位置和牢固程度；模板内部的清理及湿润情况；混凝土组成材料的重量情况；现浇混凝土的配合比；预制构件的安装位置及标高；预制构件接头情况；预制构件起吊时预测强度
砖石工程	墙身中心线位置；皮数杆上砖皮划分及其竖立标高；砂浆配合比
屋面工程	沥青玛琋脂配合比
管道工程	暖气、热力、给水、排水、煤气管道的标高及其坡度；化粪池、检查井的底标高及各部分尺寸
电气工程	变电、配电的位置；高低压进出口方向；电缆沟的位置及标高；送电方向
其他	工业设备、仪器仪表的完好程度、数量及规格，以及根据工程需要指定的复核项目

隐蔽工程验收项目内容 表 1-13

分部	项目	检查内容
地基基础与主体结构	土方工程	基槽、房心回填前检查基底清理、基底标高、槽底几何尺寸；钎探记录及探点平面布置，钎径、锤重、落距；基坑局部加固处理记录、平面图
	支护工程	检查锚杆、土钉的品种、规格、数量、质量、位置、插入长度、钻孔直径、深度及角度；检查地下连续墙的成槽宽度、深度、垂直度、钢筋笼规格、位置、槽底清理、沉渣厚度
	桩基工程	检查钢筋笼规格、尺寸、沉渣厚度、清孔情况
	地基处理	人工地基试验记录；换土垫层，灰土挤密桩、碾压夯实，排水固结，化学加固的方法、深度、标高、位置、数量、质量；处理平面图；土壤试验报告；试压资料；灰土打桩资料
	地下防水工程	检查混凝土变形缝、施工缝、后浇带、穿墙套管、埋设件等设置的形式和构造；人防出口止水做法；防水层基层、防水材料规格、厚度、铺设方式、阴阳角处理、搭接密封处理等
	砌体工程	基础标高；主要断面尺寸；砖、砌体和砂浆配合比及强度等级
	混凝土结构工程（基础、主体）	检查用于绑扎的钢筋品种、规格、数量、位置、锚固和接头位置、搭接长度、保护层厚度和除锈、除污情况、钢筋代换及胡子筋处理；检查钢筋连接形式、连接种类、接头位置、数量及焊条、焊剂、焊口形式、焊缝长度、厚度及表面清渣和连接质量
	预应力工程	检查预留孔道的规格、数量、位置、形状、端部预埋垫板；预应力筋下料长度、切断方法、竖向位置偏差、固定、护套的完整性；锚具、夹具、连接点组装
	钢结构工程	检查地脚螺栓规格、位置、埋设方法、紧固；焊条品种、焊口规格、焊缝长度、数量、外观、清渣、焊接质量
	保温	外墙内、外保温构造节点做法

分 部	项 目	检 查 内 容
建筑装饰装修	地面工程	检查各基层（垫层、找平层、隔离层、防水层、填充层、地龙骨）材料品种、规格、铺设厚度、方式、坡度、标高、表面情况、密封处理、粘结情况
	抹灰工程	具有加强措施的抹灰应检查其加强构造的材料规格、铺设、固定、搭接
	门窗工程	检查预埋件和紧固件、螺栓等的规格数量、位置、间距、埋设方式、与框的连接方式、防腐处理、缝隙的嵌填、密封材料的粘结
	吊顶工程	检查吊顶龙骨及吊件材质、规格、间距、连接方式、固定方法、表面防火、防腐处理、外观情况、接缝和边缝情况、填充和吸声材料的品种、规格、铺设、固定情况
	轻质隔墙工程	检查预埋件、连接件、拉结筋的规格位置、数量、连接方式、与周边墙体及顶棚的连接、龙骨的连接、间距、防火、防腐处理、填充材料设置
	饰面板（砖）工程	检查预埋件、后置埋件、连接件规格、数量、位置、连接方式、防腐处理等；有防水构造的部位应检查找平层、防水层的构造做法，同地面工程检查
	幕墙工程	检查构件之间以及构件与主体结构的连接节点的安装及防腐处理；幕墙四周、幕墙与主体结构之间间隙节点的处理、封口的安装；幕墙伸缩缝、沉降缝、防震缝及墙面砖角节点的安装；幕墙防雷接地节点的安装
	细部工程	检查预埋件、后置埋件、连接件规格、数量、位置、连接方式、防腐处理
建筑屋面	各种屋面	检查基层、找平层、隔离层、防水层、保温层、材料品种、规格、铺设方式、厚度、搭接宽度、接缝处理、粘结情况；附加层、天沟、檐沟、泛水和变形缝细部做法、隔离层设置、密封处理部位

3. 施工验收阶段的职责

按照建筑工程质量验收规范对检验批、分项工程、分部工程、单位工程进行验收，办理验收手续，填写验收记录，整理有关的工程项目质量的技术文件，归档保存。

第八节 建筑工程施工质量有关规范

一、《工程建设标准强制性条文》（2009版）

1. 强制性条文执行的政策和法律依据

《工程建设标准强制性条文》（房屋建筑部分）（以下简称《强制性条文》）的制定和发布，根据《建设工程质量管理条例》（国务院令第279号）和《实施工程建设强制性标准监督规定》（原建设部令第81号），原建设部组织有关单位对房屋建筑部分2002年版《强制性条文》进行了修订。2009版《强制性条文》补充了2002年以后新发布的国家标准和行业标准（截至2008年12月31日）中的强制性条文，并经适当调整、修订而成，现已出版发行。

2. 强制性条文的管理

《强制性条文》由住房和城乡建设部负责管理和解释，住房和城乡建设部标准定额研究所组织中国建筑工业出版社出版发行。

《强制性条文》发布后，在执行《强制性条文》的过程中，应系统掌握现行工程建设标准，全面理解强制性条文的准确内涵，以保证《强制性条文》的贯彻执行。在此之后批准的强制性条文，将替代或补充本《强制性条文》中相应的内容。

住房和城乡建设部履行全国工程建设标准化工作的综合管理职能。

国务院各有关部门履行本行业工程建设标准化工作的管理职能。

各地建设行政主管部门履行本行政区域工程建设标准化工作的管理职能。

3. 强制性条文的重要意义

《强制性条文》的主要内容是现行房屋建筑工程国家标准和行业标准中直接涉及人民生命财产安全、人身健康、节能、节地、节水、节材、环境保护和其他公众利益以及保护资源、节约投资、提高经济效益和社会效益等政策要求的条文。列入《强制性条文》的所有条文都必须严格执行。

《强制性条文》是参与建设活动各方执行工程建设强制性标准和政府对执行情况实施监督的依据。《强制性条文》是国务院《建设工程质量管理条例》的一个配套文件，是工程建设强制性标准实施监督的依据，违反本《强制性条文》将按照建设部令81号《实施工程建设强制性标准监督规定》进行处罚。对不按照现行工程建设标准执行，造成工程事故和隐患的，应以现行工程建设标准为依据按照有关法规进行处罚。

4. 强制性条文执行注意事项

（1）正确理解强制性条文与强制性标准的关系。

（2）全面准确执行强制性条文和强制性标准的规定。

（3）《强制性条文》发布后，在执行本《强制性条文》的过程中，应系统掌握现行工程建设标准，全面理解强制性条文的准确内涵，以保证《强制性条文》的贯彻执行。在此之后批准的强制性条文，将替代或补充本《强制性条文》中相应的内容。

二、《工程建设施工企业质量管理规范》（GB/T 50430—2007）（2007－10－23 发布，2008－03－01 实施）

该规范内容共 13 章，包括：总则，术语，质量管理要求，组织机构和职责，人力资源管理，施工机具管理，投标及合同管理，建筑材料、构配件和设备管理，分包管理，工程项目施工质量管理，施工质量检查与验收，质量管理自查与评价，质量信息和质量管理改进。

通过规范的解读，应掌握施工企业质量管理的基本要求，了解质量管理的内容和质量体系的要求，掌握施工企业对工程项目施工质量管理的要求，掌握施工质量检查与验收的相关规定，了解施工企业应具备的质量管理自查与评价要求。

1. 总则

该规范适用于建设工程施工企业（以下简称"企业"）的质量管理活动。该规范是企业质量管理的标准，也是对其监督、检查和评价的依据。

该规范所确定的是施工企业质量管理的一般内容。第十章第三节、第四节对没有施工过程设计和施工详图设计的企业不予约束。

2. 质量管理基本要求

企业应按照该规范的要求，结合自身特点和质量管理需要，建立质量管理体系，并形成文件。制定企业质量方针和质量目标。对企业质量管理活动进行策划并组织实施。并对质量管理活动的过程和结果进行检查、分析并持续改进。

(1) 企业质量管理包括：质量方针和目标；组织机构和职责；资源管理；投标及合同管理；建筑材料、构配件和工程设备采购管理；施工过程管理；分包管理；施工质量检查与验收；质量管理自查与评价；质量信息管理和质量改进10个方面内容。

(2) 质量管理体系文件应包括：质量方针和质量目标；质量手册；质量管理制度；质量管理制度必要的支持性文件；质量管理的各项记录5个文件。施工企业应建立内部质量管理监督检查和考核机制，对质量管理体系的适宜性和有效性进行评审和改进。

3. 组织机构和职责

企业应明确质量管理体系组织机构，配备相应质量管理人员，设置相应的部门和岗位，规定其职责和权限，并形成文件。

4. 人力资源管理

施工企业应建立并实施人力资源管理制度，对人力资源的配置和培训作出规定。根据质量管理长远目标，制定人力资源发展规划，满足企业质量管理需要。

项目经理、施工质量检查人员、特种作业人员等应按照国家法律法规的要求持证上岗。

5. 施工机具管理

施工企业应建立并实施施工机具管理制度，对施工机具的配备、进场验收、安装调试、使用维护等作出规定，并明确各管理层次及岗位在施工机具管理中的职责。

施工企业应明确施工机具供应方的评价标准，依法与施工机具供应方订立合同，明确对施工机具质量及服务的要求。

6. 投标及合同管理

施工企业应依法建立并实施工程项目投标及工程承包合同管理制度，规定相应的职责和流程，并形成文件。

施工企业应依法进行施工项目投标及签约活动，并对合同的履行情况进行监控。

7. 建筑材料、构配件和设备管理

施工企业应根据工程项目施工的需要建立建筑材料、构配件和设备采购管理制度，对建筑材料、构配件和设备的采购、验收、现场管理进行规定。并明确主管职能部门、项目经理部在采购、验收、日常管理中的职责。

企业应根据施工需要确定和配备项目所需的建筑材料、构配件和设备。应按照管理制度的规定审批各类计划。采购计划中应明确建筑材料、构配件和设备的种类、规格、型号、数量、质量要求、进场时间以及采购验证的具体安排。

施工企业应对供应方经营资格和信誉；建筑材料、构配件和设备质量；供货能力；建筑材料、构配件和设备的价格；售后服务五个方面进行评价，合理选择建筑材料、构配件和设备的供应方。

企业应按照有关规定和标准对发包方提供的建筑材料、构配件和设备进行验收。

8. 分包管理

企业应依法建立并实施分包管理制度，规定各管理层次在分包管理活动中的职责、权限和活动要求，对提供劳务、专业工程承包、设备租赁和技术服务的分包方实施管理，并对分包方的评价内容提出了要求。

企业应根据国家有关法律法规和合同的规定对分包工程承担相关责任。

企业应对分包项目实施过程的控制，对分包方的履约情况进行评价并保存记录，作为重新评价和选择的依据。

9. 工程项目施工质量管理

企业应依法建立并实施施工管理制度，对项目质量管理策划、施工图设计、施工过程设计、施工准备、施工质量控制和服务的管理予以规定。

企业应对项目经理部的质量管理进行监督、检查和考核并形成文件。

企业应按照规定完成验收工作，进行工程移交并做好移交期间的防护，明确移交和防护的职责。

明确了工程项目质量管理策划应包括的内容。

10. 施工质量检查与验收

企业应建立并组织实施施工质量检查制度。企业应规定各层次对施工质量检查与验收活动进行监督的职责和权限。检查和验收活动应由具备资格的人员实施。企业对分包工程的质量检查验收应符合本规定。

企业应配备和管理施工质量检查所需的各类检测设备。

11. 质量管理自查与评价

企业应建立质量管理自查与评价制度，对质量管理活动进行监督检查。施工企业应对监督检查的职责、权限、频度和方法作出明确规定。

明确了实施监督检查的依据及检查的内容。

12. 质量信息和质量管理改进

企业应采用信息管理技术，通过质量管理信息资源的开发和利用，提高质量管理水平。

企业应建立质量信息管理和质量管理改进制度，通过对质量信息的收集、整理、加工和分析，确定改进的目标，制定并实施质量改进措施。

企业应明确各层次、各岗位的质量信息管理和质量管理改进职责。

企业的质量管理改进活动应包括：质量方针和目标的管理、信息分析、监督检查、质量管理体系评价、纠正与预防措施等。

企业应根据对质量管理体系的分析评价，对质量管理进行改进与创新，提出改进目标，制订和实施改进措施，跟踪改进的效果。

三、《建筑工程施工质量评价标准》（GB/T 50375—2006）

《建筑工程施工质量评价标准》是优良工程评定的新标准。

现行《建筑工程施工质量验收统一标准》（GB 50300—2001）自 2002 年 1 月 1 日实施以来，取消了建筑工程质量优良等级的评定标准，只规定了质量合格标准。为了满足企业创优要求，促进工程质量管理工作的开展，2006 年国家发布了《建筑工程施工质量评价标准》（GB/T 50375—2006）推荐性的国家标准，为优良工程提供了一个有统一基本评价指标和方法的评价标准，以规范创优活动，增强施工企业和地区之间的可比性。

建筑工程施工质量优良评价应在工程质量按《建筑工程施工质量验收统一标准》（GB/T 50375—2006）及其配套的各专业工程质量验收规范验收合格的基础上评价优良等级。

施工质量评价应根据工程特点，按照工程部位，系统分为地基及桩基工程、结构工程、屋面工程、装饰装修工程及安装工程五部分。

施工质量优良评价，应先由施工单位按规定自行检查评定，然后由监理或有关单位验收评价，并出具评价报告。工程结构施工质量优良评价应在施工过程中对施工现场采用随机抽样的方法进行必要的抽查，并做好记录。

施工质量优良评价采用计分的方法。工程质量评价分为优良工程和高质量优良工程两个等级：评价总分大于等于85分为优良工程；评价总分达到92分及以上的为高质量等级的优良工程。

工程结构、单位工程施工质量出现下列情况之一的不得进行优良评价：

（1）使用国家明令淘汰的建筑材料、建筑设备、耗能高的产品及民用建筑挥发性有害物质含量释放量超过国家规定的产品。

（2）地下工程渗漏超过有关规定，屋面防水出现渗漏，超过标准的不均匀沉降，超过规范规定的结构裂缝，存在加固补强工程以及施工过程出现重大质量事故的。

（3）评价项目中设置否决项。确定否决项的条件是：其评价得分达不到二档，实得分达不到85%的标准分值；没有二档的为一档，实得分达不到100%的标准分值。

对有特色工程给予加分（加分只限一次）。

工程结构、单位工程质量评价后均应由评价机构出具评价报告，包括下列内容：工程概况、工程评价情况、工程竣工验收情况、工程结构及单位工程质量评价情况及结果。

第二章　建筑工程施工质量验收

第一节　建筑工程质量验收的基本规定

建筑工程质量验收按照"验评分离、强化验收、完善手段、过程控制"的指导原则。

一、建筑工程施工质量管理

施工现场质量管理应有相应的施工技术标准、健全的质量管理体系、施工质量检验制度和综合施工质量水平评定考核制度。施工现场质量管理可按表2-1的要求进行检查、记录。

施工现场质量管理检查记录　　　　　　　　表2-1

开工日期

工程名称			施工许可证（开工证）	
建设单位			项目负责	
设计单位			项目负责人	
监理单位			总监理工程师	
施工单位		项目经理	项目技术负责人	
序号	项目		内容	
1	现场质量管理制度			
2	质量责任制			
3	主要专业工种操作上岗证书			
4	分包方资质与对分包单位的管理制度			
5	施工图审查情况			
6	地质勘察资料			
7	施工组织设计、施工方案及审批			
8	施工技术标准			
9	工程质量检验制度			
10	搅拌站及计量设置			
11	现场材料、设备存放与管理			
12				
检查结论：　　　　　　　　　　　　　　总监理工程师 　　　　　　　　　　　　　　（建设单位项目负责人）　　年　月　日				

二、建筑工程施工质量控制的基本要求

（1）建筑工程采用的主要材料、半成品、成品、建筑构配件、器具和设备应进行现场验收。凡涉及安全、功能的有关产品，应按各专业工程质量验收规范规定进行复验，并应

经监理工程师（建设单位技术负责人）检查认可。

（2）各工序应按施工技术标准进行质量控制，每道工序完成后，应进行检查。

（3）相关各专业工种之间应进行交接检验，并形成记录。未经监理工程师（建设单位技术负责人）检查认可，不得进行下道工序施工。

施工单位每道工序完成后除了自检、专职质量检查员检查外，还强调了工序交接检查，上道工序还应满足下道工序的施工条件和要求；同样，相关专业工序之间也应进行中间交接检验，使各工序间和各相关专业工程之间形成一个有机的整体。这种工序的检验实质上是质量的合格控制。

三、建筑工程施工质量验收要求

（1）建筑工程施工质量应符合《建筑工程施工质量验收统一标准》（GB 50300—2001）和相关专业验收规范的规定。

（2）建筑工程施工应符合工程勘察、设计文件的要求。

（3）参加工程施工质量验收的各方人员应具备规定的资格。

（4）工程质量的验收均应在施工单位自行检查评定的基础上进行。

（5）隐蔽工程在隐蔽前应由施工单位通知有关单位进行验收，并应形成验收文件。

（6）涉及结构安全的试块、试件以及有关材料，应按规定进行见证取样检测。

（7）检验批的质量应按主控项目和一般项目验收。

（8）对涉及结构安全和使用功能的重要分部工程应进行抽样检测。

（9）承担见证取样检测及有关结构安全检测的单位应具有相应资质。

（10）工程的观感质量应由验收人员通过现场检查，并应共同确认。

四、检验批的质量检验

（1）计量、计数或计量-计数等抽样方案。

（2）一次、二次或多次抽样方案。

（3）根据生产连续性和生产控制稳定性情况，尚可采用调整型抽样方案。

（4）对重要的检验项目，当可采用简易快速的检验方法时，可选用全数检验方案。

（5）经实践检验有效的抽样方案。

五、检验批的抽样方案中有关规定

生产方风险（或错判概率 α）和使用方风险（或漏判概率 β）按下列要求采取：

（1）主控项目：对应于合格质量水平的 α 和 β 均不宜超过 5%。

（2）一般项目：对应于合格质量水平的 α 不宜超过 5%，β 不宜超过 10%。

第二节　建筑工程质量验收的划分

建筑工程质量验收应划分为单位（子单位）工程、分部（子分部）工程、分项工程和检验批。

一、单位工程划分的确定原则

（1）具备独立施工条件并能形成独立使用功能的建筑物及构筑物为一个单位工程。

（2）建筑规模较大的单位工程，可将其能形成独立使用功能的部分作为一个子单位工程。

由于建筑规模较大的单体工程和具有综合使用功能的综合性建筑物日益增多，其中具备使用功能的某一部分有可能需要提前投入使用，以发挥投资效益。或某些规模特别大的工程，采用一次性验收、整体交付使用可能会带来不便，因此，可将此类工程划分为若干个具备独立使用功能的子单位工程进行验收。

具有独立施工条件和能形成独立使用功能是单位（子单位）工程划分的两个基本要求。单位（子单位）工程划分通常应在施工前确定，并应由建设、监理、施工单位共同协商确定。这样不仅利于操作，而且可以方便施工中据此收集整理施工技术资料和进行验收。

二、分部工程划分的确定原则

（1）分部工程的划分应按专业性质、建筑部位确定。

（2）当分部工程较大或较复杂时，可按材料种类、施工特点、施工程序、专业系统及类别等划分为若干子分部工程。

三、分项工程的划分

分项工程应按主要工种、材料、施工工艺、设备类别等进行划分。

分项工程可由一个或若干检验批组成，检验批可根据施工及质量控制和专业验收需要按楼层、施工段、变形缝等进行划分。

四、检验批工程划分

检验批可以看作是工程质量正常验收过程中的最基本单元。分项工程划分成检验批进行验收，既有助于及时纠正施工中出现的质量问题，确保工程质量，也符合施工中的实际需要，便于具体操作。

（1）通常多层及高层建筑工程中主体分部的分项工程可按楼层或施工段来划分检验批，单层建筑工程中的分项工程可按变形缝等划分检验批。

（2）地基基础分部工程中的分项工程一般划分为一个检验批，有地下层的基础工程可按不同地下层划分检验批。

（3）屋面分部工程中的分项工程的不同楼层屋面可划分为不同的检验批。

（4）其他分部工程中的分项工程，一般按楼层划分检验批。

（5）对于工程量较少的分项工程，可统一划分为一个检验批。

（6）安装工程一般按一个设计系统或设备组别划分为一个检验批。

（7）室外工程统一划分为一个检验批，散水、台阶、明沟等通常含在地面检验批中。

地基基础中的土石方、基坑支护子分部工程及混凝土工程中的模板工程，虽不构成建筑工程实体，但它是建筑工程施工不可缺少的重要环节和必要条件，其施工质量如何，不仅关系到能否施工和施工安全，也关系到建筑工程的质量，因此将其也列入施工验收的内容。显然，对这些内容的验收，更多的是过程验收。

建筑工程的分部（子分部）、分项工程的具体划分见《建筑工程施工质量验收统一标准》（GB 50300—2001）相关规定。

五、室外工程的划分

可根据专业类别和工程规模划分单位（子单位）工程。

室外单位（子单位）工程、分部工程可按表2-2采用。

室外工程划分表 表 2-2

单位工程	子单位工程	分部（子分部）工程
室外建筑环境	附属建筑	车棚、围墙、大门、挡土墙、垃圾收集站
	室外环境	建筑小品、道路、亭台、连廊、花坛、场坪绿化
室外安装	给水排水与采暖	室外给水系统、室外排水系统、室外供热系统
	电气	室外供电系统、室外照明系统

第三节　建筑工程质量验收

一、检验批质量验收

检验批是建筑工程质量验收的最小单位，是判定单位工程质量合格的基础。检验批质量合格应符合下列规定：

1. 主控项目和一般项目的质量抽样检验合格

（1）主控项目是指对检验批质量有致命影响的检验项目。它反映了该检验批所属分项工程的重要技术性能要求，主控项目中所有子项必须全部符合各专业验收规范规定的质量指标，方能判定该主控项目质量合格。反之，只要其中某一子项甚至某一抽查样本检验后达不到要求，即可判定该检验批质量不合格，则该检验批拒收。换言之，主控项目中某一子项甚至某一抽查样本的检查结果为不合格时，即行使对检验批质量的否决权。

主控项目涉及的内容主要有：

1）建筑材料、构配件及建筑设备的技术性能及进场复检要求。

2）涉及结构安全、使用功能的检测、抽查项目，如试块的强度、挠度、承载力，外窗的三性要求等。

3）任一抽查样本的缺陷都可能会造成致命影响、须严格控制的项目，如桩的位移、钢结构轴线、电气设备的接地电阻等。

（2）一般项目是指除主控项目外，对检验批质量有影响的检验项目，当其中缺陷（指超过规定质量指标的缺陷）的数量超过规定的比例，或样本的缺陷程度超过规定的限度后，对检验批质量会产生影响。它反映了该检验批所属分项工程的一般技术性能要求。一般项目的合格判定条件：抽查样本的80%及以上（个别项目为90%以上）符合各专业验收规范规定的质量指标，其余样本的缺陷通常不超过规定允许偏差的1.5倍（个别规范规定为1.2倍，如钢结构验收规范等）。具体应根据各专业验收规范的规定执行。

2. 具有完整的施工操作依据和质量检查记录

检验批施工操作依据的技术标准应符合设计、验收规范的要求。采用企业标准的不能低于国家、行业标准。有关质量检查的内容、数据、评定，由施工单位项目专业质量检查员填写，检验批验收记录及结论由监理单位项目专业监理工程师填写完整。

3. 检验批质量验收结论

只有检验项目均符合以上 1、2 两项要求，该检验批质量方能判定合格。若其中有一项不符合要求，该检验批质量则不得判定为合格。

检验批质量验收记录应按表 2-3 的格式填写。

检验批质量验收记录　　　　　　　　　　　　　表 2-3

工程名称		分项工程名称			验收部位	
施工单位			专业工长		项目经理	
施工执行标准 名称及编号						
分包单位			分包项目经理		施工班组长	
		质量验收规范的规定	施工单位检查评定记录		监理（建设）单位验收记录	
主控项目	1					
	2					
	3					
	4					
	5					
	6					
	7					
	8					
	9					
一般项目	1					
	2					
	3					
	4					
施工单位检验 结果评定	项目专业质量检查 年　　月　　日					
监理（建设）单位 验收结论	监理工程师（建设单位项目专业技术负责人） 年　　月　　日					

二、分项工程质量验收

1. 分项工程质量验收内容和要求

分项工程是由所含性质、内容一样的检验批汇集而成,是在检验批的基础上进行验收的,实际上是一个汇总统计的过程,并无新的内容和要求,但验收时应注意:

(1) 应核对检验批的部位是否全部覆盖分项工程的全部范围,有无缺漏部位未被验收。

(2) 检验批验收记录的内容及签字人是否正确、齐全。

(3) 分项工程质量验收可按表 2-4 的要求填写。

_____分项工程质量验收记录　　　　　　　　表 2-4

工程名称		结构类型		检验批数	
施工单位		项目经理		项目技术负责人	
分包单位		分包单位负责人		分包项目经理	
序号	检验批部位、区段	施工单位检查评定结果	监理(建设)单位验收结论		
1					
2					
3					
4					
5					
6					
7					
8					
9					
10					
11					
12					
13					
14					
检查结论	项目专业技术负责人: 　年　月　日	验收结论	监理理工程师: (建设单位项目专业技术负责人) 　　　年　月　日		

2. 分项工程质量合格应符合下列规定

(1) 分项工程所含的检验批均应符合合格质量的规定。

(2) 分项工程所含的检验批的质量验收记录应完整。

三、分部(子分部)工程质量验收

分部(子分部)工程仅含一个子分部时,应在分项工程质量验收基础上,直接对分部工程进行验收;当分部工程含有两个及两个以上子分部工程时,则应在分项工程质量验收的基础上，先行对子分部工程分别进行验收，再将子分部工程汇总成分部工程。分部（子分部）工程质量验收合格应符合下列规定：

1. 分部（子分部）工程所含分项的质量均应验收合格

（1）分部（子分部）工程所含各分项工程施工均已完成；每个分项工程验收应正确。

（2）所含分项工程归纳整理无缺漏，各分项工程划分正确，全部分项工程均已进行了验收。

（3）各分项工程均按规定通过了合格质量验收；分项工程的资料完整，无缺项漏项，填写正确，分项验收人签字应齐全。

2. 质量控制资料应完整

主要包括三个方面：

（1）核查和归纳各检验批的验收记录资料，查对其是否完整。有些龄期要求较长的检测资料，在分项工程验收时，尚不能及时提供，应在分部（子分部）工程验收时进行补查。

（2）检验批验收时，要求检验批资料准确完整后，方能对其开展验收。对在施工中质量不符合要求的检验批、分项工程按有关规定进行处理后的资料归档审核。

（3）注意核对各种资料的内容、数据及验收人员签字的规范性。

3. 地基与基础、主体结构和设备安装工程质量验收要求

地基与基础，主体结构和设备安装等分部工程有关安全及功能的检验和抽样检测结果应符合有关规定。

有关对涉及结构安全及使用功能检验（检测）的要求，应按设计文件及专业专质量验收规范中所作的具体规定执行。抽检其检测项目在各专业质量验收规范中已有明确规定，在验收时应注意以下三个方面。

（1）检查各规范中规定的检测项目是否都进行了测试，不能进行测试的项目应该说明原因。

（2）查阅各项检验报告（记录），核查有关抽样方案、测试内容、检测结果等是否符合有关标准规定。

（3）核查有关检测机构的资质、取样与送样见证人员资格、报告出具单位责任人的签署情况是否符合要求。

4. 观感质量验收应符合要求

观感质量验收系指在分部工程所含的分项项目完成后，在前三项检查的基础上，对已完工部分工程的质量，采用目测、触摸和简单量测等方法所进行的一种宏观检查方式。由于其检查的内容和质量指标已包含在各个分项工程内，所以对分部工程进行观感质量检查和验收，并不增加新的项目，只是转换一下角度，采用更直观、便捷、快速的方法，对工程质量从外观上作一次重复的、扩大的、全面的检查，这是由建筑工程的特点所决定的，也是十分必要的。

（1）尽管其所包含的分项工程都已经过检查和验收，但随着时间的推移、气候的变化、荷载的递增等，可能会出现质量变异情况。

（2）弥补受抽样方案局限造成的检查数量不足和后续施工部位原先检查不到的缺憾，扩大了检查面。

（3）通过对专业分包工程的质量验收和评价，分清了质量责任，可减少质量纠纷，既

促进了专业分包队伍技术素质的提高，又增强了后续施工对产品的保护意识。

观感质量验收并不给出"合格"或"不合格"的结论，而是给出"好、一般或差"的总体评价。所谓"好"是指在质量符合验收规范的基础上，能达到精致、流畅、匀净的要求，精度控制好；所谓"一般"是指经观感质量检查能符合验收规范的要求；"所谓"差是指勉强达到验收规范的要求，但质量不够稳定，离散性较大，给人以粗疏的印象。观感质量验收若发现有影响安全、功能的缺陷，有超过偏差限值或明显影响观感效果的缺陷，则应处理后再进行验收。

评价时，施工企业应先行自检合格后，由监理单位验收，参加评价的人员应具有相应的资格，由总监理工程师组织，不少于三位监理工程师检查。在听取其他参加人员的意见后，共同作出评价，但总监理工程师的意见应为主导意见。在作评价时，可分项目逐项评价，也可按项目进行大的方面综合评价，最后对分部（子分部）作出评价。

四、单位（子单位）工程质量验收

单位工程未划分子单位工程时，应在分部工程质量验收的基础上，直接对单位工程进行验收；当单位工程划分为若干子单位工程时，则应在分部工程质量验收的基础上，先对子单位工程进行验收，再将子单位工程汇总成单位工程。

单位（子单位）工程质量验收合格应符合下列规定：

1. 单位（子单位）工程所含分部（子分部）工程的质量均应验收合格

（1）设计文件和承包合同所规定的工程项目已全部完成。

（2）各分部（子分部）工程划分正确。

（3）各分部（子分部）工程均按规定通过了合格质量验收。

（4）各分部（子分部）工程验收记录表内容完整，填写正确，收集齐全。

2. 质量控制资料应完整

质量控制资料完整是指所收集的资料，能反映工程所采用的建筑材料、构配件和建筑设备的质量技术性能，施工质量控制和技术管理状况，涉及结构安全和使用功能的施工试验和抽样检测结果，及建设参与各方参加质量验收的原始依据、客观记录、真实数据和执行见证等资料，能确保工程结构安全和使用功能，满足设计要求。它是评价工程质量的主要依据，是印证各方各级质量责任的证明，也是工程竣工交付使用的"合格证"与"出厂检验报告"。单位工程验收时，应对所有工程资料进行核查，其重点是检查是否需要拾遗补缺，以达到完整无缺的要求。

质量控制资料核查的具体内容按表 2-5 的要求进行。

单位（子单位）工程质量控制资料检查应在施工单位自检的基础上进行，施工单位应在表中填上资料的份数，监理单位应填上核查意见，总监理工程师应给出质量控制资料"完整"或"不完整"的结论。

3. 单位（子单位）工程所含分部工程有关安全和功能的检测资料应完整

本项检查是在前项检查的基础上对其中涉及结构安全和功能的检测资料所作的一次重点抽查，体现了新的规范对涉及结构安全和使用功能方面的强化作用，这些检测资料直接反映了房屋建筑物、附属构筑物及其建筑设备的技术性能，其他规定的试验、检测资料共同构成建筑产品一份型式检验报告。检查的内容按表 2-6 的要求进行。

质量控制资料核查表

表 2-5

工程名称			施工单位		
序号	项目	资料名称	份数	核查意见	核查人
1	建筑与结构	图纸会审、设计变更、洽商记录			
2		工程定位测量、放射线记录			
3		原材料出厂合格证书及进场检（试）验报告			
4		施工试验报告及见证检测报告			
5		隐蔽工程验收表			
6		施工记录			
7		预制构件、预拌混凝土合格证			
8		地基、基础、主体结构检验及抽样检测资料			
9		分项、分部工程质量验收记录			
10		工程质量事故及事故调查处理资料			
11		新材料、新工艺施工记录			
12					
1	给水排水与采暖	图纸会审、设计变更、洽商记录			
2		材料、配件出厂合格证书及进场检（试）验报告			
3		管道、设备强度试验、严密性试验记录			
4		隐蔽工程验收表			
5		系统清洗、灌水、通水、通球试验记录			
6		施工记录			
7		分项、分部工程质量验收记录			
8					
1	建筑电气	图纸会审、设计变更、洽商记录			
2		材料、设备出厂合格证书及进场检（试）验报告			
3		设备调试记录			
4		接地、绝缘电阻测试记录			
5		隐蔽工程验收表			
6		施工记录			
7		分项、分部工程质量验收记录			
8					
1	通风与空调	图纸会审、设计变更、洽商记录			
2		材料、设备出厂合格证书及进场检（试）验报告			
3		制冷、空调、水管道强度试验、严密性试验记录			
4		隐蔽工程验收表			
5		制冷设备运行调试记录			
6		通风、空调系统调试记录			
7		施工记录			
8		分项、分部工程质量验收记录			
9					

工程名称			施工单位		
序号	项目	资料名称	份数	核查意见	核查人
1	电梯	土建布置图纸会审、设计变更、洽商记录			
2		设备出厂合格证书及进场检（试）验报告			
3		隐蔽工程验收表			
4		施工记录			
5		接地、绝缘电阻测试记录			
6		负荷试验、安全装置检查记录			
7		分项、分部工程质量验收记录			
8					
1	建筑智能化	图纸会审、设计变更、洽商记录、竣工图及设计说明			
2		材料、设备出厂合格证书、技术文件及进场检（试）验报告			
3		隐蔽工程验收表			
4		系统功能测定及设备调试记录			
5		系统技术、操作和维护手册			
6		系统管理、操作人员培训记录			
7		系统检测报告			
8		分项、分部工程质量验收记录			
9					

结论：

施工单位项目经理　　　年　月　日　　　　　　总监理工程师（建设单位项目负责人）　年　月　日

单位（子单位）工程安全和功能检验资料核查及主要功能抽查记录　　　表 2-6

工程名称			施工单位			
序号	项目	安全和功能检查项目	份数	核查意见	抽查结果	核查（抽查）人
1	建筑与结构	屋面淋水试验记录				
2		地下室防水效果检查记录				
3		有防水要求的地面蓄水试验记录				
4		建筑物垂直度、标高、全高测量记录				
5		抽气（风）道检查记录				
6		幕墙及外窗气密性、水密性、耐风压检测报告				
7		建筑物沉降观测测量记录				
8		节能、保温测试记录				
9		室内环境检测报告				
10						

工程名称				施工单位		
序号	项目	安全和功能检查项目	份数	核查意见	抽查结果	核查(抽查)人
1	给水排水与采暖	给水管道通水试验记录				
2		暖气管道、散热器压力试验记录				
3		卫生器具满水试验记录				
4		消防管道、燃气管道压力试验记录				
5		排水干管通球试验记录				
6						
1	电气	照明全负荷试验记录				
2		大型灯具牢固性试验记录				
3		避雷接地电阻测试记录				
4		线路、插座、开关接地试验记录				
5						
1	通风与空调	通风、空调系统运行记录				
2		风量、温度测试记录				
3		洁净室洁净度测试记录				
4		制冷机组试运行调试记录				
5						
1	电梯	电梯运行记录				
2		电梯安全装置检测报告				
1	智能建筑	系统试运行记录				
2		系统电源及接地检测报告				
3						

结论:

施工单位项目经理　　　年　　月　　日　　总监理工程师(建设单位项目负责人)　　　年　　月　　日

　　单位(子单位)工程安全和功能检验资料核查表的份数应由施工单位填写,总监理工程师应逐一进行核查,尤其对检测的依据、结论、方法和签署情况应进行认真审核,并在表上填写核查意见,给出"完整"或"不完整"的结论。

　　4. 主要功能项目的抽查结果应符合相关专业质量验收规范的规定

　　这项检查是在施工单位自查全部合格的基础上,由参加验收的各方人员商定,由监理单位实施抽查。抽查可选择其中在当地容易发生质量问题或施工单位质量控制比较薄弱的项目和部位进行抽查。其中涉及应由有资质检测单位检查的项目,监理单位应委托检测,其余项目可由自己进行实体检查,施工单位应予配合。对于查出的影响使用功能的质量问题,必须全数整改,达到各专业验收规范的要求。对于检查中发现的倾向性质量问题,则应调整抽样方案,或扩大样本数量,甚至采用全数检查方案。

　　功能抽查的项目,不应超出上表的规定范围,合同另有约定的不受上表的限制。主要功能抽查完成后,总监理工程师应在上表中填写抽查意见,并给出"符合"或"不符合"

验收规范的结论。

5. 观感质量验收应符合要求

单位（子单位）工程观感质量验收与主要功能项目的抽查一样，相当于商品的"出厂"检验，其重要性是显而易见的。其检查的要求、方法与分部工程相同，其检查内容见表2-7。

表 2-7

单位（子单位）工程观感质量检查记录　　　　　　　　　　表 2-7

工程名称									施工单位						
序号		项目	抽查质量状况										质量评价		
													好	一般	差
1	建筑与结构	室外墙面													
2		变形缝													
3		水落管、屋面													
4		室内墙面													
5		室内顶棚													
6		室内地面													
7		楼梯、踏步、栏杆													
8		门窗													
1	给水排水与采暖	管道接口、坡度、支架													
2		卫生器具、支架、阀门													
3		检查口、清扫口、地漏													
4		散热器、支架													
1	建筑电气	配电箱、盘、板、接线盒													
2		设备器具、开关、插座													
3		防雷、接地													
1	通风与空调	风管、支加													
2		风口、风阀													
3		风机、空调设备													
4		阀门、支架													
5		水泵、冷却塔													
6		绝热													
1	电梯	运行、平层、开关门													
2		层门、信号系统													
1	智能建筑	机房													
2		机房设备安装及布局													
3		现场设备安装													
观感质量综合评价															
检查结论	施工单位项目经理　　年　月　日					总监理工程师（建设单位项目负责人）　　　年　　月　　日									

为了减少受检查人员个人主观因素的影响，观感检查应至少3人以上共同参加，共同确定。观感质量检查应在施工单位自查的基础上进行，总监理工程师在表中填写观感质量综合评价后，并给出"符合"或"不符合"要求的检查结论。

单位（子单位）工程质量验收完成后，按表2-8的要求填写工程质量验收记录，其中：验收记录由施工单位填写；验收结论由监理单位填写；综合验收结论由参加验收各方共同商定，建设单位填写，并应对工程质量是否符合设计和规范要求及总体质量水平作出评价。

单位（子单位）工程质量竣工验收记录　　　　　　表2-8

工程名称		结构类型		层数/建筑面积	
施工单位		技术负责人		开工日期	
项目经理		项目技术负责人		竣工日期	

序号	项目	验收记录	验收结论
1	分部工程	共　分部，经查　分部，符合标准及设计要求　分部	
2	质量控制资料核查	共　项，经审核符合要求　项，经核定符合规范要求　项	
3	安全和主要使用功能核查及抽查结果	共核查　项，符合要求　项，共抽查　项，符合要求　项，经返工处理符合要求　项	
4	观感质量验收	共抽查　项，符合要求　项，不符合要求　项	
5	综合验收结论		

参加验收单位	建设单位	监理单位	施工单位	设计单位
	（公章）单位（项目）负责人　年　月　日	（公章）总监理理工程师　年　月　日	（公章）单位负责人　年　月　日	（公章）单位（项目）负责人　年　月　日

五、建筑工程质量不符合要求时的处理规定

1. 经返工重做或更换器具、设备的检验批，应重新进行验收。
2. 经有资质的检测单位检测鉴定能够达到设计要求的检验批，应予以验收。
3. 经有资质的检测单位检测鉴定达不到设计要求，但经原设计单位核算认可能够满足结构安全和使用功能的检验批，可予以验收。
4. 经返修或加固处理的分项、分部工程，虽改变外形尺寸但仍能满足安全使用要求，可按技术处理方案和协商文件进行验收。
5. 通过返修或加固处理仍不能满足安全使用要求的分部（子分部）工程、单位（子单位）工程，严禁验收。

第四节　工程质量验收程序和组织

一、检验批及分项工程的验收

检验批及分项工程应由监理工程师（建设单位项目技术负责人）组织施工单位项目专

业质量（技术）负责人等进行验收。

检验批和分项工程是建筑工程质量基础，因此，所有检验批和分项工程均应由监理工程师或建设单位项目技术负责人组织验收。验收前，施工单位先填好"检验批和分项工程的质量验收记录"（有关监理记录和结论不填），并由项目专业质量检验员和项目专业技术负责人分别在检验批和分项工程质量检验记录中相关栏目签字，然后由监理工程师组织，严格按规定程序进行验收。

二、分部工程的验收

分部工程应由总监理工程师（建设单位项目负责人）组织施工单位项目负责人和技术、质量负责人等进行验收；地基与基础、主体结构分部工程的勘察、设计单位工程项目负责人和施工单位技术、质量部门负责人也应参加相关分部工程验收。

工程监理实行总监理工程师负责制，因此分部工程应由总监理工程师（建设单位项目负责人）组织施工单位的项目负责人和项目技术、质量负责人及有关人员进行验收。因为地基基础、主体结构的主要技术资料和质量问题是归技术部门和质量部门掌握，所以规定施工单位的技术、质量部门负责人参加验收。

由于地基基础、主体结构技术性能要求严格，技术性强，关系到整个工程的安全，因此规定这些分部工程的勘察、设计单位工程项目负责人也应参加相关分部的工程质量验收。

三、施工单位自检

单位工程完工后，施工单位首先要依据质量标准、设计图纸等组织有关人员进行自检，并对检查结果进行评定，符合要求后向建设单位提交工程验收报告和完整的质量资料，请建设单位组织验收。

四、单位工程质量验收

建设单位收到工程验收报告后，应由建设单位（项目）负责人组织施工（含分包单位）、设计、监理等单位（项目）负责人进行单位（子单位）工程验收。由于设计、施工、监理单位都是责任主体，因此设计、施工单位负责人或项目负责人及施工单位的技术、质量负责人和监理单位的总监理工程师均应参加验收（勘察单位虽然也是责任主体，但已经参加了地基验收，故单位工程验收时，可以不参加）。

在一个单位工程中，对满足生产要求或具备使用条件，施工单位已预验，监理工程师已初验通过的子单位工程，建设单位可组织进行验收。由几个施工单位负责施工的单位工程，当其中的施工单位所负责的子单位工程已按设计完成，并经自行检验，也可组织正式验收，办理交工手续。在整个单位工程进行全部验收时，已验收的子单位工程验收资料应作为单位工程验收的附件。

单位工程由分包单位施工时，分包单位对所承包的工程项目规定的程序检查评定，总包单位应派人参加。分包工程完成后，应将工程有关资料交总包单位。由于《建设工程承包合同》的双方主体是建设单位和总承包单位，总承包单位应按照承包合同的权利义务对建设单位负责。分包单位对总承包单位负责，也应对建设单位负责。因此，分包单位对承建的项目进行检验时，总包单位应参加，检验合格后，分包单位应将工程的有关资料移交总包单位，待建设单位组织单位工程质量验收时，分包单位负责人应参加验收。

当参加验收各方对工程质量验收意见不一致时，可请当地建设行政主管部门或工程质量监督机构协调处理。

单位工程质量验收合格后，建设单位应在规定时间内将工程竣工验收报告和有关文件，报建设行政管理部门备案。建设工程竣工验收备案制度是加强政府监督管理，防止不合格工程流向社会的一个重要手段。建设单位应依据《建设工程质量管理条例》和建设部的有关规定，到县级以上人民政府建设行政主管部门或其他有关部门备案。否则，不允许投入使用。

第三章　地基与基础工程

地基与基础工程是建筑工程中重要的分部工程，任何一个建筑物或构筑物都是由上部结构、基础和地基三个部分组成。基础担负着承受建筑物的全部荷载并将其传递给地基的任务。

第一节　土　方　工　程

一、施工准备

（1）勘察施工现场，进行现场清理。

（2）研究制定场地平整、基坑开挖方案。

（3）进行场地平整。平整场地的表面坡度应符合设计要求，如设计无要求时，排水沟方向的坡度应不小于 0.2%。平整后的场地表面应逐点检查。检查点为每 $100\sim400m^2$ 取 1 点，但应不少于 10 点；长度、宽度和边坡均为每 20m 取 1 点，每边应不少于 1 点。

（4）施工前应检查定位放线、排水和降低地下水位系统，合理安排土方运输车的行走路线及弃土场。

（5）平面控制桩和水准控制点应采取可靠的保护措施，定期复测和检查。

二、土方开挖

1. 质量控制要点

（1）在土方工程施工测量中，应对平面位置（包括控制边界线、分界线、边坡的上口线和底口线等）、边坡坡度（包括放坡线、变坡等）和标高（包括各个地段的标高）等经常进行测量，校核是否符合设计要求。平面控制桩和水准控制点，也应定期进行复测和检查。

（2）挖土堆放不能离基坑上边缘太近。

（3）土方开挖应具有一定的边坡坡度。

（4）为了使建（构）筑物有一个比较均匀的下沉，对地基应进行严格的检验，与地质勘察报告进行核对，检查地基土与工程地质勘察报告、设计图纸是否相符，有无破坏原状土的结构或发生较大的扰动现象。进行验槽的主要方法有：表面检查验槽法；钎探检查验槽法；洛阳铲钎探验槽法；轻型动力触探法验槽。

2. 质量检查与验收

土方开挖工程的质量检验标准应符合表 3-1 的规定。

三、土方回填

1. 质量控制要点

（1）土方回填前应清除基底的垃圾、树根等杂物，抽除坑穴积水、淤泥，验收基底标高。如在耕植土或松土上填方，应在基底压实后再进行。填方基底处理属于隐蔽工程，必须按要求施工。如设计无要求时，必须符合以上规定。

土方开挖工程的质量检验标准 表 3-1

项	序	项目	允许偏差或允许值（mm）					检验方法	检查数量
			柱基基坑基槽	挖方场地平整		管沟	地(路)面基层		
				人工	机械				
主控项目	1	标高	−50	±30	±50	−50	−50	水准仪	柱基按总数抽查 10%，但不少于 5 个，每个不少于 2 点；基坑每 20m² 取 1 点，每坑不少于 2 点；基槽、管沟、排水沟、路面路基每 20m 取 1 点，但不少于 5 点；挖方每 30～50m² 取 1 点，但不少于 5 点；每 20m 取 1 点，每边不少于 1 点
	2	长度、宽度（由设计中心线向两边量）	+200～50	+300～100	+500～150	+100	—	经纬仪，用钢尺量	
	3	边坡	设计要求					用坡度尺检查	
一般项目	1	表面平整度	20	20	50	20	20	用 2m 靠尺和楔形塞尺检查	每 30～50m² 取 1 点
	2	基底土性	设计要求					观察或土样分析	全数观察检查

（2）填方基底处理应做好隐蔽工程验收，重点内容应画图表示，基底处理经中间验收合格后，才能进行填方和压实。

（3）经中间验收合格的填方区域场地应基本平整，并有 0.2‰坡度有利排水，填方区域有陡于 1/5 的坡度时，应控制好阶宽不小于 1m 的阶梯形台阶，台阶面口严禁上抬造成台阶上积水。

（4）回填土的含水量控制：土的最佳含水率和最少压实遍数可通过试验求得。土的最优含水量和最大干密度参考值见表 3-2。

土的最优含水率和最大干密度参考值 表 3-2

项 次	土的种类	变 动 范 围	
		最佳含水率（重量比%）	最大干密度（g/cm³）
1	砂土	8～12	1.80～1.88
2	黏土	19～23	1.58～1.70
3	粉质黏土	12～15	1.85～1.95
4	粉土	16～22	1.61～1.80

（5）填土的边坡控制参见表 3-3。

填土的边坡控制

表 3-3

项次	土 的 种 类	填方高度（m）	边坡坡度
1	黏土类土、黄土、类黄土	6	1：1.50
2	粉质黏土、泥灰岩土	6～7	1：1.50
3	中砂和粗砂	10	1：1.50
4	砾石和碎石土	10～12	1：1.50
5	易风化的岩土	12	1：1.50
6	轻微风化、尺寸在 25cm 内的石料	6 以内 6～12	1：1.33 1：1.50
7	轻微风化、尺寸大于 25cm 的石料，边坡用最大石块、分排整齐铺砌	12 以内	1：1.50～1：0.75
8	轻微风化、尺寸大于 40cm 的石料，其边坡分排整齐	5 以内 5～10 >10	1：0.50 1：0.65 1：1.00

（6）对填方土料应按设计要求验收后方可填入。

（7）填方施工过程中应检查排水措施、每层填筑厚度、含水量控制、压实程度。

（8）填筑厚度及压实遍数应根据土质、压实系数及所用机具确定。如无试验依据，应符合表 3-4 的规定。

填土施工时的分层厚度及压实遍数

表 3-4

压实机具	分层厚度（mm）	每层压实遍数	压实机具	分层厚度（mm）	每层压实遍数
平碾	250～300	6～8	柴油打夯机	200～250	3～4
振动压实机	250～350	3～4	人工打夯	<200	3～4

（9）分层压实系数 λ_0 的检查方法按设计规定方法进行。当设计没有规定时，分层压实系数 λ_0 采用环刀取样测定土的干密度，求出土的密实系数；或用小型轻便触探仪直接通过锤击数来检验密实系数；也可用钢筋贯入深度法检查填土地基质量。

2. 质量检查与验收

填方施工结束后，应检查标高、边坡坡度、压实程度等，检验标准应符合表 3-5 的规定。

填土工程质量检验标准

表 3-5

项	序	项目	允许偏差或允许值（mm） 柱基坑基槽	挖方场地平整 人工	挖方场地平整 机械	管沟	地(路)面基层	检验方法	检查数量
主控项目	1	标高	−50	±30	±50	−50	−50	水准仪	柱基按总数抽查 10%，但不少于 5 个，每个不少于 2 点；基坑每 20m² 取 1 点，每坑不少于 2 点；基槽、管沟、排水沟、路面路基每 20m 取 1 点，但不少于 5 点；挖方每 30～50m² 取 1 点，但不少于 5 点；场地平整每 100～400m² 取 1 点，但不少于 10 点

项	序	项目	允许偏差或允许值（mm）					检验方法	检查数量
			柱基基坑基槽	挖方场地平整		管沟	地（路）面基层		
				人工	机械				
主控项目	2	分层压实系数	设计要求					按规定方法	密实度控制基坑和室内填土，每层按 100～500m² 取样一组；场地平整填方，每层按 400～900m² 取样一组；基坑和管沟回填每 20～50m² 取样一组，但每层均不得少于一组，取样部位在每层压实后的下半部
一般项目	1	回填土料	设计要求					取样检查或直观鉴别	同一土场不少于 1 组
	2	分层厚度及含水量	设计要求					水准仪及抽样检查	分层铺土厚度检查每 10～20cm 或每 100～200m² 设置一处。回填料实测含水量与最佳含水量之差，黏性土控制在 -4%～+2% 范围内，每层填料均应抽样检查一次，由于气候因素使含水量变化较大时应再抽样检查
	3	表面平整度	20	20	30	20	20	用靠尺寸或水准仪	每 30～50m² 取 1 点

四、季节性施工

1. 雨期施工

土方工程应尽可能避开雨期，或安排在雨期之前，也可安排在雨期之后进行。对于无法避开雨期的土方工程，应采取如下措施：

（1）大型基坑或施工周期长的地下工程，应先在基础边坡四周做好截水沟、挡水堤，防止场内雨水灌槽。

（2）一般挖槽要根据土的种类、性质、湿度和挖槽深度，按照安全规程放坡，挖土过程中加强对边坡和支撑的检查。必要时放缓边坡或加设支撑，以保证边坡的稳定。

（3）雨期施工，土方开挖面不宜过大，应逐段、逐片分期完成。

（4）挖出的土方应集中运至场外，以避免场内积水或造成塌方。留作回填的土应集中堆置于槽边 3m 以外。机械在槽外侧行驶应距槽边 5m 以外，手推车运输应距槽 1m 以外。

（5）回填土时，应先排除槽内积水，然后方可填土夯实。

（6）雨期进行灰土基础垫层施工时，应做到"四随"（即随筛、随拌、随运、随打），如未经夯实而淋雨时，应挖出重做。在雨期施工期间，当天所下的灰土必须当日打完，槽内不准留有虚土。

2. 冬期施工

土方工程不宜在冬期施工，以免增加工程造价。如必须在冬期施工，其施工方法应经过技术经济比较后确定。施工前应周密计划，充分准备，做到连续施工。

（1）凡冬期施工期间新开工程，可根据地下水位、地质情况，应先采用预制混凝土桩或钻孔灌筑桩，并及早落实施工条件，进行变更设计洽商，以减少大量的土方开挖工程。

（2）冬期施工期间，原则上尽量不开挖冻土。如必须在冬期开挖基础土方，应预先采取防冻措施，即沿槽两侧各加宽 30～40cm 的范围内，于冻结前，用保温材料覆盖或将表面不小于 30cm 厚的土层翻松。此外，也可以采用机械开冻土法或白灰（石灰）开冻法。

（3）开挖基坑（槽）或管沟时，必须防止基土遭受冻结。如基坑（槽）开挖完毕至垫层和基础施工之间有间歇时，应在基底的标高之上留适当厚度的松土或保温材料覆盖。

（4）冬期开挖土方时，如可能引起邻近建筑物（或构筑物）的地基或地下设施产生冻结破坏时，应预先采取防冻措施。

（5）冬期施工基础应及时回填，并用土覆盖表面，免遭冻结。用于房心回填的土应采取保温防冻措施。不允许在冻土层上做地面垫层，防止地面的下沉或裂缝。

（6）为保证回填土的密度，规范规定：室外的基坑（槽）或管沟，允许用含有冻土块的土回填，但冻土块的体积不得超过填土总体积的 15％；管沟底至管顶 50cm 范围内，不得用含有冻土块的土回填；室内的基坑（槽）或管沟不得用含有冻土块的土回填，以防常温后发生沉陷。

（7）灰土应尽量错开严冬季节施工，灰土不准许受冻，如必须在严冬期间施工时，要做到随拌、随打、随盖。一般当气温低于—10℃时，灰土不宜施工。

第二节　地　基　处　理

一、灰土地基

1. 材料要求

（1）土料。采用就地挖出的黏性土及塑性指数大于 4 的粉土，土内不得含有松软杂质和冻土，不得使用耕植土。土料须过筛，颗粒粒径不得大于 15mm。

（2）石灰。应用Ⅲ级以上新鲜的块灰，含氧化钙、氧化镁越高越好，使用前 1～2d，消解并过筛，其颗粒粒径不得大于 5mm，消石灰中不得夹有未熟化的生石灰块（粒）及其他杂质，也不得含有过多的水分。

（3）灰土。灰土采用体积配合比，其配合比应符合设计要求，且要求搅拌均匀，颜色一致

2. 质量控制要点

（1）铺设前先检查基槽，若发现有软弱土层或孔穴，应挖除并用素土或灰土分层填实；有积水时，采取相应排水措施排除。待合格后方可施工。

（2）灰土施工时，应适当控制其含水量，以手握成团，两指轻捏即碎为宜，如土料水分过多或不足时，可以进行晾晒或洒水湿润。

（3）灰土搅拌好应当分层进行铺设，每层铺土厚度按表 3-6 的规定。厚度用样桩控制，每层灰土夯打遍数，应根据设计的干土质量密度在现场经试验确定。

灰土最大虚铺厚度　　　　　　　　　　　表 3-6

| 序号 | 夯实机具 | | 虚铺厚度 (mm) | 备　注 |
	种类	重量（t）		
1	石夯、木夯	0.04～0.08	200～250	人力送夯，落距 400～500mm，一夯压半夯，夯实后约 80～100mm
2	轻型夯实机械	0.12～0.4	200～250	蛙式夯机、柴油打夯机，夯实后约 100～150mm 厚
3	压路机	6～10	200～250	双轮

（4）灰土分段施工时，不得在墙角、柱墩及承重窗间墙下接缝，上下相邻两层灰土的接缝间距不得小于 500mm，接缝处的灰土应充分夯实。

（5）检查可用环刀取样测量土质量密度，按设计要求或不小于表 3-7 的规定。

灰 土 质 量 标 准　　　　　　　　　　　表 3-7

项　次	土 料 种 类	最小干土质量密度（g/cm³）
1	粉土	1.55～1.60
2	粉质黏土	1.50～1.55
3	黏土	1.45～1.50

（6）压实填土的承载力是设计的重要参数，也是检验压实填土质量的主要指标之一。在现场采用静荷载试验或其他原位测试，其结果较准确，可信度高。

当采用荷载试验检验压实填土的承载力时，应考虑压板尺寸与压实填土厚度的关系。压实填土厚度大，压板尺寸也要相应增大，或采取分层检验。否则，检测结果只能反映上层或某一深度范围内压实填土的承载力。

（7）压实系数检测：

1）压实系数宜用环刀法抽样，取样点应位于每层 2/3 的深度处，测定其干密度。

2）合格标准：经检查求得的压实系数不得低于设计或表 3-8 的规定。

压实填土的质量控制　　　　　　　　　　　表 3-8

结 构 类 型	填 土 部 位	压实系数 λ_0	控制含水量
砌体承重结构和框架结构	在地基主要受力层范围内	≥0.97	
	在地基主要受力层范围以下	≥0.95	
排架结构	在地基主要受力层范围内	≥0.96	
	在地基主要受力层范围以下	≥0.94	

3. 检查与验收

灰土地基的质量验收标准应符合表 3-9 的规定。

灰土地基的质量检查标准　　　　　　　　　　　表 3-9

| 项 | 序 | 检查项目 | 允许偏差或允许值 | | 检查方法 | 检 查 数 量 |
			单位	数值		
主控项目	1	地基承载力	设计要求		按规定方法	每单位工程应不少于 3 点，1000m² 以上工程，每 100m² 至少应有 1 点，3000m² 以上工程，每 300m² 至少应有 1 点。每一独立基础下至少应有 1 点，基槽每 20 延米应有 1 点

项目	序	检查项目	允许偏差或允许值		检查方法	检 查 数 量
			单位	数值		
主控项目	2	配合比	设计要求		按拌合时的体积比	柱坑按总数抽查 10%；但不少于 5 个；基坑、沟槽每 10m² 抽查 1 处，但不少于 5 处
	3	压实系数	设计要求		现场实测	应分层抽样检验土的干密度，当采用贯入仪或钢筋检验垫层的质量时，检验点的间距应小于 4m；当取土样检验垫层的质量时，对大基坑每 50～100m² 应不少于 1 个检验点；对基槽每 10～20m 应不少于 1 个点；每个单独柱基础应不少于 1 个点
一般项目	1	石灰粒径	mm	≤5	筛分法	柱坑按总数抽查 10%；但不少于 5 个；基坑、沟槽每 10m² 抽查 1 处，但不少于 5 处
	2	土料有机质含量	%	≤5	试验室焙烧法	随机抽查，但土料产地变化时须重新检测
	3	土颗粒粒径	mm	≤15	筛分法	柱坑按总数抽查 10%；但不少于 5 个；基坑、沟槽每 10m² 抽查 1 处，但不少于 5 处
	4	含水量（与要求的最优含水量比较）	%	±2	烘干法	应分层抽样检验土的干密度，当采用贯入仪或钢筋检验垫层的质量时，检验点的间距应小于 4m。当取土样检验垫层的质量时，对大基坑每 50～100m² 应不少于 1 个检验点；对基槽每 10～20m 应不少于 1 个点；每个单独柱基础应不少于 1 个点
	5	分层厚度偏差（与设计要求比较）	mm	±50	水准仪	柱坑按总数抽查 10%；但不少于 5 个；基坑、沟槽每 10m² 抽查 1 处，但不少于 5 处

二、砂和砂石地基

1. 材料要求

（1）砂。使用颗粒级配良好、质地坚硬的中砂或粗砂，当用细砂、粉砂时，应掺加粒径 20～50mm 的卵石（或碎石），但要分布均匀。砂中不得含有杂草、树根等有机杂质，含泥量应小于 5%，兼作排水垫层时，含泥量不得超过 3%。

（2）砂石。用自然级配的砂石（或卵石、碎石）混合物，粒级应在 50mm 以下，其含量应在 50% 以内，不得含有植物残体、垃圾等杂物，含泥量小于 5%。

2. 质量控制要点

（1）铺设前应先验槽，清除基底表面浮土，淤泥杂物，地基槽底如有孔洞、沟、井、墓穴应先填实，基底无积水。槽应有一定坡度，防止振捣时塌方。

（2）垫层标高不相同处，应分段施工，接头处应做成斜坡或阶梯搭接，并按先深后浅的顺序施工。搭接处，每层应错开 0.5～1.0m，并注意充分捣实。

（3）砂石地基应分层铺设，分层夯实。每层铺设厚度、捣实方法参见表 3-10 的要求。

每铺好一层垫层，经干密度检验合格后方可进行上一层施工。

砂石地基分层铺筑厚度、最优含水量　　　　表 3-10

项次	捣实方法	每层铺筑厚度 （mm）	施工时最优 含水量 （%）	施 工 说 明	备　注
1	平振法	200～250	15～20	用平板式振动器往复振捣	不宜使用于细砂或含泥量较大的砂所铺筑的砂垫层
2	插振法	振动器插入深度	饱和	（1）用插入式振动器；（2）插入间距可根据机械振幅大小决定；（3）不应插至下卧黏性土层；（4）插入振动器完毕后所留孔洞，应用砂填实	
3	水撼法	250	饱和	（1）注水高度应超过每次铺筑面；（2）钢叉摇撼捣实，插入点间距为 100mm	湿陷性黄土、膨胀土地区不得使用
4	夯实法	150～200	8～12	用木夯或机械夯；木夯重 40kg 落距 400～500mm；一夯压半夯，全面夯实	
5	碾压法	250～350	8～12	6～12t 压路机往复碾压	（1）适用于大面积砂垫层；（2）不宜用于地下水、冬天以下的砂垫层

（4）垫层铺设完毕，应即进行下道工序的施工，严禁人员及车辆在砂石层面上行走，必要时应在垫层上铺板供通行。

（5）冬期施工时，不得采用含有冰块的砂石。

3. 质量检查与验收

砂和砂石地基的质量验收标准应符合表 3-11 的规定。

砂及砂石地基质量检验标准　　　　表 3-11

项	序	检查项目	允许偏差或允许值		检查方法	检 查 数 量
			单位	数值		
主控项目	1	地基承载力	设计要求		按规定方法	每单位工程应不少于 3 点，1000m² 以上工程，每 100m² 至少应有 1 点，3000m² 以上工程，每 300m² 至少应有 1 点。每一独立基础下至少应有 1 点，基槽每 20 延米应有 1 点
	2	配合比	设计要求		检查拌合时的体积比或重量比	柱坑按总数抽查 10%；但不少于 5 个；基坑、沟槽每 10m² 抽查 1 处，但不少于 5 处

项	序	检查项目	允许偏差或允许值		检查方法	检 查 数 量
			单位	数值		
主控项目	3	压实系数	设计要求		现场实测	应分层抽样检验土的干密度，当采用贯入仪或钢筋检验垫层的质量时，检验点的间距应小于4m。当取土样检验垫层的质量时，对大基坑每50～100m²应不少于1个检验点；对基槽每10～20m应不少于1个点；每个单独柱基础应不少于1个点
一般项目	1	砂石料有机质含量	%	≤5	焙烧法	随机抽查，但砂石料产地变化时须重新检测
	2	砂石料含泥量	%	≤5	水洗法	石子、砂的取样检测：用大型工具运至现场的，以400m³或600t为一验收批
	3	石料粒径	mm	≤100	筛分法	用小型工具运入现场的，以200m³或300t为一验收批。不足上述数量者以一验收批取样
	4	含水量（与要求的最优含水量比较）	%	±2	烘干法	每50～100m²应不少于1个检验点
	5	分层厚度偏差（与设计要求比较）	mm	±50	水准仪	柱坑按总数抽查10%；但不少于5个；基坑、沟槽每10m²抽查1处，但不少于5处

三、强夯地基

1. 质量控制要点

(1) 施工前做好强夯地基地质勘察，对不均匀土层适当增加钻孔和原位测试工作，掌握土质情况，作为制定强夯方案和对比夯前、夯后加固效果之用。查明强夯影响范围内的地下构筑物和各种地下管线的位置及标高，采取必要的防护措施，避免因强夯施工而造成破坏。

(2) 施工前应检查夯锤质量、尺寸、落锤控制手段及落距，夯击遍数，夯点布置，夯击范围，进行现场试夯，用以确定施工参数。

(3) 施工中检查落距、夯击遍数、夯点位置、夯击范围。如无经验，宜先试夯，取得各类施工参数后再正式施工。对透水性差、含水量高的土层，前后两遍夯击应有一定间歇期，一般2～4周。夯点超出需加固的范围为加固深度的1/3～1/2，且不小于3m。

(4) 夯击时，落锤应保持平稳，夯位应准确，夯击坑内积水应及时排除。坑底含水量过大时，可铺砂石后再进行夯击。

(5) 强夯应分段进行，顺序从边缘夯向中央。对厂房柱基亦可一排一排夯，起重机直线行驶，从一边驶向另一边，每夯完一遍，进行场地平整，放线定位后再进行下一遍夯击。强夯的施工顺序是先深后浅。

（6）对于高饱和度的粉土、黏性土和新饱和填土，进行强夯时，可采取以下措施：

1）适当将夯击能量降低。

2）将夯沉量差适当加大。

3）填土采取将原土上的淤泥清除，挖纵横盲沟，以排除土内的水分，同时在原土上铺50cm的砂石混合料，以保证强夯时土内的水分的排除，在夯坑内回填块石、碎石或矿渣等粗颗粒材料，进行强夯置换等措施。

（7）做好施工过程中的监测和记录工作，包括检查夯锤重和落距，对夯点放线进行复核，检查夯坑位置，按要求检查每个夯点的夯击次数、每夯的夯沉量等，对各项施工参数、施工过程实施情况做好详细记录，作为质量控制的依据。

（8）雨期强夯施工，场地四周设排水沟、截洪沟、防止雨水入侵夯坑；雨后抓紧排水，推掉表面稀泥和软土，再碾压，夯后夯坑立即填平、压实，使之高于四周。

（9）冬期施工应清除地表冰冻再强夯、夯击次数相应增加，如有硬壳层要适当增加夯次或提高夯击质量。

2. 质量检查与验收

强夯地基质量检验标准应符合表3-12的规定。

强夯地基质量检验标准　　　　　　　　　　　　表3-12

项	序	检查项目	允许偏差或允许值		检查方法	检 查 数 量
			单位	数值		
主控项目	1	地基强度	设计要求		按规定方法	对于简单场地上的一般建筑物，每个建筑物地基的检验点应不少于3处；对于复杂场地或重要建筑物地基应增加检验点数。检验深度应不小于设计处理深度
	2	地基承载力	设计要求		按规定方法	每单位工程应不少于3点，1000m²以上工程，每100m²至少应有1点，3000m²以上工程，每300m²至少应有1点。每一独立基础下至少应有1点，基槽每20延米应有1点
一般项目	1	夯锤落距	mm	±300	钢索设标志	每工作台班不少于3次
	2	锤重	kg	±100	称重	全数检查
	3	夯击遍数用顺序	设计要求		计数法	
	4	夯点间距	mm	±500	用钢尺量	可按夯击点数抽查5%
	5	夯击范围（超出基础范围距离）	设计要求		用钢尺量	
	6	前后两遍间歇时间	设计要求			全数检查

四、注浆地基

1. 质量控制要点

（1）施工前应掌握有关技术条件，包括注浆点的位置、浆液配比、注浆施工技术参数、检测要求等。浆液组成材料的性能应符合设计要求，注浆设备应保持正常运转。

（2）为确保注浆加固地基的效果，施工前应进行室内浆液配比试验及现场注浆试验，以确定浆液配方用施工参数。常用浆液类型见表3-13。

常 用 浆 液 类 型 表 3-13

浆 液		浆 液 类 型
粒状浆液（悬液）	不稳定粒状浆液	水泥浆
		水泥砂浆
	稳定粒状浆液	黏土浆
		水泥黏土浆
化学浆液（溶液）	无机浆液	硅酸盐
	有机浆液	环氧树脂类
		甲基丙烯酸酯类
		丙烯酰胺类
		木质素类
		其他

（3）根据设计要求制定施工技术方案，选定送注浆管下沉的钻机型号及性能、压送浆液压浆泵的性能（必须附有自动计量装置和压力表）；规定注浆孔施工程序；规定材料检验取样方法和浆液拌制的控制程序；注浆过程所需的记录等。

（4）连接注浆管的连接件应与注浆管同直径，防止注浆管周边与土体之间有间隙而产生冒浆。

（5）每天检查配制浆液的计量装置的正确性，配制浆液的主要性能指标。储浆桶中应有防沉淀的搅拌叶片。

（6）如实记录注浆孔位的顺序、注浆压力、注浆体积、冒浆情况及突发事故处理等。

（7）对化学注浆加固的施工顺序宜按以下规定进行：

1）加固渗透系数相同的土层应自上而下进行。

2）如土的渗透系数随深度而增大，应自下而上进行。

3）如相邻土层的土质不同，应首先加固渗透系数大的土层。检查时，如发现施工顺序有差异，应及时制止，以确保工程质量。

（8）施工结束后，应检查注浆体强度、承载力等。检查孔数为总量的2％～5％，不合格率大于或等于20％时应进行二次注浆。检验应在注浆后15d（砂土、黄土）或60d（黏性土）进行。

2. 质量检查与验收

注浆地基的质量检验标准应符合表3-14的规定。

注浆地基质量检验标准 表 3-14

项	序	检 查 项 目	允许偏差或允许值		检 查 方 法	检 查 数 量
			单位	数量		
主控项目	1	原材料检验 水泥	设计要求		查产品合格证书或抽样检验	按同一生产厂家、同一等级、同一批号且连续进场的水泥，袋装不超过200t为一批，散装不超过500t为一批，每批抽样不少于一次

项目	序	检查项目		允许偏差或允许值		检查方法	检查数量
				单位	数量		
主控项目	1	原材料检验	注浆用砂 粒径	mm	<2.5	试验室试验	用大型工具运至现场的,以400m³ 或 600t 为一验收批;用小型工具运至现场的,以 200m³ 或 300t 为一验收批。不足上述数量者以一验收批取样
			注浆用砂 细度模数		<2.0		
			注浆用砂 含泥量及有机物含量	%	<3		
			注浆用黏土 塑性指数		>14	试验室试验	根据土料供货质量和货源情况抽查
			注浆用黏土 黏粒含量	%	>25		
			注浆用黏土 含水量砂量	%	<5		
			注浆用黏土 有机物含量	%	<3		
			粉煤灰 细度	不粗于同时使用的水泥		试验室试验	同一厂家,同一批次为一批
			粉煤灰 烧失量	%	<3		
			水玻璃:模数	2.5~3.3		抽样送检	
			其他化学浆液	设计要求		查产品合格证书或抽样送检	
	2	注浆强度		设计要求		取样检验	孔数为总量的 2%~5%,且不少于 3 个
	3	地基承载力		设计要求		按规定方法	
一般项目	1	各种注浆材料称量误差		%	<3	抽查	随机抽查,每一台班不少于 3 次
	2	注浆孔位		mm	±20	用钢尺量	抽孔位的 10%,且不少于 3 个
	3	注浆孔深		mm	±100	量测注浆管长度	
	4	注浆压力(与设计参数比)		%	±10	检查压力表读数	随机抽查,每一台班不少于 3 次

五、预压地基

1. 质量控制要点

(1)水平排水垫层施工时,应避免对软土表层的过大扰动,以免造成砂和淤泥混合,影响垫层的排水效果。另外,在铺设砂垫层前,应清除干净砂井顶面的淤泥或其他杂质,以利砂井排水。

(2)对于预压软土地基,因软土固结系数较小,软土层较厚时,达到工作要求的固结度需要较长时间,为此,对软土预压应设置排水通道,排水通道的长度和间距宜通过试压试验确定。

(3)堆载预压法施工:

1)塑料排水带要求滤网膜渗透性好。

2)塑料带滤水膜在转盘和打设过程中应避免损坏,防止淤泥进入带芯堵塞输水孔而影响排水效果。塑料带与桩尖的连接要牢固,避免提管时脱开将塑料带拔出。塑料带接长时,采用滤水膜内平搭接的连接方式,搭接长度宜大于 200mm。

3）堆载预压过程中，堆在地基上的荷载不得超过地基的极限荷载，避免地基失稳破坏。应分级加载，一般堆载预压控制指标是：地基最大下沉量不宜超过 10～15mm/d；水平位移不宜大于 4～7mm/d；孔隙水压力不超过预压荷载所产生应力的 60%。通常加载在 60kPa 之前，加荷速度可不加限制。

不同型号塑料排水带的厚度应符合表 3-15 的规定。

不同型号塑料排水带的厚度 表 3-15

型 号	A	B	C	D
厚度（mm）	＞3.5	＞4.0	＞4.5	＞6

塑料排水带的性能应符合表 3-16 的规定。

塑料排水带的性能 表 3-16

项 目		单 位	A 型	B 型	C 型	条 件
纵向通水量		cm³/s	≥15	≥25	≥40	侧压力
滤膜渗透系数		cm/s		≥5×10⁻⁴		试件在水中浸泡 24h
滤膜等效孔径		μm		＜75		以 D_{98} 计，D 为孔径
复合体抗拉强度（干态）		kN/10cm	≥1.0	≥1.3	≥1.5	延伸率 10% 时
滤膜抗拉强度	干态	N/cm	≥15	≥25	≥30	延伸率 10% 时
	湿态		≥10	≥20	≥25	延伸率 15% 时，试件在水中浸泡 24h
滤膜重度		N/m²	—	0.8		

注：1. A 型排水带适用于插入深度小于 15m；
　　2. B 型排水带适用于插入深度小于 25m；
　　3. C 型排水带适用于插入深度小于 35m。

4）预压时间应根据建筑物的要求和固结情况来确定，一般达到如下条件即可卸荷：

①地面总沉降量达到预压荷载下计算最终沉降量的 80% 以上。

②理论计算的地基总固结度达 80% 以上。

③地基沉降速度已降到 0.5～1.0mm/d。

（4）真空预压法施工：

1）真空预压的抽气设备宜采用射流真空泵，真空泵的设置应根据预压面积大小、真空泵的效率以及工程经验确定，但每块预压区至少应设置两台真空泵。

2）真空管路的连接点应严格进行密封，为避免膜内真空度在停泵后很快降低，在真空管路中应设置止回阀和截门。

3）密封膜热合粘结时宜用两条膜的热合粘结缝平搭接，搭接宽度应大于 15mm。密封膜宜设三层，覆盖膜周边可采用挖沟折铺、平铺，用黏土压边、围埝沟内覆水、膜上全面覆水等方法密封。

4）真空预压的真空度可一次抽气至最大，当连续 5d 实测沉降小于每天 2mm 或固结度 ≥80%，或符合设计要求时，可以停止抽气。

（5）施工结束后，应检查地基土的强度及要求达到的其他物理力学指标。一般工程在预压结束后，做十字板剪切强度或标准贯入、静力触探试验即可，但重要建筑物地基应作承载力检验。如设计有明确规定，则应按设计要求进行检验。

2. 质量检查与验收

预压地基和塑料排水带质量检验标准应符合表 3-17 的规定。

预压地基和塑料排水带质量检验标准 表 3-17

项目	序	检查项目	允许偏差或允许值		检查方法	检 查 数 量
			单位	数值		
主控项目	1	预压载荷	%	≤2	水准仪	全数检查
	2	固结度（与设计比）	%	≤2	根据设计要求采用不同的方法	根据设计要求
	3	承载力或其他性能指标	设计要求		按规定方法	每单位工程应不少于 3 点，1000m² 以上工程，每 100m² 至少应有 1 点；3000m² 以上工程，每 300m² 至少应有 1 点。每一独立基础下至少应有 1 点，基槽每 20 延米应有 1 点
一般项目	1	沉降速率（与控制值比）	%	±10	水准仪	全数检查
	2	砂井或塑料排水带位置	mm	±100	用钢尺量	抽 10% 且不少于 3 个
	3	砂井或塑料排水带插入深度	mm	±200	插入时用经纬仪检查	
	4	插入塑料排水带时的回带长度	mm	≤500	用钢尺量	
	5	塑料排水带或砂井高出垫层距离	mm	≥200	用钢尺量	
	6	插入塑料排水带的回带根数	%	<5	目测	

六、振冲地基

1. 质量控制要点

（1）施工前应检查振冲器的性能，电流表、电压表的准确度及填料的性能。为确切掌握好填料量、密实电流和留振时间，使各段桩体都符合规定的要求，应通过现场试桩确定这些参数。填料应选择不溶于地下水，或不受侵蚀影响且本身无侵蚀性和性能稳定的硬粒料。

（2）施工前应进行振冲试验，以确定成孔合适的水压、水量、成孔速度和填料方法；达到土体密度时的密实电流、填料量和留振时间。一般来说：密实电流不小于 50A，填料量每米桩长不小于 0.6m³，留振时间为 30～60s。

（3）振冲前应按设计图纸要求定出桩孔中心位置并编好孔号，施工时应复查孔位和编号，并做好记录。

（4）振冲施工的孔位偏差，应符合下列规定：

1）施工时振冲器尖端喷水中心与孔径中心偏差不得大于 50mm。

2）振冲造孔后，成孔中心与设计定位中心偏差不得大于 100mm。

3）完成后的桩顶中心与定位中心偏差不得大于 100mm。

4）桩数、孔径、深度及填料配合比必须符合设计要求。

（5）造孔时，振冲器贯入速度一般为 1～2m/min。每贯入 0.5～1.0m，宜悬留振冲 5～10s扩孔，待孔内泥浆溢出时再继续贯入。当造孔接近加固深度时，振冲器应在孔底适当停留并减小射水压力。

（6）振冲填料时，宜保持小水量补给。采用边振边填，应对称均匀；如将振冲器提出孔口再加填料时，每次加料量以孔高 0.5m 为宜。每根桩的填料总量必须符合设计要求或规范规定。

（7）填料密实度以振冲工作电流达到规定值为控制标准。完工后，应在距地表面 1m 左右深度桩身部位加填碎石进行夯实，以保证桩顶密实度。密实度必须符合设计要求或施工规范规定。

（8）振冲地基施工时对原土结构造成扰动，强度降低。因此，质量检验应在施工结束后间歇一定时间，对砂土地基间隔 1～2 周，黏性土地基间隔 3～4 周，砂土地基间隔 1～2 周，对粉土、杂填土地基间隔 2～3 周。桩顶部位由于周围土体约束力小，密实度较难达到要求，检验取样时应考虑这个因素。

（9）对用振冲密实法加固的砂土地基，如不加填料，质量检验主要是地基的密实度。可用标准贯入、动力触探等方法进行，但选点应有代表性。质量检验具体选择检验点时，宜由设计、施工、监理（或业主方）在施工结束后根据施工实施情况共同确定检验位置。

2. 质量检查与验收

振冲地基质量检验标准应符合表 3-18 的规定。

振冲地基质量检验标准 表 3-18

项	序	检查项目	允许偏差或允许值		检查方法	检 查 数 量
			单位	数值		
主控项目	1	填料粒径	设计要求		抽样检查	同一产地每 600t 一批
	2	密实电流 黏性土	A	50～55	电流表读数	每工作台班不少于 3 次
		砂性土或粉土（以上为功率 30kW 振冲器）	A	40～50		
		其他类型振冲器	A₀	1.5～2.0		
	3	地基承载力	设计要求		按规定方法	总孔数的 0.5%～1%，但不得少于 3 处
一般项目	1	填料含泥量	%	<5	抽样检验	按进场的批次和产品的抽样检验方案确定
	2	振冲器喷水中心与孔径中心偏差	mm	≤50	用钢尺量	抽孔数的 20%且不少于 5 根
	3	成孔中心与设计孔位中心偏差	mm	≤100	用钢尺量	
	4	桩体直径	mm	<50	用钢尺量	全数检查
	5	孔深	mm	±200	量钻杆或重锤测	

七、高压喷射注浆地基

1. 质量控制要点

（1）施工前应检查水泥、外掺剂等的质量，桩位，压力表、流量表的精度和灵敏度，高压喷射设备的性能等。

（2）高压喷射注浆工艺宜用普通硅酸盐水泥，强度等级不得低于 32.5 级，水泥用量、压力宜通过试验确定，如无条件时可参考表 3-19。水灰比为 0.7～1.0 较妥，为确保施工质量，施工机具必须配置准确的计量仪表。

高压喷射注浆工艺水泥用量参考表　　　　　　　　　　　表 3-19

桩径 （mm）	桩长 （m）	强度为 32.5 级普通硅酸盐水泥单位用量	喷射施工方法		
			单　管	二重管	三　管
φ600	1	kg/m	200～250	200～250	
φ800	1	kg/m	300～350	300～350	
φ900	1	kg/m	350～400	350～400（新）	
φ1000	1	kg/m	400～450（新）	400～450（新）	700～800
φ1200	1	kg/m		500～600（新）	800～900
φ1400	1	kg/m		700～800（新）	900～1000

注："新"系指采用高压水泥浆泵，压力为 36～40MPa，流量 80～110L/min 的新单管法和二重管法。

（3）施工中应检查施工参数（压力、水泥浆量、提升速度、旋转速度等）及施工程序。

（4）旋喷施工前，应将钻机定位安放平稳，旋喷管的允许倾斜度不得大于 1.5%。

（5）由于喷射压力较大，容易发生窜浆，影响邻孔的质量，应采用间隔跳打法施工，一般两孔间距大于 1.5m。

（6）水泥浆的水灰比一般为 0.7～1.0。水泥浆的搅拌宜在旋喷前 1h 以内搅拌，旋喷过程中的冒浆量应控制在 10%～25% 之间。

（7）当高压喷射注浆完毕后，应迅速拔出浆管，用清水冲洗管路。为防止浆液凝固收缩影响桩顶高程，必要时可在原孔位采用冒浆回灌或二次注浆等措施。

（8）施工结束后，应检验桩体强度、平均桩径、桩身中心位置、桩体质量及承载力等。桩体质量及承载力检验应在施工结束后 28d 进行。

2. 质量检查与验收

高压喷射注浆地基质量检验标准应符合表 3-20 的规定。

高压喷射注浆地基质量检验标准　　　　　　　　　　　表 3-20

项	序	检查项目	允许偏差或允许值		检查方法	检 查 数 量
			单位	数值		
主控项目	1	水泥及外掺剂质量	符合出厂要求		查产品合格证书或抽样送检	水泥：按同一生产厂家、同一等级、同一批号且连续进场的水泥，袋装不超过 200t 为一批，散装不超过 500t 为一批，每批抽样不少于一次 外掺剂：按进场的批次和产品的抽样检验方案确定

项目	序	检查项目	允许偏差或允许值		检查方法	检查数量
			单位	数值		
主控项目	2	水泥用量	设计要求		查看流量表及水泥浆水灰比	每工作台班不少于3次
	3	桩体强度或完整性检验	设计要求		按规定方法	按设计要求,设计无要求时可按施工注浆孔数的2%～5%抽查,且不少于2个
	4	地基承载力	设计要求		按规定方法	总数的0.5%～1%,但不得少于3处,有单桩强度检验要求时,数量为总数的0.5%～1%,但不应少于3根
一般项目	1	钻孔位置	mm	≤50	用钢尺量	每工作台班不少于3次
	2	钻孔垂直度	%	≤1.5	经纬仪测钻杆或实测	抽查20%,不少于5个
	3	孔深	mm	±200	用钢尺量	
	4	注浆压力	按设定参数指标		查看压力表	
	5	桩体搭接	mm	＞200	用钢尺量	
	6	桩体直径	mm	≤50	开挖后用钢尺量	
	7	桩身中心允许偏差		≤0.2D	开挖后桩顶下500mm处用钢尺量,D为桩径	

八、水泥土搅拌桩地基

1. 质量控制要点

(1)检查水泥及外掺剂和土体是否符合要求,调整好搅拌机、灰浆泵、拌浆机等设备。

(2)施工现场事先应予平整,必须清除地上、地下一切障碍物。潮湿和场地低洼时应抽水和清淤,分层夯实回填黏性土料,不得回填杂填土或生活垃圾。

(3)作为承重水泥土搅拌桩施工时,设计停浆(灰)面应高出基础底面标高300～500mm(基础埋深大取小值,反之,取大值),在开挖基坑时,应将该施工质量较差段用人工挖除,以防止发生桩顶与挖土机械碰撞断裂现象。

(4)为保证水泥土搅拌桩的垂直度,要注意起吊搅拌设备的平整度和导向架的垂直度,水泥土搅拌桩的垂直度应控制在1.5%范围内,桩位布置偏差不得大于50mm,桩径偏差不得大于4D%(D为桩径)。

(5)每天开机前,应先量测搅拌头刀片直径是否达到要求,搅拌刀片有磨损时应及时加焊,防止桩径偏小。

(6)施工中应检查机头提升速度、水泥浆或水泥注入量、搅拌桩的长度及标高。

（7）施工中因故停浆，应及时将搅拌头下沉至停浆点以下 0.5m 处，待恢复供浆时再喷浆提升。若停浆超过 3h 以上，应拆卸输浆管路，清洗干净。

（8）壁状加固时，桩与桩的搭接长度宜大于 200mm，搭接时间不大于 24h。如因特殊原因超过 24h 时，应对最后一根桩先进行空钻留出榫头以待下一桩搭接；如间隔时间过长，与下一根桩无法搭接时，应在设计和监理方认可后，采取局部补桩或注浆措施。

（9）拌浆、输浆、搅拌等均应有专人记录，桩深记录误差不得大于 100mm，时间记录误差不得大于 5s。

（10）施工结束后，应检查桩体强度、桩体直径及地基承载力。进行强度检验时，对承重水泥土搅拌桩应取 90d 后的试件；对支护桩应取 28d 后的试件。

2. 质量检查与验收

水泥土搅拌桩地基质量检验标准应符合表 3-21 的规定。

水泥土搅拌桩地基质量检验标准　　　　　　表 3-21

项目	序	检查项目	允许偏差或允许值		检查方法	检查数量
			单位	数值		
主控项目	1	水泥及外掺剂质量	设计要求		查产品合格证书或抽样送检	水泥：按同一生产厂家、同一等级、同一批号且连续进场的水泥，袋装不超过 200t 为一批，散装不超过 500t 为一批，每批抽样不少于一次外掺剂：按进场的批次和产品的抽样检验方案确定
	2	水泥用量	参数指标		查看流量计	每工作台班不少于 3 次
	3	桩体强度	设计要求		按规定方法	不少于桩总数的 20%
	4	地基承载力	设计要求		按规定方法	总数的 0.5%～1%，但不得少于 3 处，有单桩强度检验要求时，数量为总数的 0.5%～1%，但不应少于 3 根
一般项目	1	机头提升速度	m/min	≤0.5	量机头上升距离及时间	每工作台班不少于 3 次
	2	桩底标高	mm	±200	测机头深度	抽查总数的 20% 且不少于 3 个
	3	桩顶标高	mm	+100,−50	水准仪（最上部 500mm 不计入）	
	4	桩偏差	mm	<50	用钢尺量	
	5	桩径		<0.04D	用钢尺量，D 为桩径	
	6	垂直度	%	≤1.5	经纬仪	
	7	搭接	mm	>200	用钢尺量	

九、砂桩地基

1. 质量控制要点

（1）施工前应检查砂料的含泥量和有机质含量、样桩的位置等。

（2）振动法施工时，控制好填砂量、提升速度和高度、挤压次数和时间，电动机的工作电流等。拔管速度约为 $1\sim1.5m/min$，且振动过程不断以振动棒捣实管中砂子，使其密实。

（3）砂桩施工应从外围或两侧向中间进行。灌砂量应按桩孔的体积和砂在中密状态时的干密度计算，其实际灌砂量（不包括水量）不得少于计算的 95%。如发现砂量不足或砂桩中断等情况，可在原位进行复打灌砂。

（4）施工中检查每根砂桩的桩位、灌砂量、标高、垂直度等。

（5）施工结束后，应检查被加固地基的承载力和强度。

2. 质量检查与验收

砂桩地基的质量检验标准应符合表 3-22 的规定。

砂桩地基的质量检验标准　　　　表 3-22

项目	序	检查项目	允许偏差或允许值		检查方法	检 查 数 量
			单位	数值		
主控项目	1	灌砂量	%	≥95	实际用砂量与计算体积比	不少于桩总数的 20%
	2	地基强度	设计要求		按规定方法	不少于桩总数的 2%
	3	地基承载力	设计要求		按规定方法	总数的 0.5%～1%，且不少于 3 处，有单桩强度检验要求时，数量为总数的 0.5%～1%，但不应少于 3 根
一般项目	1	砂料的含泥量·	%	≤3	试验室测定	同产地同规格 600t 为一批
	2	砂料的有机质含时	%	≤5	焙烧法	
	3	桩位	mm	≤50	用钢尺量	不少于桩总数的 20%
	4	砂桩标高	mm	±150	水准仪	
	5	垂直度	%	≤1.5	经纬仪检查桩管垂直度	全数检查

第三节　桩基础工程

一、静力压桩

1. 质量控制要点

（1）施工前应对成品桩做外观及强度检验，接桩用焊条或半成品硫磺胶泥应有产品合格证书，或送有关部门检验，压桩用压力表、锚杆规格及质量也应进行检查。硫磺胶泥半成品应每 100kg 做一组试件。

半成品硫磺胶泥必须在进场后作检验，压桩用压力表必须标定合格方能使用，压桩时的压力数值是判断承载力的依据，也是指导压桩施工的一项重要参数。

（2）静力压桩在一般情况下桩分段预制，分段压入，逐段接长。接桩方法有焊接法、硫磺胶泥锚接法。

（3）压桩施工前，应了解施工现场土层土质情况，检查桩机设备，以保证施工的顺利进行。

（4）压桩施工过程中应检查压力、桩垂直度、接桩间歇时间、桩的连接质量及压入深度。重要工程应对电焊接桩的接头做 10% 的探伤检查。对承受反力的结构应加强观测。按桩间歇时间对硫磺胶泥必须控制，灌注硫磺胶泥时速度一定要快。

（5）压桩时，应始终保持桩轴心受压，若有偏移应立即纠正。接桩应保证上下节桩轴线一致，并应尽量减少每根桩的接头个数，一般不宜超过 4 个接头。施工中，如桩尖遇到厚砂层等使阻力增大。这时可以用最大压桩力作用于桩顶，采用一开一停的间歇施工方法，使桩缓慢下沉，穿过砂层。

（6）当桩压至接近设计标高时，不可过早停压，应使压桩一次成功，以免发生压不下或超压现象。若工程中有少数桩不能压至设计标高，可采取截去桩顶的方法。

（7）施工结束后，应做桩的承载力及桩体质量检验。压桩的承载力试验，在有经验地区将最终压入力作为承载力估算的依据。但最终应由设计确定。

2. 质量检查与验收

锚杆静压桩质量检验标准应符合表 3-23 的规定。

锚杆静压桩质量检验标准 表 3-23

项目	序	检查项目		允许偏差或允许值		检查方法	检查数量
				单位	数量		
主控项目	1	桩体质量检验			按《建筑基桩检测技术规范》	按《建筑基桩检测技术规范》	按设计要求
	2	桩位偏差	盖有基础梁的桩 (1) 垂直基础梁的中心线 (2) 沿基础梁的中心线	mm	$100+0.01H$ $150+0.01H$	用钢尺量	全数检查
			桩数为 1～3 根桩基中的桩	mm	100		
			桩数为 4～16 根桩基中的桩	mm	1/2 桩径或边长		
			桩数大于 16 根桩基中的桩 (1) 最外边的桩 (2) 中间桩	mm	1/3 桩径或边长 1/2 桩径或边长		
	3	承载力			按《建筑基桩检测技术规范》	按基桩检测技术规范	按设计要求
一般项目	1	成品桩质量	外观		表面平整，颜色均匀，掉角深度＜10mm，蜂窝面积小于总面积的 0.5%	直观	抽查桩数的 20%
			外形尺寸 横截面边长 桩顶对角线差 桩尖中心线 桩顶平整度 桩体弯曲矢高	mm mm mm mm	±5 ＜10 ＜10 ＜2 ＜1/1000L （L 为桩长）	用钢尺量 用钢尺量 用钢尺量 用水平尺量 用钢尺量	
			强度		满足设计要求	查产品合格证书或钻芯试压	按设计要求

项目	序	检查项目		允许偏差或允许值		检查方法	检查数量
				单位	数量		
一般项目	2	硫磺胶泥质量（半成品）			设计要求	查产品合格证书或抽样送检	每100kg做一组试件。且每台班不少于一组
	3	电焊接桩	电焊接桩焊缝 (1) 上下节端部错口： 外径≥700mm 外径<700mm (2) 焊缝咬边深度 (3) 焊缝加强层高度 (4) 焊缝加强层宽度	mm mm mm mm mm	≤3 ≤2 ≤0.5 2 2	用钢尺量 用钢尺量 焊缝检查仪 焊缝检查仪 焊缝检查仪	抽20%接头
			焊缝外观质量		无气孔、焊瘤、裂缝	直观	
			焊缝探伤检验		满足设计要求	按设计要求	抽10%接头
			电焊结束后停歇时间	min	>1.0	秒表测定	
			上下节平面偏差	mm	<10	用钢尺量	抽20%桩接头
			节点弯曲矢高		<1/1000L (L为桩长)		
			硫磺胶泥接桩	胶泥浇筑时间	min	<2	秒表测量	全数检查
				浇筑后停歇时间	min	>7		
	4	电焊条质量			设计要求	查产品合格证	全数检查
	5	压桩压力（设计有要求时）		%	±5	查压力表读数	一台班不少于3次
	6	桩顶标高		mm	±50	水准仪	抽桩总数20%

注：H为施工现场地面标高与村顶设计标高的距离。

二、先张法预应力管桩

1. 质量控制要点

(1) 施工前应检查进入现场的成品桩、接桩用的电焊条等产品质量。

(2) 场地应碾压平整，地基承载力不小于0.2～0.3MPa，打桩前应认真检查施工设备，将导杆调直。

(3) 按施工方案合理安排打桩路线，避免压桩及挤桩。

(4) 桩位放样应采用不同方法二次核样。桩身倾斜率应控制在：底桩倾斜率≤0.5%，其余桩倾斜率≤0.8%。

(5) 桩间距小于3.5d时（d为桩直径），宜采用跳打，应控制每天打桩根数，同一区域内不宜超过12根桩，避免桩体上浮，桩身倾斜。

(6) 施打时，应保证桩锤、桩帽、桩身中心线在同一条直线上，保证打桩时不偏心受力。

(7) 打底桩时，应采用重锤或冷锤施工，将底桩徐徐打入，调直桩身垂直度，遇地下障碍物时，应及时清理后再进行施工。

（8）接桩时，焊缝要连续饱满，焊渣要清除；焊接自然冷却时间不少于 1min；地下水位较高时，应适当延长冷却时间，避免焊缝遇水脆裂；对接后间隙要用不超过 5mm 钢片塞填，保证打桩时桩顶不偏心受力；避免接头脱节。

（9）施工过程中应检查桩的贯入情况、桩顶完整状况、电焊接桩质量、桩体垂直度、电焊后的停歇时间。重要的工程应对电焊接头做 10% 的焊缝探伤检查，对接头做 X 光拍片检查。

（10）施工结束后，应做承载力检验及桩体质量检验。

2. 质量检查与验收

先张法预应力管桩的质量检验应符合表 3-24 的规定。

先张法预应力管桩的质量检验标准 　　　　　　表 3-24

项	序	检查项目		允许偏差或允许值		检查方法	检查数量
				单位	数量		
主控项目	1	桩体质量检验			按基桩检测技术规范	按基桩检测技术规范	按设计要求
	2	桩位偏差	盖有基础梁的桩 (1) 垂直基础梁的中心线 (2) 沿基础梁的中心线	mm	100+0.01H 150+0.01H	用钢尺量	全数检查
			桩数为 1～3 根桩基中的桩	mm	100		
			桩数为 4～16 根桩基中的桩	mm	1/2 桩径或边长		
			桩数大于 16 根桩基中的桩 (1) 最外边的桩 (2) 中间桩	mm	1/3 桩径或边长 1/2 桩径或边长		
	3	承载力			按《建筑基桩检测技术规范》	按《建筑基桩检测技术规范》	按设计要求
一般项目	1	成品桩质量	外观		无蜂窝、露筋、裂缝、色感均匀、桩顶处无孔隙		
			桩径 管壁厚度 桩尖中心线 桩顶平整度 桩体弯曲	mm mm mm mm	±5 ±5 <2 10 <1/1000L （L 为桩长）	用钢尺量	抽查桩数的 20%
	2	接桩	电焊接桩焊缝 (1) 上下节端部错口： 外径≥700mm 外径<700mm (2) 焊缝咬边深度 (3) 焊缝加强层高度 (4) 焊缝加强层宽度	mm mm mm mm mm	<3 <2 <0.5 2 2	用钢尺量 用钢尺量 焊缝检查仪 焊缝检查仪 焊缝检查仪	抽检 20% 接头
			焊缝外观质量		无气孔、焊瘤、裂缝	直观	
			焊缝探伤检验		满足设计要求	按设计要求	抽检 10% 接头
			电焊结束后停歇时间	min	>1.0	秒表测定	
			上下节平面偏差	mm	<10	用钢尺量	抽检 20% 桩接头
			节点弯曲矢高		<1/1000L （L 为桩长）		
	3	停锤标准			设计要求	现场实测或查沉桩记录	抽检 20%
	4	桩顶标高		mm	±50	水准仪	抽桩总数 20%

注：H 为施工现场地面标高与桩顶设计标高的距离。

三、混凝土预制桩

1. 质量控制要点

（1）桩在现场预制时，应对原材料、钢筋骨架、混凝土强度进行检查；采用工厂生产的成品桩时，桩进场后应进行外观尺寸检查。

（2）施工中应对桩体垂直度、沉桩情况、桩顶完整状况、接桩质量等进行检查。对电焊接桩，重要工程应做 10% 的焊缝探伤检查。

（3）打桩控制

1）对于桩尖位于坚硬土层中的端承型桩，应以贯入度控制为主，桩尖进入持力层深度或桩尖标高可作为参考。如贯入度已达到设计要求而桩尖标高未达到时，应继续锤击 3 阵，每阵 10 击的平均贯入度不应大于规定的数值。

2）对于桩尖位于软弱土层中的摩擦型桩，应以桩尖设计标高控制为主，贯入度可作为参考。如主要控制指标已符合要求，而其他指标与要求相差较大时，应会同有关单位研究解决。

（4）测量最后贯入度应在下列正常条件下进行：桩顶没有破坏；锤击没有偏心；锤的落距符合规定；桩帽和弹性垫层正常；汽锤的蒸汽压力符合规定。

（5）打桩时，如遇桩顶破碎或桩身严重裂缝，应立即暂停，在采取相应的技术措施后，方可继续施打。采用重锤低速击桩和较软的桩垫可减少锤击拉应力，以避免出现桩身裂缝。在邻近建（构）筑物打桩时，应采取适当的措施（如挖防振沟、砂井、塑料排水板排水、预钻孔取土打桩，采取合理的打桩顺序、控制打桩速度等），以减少对周围环境的影响，确保工程质量。

（6）对长桩或总锤击数超过 500 击的锤击桩，桩体强度应符合设计要求及桩的混凝土龄期应达到 28d 以上两项条件满足时才能施打。

（7）施工结束后，应对承载力及桩体质量进行检验。

2. 质量检查与验收

（1）预制桩钢筋骨架的质量检验标准应符合表 3-25 的规定。

预制桩钢筋骨架的质量检验标准　　　　　　　　　　　　　表 3-25

项	序	检查项目	允许偏差或允许值（mm）	检查方法	检查数量
主控项目	1	主筋距桩顶距离	±5	用钢尺量	抽查 20%
	2	多节桩锚固钢筋位置	5		
	3	多节桩预埋铁件	±3		
	4	主筋保护层厚度	±5		
一般项目	1	主筋间距	±5		
	2	桩尖中心线	10		
	3	箍筋间距	±20		
	4	桩顶钢筋网片	±10		
	5	多节桩锚固钢筋长度	±10		

（2）钢筋混凝土预制桩的质量检验标准应符合表 3-26 的规定。

钢筋混凝土预制桩的质量检验标准　　　　　　　表 3-26

项	序	检查项目	允许偏差或允许值		检查方法	检查数量
			单位	数值		
主控项目	1	桩体质量	按基桩检测技术规程		按基桩检测技术规程	按设计要求
	2	桩位偏差	见表 3-27		用钢尺量	全数检查
	3	承载力	按基桩检测技术规程		按基桩检测技术规程	
一般项目	1	砂、石、水泥、钢材等原材料（现场预制时）	符合设计要求		查出厂质保文件或抽样送检	按设计要求
	2	混凝土配合比及强度（现场预制时）	符合设计要求		检查称量及查试块记录	
	3	成品桩外形	表面平整，颜色均匀，掉角深度＜10mm，蜂窝面积小于总面积的 0.5%		直观	抽桩总数 20%
	4	成品桩裂缝（收缩裂缝或起吊、装运、堆放引起的裂缝）	深度＜20mm，宽度＜0.25mm，横向裂缝不超过边长的一半		裂缝测定仪，该项在地下水有侵蚀地区及锤击数超过 500 击的长桩不适用	全数检查
	5	成品桩尺寸：桩截面边长	mm	±5	用钢尺量	抽桩总数 20%
		桩顶对角线差	mm	＜10	用钢尺量	
		桩尖中心线	mm	＜10	用钢尺量	
		桩身弯曲矢高		＜1/1000L（L 为桩长）	用钢尺量	
		桩顶平整度	mm	＜2	用钢尺量	
	6	电焊接桩焊缝（1）上下节端部错口外径≥700mm	mm	≤3	用钢尺量	抽检 20%接头
		外径＜700mm	mm	≤2	用钢尺量	
		（2）焊缝咬边深度	mm	≤0.5	焊缝检查仪	
		（3）焊缝加强层高度	mm	2	焊缝检查仪	
		（4）焊缝加强层宽度	mm	2	焊缝检查仪	
		（5）焊缝外观质量	无气孔，无焊瘤，无裂缝		直观	抽检 10%接头
		（6）焊缝探伤检验	满足设计要求		按设计要求	抽检 20%接头
		电焊结束后停歇时间	min	＞1.0	秒表测定	
		焊后上下节平面偏差	mm	＜10	用钢尺量	
		节点弯曲矢高		＜1/1000L（L 为桩长）	用钢尺量	全数检查
	7	硫磺胶泥接桩：胶泥浇筑时间	min	＜2	秒表测定	
		浇筑后停歇时间	min	＞7		
	8	桩顶标高	mm	±50	水准仪	
	9	停锤标准	设计要求		现场实测或查沉桩记录	抽检 20%

（3）预制桩（钢桩）桩位的允许偏差应符合表 3-27 的规定。

预制桩（钢桩）桩位的允许偏差（mm） 表 3-27

序	项　目	允许偏差（mm）
1	盖有基础梁的桩 （1）垂直基础梁的中心线 （2）沿基础梁的中心线	100＋0.01H 150＋0.01H
2	桩数为 1～3 根桩基中的桩	100
3	桩数为 4～16 根桩基中的桩	1/2 桩径或边长
4	桩数大于 16 根桩基中的桩 （1）最外边的桩 （2）中间桩	1/3 桩径或边长 1/2 桩径或边长

注：H 为施工现场地面标高与桩顶设计标高的距离。

四、钢桩

1. 质量控制要点

（1）施工前应检查进入施工现场的成品钢桩质量。

（2）H 型钢桩断面刚度较小，锤重不宜大于 4.5t 级（柴油锤），且在锤击过程中桩架前应有横向约束装置，防止横向失稳。持力层较硬时，H 型钢桩不宜送桩。

（3）钢管桩如锤击沉桩有困难，可在管内取土来帮助沉桩。

（4）施工过程中应检查钢桩的垂直度、沉入过程、焊接质量、停焊时间、锤击后的桩顶完整情况。

（5）施工结束后应做承载力检验。

2. 质量检查与验收

钢桩施工质量检验标准应符合表 3-28、表 3-29 的规定。

成品钢桩质量检验标准 表 3-28

项	序	检查项目	允许偏差或允许值		检查方法	检查数量
			单位	数值		
主控项目	1	钢桩外径或断面尺寸　桩端		±0.5%D	用钢尺量	全数检查
		桩身		±1%D （D 为外径或边长）		
	2	矢高		＜1/1000L （L 为桩长）	用钢尺量	
一般项目	1	长度	mm	＋10	用钢尺量	抽查桩总数的 20%
	2	端部平整度	mm	≤2	用水平尺量	
	3	H 型钢桩的方正度，$h＞300$mm 　　　　　　　　　　$h＜300$mm	mm	$T＋T'≤8$ $T＋T'≤6$	用钢尺量	
	4	端部平面与桩中心线的倾斜值	mm	≤2	用水平尺量	

项目	序	检查项目	允许偏差或允许值		检查方法	检查数量
			单位	数值		
主控项目	1	桩位偏差		见表 3-27	用钢尺量	按设计要求
	2	承载力		按基桩检测技术规范	按基桩检测技术规范	
一般项目	1	电焊接桩焊缝 (1) 上下节端部错口 外径≥700mm	mm	≤3	用钢尺量	抽 20%接头
		外径<700mm	mm	≤2	用钢尺量	
		(2) 焊缝咬边深度	mm	≤0.5	焊缝检查仪	
		(3) 焊缝加强层高度	mm	2	焊缝检查仪	
		(4) 焊缝加强层宽度	mm	2	焊缝检查仪	
		(5) 焊缝外观质量		无气孔，无焊瘤，无裂缝	直观	
		(6) 焊缝探伤检验		满足设计要求	按设计要求	
	2	电焊结束后停歇时间	min	>1.0	秒表测定	
	3	节点弯曲矢高		<1/1000L (L 为两节桩长)	用钢尺量	抽总桩数的 20%
	4	桩顶标高	mm	±50	水准仪	
	5	停锤标准		设计要求	用钢尺量或沉桩记录	抽检 20%

五、混凝土灌注桩

1. 质量控制要点

(1) 施工前应对水泥、砂、石子（如现场拌制）、钢材等原材料进行检查，对施工组织设计中制定的施工顺序、监测手段（包括仪器、方法）也应检查。

(2) 成孔深度应符合下列要求：

1) 摩擦型桩：以设计桩长控制成孔深度；端承摩擦桩必须保证设计桩长及桩端进入持力层深度；当采用锤击沉管法成孔时，桩管入土深度控制以标高为主，以贯入度控制为辅。

2) 端承型桩：当采用冲（钻）、挖掘成孔时，必须保证桩孔进入设计持力层的深度；当用锤击沉管法成孔时，沉管入土深度控制以贯入度为主，以设计持力层为辅。

(3) 灌注桩成孔施工的允许偏差见表 3-30。

灌注桩成孔施工的允许偏差 表 3-30

序号	成孔方法		桩径允许偏差（mm）	垂直度允许偏差（%）	桩位允许偏差（mm）	
					单排、条形桩基沿垂直轴线方向和群桩基础的边桩	条形桩基沿轴线方向和群桩基础的中间桩
1	泥浆护壁冲（钻）孔桩	D≤1000mm	±50	<1	D/6，且不大于 100	D/4，且不大于 150
		D>1000mm			100+0.01H	150+0.01H （H 为成孔深度）

序号	成孔方法		桩径允许偏差（mm）	垂直度允许偏差（%）	桩位允许偏差（mm）	
					单排、条形桩基沿垂直轴线方向和群桩基础的边桩	条形桩基沿轴线方向和群桩基础的中间桩
2	锤击（振动）沉管、振动冲击沉管成孔	$D \leqslant 500mm$	-20	<1	70	150
		$D>500mm$			100	
3	螺旋钻、机动洛阳铲钻孔扩底				70	
4	人工挖孔桩	混凝土护壁	$+50$	<0.5	50	
		钢套管护壁		<1	100	200

（4）钢筋笼的制作应符合下列要求：

1）钢筋的种类、钢号及规格尺寸应符合设计要求。

2）钢筑笼的绑扎场地宜选择现场内运输和就位都比较方便的地方。

3）钢筋笼的绑扎顺序是先将主筋间距布置好，待固定住架立筋后，再按规定的间距绑扎箍筋。主筋净距必须大于混凝土粗集料的粒径3倍以上。主筋与架立筋、箍筋之间的连接点可用电弧焊接等方法。主筋一般不设弯钩，根据施工工艺要求所设弯钩不得向笼内伸露，以免妨碍导管工作。钢筋笼的内径应比导管接头处外径大100mm以上。

4）从加工、控制变形以及运输、吊装等综合因素考虑，钢筋笼不宜过长，应分段制作。钢筋笼分段长度一般为8m左右。但对于长桩，在采取一些辅助措施后，也可为12m左右或更长一些。

5）为防止钢筋笼在搬运、吊装和安放时变形，可采取下列措施：

①每隔2.0～2.5m设置加劲箍一道，加劲箍宜设置在主筋的外侧；在钢筋笼内每隔3～4m装一个可拆卸的十字形临时加劲架，在钢筋笼安放入孔后再拆除。

②在直径为2～3m的大直径桩中，可使用角钢或扁钢作为架立钢筋，以增大钢筋笼的刚度。

③在钢筋笼外侧或内侧的轴线方向安设支柱。

（5）钢筋笼的堆放与搬运。钢筋笼的堆放、搬运和起吊应严格执行规程，应考虑安放入孔的顺序、钢筋笼变形等因素。堆放时，支垫数量要足够，支垫位置要适当，以堆放两层为好。如果能合理使用架立筋牢固绑扎，可以堆放三层。对在堆放、搬运和起吊过程中已经发生变形的钢筋笼，应进行修理后再使用。

（6）清孔。钢筋笼入孔前，要先进行清孔。清孔时应把沉渣清理干净，保证实际有效孔深满足设计要求，以免钢筋笼放不到设计深度。

（7）钢筋笼的安放与连接。钢筋笼安放入孔要对准孔位，垂直缓慢地放入孔内，避免碰撞孔壁。钢筋笼放入孔内后，要立即采取措施固定好位置。当桩长度较大时，钢筋笼采用逐段接长放入孔内。先将第一段钢筋笼放入孔中，利用其上部架立筋暂时固定在护筒或套管等上部。然后吊起第二段钢筋笼准确就位后，其接头用焊接连接。钢筋笼安放完毕后，一定要检测确认钢筋笼顶端的高度。

（8）钢筋笼主筋保护层厚度应符合下列要求：

1）为确保钢筋笼主筋保护层的厚度，可采取下列措施：

①在钢筋笼周围主筋上每隔一定间距设置混凝土垫块，混凝土垫块根据保护层厚度及孔径设计。

②用导向钢管控制保护层厚度，钢筋笼由导管中放入，导向钢筋长度宜与钢筋笼长度一致，在灌注混凝土过程中再分段拔出导管或灌注完混凝土后一次拔出。

③在主筋外侧安设定位器。在同一断面上设置 4～6 处定位器，间距为 2～10m。

2）主筋的混凝土保护层厚度不应小于 50mm，允许偏差为±20mm（水下灌注混凝土桩），或不应小于 30mm，允许偏差为±10mm（非水下灌注混凝土桩）。

（9）施工结束后，应检查混凝土强度，并做桩体质量用承载力的检验。

2. 质量检查与验收

混凝土灌注桩的质量检验标准应符合表 3-31、表 3-32、表 3-33 的规定。

混凝土灌注桩钢筋笼的质量检验标准   表 3-31

项	序	检查项目	允许偏差或允许值（mm）	检查方法	检 查 数 量
主控项目	1	主筋间距	±20	用钢尺量	全数检查
	2	长度	±10		
一般项目	1	钢筋材质检验	设计要求	抽样送检	按进场的批次和产品的抽样检验方案确定
	2	箍筋间距	±20	用钢尺量	抽桩总数的 20%
	3	直径	±10		

混凝土灌注桩的质量检验标准   表 3-32

项	序	检查项目	允许偏差或允许值 单位	允许偏差或允许值 数值	检查方法	检查数量
主控项目	1	桩位	见表 3-33		基坑开挖前量护筒。开挖后量桩中心	全数检查
	2	孔深	mm	+300	只深不浅，用重锤测，或测钻杆、套管长度，嵌岩桩应确保入岩深度符合设计要求	
	3	桩体质量	按《建筑基桩检测技术规范》		按《建筑基桩检测技术规范》	按设计要求
	4	混凝土强度	设计要求		试件报告或钻芯取样送检	每浇筑 50m³ 必须有 1 组试件，小于 50m³ 的桩，每根或每台班必须有 1 组试件
	5	承载力	按《建筑基桩检测技术规范》		按《建筑基桩检测技术规范》	按设计要求

项	序	检查项目		允许偏差或允许值		检查方法	检查数量
				单位	数值		
一般项目	1	垂直度			见表3-33	测套管或钻杆，或用超声波检测，干施工时吊垂球	全数检查
	2	桩径				井径仪或超声波检测，干施工时用钢尺量，人工挖孔桩不包括内衬厚度	
	3	泥浆相对密度（黏土或砂性土中）			1.15～1.20	用比重计测，清孔后在距孔底50cm处取样	
	4	泥浆面标高（高于地下水位）		m	0.5～1.0	目测	
	5	沉渣厚度	端承桩	mm	≤50	用沉渣仪或重锤测量	
			摩擦桩		≤150		
	6	混凝土坍落度	水下	mm	160～220	坍落度仪	每50m³或一根桩或一台班不少于1次
			干		70～100		
	7	钢筋笼安装深度		mm	±100	用钢尺量	
	8	混凝土充盈系数			＞1	检查每桩的实际灌筑量	全数检查
	9	桩顶标高		mm	+30 −50	水准仪，需扣除桩顶浮浆层及劣质桩体	

灌注桩的平面位置和垂直度的允许偏差　　　　　　表 3-33

序号	成孔方法		桩径允许偏差（mm）	垂直度允许偏差（%）	桩位允许偏差（mm）	
					1～3根单排桩基垂直于中心线方向和群桩基础的边桩	条形桩基沿中心线方向和群桩基础的中间桩
1	泥浆护壁钻孔桩	$D≤1000mm$	±50	＜1	$D/6$，且不大于100	$D/4$，且不大于150
		$D＞1000mm$			$100+0.01H$	$150+0.01H$
2	套管成孔灌注桩	$D≤500mm$	−20		70	150
		$D＞500mm$			100	
3	干成孔灌注桩				70	
4	人工挖孔桩	混凝土护壁	+50	＜0.5	50	
		钢套管护壁		＜1	100	200

第四节　基　础　工　程

一、刚性基础施工

刚性基础是指用砖、石、混凝土、灰土、三合土等材料建造的基础，这种基础的特点是抗压性能好，而整体性、抗拉、抗弯、抗剪性能差。它适用于地基坚实、均匀、上部荷载较小，六层和六层以下（三合土基础不宜超过四层）的一般民用建筑和墙承重的轻型厂房。

1. 混凝土基础施工质量控制

（1）施工质量控制要点

1）基槽（坑）应进行验槽，局部软弱土层应挖去，用灰土或砂砾石分层回填夯实至基底相平。如有地下水或地面滞水，应挖沟排除；对粉土或细砂地基，应用轻型井点方法降低地下水位至基坑（槽）底以下500mm处；基槽（坑）内浮土、积水、淤泥、垃圾、杂物应清除干净。

2）如地基土质良好，且无地下水，基槽（坑）第一阶可利用原槽（坑）浇筑，但应保证尺寸正确，砂浆不流失。上部台阶应支模浇筑，模板要支撑牢固，缝隙孔洞应堵严，木模应浇水湿润。

3）基础混凝土浇筑高度在2m以内，混凝土可直接卸入基槽（坑）内，应注意使混凝土能充满边角；浇筑高度在2m以上时，应通过漏斗、串筒或溜槽下料。

4）浇筑台阶式基础应按台阶分层一次浇筑完成，每层先浇边角，后浇中间，施工时应注意防止上下台阶交接处混凝土出现蜂窝和脱空（即吊脚、烂脖子）现象，措施是待第一台阶捣实后，继续浇筑第二台阶前，先沿第二台阶模板底圈做成内外坡度，待第二台阶混凝土浇筑完成后，再将第一台阶混凝土铲平、拍实、拍平；或第一台阶混凝土浇完后稍停0.5～1h，待下部沉实，再浇上一台阶。

5）锥形基础如斜坡较陡，斜面部分应支模浇筑，或随浇随安装模板，应注意防止模板上浮。斜坡较平时，可不支模，但应注意斜坡部位及边角部位混凝土的捣固密实，振捣完后，再用人工将斜坡表面修正、拍平、拍实。

6）当基槽（坑）因土质不一挖成阶梯形式时，应先从最低处开始浇筑，按每阶高度，其各边搭接长度应不小于500mm。

7）混凝土浇筑完后，外露部分应适当覆盖，洒水养护；拆模后及时分层回填土方并夯实。

（2）质量控制资料检查要求

1）混凝土配合比。

2）掺合料、外加剂的合格证明书、复试报告。

3）试块强度报告。

4）施工日记。

5）混凝土质量自检记录。

6）隐蔽工程验收记录。

7）混凝土分项工程质量验收记录表。

2. 砖基础施工质量控制

（1）施工质量控制要点

1）砖基础应用强度等级不低于MU7.5、无裂缝的砖和不低于M10的砂浆砌筑。在严寒地区，应采用高强度等级的砖和水泥砂浆砌筑。

2）砖基础一般做成阶梯形，俗称大放脚。大放脚做法有等高式（两皮一收）和间隔式（两皮一收和一皮一收相间）两种，每一种收退台宽度均为 1/4 砖长，后者节省材料，采用较多。

3) 砌基础施工前应清理基槽（坑）底，除去松散软弱土层，用灰土填补夯实，并铺设垫层；按基础大样图，吊线分中，弹出中心线和大放脚边线；检查垫层标高、轴线尺寸，并清理好垫层；先用于砖试摆，以确定排砖方法和错缝位置，使砌体平面尺寸符合要求；砖应浇水湿透，垫层适量洒水湿润。

4) 砌筑时，应先铺底灰，再分皮挂线砌筑；铺砖按"一丁一顺"砌法，做到里外咬槎，上下层错缝。竖缝至少错开 1/4 砖长；转角处要放七分头砖，并在山墙和槽墙两处分层交替设置，不能同缝，基础最下与最上一皮砖宜采用丁砌法。先在转角处及交接处砌几皮砖，然后拉通线砌筑。

5) 内外墙基础应同时砌筑或做成踏步式。如基础深浅不一时，应从低处砌起，接槎高度不宜超过 1m，高低相接处要砌成阶梯，台阶长度应不小于 1m，其高度不大于 0.5m，砌到上面后再和上面的砖一起退台。

6) 如砖基础下半部为灰土时，则灰土部分不做台阶，其宽高比应按要求控制，同时应核算灰土顶面的压应力，以不超过 250～300kPa 为宜。

7) 砌筑时，灰缝砂浆要饱满。严禁用冲浆法灌缝。

8) 基础中预留洞口及预埋管道，其位置、标高应准确，管道上部应预留沉降空隙。基础上铺放地沟盖板的出槽砖，应同时砌筑。

9) 基础砌至防潮层时，须用水平仪找平，并按规定铺设 20mm 厚、1：2.5～3.0 防水水泥砂浆（掺加水泥质量 3% 的防水剂）防潮层，要求压实抹平。用一油一毡防潮层，待找平层干硬后，刷冷底子油一度，浇沥青玛琋脂，摊铺卷材并压紧，卷材搭接宽度不少于 100mm，如无卷材，也可用塑料薄膜代替。

10) 砌完基础应及时清理基槽（坑）内杂物和积水，在两侧同时回填土，并分层夯实。

（2）质量控制资料检查要求

1) 材料合格证及试验报告，水泥复试报告。

2) 砂浆试块强度报告。

3) 砂浆配合比。

4) 施工日志。

5) 自检记录。

6) 砌筑分项工程质量验收记录表。

二、扩展基础施工

扩展基础是指柱下钢筋混凝土独立基础和墙下混凝土条形基础，由于钢筋混凝土的抗弯性能好，可充分放大基础底面尺寸，达到减小地基应力的效果，同时可有效地减小埋深，节省材料和土方开挖量，加快工程进度。适用于六层和六层以下一般民用建筑和整体式结构厂房承重的柱基和墙基。柱下独立基础，当柱荷载的偏心距不大时，常用方形；偏心距大时，则用矩形。

1. 扩展基础施工技术要求

（1）锥形基础（条形基础）边缘高度（h）一般不小于 200mm；阶梯形基础的每阶高度 h_1，一般为 300～500mm。基础高度 $h \leqslant 350$mm，用一阶；350mm$< h \leqslant 900$mm，用二阶；$h > 900$mm，用三阶。为使扩展基础有一定刚度，要求基础台阶的宽高比不大于 2.5。

（2）垫层厚度一般为 100mm，混凝土强度等级为 C10，基础混凝土强度等级不宜低于 C15。

（3）底部受力钢筋的最小直径不宜小于 8mm，当有垫层时，钢筋保护层的厚度不宜小于 35mm；无垫层时，不宜小于 70mm。插筋的数目和直径应与柱内纵向受力钢筋相同。

（4）钢筋混凝土条形基础，在 T 字形与十字形交接处的钢筋沿一个主要受力方向通长放置。

（5）柱基础纵向钢筋除应满足冲切要求外，尚应满足锚固长度的要求，当基础高度在 900mm 以内时，插筋应伸至基础底部的钢筋网，并在端部做成直弯钩；当基础高度较大时，位于柱子四角的插筋应伸到基础底部，其余的钢筋只需伸至锚固长度即可。插筋伸出基础部分长度应按柱的受力情况及钢筋规格确定。

2. 扩展基础施工质量控制

（1）施工质量控制要点

1）基坑验槽清理同刚性基础。垫层混凝土在基坑验槽后应立即浇筑，以免地基土被扰动。

2）垫层达到一定强度后，在其上画线、支模、铺放钢筋网片。上下部垂直钢筋应绑扎牢，并注意将钢筋弯钩朝上，连接柱的插筋，下端要用 90°弯钩与基础钢筋绑扎牢固，按轴线位置校核后用方木架成井字形，将插筋固定在基础外模板上；底部钢筋网片应用混凝土保护层同厚度的水泥砂浆垫塞，以保证位置正确。

3）在浇筑混凝土前，模板和钢筋上的垃圾、泥土和钢筋上的油污杂物，应清除干净。模板应浇水加以润湿。

4）浇筑现浇柱下基础时，应特别注意柱子插筋位置的正确，防止造成位移和倾斜，在浇筑开始时，先满铺一层 5～10cm 厚的混凝土，并捣实使柱子插筋下段和钢筋网片的位置基本固定，然后再对称浇筑。

5）基础混凝土宜分层连续浇筑完成，对于阶梯形基础，每一台阶高度内应再分浇捣层，每浇筑完一台阶应稍停 0.5～1h，待其初步获得沉实后，再浇筑上层，以防止下台阶混凝土溢出，在上台阶根部出现烂脖子。每一台阶浇完，表面应随即原浆抹平。

6）对于锥形基础，应注意保持锥体斜面坡度的正确，斜面部分的模板应随混凝土浇捣分段支设，以防模板上浮变形，边角处的混凝土必须注意捣实。严禁斜面部分不支模，用铁锹拍实。基础上部柱子后施工时，可在上部水平面留设施工缝。施工缝的处理应按有关规定执行。

7）条形基础应根据高度分段分层连续浇筑，一般不留施工缝，各段各层间应相互衔接，每段长 2～3m 左右，做到逐段逐层呈阶梯形推进。浇筑时应先使混凝土充满模板内边角，然后浇筑中间部分，以保证混凝土密实。

8）基础上插筋时，要加以固定，保证插筋位置的正确，防止浇捣混凝土时发生移位。

9）混凝土浇筑完毕，外露表面应覆盖浇水养护。

（2）质量控制资料检查要求

1）混凝土配合比。

2）掺合料、外加剂的合格证明书、复试报告。

3）试块强度报告。

4）施工日志。

5）混凝土质量自检记录。

6）隐蔽工程验收记录。

7）混凝土分项工程质量验收记录表。

三、杯形基础施工

杯形基础形式有单杯口、双杯口、高杯口钢筋混凝土基础等，接头采用细石混凝土灌浆。杯形基础主要用作工业厂房装配式钢筋混凝土柱的高度不大于 5m 的一般工业厂房柱基础。

1. 杯形基础施工技术要求

（1）柱的插入深度（h_1）可按表 3-34 选用，此外，h_1 应满足锚固长度的要求（一般为 20 倍纵向受力钢筋直径）和吊装时柱的稳定性（不小于吊装时柱长的 0.05 倍）。

柱的插入深度 h_1（mm）　　　　　　　　　　表 3-34

矩形或工字形柱				单肢管柱	双肢柱
$h<500$	$500 \leqslant h<800$	$800 \leqslant h<1000$	$h>1000$		
$(1\sim1.2)h$	h	$0.9h \geqslant 800$	$0.8h \geqslant 1000$	$1.5d \geqslant 500$	$(1/3\sim2/3)h_a$ 或 $(1.5\sim1.8)h_b$

注：1. h 为柱截面长边尺寸；d 为管柱的外直径；h_a 为双肢柱整个截面长边尺寸；h_b 为双肢柱整个截面短边尺寸；

　　2. 柱轴心受压或小偏心受压时，h_1 可以适当减小，偏心距 $e_0>2h$（或 $e_0>2d$）时，h_1 适当加大。

（2）基础的杯底厚度和杯壁厚度，可按表 3-35 采用。

基础的杯底厚度和杯壁厚度（mm）　　　　　　　　　表 3-35

柱截面长边尺寸	杯底厚度	杯壁厚度
$h<500$	$\geqslant 150$	$150\sim200$
$500 \leqslant h<800$	$\geqslant 200$	$\geqslant 200$
$800 \leqslant h<1000$	$\geqslant 200$	$\geqslant 300$
$1000 \leqslant h<1500$	$\geqslant 250$	$\geqslant 350$
$1500 \leqslant h<2000$	$\geqslant 300$	$\geqslant 400$

注：1. 双肢柱的值可适当加大；

　　2. 当有基础梁时，基础梁下的杯壁厚度应满足其支撑宽度的要求；

　　3. 柱子插入杯口部分的表面，应尽量凿毛，柱子与杯口之间的空隙，应用细石混凝土（比基础混凝土强度等级高一级）密实充填，其强度达到基础设计强度等级的 70% 以上（或采取其他相应措施）时，方能进行上部吊装。

（3）大型工业厂房柱双杯口和高杯口基础与一般杯口基础构造要求基本相同。

2. 杯形基础施工质量控制

（1）施工质量控制要点

1）杯口模板可用木模或钢定型模板，可做成整体，也可做成两片形式，中间各加楔形板一块，拆模时，先取出楔形板，然后分别将两个半杯口模取出。为便于周转宜做成工具式，支模时杯口模板要固定牢固。

2）混凝土应按台阶分层浇筑。对杯口基础的高台阶部分按整体分层浇筑，不留施工缝。

3）浇捣杯口混凝土时，应注意杯口的位置，由于模板仅上端固定，浇捣混凝土时。四侧应对称均匀下灰，避免将杯口模板挤向一侧。

4）杯形基础一般在杯底均留有5cm厚的细石混凝土找平层，在浇筑基础混凝土时，要仔细控制标高，如用无底式杯口模板施工，应先将杯底混凝土振实，然后浇筑杯口四周的混凝土，此时宜采用低流动性混凝土；或杯底混凝土浇完后停0.5～1h，待混凝土沉实，再浇杯口四周混凝土等办法，避免混凝土从杯底挤出，造成蜂窝麻面。基础浇筑完毕后，将杯口底冒出的少量混凝土掏出，使其与杯口模下口齐平，如用封底式杯口模板施工，应注意将杯口模板压紧，杯底混凝土振捣密实，并加强检查，以防止杯口模板上浮。基础浇捣完毕，混凝土终凝后用捯链将杯口模板取出，并将杯口内侧表面混凝土划（凿）毛。

5）施工高杯口基础时，由于最上一台阶较高，可采用后安装杯口模板的方法施工，即当混凝土浇捣接近杯口底时，再安装固定杯口模板，继续浇筑杯口四侧混凝土，但应注意位置标高正确。

6）其他施工监督要点同扩展基础。

（2）质量控制资料检查要求

1）混凝土配合比。

2）掺合料、外加剂的合格证明书、复试报告。

3）试块强度报告。

4）施工日志。

5）混凝土质量自检记录。

6）隐蔽工程验收记录。

7）混凝土分项工程质量验收记录表。

四、筏形基础施工

筏形基础由整块式钢筋混凝土平板或板与梁等组成，它在外形和构造上像倒置的钢筋混凝土平面无梁楼盖或肋形楼盖，分为平板式和梁板式两类，前者一般在荷载不很大，柱网较均匀，且间距较小的情况下采用；后者用于荷载较大的情况。由于筏形基础扩大了基底面积，增强了基础的整体性，抗弯刚度大，可调整建筑物局部发生显著的不均匀沉降。适用于地基土质软弱又不均匀（或筑有人工垫层的软弱地基）、有地下水或当柱子或承重墙传来的荷载很大的情况，或建造六层或六层以下横墙较密的民用建筑。

1. 筏形基础施工技术要求

（1）垫层厚度宜为100mm，混凝土强度等级采用C10，每边伸出基础底板不小于

100mm；筏形基础混凝土强度等级不宜低于 C15；当有防水要求时，混凝土强度等级不宜低于 C20，抗渗等级不宜低于 P6。

（2）筏板厚度应根据抗冲切、抗剪切要求确定，但不得小于 200mm；梁截面按计算确定，高出底板的顶面，一般不小于 300mm，梁宽不小于 250mm。筏板悬挑墙外的长度，从轴线起算，横向不宜大于 1500mm，纵向不宜大于 1000mm，边端厚度不小于 200mm。

（3）当采用墙下不埋式筏板，四周必须设置向下边梁，梁埋入室外地面下不得小于 500mm，梁宽不宜小于 200mm，上下钢筋可取最小配筋率，并不少于 2φ10mm，箍筋及腰筋一般采用 φ8@150～250mm，与边梁连接的筏板上部要配置受力钢筋，底板四角应布置放射状附加钢筋。

2. 筏形基础施工质量控制

（1）施工质量监督要点

1）地基开挖，如有地下水，应采用人工降低地下水位至基坑底 50cm 以下部位，保持在无水的情况下进行土方开挖和基础结构施工。

2）基坑土方开挖应注意保持基坑底土的原状结构，如采用机械开挖时，基坑底面以上 20～30cm 厚的土层应采用人工清除，避免超挖或破坏基土。如局部有软弱土层或超挖，应进行换填，采用与地基土压缩性相近的材料进行分层回填，并夯实。基坑开挖应连续进行，如基坑挖好后不能立即进行下一道工序，应在基底以上留置 150～200mm 厚土层不挖，待下道工序施工时再挖至设计基坑底标高，以免基土被扰动。

3）筏形基础施工，可根据结构情况和施工具体条件及要求采用以下两种方法：

① 先在垫层上绑扎底板梁的钢筋和上部柱插筋，先浇筑底板混凝土，待达到 25% 以上强度后，再在底板上支梁侧模板，浇筑完梁部分混凝土。

② 采取底板和梁钢筋、模板一次同时支好，梁侧模板用混凝土支墩或钢支脚支撑，并固定牢固，混凝土一次连续浇筑完成。

4）当筏形基础长度很长（40m 以上）时，应考虑在中部适当部位留设贯通后浇带，以避免出现温度收缩裂缝和便于进行施工分段流水作业；对超厚的筏形基础应考虑采取降低水泥水化热和浇筑入模温度措施，以避免出现大温度收缩应力，导致基础底板裂缝，做法参见"五、箱形基础施工"相关部分。

5）基础浇筑完毕，表面应覆盖和洒水养护，并不少于 7d，必要时应采取保温养护措施，并防止浸泡地基。

6）在基础底板上埋设好沉降观测点，定期进行观测、分析，做好记录。

（2）质量控制资料检查要求

1）混凝土配合比。

2）掺合料、外加剂的合格证明书、复试报告。

3）试块强度报告。

4）施工日志。

5）混凝土质量自检记录。

6）隐蔽工程验收记录。

7）混凝土分项工程质量验收记录表。

五、箱形基础施工

箱形基础是由钢筋混凝土底板、顶板、外墙和一定数量的内隔墙构成一封闭空间的整体箱体，基础中空部分可在内隔墙开门洞作为地下室。它具有整体性好、刚度大、抗不均匀沉降能力及抗震能力强，可消除因地基变形使建筑物开裂的可能性，减少基底处原有地基自重应力，降低总沉降量等特点。适于用作软弱地基上的面积较大、平面形状简单、荷载较大或上部结构分布不均的高层建筑物的基础及对建筑物沉降有严格要求的设备基础或特种构筑物基础，特别在城市高层建筑物基础中得到较广泛的采用。

1. 箱形基础施工技术要求

（1）箱形基础的埋置深度除满足一般基础埋置深度有关规定外，还应满足抗倾覆和抗滑稳定性要求，同时考虑使用功能要求，一般最小埋置深度在3.0～5.0m。在地震区，埋深不宜小于建筑物总高度的1/10。

（2）箱形基础高度应满足结构刚度和使用要求，一般可取建筑物高度的1/8～1/12，且不宜小于箱形基础长度的1/16～1/18，且不小于3m。

（3）基础混凝土强度等级不应低于C20，如采用密实混凝土防水时，宜采用C30，其外围结构的混凝土抗渗等级不宜低于P6。

2. 箱形基础施工质量控制

（1）施工质量监督要点

1）施工前，应查明建筑物荷载影响范围内地基土组成、性质、分布、均匀性和水文地质情况，判明深基坑的稳定性及对相邻建筑物的影响；编制施工组织设计，包括土方开挖、地基处理、深基坑降水和支护以及对邻近建筑物的保护等方面的具体施工方案。

2）基坑开挖，如地下水位较高，应采取措施降低地下水位至基坑底以下50cm处，当地下水位较高，土质为粉土、粉砂或细砂时，不得采用明沟排水，宜采用轻型井点或深井井点方法降水措施，并应设置水位降低观测孔，井点设置应有专门设计。

3）基础开挖应验算边坡稳定性，当地基为软弱土或基坑邻近有建（构）筑物时，应有临时支护措施，如设钢筋混凝土钻孔灌注桩，桩顶浇混凝土连续梁连成整体，支护离箱形基础应不小于1.2m，上部应避免堆载、卸土。

4）开挖基坑应注意保持基坑底土的原状结构，当采用机械开挖基坑时，在基抗底面设计标高以上20～30cm厚的土层，应用人工挖除并清理，如不能立即进行下一道工序施工，应留置15～20cm厚土层，待下道工序施工前挖除，以防止地基土被扰动。

5）箱形基础开挖深度大，挖土卸载后土中压力减小，土的弹性效应有时会使基坑坑面土体回弹变形，基坑开挖到设计基底标高经验收后，应随即浇筑垫层和箱形基础底板，防止地基土被破坏，冬期施工时，应采取有效措施，防止基坑底土的冻胀。

6）箱形基础底板、内外墙和顶板的支模、钢筋绑扎和混凝土浇筑，可采取分块进行，其施工缝的留设，外墙水平施工缝应在底板面上部300～500mm范围内和无梁顶板下部20～30cm处，并应做成企口形式，有严格防水要求时，应在企口中部设镀锌钢板（或塑料）止水带，外墙的垂直施工缝宜用凹缝，内墙的水平和垂直施工缝多采用平缝，内墙与外墙之间可留垂直缝，在继续浇混凝土前必须清除杂物，将表面冲洗洁净，注意接缝质量，然后浇筑混凝土。

7）当箱形基础长度超过 40m 时，为避免表面出现温度收缩裂缝或减轻浇筑强度，宜在中部设置贯通后浇带，后浇带宽度不宜小于 800mm，并从两侧混凝土内伸出贯通主筋，主筋按原设计连续安装而不切断，经过 2~4 周后，后浇带用高一级强度等级的半干硬性混凝土或微膨胀混凝土浇筑密实，使连成整体并加强养护，但后浇带必须是在底板、墙壁和顶板的同一位置上部留设，形成环形，以利释放早、中期温度应力。若只在底板和墙壁上留后浇带，而在顶板上不留设，将会在顶板上产生应力集中，出现裂缝，且会传递到墙壁后浇带，也会引起裂缝。底板后浇带处的垫层应加厚，局部加厚范围可采用 800mm＋C（C 为钢筋最小锚固长度），垫层顶面设防水层，外墙外侧在上述范围也应设防水层，并用强度等级为 M5 的砂浆砌半砖墙保护；后浇带适用于变形稳定较快、沉降量较小的地基，对变形量大、变形延续时间长的地基不宜采用。当有管道穿过箱形基础外墙时，应加焊止水片防漏。

8）钢筋绑扎应注意形状和位置准确，接头部位采用闪光接触对焊和套管压接，严格控制接头位置及数量，混凝土浇筑前须经验收。外部模板宜采用大块模板组装，内壁用定型模板；墙间距采用直径 12mm 穿墙对拉螺栓控制墙体截面尺寸，埋设件位置应准确固定。箱顶板应适当预留施工洞口，以便内墙模板拆除后取出。

9）混凝土浇筑要合理选择浇筑方案，根据每次浇筑量，确定搅拌、运输、振捣能力、配备机械人员，确保混凝土浇筑均匀、连续，避免出现过多施工缝和薄弱层面。底板混凝土浇筑，一般应在底板钢筋和墙壁钢筋全部绑扎完毕，柱子插筋就位后进行，可沿长度方向分 2~3 个区，由一端向另一端分层推进，分层均匀下料。当底面积大或底板呈正方形，宜分段分组浇筑；当底板厚度小于 50cm，可不分层，采用斜面赶浆法浇筑，表面及时平整；当底板厚度大于或等于 50cm，宜水平分层或斜面分层浇筑，每层厚 25~30cm，分层用插入式或平板式振动器捣固密实，同时应注意各区、组搭接处的振捣，防止漏振，每层应在水泥初凝时间内浇筑完成，以保证混凝土的整体性和强度，提高抗裂性。

10）墙体浇筑应在墙全部钢筋绑扎完，包括顶板插筋、预埋件、各种穿墙管道敷设完毕，模板尺寸正确，支撑牢固安全，经检查无误后进行。一般先浇外墙，后浇内墙，或内外墙同时浇筑，分流向轴线前进，各组兼顾横墙左右宽度各半范围。外墙浇筑可采取分层分段循环浇筑法，即将外墙沿周边分成若干段，分段的长度应由混凝土的搅拌运输能力、浇筑强度、分层厚度和水泥初凝时间而定。本法能减少混凝土浇筑时产生的对模板的侧压力，各小组循环递进，以利于提高工效，但要求混凝土输送和浇筑过程均匀连续，劳动组织严密。当周边较长，工程量较大，亦可采取分层分段一次浇筑法，每组有固定的施工段，以利于提高质量，对水泥初凝时间控制没有什么要求，但混凝土一次浇至墙体全高，模板侧压力大，要求模板牢固。箱形基础顶板（带梁）混凝土浇筑方法与基础底板浇筑基本相同。

11）箱形基础混凝土浇筑完后，要加强覆盖，并浇水养护；冬期要保温，防止温差过大出现裂缝，以保证结构使用和防水性能。

12）箱形基础施工完毕后，应防止长期暴露，要抓紧基坑回填土。回填时要在相对的两侧或四周同时均匀进行，分层夯实；停止降水时，应验算箱形基础的抗浮稳定性；基础的地下水浮力，一般不考虑折减，抗浮稳定系数宜小于 1.20，如不能满足时，必须采取有效措施，防止基础上浮或倾斜，地下室施工完成后，方可停止降水。

（2）质保质量控制资料检查要求

1）混凝土配合比。

2）掺合料、外加剂的合格证明书、复试报告。

3）试块强度报告。

4）施工日志。

5）温控记录。

6）混凝土质量自检记录。

7）隐蔽工程验收记录。

8）混凝土分项工程质量验收记录表。

第五节　分部（子分部）工程质量验收

1. 分项工程、分部（子分部）工程质量的验收，均应在施工单位自检合格的基础上进行。施工单位确认目检合格后提出工程验收申请，工程验收时应提供下列技术文件和记录：

（1）原材料的质量合格证和质量鉴定文件。

（2）半成品（如预制桩、钢筋、钢筋笼等）产品合格证书。

（3）施工记录及隐蔽工程验收文件。

（4）检测试验及见证取样文件。

（5）其他必须提供的文件或记录。

2. 对隐蔽工程应进行中间验收。

3. 分部（子分部）工程验收应由总监理工程师或建设单位项目负责人组织勘察、设计单位及施工单位的项目负责人、技术质量负责人，共同按设计要求和本规范及其他有关规定进行。

4. 验收工作应按下列规定进行：

（1）分项工程的质量验收应分别按主控项目和一般项目验收。

（2）隐蔽工程应在施工单位自检合格后，于隐蔽前通知有关人员检查验收，并形成中间验收文件。

（3）分部（子分部）工程的验收，应在分项工程通过验收的基础上，对必要的部位进行见证检验。

5. 主控项目必须符合验收标准规定，发现问题应立即处理直至符合要求，一般项目应有 80% 合格。混凝土试件强度评定不合格或对试件的代表性有怀疑时，应采用抽芯取样，检测结果符合设计要求可按合格验收。

第四章 砌 体 工 程

第一节 基 本 规 定

1. 砌体结构工程所用的材料应有产品合格证书、产品性能型式检验报告，质量应符合国家现行有关标准的要求。块体、水泥、钢筋、外加剂尚应有材料主要性能的进场复验报告，并应符合设计要求，严禁使用国家明令淘汰的材料。

2. 砌体结构工程施工前，应编制砌体结构工程施工方案。

3. 砌体结构的标高、轴线，应引自基准控制点。

4. 砌筑基础前，应校核放线尺寸，允许偏差应符合表 4-1 的规定。

放线尺寸的允许偏差 表 4-1

长度 L、宽度 B(m)	允许偏差(mm)	长度 L、宽度 B(m)	允许偏差(mm)
L(或 B)≤30	±5	60<L(或 B)≤90	±15
30<L(或 B)≤60	±10	L(或 B)>90	±20

5. 伸缩缝、沉降缝、防震缝中的模板应拆除干净，不得夹有砂浆、块体及碎渣等杂物。

6. 砌筑顺序应符合下列规定：

（1）基底标高不同时，应从低处砌起，并应由高处向低处搭砌。当设计无要求时，搭接长度不应小于基础底的高差，搭接长度范围内下层基础应扩大砌筑。

（2）砌体的转角处和交接处应同时砌筑，当不能同时砌筑时，应按规定留槎、接槎。

（3）砌筑墙体应设置皮数杆。

7. 在墙上留置临时施工洞口，其侧边离交接处墙面不应小于 500mm，洞口净宽度不应超过 1m。抗震设防烈度为 9 度地区建筑物的临时施工洞口位置，应会同设计单位确定。临时施工洞口应做好补砌。

不得在下列墙体或部位设置脚手眼：

（1）120mm 厚墙、清水墙、料石墙、独立柱和附墙柱。

（2）过梁上与过梁成 60°的三角形范围及过梁净跨度 1/2 的高度范围内。

（3）宽度小于 lm 的窗间墙。

（4）砌体门窗洞口两侧 200mm（石砌体为 300mm）和转角处 450mm（石砌体为 600mm）范围内。

（5）梁或梁垫下及其左右 500mm 范围内。

（6）设计不允许设置脚手眼的部位。

（7）轻质墙体。

（8）夹芯复合墙外叶墙。

脚手眼补砌时，应清除脚手眼内掉落的砂浆、灰尘；脚手眼处砖及填塞用砖应湿润，并应填实砂浆。

设计要求的洞口、沟槽、管道应于砌筑时正确留出或预埋，未经设计同意，不得打凿墙体和在墙体上开凿水平沟槽。宽度超过 300mm 的洞口上部，应设置钢筋混凝土过梁。不应在截面长边小于 500mm 的承重墙体、独立柱内埋设管线。

8. 尚未施工楼面或屋面的墙或柱，其抗风允许自由高度不得超过表 4-2 的规定。如超过表中限值时，必须采用临时支撑等有效措施。

墙和柱的允许自由高度   表 4-2

墙(柱)厚 (mm)	砌体密度＞1600(kg/m³)			砌体密度 1300～1600(kg/m³)		
	风载(kN/m²)			风载(kN/m²)		
	0.3(约7级风)	0.4(约8级风)	0.5(约9级风)	0.3(约7级风)	0.4(约8级风)	0.5(约9级风)
190	—	—	—	1.4	1.1	0.7
240	2.8	2.1	1.4	2.2	1.7	1.1
370	5.2	3.9	2.6	4.2	3.2	2.1
490	8.6	6.5	4.3	7.0	5.2	3.5
620	14.0	10.5	7.0	11.4	8.6	5.7

注：1. 本表适用于施工处相对标高(H)在 10m 范围内的情况，如 $10m<H\leqslant15m$，$15m<H\leqslant20m$ 时，表中的允许自由高度应分别乘以 0.9、0.8 的系数；如 $H>20m$ 时，应通过抗倾覆验算确定其允许自由高度；

  2. 当所砌筑的墙有横墙或其他结构与其连接，而且间距小于表列限值的 2 倍时，砌筑高度可不受本表的限制；

  3. 当砌体密度小于 1300kg/m³ 时，墙和柱的允许自由高度应另行验算确定。

9. 砌筑完基础或每一楼层后，应校核砌体的轴线和标高。

在允许偏差范围内，轴线偏差可在基础顶面或楼面上校正，标高偏差宜通过调整上部砌体灰缝厚度校正。

搁置预制梁、板的砌体顶面应平整，标高一致。

砌体施工质量控制等级分为三级，并应符合表 4-3 的规定。

砌体施工质量控制等级   表 4-3

项 目	施工质量控制等级		
	A	B	C
现场质量管理	制度健全，并严格执行；非施工方质量监督人员经常到现场，或现场设有常驻代表；施工方有在岗专业技术管理人员，人员齐全，并持证上岗	制度基本健全，并能执行，非施工方质量监督人员间断地到现场进行质量控制，施工方有在岗专业技术管理人员，并持证上岗	有制度；非施工方质量监督人员很少作现场质量控制；施工方有在岗专业技术管理人员
砂浆、混凝土强度	试块按规定制作，强度满足验收规定，离散性小	试块按规定制作，强度满足验收规定，离散性较小	试块强度满足验收规定，离散性大
砂浆拌合方式	机械拌合，配合比计量控制严格	机械拌合，配合比计量控制一般	机械或人工拌合；配合比计量控制较差
砌筑工人	中级工以上，其中高级工不少于20%	高、中级工不少于70%	初级工以上

10. 砌体结构中钢筋（包括夹心复合墙内外叶墙间的拉结件或钢筋）的防腐，应符合设计规定。

11. 雨天不宜在露天砌筑墙体，对下雨当日砌筑的墙体应进行遮盖。继续施工时，应复核墙体的垂直度，如果垂直度超过允许偏差，应拆除重新砌筑。

12. 砌体施工时，楼面和屋面堆载不得超过楼板的允许荷载值。当施工层进料口处施工荷载较大时，楼板下宜采取临时支撑措施。

13. 正常施工条件下，砖砌体、小砌块砌体每日砌筑高度宜控制在 1.5m 或一步脚手架高度内；石砌体不宜超过 1.2m。

14. 砌体结构工程检验批的划分应同时符合下列规定：

（1）所用材料类型及同类型材料的强度等级相同。

（2）不超过 250m³ 砌体。

（3）主体结构砌体一个楼层（基础砌体可按一个楼层计）；填充墙砌体量少时可多个楼层合并。

15. 砌体结构工程检验批验收时，其主控项目应全部符合规范的规定；一般项目应有 80％ 及以上的抽检处符合规范的规定；有允许偏差的项目，最大偏差值为允许偏差值的 1.5 倍。

砌体结构分项工程中检验批抽检时，各抽检项目的样本最小容量除有特殊要求外，按不应小于 5 确定。

16. 在墙体砌筑过程中，当砌筑砂浆初凝后，块体被撞动或需移动时，应将砂浆清除后再铺砌砂浆。

第二节　砌　筑　砂　浆

一、原材料要求

1. 水泥使用应符合下列规定：

（1）水泥进场时应对其品种、等级、包装或散装仓号、出厂日期等进行检查，并应对其强度、安定性进行复验，其质量必须符合现行国家标准《通用硅酸盐水泥》GB 175 的有关规定。

（2）当在使用中对水泥质量有怀疑或水泥出厂超过三个月（快硬硅酸盐水泥超过一个月）时，应复查试验，并按复验结果使用。

（3）不同品种的水泥，不得混合使用。

2. 砂浆用砂宜采用过筛中砂，并应满足下列要求：

（1）不应混有草根、树叶、树枝、塑料、煤块、炉渣等杂物。

（2）砂中含泥量、泥块含量、石粉含量、云母、轻物质、有机物、硫化物、硫酸盐及氯盐含量（配筋砌体砌筑用砂）等应符合现行行业标准《普通混凝土用砂、石质量及检验方法标准》JGJ 52 的有关规定。

（3）人工砂、山砂及特细砂，应经试配能满足砌筑砂浆技术条件要求。

3. 拌制水泥混合砂浆的粉煤灰、建筑生石灰、建筑生石灰粉及石灰膏应符合下列规定：

（1）粉煤灰、建筑生石灰、建筑生石灰粉的品质指标应符合现行标准《用于水泥和混凝土中的粉煤灰混凝土及砂浆中应用技术规程》GB/T 1596、《建筑生石灰》JC/T 479、《建筑生石灰粉》JC/T 480 的有关规定。

（2）建筑生石灰、建筑生石灰粉熟化为石灰膏，其熟化时间分别不得少于 7d 和 2d；沉淀池中储存的石灰膏，应防止干燥、冻结和污染，严禁采用脱水硬化的石灰膏；建筑生石灰粉、消石灰粉不得替代石灰膏配制水泥石灰砂浆。

（3）石灰膏的用量，应按稠度 120mm±5mm 计量。

4. 拌制砂浆用水的水质，应符合现行行业标准《混凝土用水标准》JGJ 63 的有关规定。

二、砂浆要求

1. 砌筑砂浆应进行配合比设计。当砌筑砂浆的组成材料有变更时，其配合比应重新确定。砌筑砂浆的稠度宜按表 4-4 规定。

砌筑砂浆稠度 表 4-4

砌 体 种 类	砂浆稠度（mm）	砌 体 种 类	砂浆稠度（mm）
烧结普通砖砌体	70～90	烧结普通砖平拱式过梁空斗墙，筒拱普通混凝土小型空心砌块砌体加气混凝土砌块砌体	50～70
轻集料混凝土小型空心砌块砌体	60～90		
烧结多孔砖，空心砖砌体	60～80	石砌体	30～50

注：1. 采用薄灰砌筑法砌筑蒸压加气混凝土砌块砌体时，加气混凝土粘结砂浆的加水量按照其产品说明书控制；
2. 当砌筑其他块体时，其砌筑砂浆的稠度可根据块体吸水特性及气候条件确定。

2. 施工中不应采用强度等级小于 M5 水泥砂浆替代同强度等级水泥混合砂浆，如需替代，应将水泥砂浆提高一个强度等级。

3. 在砂浆中掺入的砌筑砂浆增塑剂、早强剂、缓凝剂、防冻剂、防水剂等砂浆外加剂，其品种和用量应经有资质的检测单位检验和试配确定。所用外加剂的技术性能应符合国家现行有关标准的质量要求。

4. 配制砌筑砂浆时，各组分材料应采用质量计量，水泥及各种外加剂配料的允许偏差为±2%；砂、粉煤灰，石灰膏等配料的允许偏差为±5%。

5. 砌筑砂浆应采用机械搅拌，搅拌时间自投料完起算应符合下列规定：

（1）水泥砂浆和水泥混合砂浆不得少于 120s。

（2）水泥粉煤灰砂浆和掺用外加剂的砂浆不得少于 180s。

（3）掺增塑剂的砂浆，其搅拌方式、搅拌时间应符合现行行业标准《砌筑砂浆增塑剂》JG/T 164 的有关规定。

（4）干混砂浆及加气混凝土砌块专用砂浆宜按掺用外加剂的砂浆确定搅拌时间或按产品说明书采用。

6. 现场拌制的砂浆应随拌随用，拌制的砂浆应在 3h 内使用完毕；当施工期间最高气温超过 30℃ 时，应在 2h 内使用完毕。预拌砂浆及蒸压加气混凝土砌块专用砂浆的使用时间应按照厂方提供的说明书确定。

7. 砌体结构工程使用的湿拌砂浆，除直接使用外必须储存在不吸水的专用容器内，并根据气候条件采取遮阳、保温、防雨雪等措施，砂浆在储存过程中严禁随意加水。

8. 砌筑砂浆试块强度验收对其强度合格标准应符合下列规定：

（1）同一验收批砂浆试块强度平均值应大于或等于设计强度等级值的 1.10 倍。

（2）同一验收批砂浆试块抗压强度的最小一组平均值应大于或等于设计强度等级值的 85%。

9. 当施工中或验收时出现下列情况，可采用现场检验方法对砂浆或砌体强度进行实体检测，并判定其强度：

（1）砂浆试块缺乏代表性或试块数量不足。

（2）对砂浆试块的试验结果有怀疑或有争议。

（3）砂浆试块的试验结果，不能满足设计要求。

（4）发生工程事故，需要进一步分析事故原因。

第三节 砖 砌 体 工 程

本节适用于烧结普通砖、烧结多孔砖、蒸压灰砂砖、粉煤灰砖等砌体工程。

一、一般规定

1. 用于清水墙、柱表面的砖，应边角整齐，色泽均匀。

2. 砌体砌筑时，混凝土多孔砖、混凝土实心砖、蒸压灰砂砖、蒸压粉煤灰砖等块体的产品龄期不应小于 28d。

3. 有冻胀环境和条件的地区，地面以下或防潮层以下的砌体，不应采用多孔砖。

4. 不同品种的砖不得在同一楼层混砌。

5. 砌筑烧结普通砖、烧结多孔砖、蒸压灰砂砖、蒸压粉煤灰砖砌体时，砖应提前 1～2d 浇水湿润，严禁采用干砖或处于吸水饱和状态的砖砌筑。

6. 采用铺浆法砌筑砌体时，铺浆长度不得超过 750mm；当施工期间气温超过 30℃ 时，铺浆长度不得超过 500mm。

7. 240mm 厚承重墙的每层墙的最上一皮砖，砖砌体的阶台水平面上及挑出层的外皮砖，应整砖丁砌。

8. 弧拱式及平拱式过梁的灰缝应砌成楔形缝。灰缝的宽度，拱底灰缝宽度不应小于 5mm；拱顶灰缝宽度不应大于 15mm，拱体的纵向及横向灰缝应填实砂浆；平拱式过梁拱脚下面应伸入墙内不小于 20mm，砖砌平拱过梁底应有 1% 的起拱。

9. 砖过梁底部的模板及其支架拆除时，灰缝砂浆强度不应低于设计强度的 75%。

10. 多孔砖的孔洞应垂直于受压面砌筑。半盲孔砖多孔砖的封底面应朝上砌筑。

11. 竖向灰缝不得出现瞎缝、透明缝和假缝。

12. 砖砌体施工临时间断处补砌时。必须将接槎处表面清理干净，洒水湿润，并填实砂浆，保持灰缝平直。

13. 夹心复合墙的砌筑应符合下列规定：

（1）墙体砌筑时，应采取措施防止空腔内掉落砂浆和杂物。

（2）拉结件设置应符合设计要求，拉结件在叶墙上的搁置长度不应小于叶墙厚度的2/3，并不应小于60mm。

（3）保温材料品种及性能应符合设计要求。保温材料的浇筑压力不应对砌体强度、变形及外观质量产生不良影响。

二、施工质量验收

1. 主控项目

（1）砖和砂浆的强度等级必须符合设计要求。

抽检数量：每一生产厂家，烧结普通砖、混凝土实心砖每15万块，烧结多孔砖、混凝土多孔砖、蒸压灰砂砖及蒸压粉煤灰砖每10万块各为一验收批，不足上述数量时按1批计，抽检数量为1组。

检验方法：查砖和砂浆试块试验报告。

（2）砌体灰缝砂浆应密实饱满，砖墙水平灰缝的砂浆饱满度不得低于80％；砖柱水平灰缝和竖向灰缝饱满度不得低于90％。

抽检数量：每检验批抽查不应少于5处。

检验方法：用百格网检查砖底面与砂浆的粘结痕迹面积，每处检测3块砖，取其平均值。

（3）砖砌体的转角处和交接处应同时砌筑，严禁无可靠措施的内外墙分砌施工。在抗震设防烈度为8度及8度以上地区，对不能同时砌筑而又必须留置的临时间断处应砌成斜槎，普通砖砌体斜槎水平投影长度不应小于高度的2/3，多孔砖砌体的斜槎长高比不应小于1/2。斜槎高度不得超过一步脚手架的高度。

抽检数量：每检验批抽查不应少于5处。

检验方法：观察检查。

（4）非抗震设防及抗震设防烈度为6度、7度地区的临时间断处，当不能留斜槎时，除转角处外，可留直槎，但直槎必须做成凸槎，且应加设拉结钢筋，拉结钢筋应符合下列规定：

1）每120mm墙厚放置1φ6拉结钢筋（120mm厚墙应放置2φ6拉结钢筋）。

2）间距沿墙高不应超过500mm，且竖向间距偏差不应超过100mm。

图 4-1　直槎处拉结钢筋示意图

3）埋入长度从留槎处算起每边均不应小于500mm，对抗震设防烈度6度、7度的地区，不应小于1000mm。

4）末端应有90°弯钩，如图4-1所示。

抽检数量：每检验批抽查不应少于5处。

检验方法：观察和尺量检查、

2. 一般项目

（1）砖砌体组砌方法应正确，内外搭砌，上、下错缝；清水墙、窗间墙无通缝；混水墙中不得有长度大于300mm的通缝，长度200～300mm的通缝每间不超过3处，且不得位于同一面墙体上。砖柱不得采用包心砌法。

抽检数量：每检验批抽查不应少于5处。

检验方法：观察检查。砌体组砌方法抽检每处应为3～5m。

（2）砖砌体的灰缝应横平竖直，厚薄均匀，水平灰缝厚度及竖向灰缝宽度宜为10mm，但不应小于8mm，也不应大于12mm。

抽检数量：每检验批抽查不应少于5处。

检验方法：水平灰缝厚度用尺量10皮砖砌体高度折算；竖向灰缝宽度用尺量2m砌体长度折算。

（3）砖砌体尺寸、位置的允许偏差及检验应符合表4-5的规定。

砖砌体尺寸、位置的允许偏差及检验　　　　　表 4-5

项次	项　　　目			允许偏差 （mm）	检验方法	抽检数量
1	轴线位移			10	用经纬仪和尺检查或用其他测量仪器检查	承重墙、柱全数检查
2	基础、墙、柱顶面标高			±15	用水平仪和尺检查	不应少于5处
3	墙面垂直度	每层		5	用2m托线板检查	不应少于5处
		全高	≤10m	10	用经纬仪、吊线和尺或用其他测量仪器检查	外墙全部阳角
			＞10m	20		
4	表面平整度	清水墙、柱		5	用2m靠尺和楔形塞尺检查	不应少于5处
		混水墙、柱		8		
5	水平灰缝平直度	清水墙		7	拉5m线和尺检查	不应少于5处
		混水墙		10		
6	门窗洞口高、宽（后塞口）			±5	用尺检查	不应少于5处
7	外墙上下窗口偏移			20	以底层窗口为准，用经纬仪或吊线检查	不应少于5处
8	清水墙游丁走缝			20	以每层第一皮砖为准，用吊线和尺检查	不应少于5处

第四节　混凝土小型空心砌块砌体工程

一、一般规定

1. 施工前，应按房屋设计图编绘小砌块平、立面排块图，施工中应按排块图施工。

2. 施工采用的小砌块的产品龄期不应小于28d。

3. 砌筑小砌块时，应清除表面污物，剔除外观质量不合格的小砌块。

4. 砌筑小砌块砌体，宜选用专用小砌块砌筑砂浆。

5. 底层室内地面以下或防潮层以下的砌体，应采用强度等级不低于C20（或Cb20）的混凝土灌实小砌块的孔洞。

6. 砌筑普通混凝土小型空心砌块砌体，不需对小砌块浇水湿润，如遇天气干燥炎热，宜在砌筑前对其喷水湿润；对轻骨料混凝土小砌块，应提前浇水湿润，块体的相对含水率宜为 40%～50%。雨天及小砌块表面有浮水时，不得施工。

7. 承重墙体使用的小砌块应完整、无破损、无裂缝。

8. 小砌块墙体应孔对孔、肋对肋错缝搭砌。单排孔小砌块的搭接长度应为块体长度的 1/2；多排孔小砌块的搭接长度可适当调整，但不宜小于小砌块长度的 1/3，且不应小于 90mm。墙体的个别部位不能满足上述要求时，应在灰缝中设置拉结钢筋或钢筋网片，但竖向通缝仍不得超过两皮小砌块。

9. 小砌块应将生产时的底面朝上反砌于墙上。

10. 小砌块墙体宜逐块坐（铺）浆砌筑。

11. 在散热器、厨房和卫生间等设备的卡具安装处砌筑的小砌块，宜在施工前用强度等级不低于 C20（或 Cb20）的混凝土将其孔洞灌实。

12. 每步架墙（柱）砌筑完后，应随即刮平墙体灰缝。

13. 芯柱处小砌块墙体砌筑应符合下列规定：

(1) 每一楼层芯柱处第一皮砌块应采用开口小砌块；

(2) 砌筑时应随砌随清除小砌块孔内的毛边，并将灰缝中挤出的砂浆刮净。

14. 芯柱混凝土宜选用专用小砌块灌孔混凝土。浇筑芯柱混凝土应符合下列规定：

(1) 每次连续浇筑的高度宜为半个楼层，但不应大于 1.8m；

(2) 浇筑芯柱混凝土时，砌筑砂浆强度应大于 1MPa；

(3) 清除孔内掉落的砂浆等杂物，并用水冲淋孔壁；

(4) 浇筑芯柱混凝土前，应先灌入适量与芯柱混凝土成分相同的去石砂浆；

(5) 每浇筑 400～500mm 高度捣实一次，或边浇筑边捣实。

二、施工验收

1. 主控项目

(1) 小砌块和芯柱混凝土、砌筑砂浆的强度等级必须符合设计要求。

抽检数量：每一生产厂家，每 1 万块小砌块为一验收批，不足 1 万块按一批计，抽检数量为 1 组；用于多层以上建筑的基础和底层的小砌块抽检数量不应少于 2 组。

检验方法：检查小砌块和芯柱混凝土、砌筑砂浆试块试验报告。

(2) 砌体水平灰缝和竖向灰缝的砂浆饱满度，按净面积计算不得低于 90%。

抽检数量：每检验批抽查不应少于 5 处。

检验方法：用专用百格网检测小砌块与砂浆粘结痕迹，每处检测 3 块小砌块，取其平均值。

(3) 墙体转角处和纵横交接处应同时砌筑。临时间断处应砌成斜槎，斜槎水平投影长度不应小于斜槎高度。施工洞口可预留直槎，但在洞口砌筑和补砌时，应在直槎上下搭砌的小砌块孔洞内用强度等级不低于 C20（或 Cb20）的混凝土灌实。

抽检数量：每检验批抽查不应少于 5 处。

检验方法：观察检查。

(4) 小砌块砌体的芯柱在楼盖处应贯通，不得削弱芯柱截面尺寸；芯柱混凝土不得漏灌。

抽检数量：检验批抽查不应少于 5 处。

检验方法：观察检查。

2. 一般项目

（1）砌体的水平灰缝厚度和竖向灰缝宽度宜为 10mm，但不应小于 8mm，也不应大于 12mm。

抽检数量：每检验批抽查不应少于 5 处。

检验方法：水平灰缝厚度用尺量 5 皮小砌块的高度折算；竖向灰缝宽度用尺量 2m 砌体长度折算。

第五节　配筋砌体工程

配筋砌体工程除应满足本节要求外，尚应符合本章第二、三节的有关规定。

一、一般规定

1. 施工配筋小砌块砌体剪力墙，应采用专用的小砌块砌筑砂浆砌筑，专用小砌块灌孔混凝土浇筑芯柱。

2. 设置在灰缝内的钢筋，应居中置于灰缝内，水平灰缝厚度应大于钢筋直径 4mm 以上。

二、施工验收

1. 主控项目

（1）钢筋的品种、规格、数量和设置部位应符合设计要求。

检验方法：检查钢筋的合格证书、钢筋性能复试试验报告、隐蔽工程记录。

（2）构造柱、芯柱、组合砌体构件、配筋砌体剪力墙构件的混凝土及砂浆的强度等级应符合设计要求。

抽检数量：每检验批砌体，试块不应少于 1 组，验收批砌体试块不得少于 3 组。

检验方法：检查混凝土和砂浆试块试验报告。

（3）构造柱与墙体的连接应符合下列规定：

1）墙体应砌成马牙槎，马牙槎凹凸尺寸不宜小于 60mm，高度不应超过 300mm，马牙槎应先退后进，对称砌筑；马牙槎尺寸偏差每一构造柱不应超过 2 处。

2）预留拉结钢筋的规格、尺寸、数量及位置应正确，拉结钢筋应沿墙高每隔 500mm 设 2ϕ6，伸入墙内不宜小于 600mm，钢筋的竖向移位不应超过 100mm，且竖向移位每一构造柱不得超过 2 处。

3）施工中不得任意弯折拉结钢筋。

抽检数量：每检验批抽查不应少于 5 处。

检验方法：观察检查和尺量检查。

4）配筋砌体中受力钢筋的连接方式及锚固长度、搭接长度应符合设计要求。

检查数量：每检验批抽查不应少于 5 处。

检验方法：观察检查。

2. 一般项目

（1）构造柱一般尺寸允许偏差及检验方法应符合表 4-6 的规定。

构造柱一般尺寸允许偏差及检验方法　　　　　　表 4-6

项次	项　目			允许偏差（mm）	检　验　方　法
1	中心线位置			10	用经纬仪和尺检查或用其他测量仪器检查
2	层间错层			8	用经纬仪和尺检查或用其他测量仪器检查
3	垂直度	每层		10	用 2m 托线板检查
		全高	≤10m	15	用经纬仪、吊线和尺检查，或用其他测量仪器检查
			>10m	20	

抽检数量：每检验批抽查不应少于 5 处。

（2）设置在砌体灰缝中钢筋的防腐保护应符合规范的规定，且钢筋防护层完好，不应有肉眼可见裂纹、剥落和擦痕等缺陷。

抽检数量：每检验批抽查不应少于 5 处。

检验方法：观察检查。

（3）网状配筋砖砌体中，钢筋网规格及放置间距应符合设计规定。每一构件钢筋网沿砌体高度位置超过设计规定一皮砖厚不得多于一处，

抽检数量：每检验批抽查不应少于 5 处。

检验方法：通过钢筋网成品检查钢筋规格，钢筋网放置间距采用局部剔缝观察，或用探针刺入灰缝内检查，或用钢筋位置测定仪测定，

（4）钢筋安装位置的允许偏差及检验方法应符合表 4-7 的规定。

钢筋安装位置的允许偏差和检验方法　　　　　　表 4-7

项　目		允许偏差	检　验　方　法
受力钢筋保护层厚度	网状配筋砌体	±10	检查钢筋网成品，钢筋网放置位置局部剔缝观察，或用探针刺入灰缝内检查，或用钢筋位置测定仪检查
	组合砖砌体	±5	支模前观察与尺量检查
	配筋小砌块砌体	±10	浇筑混凝土前观察与尺量检查
配筋小砌块砌体墙凹槽中水平钢筋间距		±10	钢尺量连续三档，取最大值

第六节　填充墙砌体工程

一、一般规定

1. 砌筑填充墙时，轻骨料混凝土小型空心砌块和蒸压加气混凝土砌块的产品龄期不应小于 28d，蒸压加气混凝土砌块的含水率宜小于 30％。

2. 烧结空心砖、蒸压加气混凝土砌块、轻骨料混凝土小型空心砌块等的运输、装卸过程中，严禁抛掷和倾倒；进场后应按品种、规格堆放整齐，堆置高度不宜超过 2m。蒸压加气混凝土砌块在运输及堆放中应防止雨淋。

3. 吸水率较小的轻骨料混凝土小型空心砌块及采用薄灰砌筑法施工的蒸压加气混凝土砌块，砌筑前不应对其浇（喷）水湿润；在气候干燥炎热的情况下，对吸水率较小的轻骨料混凝土小型空心砌块宜在砌筑前喷水湿润。

4. 采用普通砌筑砂浆砌筑填充墙时，烧结空心砖、吸水率较大的轻骨料混凝土小型空心砌块应提前 1～2d 浇（喷）水湿润。蒸压加气混凝土砌块采用蒸压加气混凝土砌块砌筑砂浆或普通砌筑砂浆砌筑时，应在砌筑当天对砌块砌筑面喷水湿润。块体湿润程度宜符合下列规定：

（1）烧结空心砖的相对含水率为 60％～70％；

（2）吸水率较大的轻骨料混凝土小型空心砌块、蒸压加气混凝土砌块的相对含水率为 40％～50％。

5. 在厨房、卫生间、浴室等处采用轻骨料混凝土小型空心砌块、蒸压加气混凝土砌块砌筑墙体时，墙底部宜现浇混凝土坎台，其高度宜为 150mm。

6. 填充墙拉结筋处的下皮小砌块宜采用半盲孔小砌块或用混凝土灌实孔洞的小砌块，薄灰砌筑法施工的蒸压加气混凝土砌块砌体，拉结筋应放置在砌块上表面设置的沟槽内。

7. 蒸压加气混凝土砌块、轻骨料混凝土小型空心砌块不应与其他块体混砌，不同强度等级的同类块体也不得混砌。

8. 填充墙砌体砌筑应待承重主体结构检验批验收合格后进行，填充墙与承重主体结构间的空（缝）隙部位施工，应在填充墙砌筑 14d 后进行。

二、施工验收

1. 主控项目

（1）烧结空心砖、小砌块和砌筑砂浆的强度等级应符合设计要求。

抽检数量：烧结空心砖每 10 万块为一验收批，小砌块每 1 万块为一验收批，不足上述数量时按一批计，抽检数量为 1 组。

检验方法：查砖、小砌块进场复验报告和砂浆试块试验报告。

（2）填充墙砌体应与主体结构可靠连接，其连接构造应符合设计要求，未经设计同意，不得随意改变连接构造方法。每一填充墙与柱的拉结筋的位置超过一皮块体高度的数量不得多于一处。

抽检数量：每检验批抽查不应少于 5 处。

检验方法：观察检查。

（3）填充墙与承重墙、柱、梁的连接钢筋，当采用化学植筋的连接方式时，应进行实体检测，锚固钢筋拉拔试验的轴向受拉非破坏承载力检验值应为 6.0kN，抽检钢筋在检验值作用下基材无裂缝、钢筋无滑移宏观裂损现象；持荷 2min 期间荷载值降低不大于 5％。检验批验收可按规范通过正常检验一次、二次抽样判定。

抽检数量：按表 4-8 确定。

检验方法：原位试验检查。

检验批的容量	样本最小容量	检验批的容量	样本最小容量
≤90	5	281～500	20
91～150	8	501～1200	32
151～280	13	1201～3200	50

2. 一般项目

(1) 填充墙砌体尺寸、位置的允许偏差及检验方法应符合表 4-9 的规定。

填充墙砌体尺寸、位置的允许偏差及检验方法 表 4-9

项次	项 目		允许偏差（mm）	检 验 方 法
1	轴线位移		10	用尺检查
2	垂直度（每层）	≤3m	5	用 2m 托线板或吊线、用尺检查
		>3m	10	
3	表面平整度		8	用 2m 靠尺和楔形尺检查
4	门窗洞口高、宽（后塞口）		±5	用尺检查
5	外墙上、下窗口偏移		20	用经纬仪或吊线检查

抽检数量：每检验批抽查不应少于 5 处。

(2) 填充墙砌体的砂浆饱满度及检验方法应符合表 4-10 的规定。

填充墙砌体的砂浆饱满度及检验方法 表 4-10

砌 体 分 类	灰缝	饱满度及要求	检 验 方 法
空心砖砌体	水平	≥80%	采用百格网检查块体底面或侧面砂浆的粘结痕迹面积
	垂直	填满砂浆，不得有透明缝、瞎缝、假缝	
蒸压加气混凝土砌块、轻骨料混凝土小型空心砌块砌体	水平	≥80%	
	垂直	≥80%	

抽检数量：每检验批检查不应少于 5 处。

(3) 填充墙留置的拉结钢筋或网片的位置应与块体皮数相符合。拉结钢筋或网片应置于灰缝中，埋置长度应符合设计要求，竖向位置偏差不应超过一皮高度。

抽检数量：每检验批抽查不应少于 5 处。

检验方法：观察和用尺量检查。

(4) 砌筑填充墙时应错缝搭砌，蒸压加气混凝土砌块搭砌长度不应小于砌块长度的 1/3；轻骨料混凝土小型空心砌块搭砌长度不应小于 90mm；竖向通缝不应大于 2 皮。

抽检数量：每检验批抽查不应少于 5 处。

检验方法：观察检查。

(5) 填充墙的水平灰缝厚度和竖向灰缝宽度应正确，烧结空心砖、轻骨料混凝土小型空心砌块砌体的灰缝应为 8～12mm；蒸压加气混凝土砌块砌体当采用水泥砂浆、水泥混合砂浆或蒸压加气混凝土砌块砌筑砂浆时，水平灰缝厚度和竖向灰缝宽度不应超过15mm；当蒸压加气混凝土砌块砌体采用蒸压加气混凝土砌块粘结砂浆时，水平灰缝厚度和竖向灰缝宽度宜为3～4mm。

抽检数量：每检验批抽查不应少于5处。

检验方法：水平灰缝厚度用尺量5皮小砌块的高度折算；竖向灰缝宽度用尺量2m砌体长度折算。

第七节 冬 期 施 工

1. 当室外日平均气温连续5d稳定低于5℃时，砌体工程应采取冬期施工措施。

2. 砌体工程冬期施工应有完整的冬期施工方案。

3. 冬期施工所用材料应符合下列规定：

（1）石灰膏、电石膏等应防止受冻，如遭冻结，应经融化后使用。

（2）拌制砂浆用砂，不得含有冰块和大于10mm的冻结块。

（3）砌体用块体不得遭水浸冻。

4. 冬期施工砂浆试块的留置，除应按常温规定要求外，尚应增加1组与砌体同条件养护的试块，用于检验转入常温28d的强度。如有特殊需要，可另外增加相应龄期的同条件养护的试块。

5. 地基土有冻胀性时，应在未受冻的地基上砌筑，并应防止在施工期间和回填土前地基受冻。

6. 冬期施工中砖、小砌块浇（喷）水湿润应符合下列规定：

（1）烧结普通砖、烧结多孔砖、蒸压灰砂砖、蒸压粉煤灰砖、烧结空心砖、吸水率较大的轻骨料混凝土小型空心砌块在气温高于0℃条件下砌筑时，可浇水湿润；在气温低于、等于0℃条件下砌筑时，可不浇水，但必须增大砂浆稠度。

（2）普通混凝土小型空心砌块、混凝土多孔砖、混凝土实心砖及采用薄灰砌筑法的蒸压加气混凝土砌块施工时，不应对其浇（喷）水湿润。

（3）抗震设防烈度为9度的建筑物，当烧结普通砖、烧结多孔砖、蒸压粉煤灰砖、烧结空心砖无法浇水湿润时，如无特殊措施，不得砌筑。

（4）拌合砂浆时水的温度不得超过80℃，砂的温度不得超过40℃。

（5）采用砂浆掺外加剂法、暖棚法施工时，砂浆使用温度不应低于5℃。

（6）采用暖棚法施工，块体在砌筑时的温度不应低于5℃。距离所砌的结构底面0.5m处的棚内温度也不应低于5℃。

在暖棚内的砌体养护时间，应根据暖棚内温度，按表4-11确定。

暖棚法砌体的养护时间 表4-11

暖棚的温度（℃）	5	10	15	20
养护时间（d）	≥6	≥5	≥4	≥3

（7）采用外加剂法配制的砌筑砂浆，当设计无要求，且最低气温等于或低于−15℃时，砂浆强度等级应较常温施工提高一级。

（8）配筋砌体不得采用掺氯盐的砂浆施工。

第八节 子分部工程验收

1. 砌体工程验收前，应提供下列文件和记录：

（1）设计变更文件。

（2）施工执行的技术标准。

（3）原材料出厂合格证书、产品性能检测报告和进场复验报告。

（4）混凝土及砂浆配合比通知单。

（5）混凝土及砂浆试件抗压强度试验报告单。

（6）砌体工程施工记录。

（7）隐蔽工程验收记录。

（8）分项工程检验批的主控项目、一般项目验收记录。

（9）填充墙砌体植筋锚固力检测记录。

（10）重大技术问题的处理方案和验收记录。

（11）其他必要的文件和记录。

2. 砌体子分部工程验收时，应对砌体工程的观感质量作出总体评价。

3. 当砌体工程质量不符合要求时，应按现行国家标准《建筑工程施工质量验收统一标准》（GB 50300）有关规定执行。

4. 有裂缝的砌体应按下列情况进行验收：

（1）对不影响结构安全性的砌体裂缝，应予以验收，对明显影响使用功能和观感质量的裂缝，应进行处理；

（2）对有可能影响结构安全性的砌体裂缝，应由有资质的检测单位检测鉴定，需返修或加固处理的，待返修或加固处理满足使用要求后进行二次验收。

第五章 混凝土结构工程

第一节 模板分项工程

一、一般规定

1. 根据国家标准《混凝土结构工程施工质量验收规范》（GB 50204—2002）的规定，模板工程应遵守以下规定：

（1）模板及其支架应根据工程结构形式、荷载大小、地基土类别、施工设备和材料供应等条件进行设计。模板及其支架应具有足够的承载能力、刚度和稳定性，能可靠地承受浇筑混凝土的重量、侧压力以及施工荷载。

（2）在浇筑混凝土之前，应对模板工程进行验收。

模板安装和浇筑混凝土时，应对模板及其支架进行观察和维护。发生异常情况时，应按施工技术方案及时进行处理。

（3）模板及其支架拆除的顺序及安全措施应按施工技术方案执行。

2. 为使模板工程达到质量标准，必须抓好以下两个方面：

（1）在学习结构施工图时，要把模板的尺寸、标高看透记住，抓好模板翻样工作，这是重要的技术准备。只有通过这项技术工作发现矛盾、解决问题，才能使实际施工顺利进行。

（2）对主要构件、承重模板必须事先进行模板支撑的受力计算，如确定支撑立杆的间距、水平拉杆的间距，模板侧压力的计算，确定抵抗侧压力杆件或螺栓的数量和断面的大小。只有通过确切的计算，才能达到模板质量标准中保证项目内要求的强度、刚度和稳定性的要求。

二、施工质量控制

1. 模板安装的质量控制

（1）模板安装应按编制的模板设计文件和施工技术方案施工。在浇筑混凝土前，应对模板工程进行验收。模板安装和浇筑混凝土时，应检查和维护模板及其支架，发现异常情况时，应按施工技术方案及时进行处理。

（2）模板轴线放线时，应考虑建筑装饰装修工程的厚度尺寸，留出装饰厚度。

（3）模板安装的根部及顶部应设标高标志，并设限位措施，确保标高尺寸准确。支模时应拉水平通线，设竖向垂直度控制线，确保横平竖直，位置正确。

（4）基础的杯芯模板应刨光直拼，并钻有排气孔，减少浮力；杯口模板中心线应准确，模板钉牢，防止浇筑混凝土时芯模上浮；模板厚度应一致，搁栅面应平整，搁栅木料要有足够强度和刚度。墙模板的穿墙螺栓直径、间距和垫块规格应符合设计要求。

（5）柱子支模前必须先校正钢筋位置。成排柱支模时应先立两端柱模，在底部弹出通线，定出位置并兜方找中，校正与复核位置无误后，顶部拉通线，再立中间柱模。柱箍间距按柱截面大小及高度决定，一般控制在 500～1000mm，根据柱距选用剪刀撑、水平撑及四面斜撑撑牢，保证柱模板位置准确。

（6）梁模板上口应设临时撑头，侧模下口应贴紧底模或墙面，斜撑与上口钉牢，保持上口呈直线；深梁应根据梁的高度及核算的荷载及侧压力适当增加横档。

（7）梁柱节点连接处一般下料尺寸略缩短，采用边模包底模，拼缝应严密，支撑牢靠，及时错位并采取有效、可靠措施予以纠正。

（8）固定在模板上的预埋件、预留孔和预留洞，应按图纸逐个核对其质量、数量、位置、不得遗漏，并应安装牢固。

（9）模板与混凝土的接触面应清理干净并涂刷隔离剂，严禁隔离剂沾污钢筋和混凝土接槎处。浇筑混凝土前，模板内的杂物应清理干净。

（10）模板的地坪、胎膜等应保持平整光洁，不得产生下沉、裂缝、起砂或起鼓等现象。

（11）支架的立柱底部应铺设合适的垫板，支承在疏松土质上时，基土必须经过夯实，并应通过计算，确定其有效支承面积。并应有可靠的排水措施。

（12）立柱与立柱之间的带锥销横杆，应用锤子敲紧，防止立柱失稳，支撑完毕应设专人检查。

（13）安装现浇结构的上层模板及其支架时，下层楼板应具有承受上层荷载的承载能力或加设支架支撑，确保有足够的刚度和稳定性；多层楼盖下层支架系统的立柱应安装在同一垂直线上。

（14）超过 3m 高度的大型模板的侧模应留门子板，模板应留清扫口。

（15）浇筑混凝土高度应控制在允许范围内，浇筑时应均匀、对称下料，避免局部侧压力过大造成胀模。

（16）控制模板起拱高度，消除在施工中因结构自重、施工荷载作用引起的挠度。

2. 模板拆除质量控制

（1）模板及其支架的拆除时间和顺序应事先在施工技术方案中确定，拆模必须按拆模顺序进行，一般是后支的先拆，先支的后拆；先拆非承重部分，后拆承重部分。重大复杂的模板拆除，按专门制定的拆模方案执行。

（2）现浇楼板采用早拆模施工时，经理论计算复核后将大跨度楼板改成支模形式为小跨度楼板（≤2m），当浇筑的楼板混凝土实际强度达到 50% 的设计强度标准值，可拆除模板，保留支架，严禁调换支架。

（3）多层建筑施工，当上层楼板正在浇筑混凝土时，下一层楼板的模板支架不得拆除，再下一层楼板的支架，仅可拆除一部分；跨度 4m 及 4m 以上的梁下均应保留支架，其间距不得大于 3m。

（4）高层建筑梁、板模板，完成一层结构，其底模及其支架的拆除时间控制，应对所用混凝土的强度发展情况，分层进行核算，确保下层梁及楼板混凝土能承受上层全部荷载。

（5）拆除时应先清理脚手架上的垃圾杂物，再拆除连接杆件，经检查安全可靠后可按顺序拆除。拆除时要有统一指挥、专人监护，设置警戒区，防止交叉作业，拆下物品及时清运、整修、保养。

（6）后张法预应力结构构件，侧模宜在预应力张拉前拆除；底模及支架的拆除应按施工技术方案，当无具体要求时，应在结构构件建立预应力之后拆除。

（7）后浇带模板的拆除和支顶方法应按施工技术方案执行。

三、施工质量验收

1. 模板安装

（1）主控项目

1）安装现浇结构的上层模板及其支架时，下层楼板应具有承受上层荷载的承载能力，或加设支架；上、下层支架的立柱应对准，并铺设垫板。

检查数量：全数检查。

检验方法：对照模板设计文件和施工技术方案，观察。

2）在涂刷模板隔离剂时，不得沾污钢筋和混凝土接槎处。

检查数量：全数检查。

检验方法：观察。

（2）一般项目

1）模板安装应满足下列要求：

① 模板的接缝不应漏浆；在浇筑混凝土前，木模板应浇水湿润，但模板内不应有积水；

② 模板与混凝土的接触面应清理干净并涂刷隔离剂，但不得采用影响结构性能或妨碍装饰工程施工的隔离剂；

③ 浇筑混凝土前，模板内的杂物应清理干净；

④ 对清水混凝土工程及装饰混凝土工程，应使用能达到设计效果的模板。

检查数量：全数检查。

检验方法：观察。

2）用作模板的地坪、胎模等应平整光洁，不得产生影响构件质量的下沉、裂缝、起砂或起鼓。

检查数量：全数检查。

检验方法：观察。

3）对跨度不小于4m的现浇钢筋混凝土梁、板，其模板应按设计要求起拱；当设计无具体要求时，起拱高度宜为跨度的1/1000～3/1000。

检查数量：在同一检验批内，对梁，应抽查构件数量的10%，且不少于3件；对板，应按有代表性的自然间抽查10%，且不少于3间；对大空间结构，板可按纵、横轴线划分检查面，抽查10%，且不少于3面。

检验方法：水准仪或拉线、钢尺检查。

4）固定在模板上的预埋件、预留孔和预留洞均不得遗漏，且应安装牢固，其偏差应符合表5-1的规定。

项目		允许偏差（mm）
预埋钢板中心线位置		3
预埋管、预留孔中心线位置		3
插筋	中心线位置	5
	外露长度	+10, 0
预埋螺栓	中心线位置	2
	外露长度	+10, 0
预留洞	中心线位置	10
	尺寸	+10, 0

注：检查中心线位置时，应沿纵、横两个方向量测，并取其中的较大值。

检查数量：在同一检验批内，对梁、柱和独立基础，应抽查构件数量的 10%，且不少于 3 件；对墙和板，应按有代表性的自然间抽查 10%，且不少于 3 间；对大空间结构，墙可按相邻轴线间高度 5m 左右划分检查面，板可按纵横轴线划分检查面，抽查 10%，且均不少于 3 面。

检验方法：钢尺检查。

5）现浇结构模板安装的偏差应符合表 5-2 的规定。

现浇结构模板安装的允许偏差及检验方法 表 5-2

项目		允许偏差（mm）	检验方法
轴线位置		5	钢尺检查
底模上表面标高		±5	水准仪或拉线、钢尺检查
截面内部尺寸	基础	±10	钢尺检查
	柱、墙、梁	+4, −5	钢尺检查
层高垂直度	≤5m	6	经纬仪或吊线、钢尺检查
	>5m	8	经纬仪或吊线、钢尺检查
相邻两板表面高低差		2	钢尺检查
表面平整度		5	2m 靠尺和塞尺检查

注：检查轴线位置时，应沿纵、横两个方向量测，并取其中的较大值。

检查数量：在同一检验批内，对梁、柱和独立基础，应抽查构件数量的 10%，且不少于 3 件；对墙和板，应按有代表性的自然间抽查 10%，且不少于 3 间；对大空间结构，墙可按相邻轴线间高度 5m 左右划分检查面，板可按纵、横轴线划分检查面，抽查 10%，且均不少于 3 面。

6）预制构件模板安装的偏差应符合表 5-3 的规定。

项　　目		允许偏差（mm）	检　验　方　法
长　度	板、梁	±5	钢尺量两角边，取其中较大值
	薄腹板、桁架	±10	
	柱	0，−10	
	墙板	0，−5	
宽　度	板、墙板	0，−5	钢尺量一端及中部，取其中较大值
	梁、薄腹梁、桁架、柱	+2，−5	
高（厚）度	板	+2，−3	钢尺量一端及中部，取其中较大值
	墙板	0，−5	
	梁、薄腹梁、桁架、柱	+2，−5	
侧向弯曲	梁、板、柱	$l/1000$ 且≤15	拉线、钢尺量最大弯曲处
	墙板、薄腹梁、桁架	$l/1500$ 且≤15	
板的表面平整度		3	2m 靠尺和塞尺检查
相邻两板表面高低差		1	钢尺检查
对角线差	板	7	钢尺量两个对角线
	墙板	5	
翘曲	板、墙板	$l/1500$	调平尺在两端测量
设计起拱	薄腹梁、桁架、梁	±3	拉线、钢尺量跨中

注：l 为构件长度（mm）。

　　检查数量：首次使用及大修后的模板应全数检查；使用中的模板应定期检查，并根据使用情况不定期抽查。

　　2. 模板拆除

　　（1）主控项目

　　1）底模及其支架拆除时的混凝土强度应符合设计要求。当设计无具体要求时。混凝土强度应符合表 5-4 的规定。

构件类型	构件跨度（m）	达到设计的混凝土立方体抗压强度标准值的百分率（%）
板	≤2	≥50
	>2，≤8	≥75
	>8	≥100
梁、拱、壳	≤8	≥75
	>8	≥100
悬臂构件	—	≥100

　　检查数量：全数检查。

　　检验方法：检查同条件养护试件强度试验报告。

2）对后张法预应力混凝土结构构件，侧模宜在预应力张拉前拆除；底模支架的拆除应按施工技术方案执行，当无具体要求时，不应在结构构件建立预应力前拆除。

检查数量：全数检查。

检验方法：观察。

3）后浇带模板的拆除和支顶应按施工技术方案执行。

检查数量：全数检查。

检验方法：观察。

2. 一般项目

1）侧模拆除时的混凝土强度应能保证其表面及棱角不受损伤。

检查数量：全数检查。

检验方法：观察。

2）模板拆除时，不应对楼层形成冲击荷载。拆除的模板和支架宜分散堆放并及时清运。

检查数量：全数检查。

检验方法：观察。

第二节 钢筋分项工程

一、材料质量要求

1. 钢筋出厂质量合格证和试验报告单应及时整理，试验单填写做到字迹清楚、项目齐全、准确、真实，且无未了事项。

2. 钢筋出厂质量合格证和试验报告单不允许涂改、伪造、随意抽撤或损毁。

3. 钢筋质量必须合格，应先试验后使用，有出厂质量合格证或试验单。需采取技术处理措施的，应满足技术要求并经有关技术负责人批准后方可使用。

4. 钢筋合格证、试（检）验单或记录单的抄件（复印件）应注明原件存放单位，并有抄件人、抄件（复印）单位的签字和盖章。

5. 钢筋应有出厂质量证明书或试验报告单，并按有关标准的规定抽取试样做机械性能试验。进场时应按炉罐（批）号及直径分批检验，查对标志，外观检查。

6. 有下列情况之一者，须做化学成分检验：

（1）无出厂证明书或钢种钢号不明的。

（2）有焊接要求的进口钢筋。

（3）在加工过程中，发生脆断、焊接性能不良和机械性能显著不正常的。

7. 有特殊要求的，还应进行相应专项试验。

8. 集中加工的，应有由加工单位出具的出厂证明及钢筋出厂合格证和钢筋试验单的抄件。

9. 混凝土结构构件所采用的热轧钢筋、热处理钢筋、碳素钢丝、刻痕钢丝和钢绞线的质量，必须符合下列有关现行国家标准的规定。

（1）《钢筋混凝土用钢 第2部分：热轧带肋钢筋》（GB 1499.2—2007/XG1—2009）。

（2）《钢筋混凝土用钢　第1部分：热轧光圆钢筋》（GB 1499.1—2008）。

（3）《钢筋混凝土用余热处理钢筋》（GB 13014—1991）。

（4）《冷轧带肋钢筋》（GB 13788—2008）。

（5）《普通低碳钢热轧圆盘条》（GB/T 701—2008）。

（6）《预应力混凝土用钢棒》（GB/T 5223.3—2005）。

（7）《预应力混凝土用钢丝》（GB/T 5223—2002/XG2—2008）。

（8）《预应力混凝土用钢绞线》（GB/T 5224—2003）。

10. 钢筋进场检查及验收规定。

（1）检查产品合格证、出厂检验报告。

钢筋出厂，应具有产品合格证书、出厂试验报告单，作为质量的证明材料，所列出的品种、规格、型号、化学成分、力学性能等，必须满足设计要求，符合现行国家标准的规定。当用户有特别要求时，还应列出某些专门的检验数据。

（2）检查进场复试报告。

进场复试报告是钢筋进场抽样检验的结果，以此作为判断材料能否在工程中应用的依据。

钢筋进场时，应按现行国家标准《钢筋混凝土用热轧带肋钢筋》（GB1499—2008）的有关规定抽取试件做力学性能检验，其质量符合有关标准规定的钢筋，可在工程中应用。

检查数量按进场的批次和产品的抽样检验方案确定。有关标准中对进场检验数量有具体规定的，应按标准执行，如果有关标准只对产品出厂检验数量有规定的，检查数量可按下列情况确定：

1）当一次进场的数量大于该产品的出厂检验批量时，应划分为若干个出厂检验批量，然后按出厂检验的抽样方案执行。

2）当一次进场的数量小于或等于该产品的出厂检验批量时，应作为一个检验批量，然后按出厂检验的抽样方案执行。

3）对连续进场的同批钢筋，当有可靠依据时，可按一次进场的钢筋处理。

（3）进场的每捆（盘）钢筋均应有标牌。按炉罐号、批次及直径分批验收，分类堆放整齐，严防混料，并应对其检验状态进标识，防止混用。

（4）进场钢筋的外观质量检查：

1）钢筋应逐批检查其尺寸，不得超过允许偏差。

2）逐批检查，钢筋表面不得有裂纹、折叠、结疤及夹杂，盘条允许有压痕及局部的凸块、凹块、划痕、麻面，但其深度或高度（从实际尺寸算起）不得大于0.20mm，带肋钢筋表面凸块，不得超过横肋高度，钢筋表面上其他缺陷的深度和高度不得大于所在部位尺寸的允许偏差，冷拉钢筋不得有局部缩颈。

3）钢筋表面氧化铁皮（铁锈）重量不大于16kg/t。

4）带肋钢筋表面标志清晰明了，标志包括强度级别、厂名（汉语拼音字头表示）和直径（mm）数字。

二、施工质量控制

1. 在学习结构施工图时，要把不同构件的配筋数量、规格、间距、尺寸弄清楚，并看是否有矛盾，发现问题应在设计交底中解决。然后抓好钢筋翻样，检查配料单的准确性，不要把问题带到施工中去，应在技术准备中解决。

2. 要注意本地区是否属于抗震设防地区，查清图纸是按几级抗震设计的，施工图上对抗震的要求有什么说明，对钢筋构造上有什么要求。只有这样才能使钢筋的制作和绑扎符合图纸要求和达到施工规范的规定。

3. 在制作加工中发生断裂的钢筋，应进行抽样做化学分析。防止其力学性能合格而化学成分有问题。做好这方面的控制，则保证了钢材材质的完全合格性。

4. 柱子钢筋的绑扎，主要是抓住搭接部位和箍筋间距（尤其是加密区箍筋间距和加密区高度），这对抗震地区尤为重要。若竖向钢筋采用焊接，要做抽样试验，从而保证钢筋接头的可靠性。

5. 对梁钢筋的绑扎，主要抓住锚固长度和弯起钢筋的弯起点位置。对抗震结构则要重视梁柱节点处，梁端箍筋加密范围和箍筋间距。

6. 对楼板钢筋，主要抓好防止支座负弯矩钢筋被踩塌而失去作用；再者是垫好保护层垫块。

7. 对墙板的钢筋，要抓好墙面保护层和内外皮钢筋间的距离，撑好撑铁。防止两皮钢筋向墙中心靠近，对受力不利。

8. 对楼梯钢筋，主要抓梯段板的钢筋的锚固，以及钢筋变折方向不要弄错；防止弄错后在受力时出现裂缝。

9. 钢筋规格、数量、间距等在隐蔽验收时一定要仔细核实。在一些规格不易辨认时，应用尺量或卡尺卡。保证钢筋配置的准确，也就保证了结构的安全。

10. 钢筋锥螺纹接头的外观要求，钢筋与连接套的规格一致；无完整接头丝扣外露。

11. 施工现场钢筋套筒挤压接头外观质量应符合要求。

三、施工质量验收

1. 原材料

（1）主控项目

1）钢筋进场时，应按现行国家标准《钢筋混凝土用钢 第2部分：热轧带肋钢筋》（GB 1499.2—2007）等的规定，抽取试件做力学性能和重量偏差检验，其质量必须符合有关标准的规定。

检查数量：按进场的批次和产品的抽样检验方案确定。

检验方法：检查产品合格证、出厂检验报告和进场复验报告。

2）对有抗震设防要求的结构，其纵向受力钢筋的性能应满足设计要求；当设计无具体要求时，对一、二、三级抗震等级设计的框架结构和斜撑构件（含梯段）中的纵向受力钢筋应采用 HRB335E、HRB400E、HRB500E、HRBF335E、HRBF400E 或 HRBF500E 钢筋，其强度和最大力下总伸长率的实测值应符合下列规定：

①钢筋的抗拉强度实测值与屈服强度实测值的比值不应小于 1.25；

②钢筋的屈服强度实测值与强度标准值的比值不应大于 1.3；

③钢筋的最大力下总伸长率不应小于 9%。

检查数量：按进场的批次和产品的抽样检验方案确定。

检验方法：检查进场复验报告。

3）当发现钢筋脆断、焊接性能不良或力学性能显著不正常等现象时，应对该批钢筋进行化学成分检验或其他专项检验。

检验方法：检查化学成分等专项检验报告。

（2）一般项目

1）钢筋应平直、无损伤，表面不得有裂纹、油污、颗粒状或片状老锈。

检查数量：进场时和使用前全数检查。

检验方法：观察。

2．钢筋加工

（1）主控项目

1）受力钢筋的弯钩和弯折应符合下列规定：

①HPB235级钢筋末端应作180°弯钩，其弯弧内直径不应小于钢筋直径的2.5倍，弯钩的弯后平直部分长度不应小于钢筋直径的3倍；

②当设计要求钢筋末端需作135°弯钩时，HRB335级、HRB400级钢筋的弯弧内直径不应小于钢筋直径的4倍，弯钩的弯后平直部分长度应符合设计要求；

③钢筋作不大于90°的弯折时，弯折处的弯弧内直径不应小于钢筋直径的5倍。

检查数量：按每工作班同一类型钢筋、同一加工设备抽查不应少于3件。

检验方法：钢尺检查。

2）除焊接封闭环式箍筋外，箍筋的末端应作弯钩，弯钩形式应符合设计要求；当设计无具体要求时，应符合下列规定：

① 箍筋弯钩的弯弧内直径除应满足第1）款的规定外，尚应不小于受力钢筋直径；

② 箍筋弯钩的弯折角度：对一般结构，不应小于90°；对有抗震等要求的结构，应为135°；

③ 箍筋弯后平直部分长度：对一般结构，不宜小于箍筋直径的5倍；对有抗震等要求的结构，不应小于箍筋直径的10倍。

检查数量：按每工作班同一类型钢筋、同一加工设备抽查不应少于3件。

检验方法：钢尺检查。

3）钢筋调直后应进行力学性能和重量偏差的检验，其强度应符合有关标准的规定。

盘卷钢筋和直条钢筋调直后的断后伸长率、重量偏差应符合表5-5的规定。

盘卷钢筋和直条钢筋调直后的断后伸长率、重量负偏差要求　　　　表5-5

钢筋牌号	断后伸长率 A（%）	重量负偏差（%）		
		直径6～12mm	直径14～20mm	直径22～50mm
HPB235、HPB300	≥21	≤10	—	—
HRB335、HRBF335	≥16	≤8	≤6	≤5
HRB400、HRBF400	≥15			
RRB400	≥13			
HRB500、HRBF500	≥14			

注：1. 断后伸长率 A 的量测标距为5倍钢筋公称直径；

2. 重量负偏差（%）按公式 $(W_0-W_d)/W_0×100$ 计算，其中 W_0 为钢筋理论重量（kg/m），W_d 为调直后钢筋的实际重量（kg/m）；

3. 对直径为28～40mm的带肋钢筋，表中断后伸长率可降低1%；对直径大于40mm的带肋钢筋，表中的断后伸长率可降低2%。

采用无延伸功能的机械设备调直的钢筋，可不按本条检验。

检查数量：同一厂家、统一牌号、统一规格调直钢筋，重量不大于 30t 为一批；每批见证取 3 件试件。

检验方法：3 个试件先进行重量偏差检验，再取其中两个试件经时效处理后进行力学性能检验。检验重量偏差时，试件切口应平滑且与长度方向垂直，长度不应小于 500mm；长度和重量的量测精度分别不应低于 1mm 和 1g。

（2）一般项目

1）钢筋调直宜采用无延伸功能的机械设备进行调直，也可采用冷拉方法调直。当采用冷拉方法调直钢筋时，HPB235、HPB300 光圆钢筋的冷拉率不宜大于 4％，HRB335、HRB400、HRB500、HRBF335、HRBF400、HRBF500 及 RRB400 级钢筋的冷拉率不宜大于 1％。

检查数量：按每工作班同一类型钢筋、同一加工设备抽查不应少于 3 件。

检验方法：观察，钢尺检查。

2）钢筋加工的形状、尺寸应符合设计要求，其偏差应符合表 5-6 的规定。

钢筋加工的允许偏差　　　　　　　　　　　　　表 5-6

项　　目	允许偏差（mm）
受力钢筋顺长度方向全长的净尺寸	±10
弯起钢筋弯折位置	±20
箍筋内净尺寸	±5

检查数量：按每工作班同一类型钢筋、同一加工设备抽查不应少于 3 件。

检验方法：钢尺检查。

3. 钢筋连接

（1）主控项目

1）纵向受力钢筋的连接方式应符合设计要求。

检查数量：全数检查。

检验方法：观察。

2）在施工现场，应按国家现行标准《钢筋机械连接技术规程》(JGJ 107—2012)、《钢筋焊接及验收规程》(JGJ 18—2012)的规定抽取钢筋机械连接接头、焊接接头试件做力学性能检验，其质量应符合有关规程的规定。

检查数量：按有关规程确定。

检验方法：检查产品合格证、接头力学性能试验报告。

（2）一般项目

1）钢筋的接头宜设置在受力较小处。同一纵向受力钢筋不宜设置两个或两个以上接头。接头末端至钢筋弯起点的距离不应小于钢筋直径的 10 倍。

检查数量：全数检查。

检验方法：观察，钢尺检查。

2）在施工现场，应按国家现行标准《钢筋机械连接技术规程》(JGJ 107—2012)、《钢筋焊接及验收规程》(JGJ 18—2012)的规定对钢筋机械连接接头、焊接接头的外观进行检查，其质量应符合有关规程的规定。

检查数量：全数检查。

检验方法：观察。

3）当受力钢筋采用机械连接接头或焊接接头时，设置在同一构件内的接头宜相互错开。纵向受力钢筋机械连接接头及焊接接头连接区段的长度为 $35d$（d 为纵向受力钢筋的较大直径）且不小于 500mm，凡接头中点位于该连接区段长度内的接头均属于同一连接区段。同一连接区段内，纵向受力钢筋机械连接及焊接的接头面积百分率为该区段内有接头的纵向受力钢筋截面面积与全部纵向受力钢筋截面面积的比值。

同一连接区段内，纵向受力钢筋的接头面积百分率应符合设计要求；当设计无具体要求时，应符合下列规定：

① 在受拉区不宜大于 50%；

② 接头不宜设置在有抗震设防要求的框架梁端、柱端的箍筋加密区；当无法避开时，对等强度高质量机械连接接头，不应大于 50%；

③ 直接承受动力荷载的结构构件中，不宜采用焊接接头；当采用机械连接接头时，不应大于 50%。

检查数量：在同一检验批内，对梁、柱和独立基础，应抽查构件数量的 10%，且不少于 3 件；对墙和板，应按有代表性的自然间抽查 10%，且不少于 3 间；对大空间结构，墙可按相邻轴线间高度 5m 左右划分检查面，板可按纵横轴线划分检查面，抽查 10%，且均不少于 3 面。

检验方法：观察，钢尺检查。

4）同一构件中相邻纵向受力钢筋的绑扎搭接接头宜相互错开。绑扎搭接接头中钢筋的横向净距不应小于钢筋直径，且不应小于 25mm。

钢筋绑扎搭接接头连接区段的长度为 $1.3l_l$（l_l 为搭接长度），凡搭接接头中点位于该连接区段长度内的搭接接头均属于同一连接区段。同一连接区段内，纵向钢筋搭接接头面积百分率为该区段内有搭接接头的纵向受力钢筋截面面积与全部纵向受力钢筋截面面积的比值，如图 5-1 所示。

图 5-1　钢筋绑扎搭接接头
连接区段及接头面积百分率

注：图中所示搭接接头同一连接区段内的搭接钢筋为两根，当各钢筋直径相同时，接头面积百分率为 50%。

同一连接区段内，纵向受拉钢筋搭接接头面积百分率应符合设计要求；当设计无具体要求时，应符合下列规定：

① 对梁类、板类及墙类构件，不宜大于 25%；

② 对柱类构件，不宜大于 50%；

③ 工程中确有必要增大接头面积百分率时，对梁类构件，不应大于 50%；对其他构件，可根据实际情况放宽。

纵向受力钢筋绑扎搭接接头的最小搭接长度应符合《混凝土结构工程施工质量验收规范》（GB 50204—2002）附录 B 的规定。

检查数量：在同一检验批内，对梁、柱和独立基础，应抽查构件数量的 10%，且不少于 3 件；对墙和板，应按有代表性的自然间抽查 10%，且不少于 3 间；对大空间结构，墙可按相邻轴线间高度 5m 左右划分检查面，板可按纵、横轴线划分检查面，抽查 10％，且均不少于 3 面。

检验方法：观察，钢尺检查。

5）在梁、柱类构件的纵向受力钢筋搭接长度范围内，应接设计要求配置箍筋。当设计无具体要求时，应符合下列规定：

① 箍筋直径不应小于搭接钢筋较大直径的 0.25 倍；

② 受拉搭接区段的箍筋间距不应大于搭接钢筋较小直径的 5 倍，且不应大于 100mm；

③ 受压搭接区段的箍筋间距不应大于搭接钢筋较小直径的 10 倍，且不应大于 200mm；

④ 当柱中纵向受力钢筋直径大于 25mm 时，应在搭接接头两个端面外 100mm 范围内各设置两个箍筋，其间距宜为 50mm。

检查数量：在同一检验批内，对梁、柱和独立基础，应抽查构件数量的 10％，且不少于 3 件；对墙和板，应按有代表性的自然间抽查 10％，且不少于 3 间；对大空间结构，墙可按相邻轴线间高度 5m 左右划分检查面，板可按纵、横轴线划分检查面，抽查 10％，且均不少于 3 面。

检验方法：钢尺检查。

4. 钢筋安装

（1）主控项目

1）钢筋安装时，受力钢筋的品种、级别、规格和数量必须符合设计要求。

检查数量：全数检查。

检验方法：观察，钢尺检查。

（2）一般项目

1）钢筋安装位置的偏差应符合表 5-7 的规定。

钢筋安装位置的允许偏差和检验方法 表 5-7

项　　目			允许偏差（mm）	检 验 方 法
绑扎钢筋网	长、宽		±10	钢尺检查
	网眼尺寸		±20	钢尺量连续三档，取最大值
绑扎钢筋骨架	长		±10	钢尺检查
	宽、高		±5	钢尺检查
受力钢筋	间距		±10	钢尺量两端，中间各一点，取最大值
	排距		±5	
	保护层厚度	基础	±10	钢尺检查
		柱、梁	±5	钢尺检查
		板、墙、壳	±3	钢尺检查
绑扎钢筋、横向钢筋间距			±20	钢尺量连续三档，取最大值
钢筋弯起点位置			20	钢尺检查
预埋件	中心线位置		5	钢尺检查
	水平高差		+3，0	钢尺和塞尺检查

注：1. 检查预埋件中心线位置时，应沿纵、横两个方向量测，并取其中的较大值；

2. 表中梁类、板类构件上部纵向受力钢筋保护层厚度的合格点率应达到 90％及以上，且不得有超过表中数值 1.5 倍的尺寸偏差。

检查数量：在同一检验批内，对梁、柱和独立基础，应抽查构件数量的 10％，且不少于 3 件；对墙和板，应按有代表性的自然间抽查 10％，且不少于 3 间；对大空间结构，墙可按相邻轴线间高度 5m 左右划分检查面，板可按纵、横轴线划分检查面，抽查 10％，且均不少于 3 面。

第三节　预应力分项工程

一、材料质量要求

1. 后张法预应力工程的施工应由具有相应资质等级的预应力专业施工单位承担。

2. 预应力筋张拉机具设备及仪表，应定期维护和校验。张拉设备应配套标定，并配套使用。张拉设备的标定期限不应超过半年。当在使用过程中出现反常现象时或在千斤顶检修后，应重新标定。

（1）张拉设备标定时，千斤顶活塞的运行方向应与实际张拉工作状态一致。

（2）压力表的精度不应低于 1.5 级，标定张拉设备用的试验机或测力计精度不应低于 ±2％。

3. 在浇筑混凝土之前，应进行预应力隐蔽工程验收，其内容包括：

（1）预应力筋的品种、规格、数量、位置等。

（2）预应力筋锚具和连接器的品种、规格、数量、位置等。

（3）预留孔道的规格、数量、位置、形状及灌浆孔、排气兼泌水管等。

（4）锚固区局部加强构造等。

4. 预应力筋常用的品种和相应的现行国家标准有《预应力混凝土用钢丝》（GB/T 5223—2002）、《预应力混凝土用钢绞线》（GB/T 5224—2003）、《预应力混凝土用钢棒》（GB/T 5223.3—2005）。

（1）预应力筋进场时，应具备产品合格证、出厂检验报告，使用前应做进场复验，按现行国家标准规定，按批次抽取试件做力学性能检验，其质量必须符合有关标准的规定。

（2）预应力筋使用前应进行外观检查，其质量应符合下列要求：

1）有粘结预应力筋展开后应平顺，不得弯折，表面不应有裂纹、机械损伤、氧化铁皮或油污。

2）无粘结预应力筋护套应光滑，无裂缝，无明显褶皱。

（3）无粘结预应力筋的涂包质量应符合无粘结预应力钢绞线标准的规定。进场时应具备产品合格证、出厂检验报告和进场复验报告。涂包质量的检验是按每 60t 为一批，每批抽取一组试件，检查涂包层油脂用量。

（4）无粘结预应力筋护套，有严重破损的不得使用，有轻微破损的应将外包防水塑料胶带修补好。当有工程经验，并经观察认为质量有保证时，可不做油脂用量和护套厚度的进场复验。

（5）预应力钢材进场验收应遵守以下规定：

1）碳素钢丝应按批验收，每批应由同一钢号、同一直径、同一抗拉强度和同一交货状态的钢丝组成。每捆钢丝上都应挂标牌，并附出厂合格证书。

2）外观检查应逐盘进行，要求钢丝表面不得有裂纹、小刺、劈裂、机械损伤、氧化铁皮、油迹等，但表面上允许有浮锈和回火色。

3）钢丝直径的检查，应按进场量的10%抽取，但不得少于六盘。

4）钢丝外观检查合格后，从每批中任意选取批量的10%（但不少于六盘）的钢丝，从每盘钢丝的两端各截取一个试件，一个做拉力试验，一个做反复弯曲试验。如有某一项试验结果不符合国家标准，则该盘钢丝为不合格品，并从同一批中未经取样试验的钢丝盘中再取双倍数量的试件进行复试，如仍有一个指标不合格，则该批钢丝为不合格品，严禁使用。如果进行全数检查，则应选用合格产品。

5）钢绞线的外观检查，同钢丝一样要求。无粘结钢绞线要检查外裹的塑料膜是否完好。

6）钢绞线的力学性能检查，也是抽样试验，从每批中选取5%（但不少于三盘）钢绞线，各截取一个试件进行拉力试验。试拉的合格判定，与钢丝的判定原则相同。

5. 预应力筋用锚具、夹具和连接器应按设计规定采用，其性能应符合现行国家标准《预应力筋用锚具、夹具和连接器》（GB/T 14370—2007）和《预应力筋用锚具、夹具和连接器应用技术规程》（JGJ 85—2010）的规定。

6. 预应力筋端部锚具的制作质量应符合下列要求：

（1）挤压锚具制作时压力表的油压应符合操作说明书的规定，挤压后预应力筋外端应露出挤压套筒1.5mm。

（2）钢绞线压花锚成型时，表面应洁净无污染，梨形头尺寸和直线段长度应符合设计要求。

（3）钢丝镦头的强度不得低于钢丝强度标准值的98%。

制作预应力锚具，每工作班应进行抽样检查，对挤压锚，每工作班抽查5%，且不应少于5件；对压花锚，每工作班抽查三件；对钢丝镦头，主要是检查钢丝的可镦性，故按钢丝进场批量，每批钢丝检查6个镦头试件的强度试验报告。

7. 预应力筋用锚具、夹具和连接器进场时做进场复验，主要对锚具、夹具、连接器做静载锚固性能试验，并按出厂检验报告中所列指标，核对材质、机加工尺寸等。对锚具使用较少的一般工程，如供货方提供了有效的出厂试验报告，可不再做静载锚固性能试验。

8. 锚具、夹具和连接器使用前应进行外观质量检查，其表面应无污物、锈蚀、机械损伤和裂纹，否则应根据不同情况进行处理，确保使用性能。

9. 锚具验收：

（1）检查出厂证明文件，核对其锚固性能、类别、品种、规格及数量，应全部符合订货要求。

（2）外观检查，应从每批中抽取10%但不少于10套的锚具，检查其外观和尺寸。当有一套表面有裂纹或超过产品标准及设计图纸规定尺寸的允许偏差时，应另取双倍数量的锚具重做检查，如仍有一套不符合要求，则逐套检查，对检查不合格者，严禁使用。

（3）硬度检查，应从每批中抽取5%，但不少于5件的锚具，对其中有硬度要求的零件做硬度试验，对多孔夹片式锚具的夹片，每套至少抽5片。每个零件测试三点，其硬度应在设计要求范围内，当有一个零件不合格时，应另取双倍数量的零件重做试验，如仍有一个零件不合格，则做逐个检查，合格者方可使用。

（4）静载锚固性能试验，经上述两项试验合格后，应从同批中抽取6套锚具（夹具或连接器）组成3个预应力筋锚具（夹具、连接器）组装件，进行静载锚固性能试验，当有一个试件不符合要求时，应另取双倍数量的锚具（夹具或连接器）重做试验，如仍有一套不合格，则该批锚具（夹具或连接器）为不合格品。

（5）对一般工程的锚具（夹具或连接器）进场验收，其静载锚固性能，也可由锚具生产厂提供试验报告。

10. 夹具验收。

预应力夹具的进场验收，只做静载锚固性能试验。试验方法与预应力筋锚具相同。

由于夹具的锚固性能不影响结构的使用性能，只要能满足工艺过程中的使用要求即可。为简化验收手续，可不做外观检查和硬度检验。

11. 连接器验收。

后张法预应力连接器的进场验收，应与预应力筋锚具相同；先张法预应力筋连接器进场验收，应与预应力筋夹具相同，但静载锚固性能试验时，可从同批中抽取3套连接器，组装成3个预应力筋连接器组装件进行试验。

12. 灌浆用塑料管及盖板。

浆用塑料管的管壁应能承受 $2N/mm^2$ 的压力，管内径一般为20mm；长度可以根据构件情况在施工中自行截取。盖板为弧形，弧度按所用波纹管进行加工，可向塑料厂订货供应。

13. 用于张拉端的喇叭形钢筋、钢筋网片、钢垫板等均需根据设计图纸提出的要求，由施工单位进行加工制作。它们没有专门生产的厂商。因此，施工时看图必须认真，加工制作必须符合要求。

14. 预应力束表面涂料。

无粘结预应力束表面涂料，应长期保护预应力束不受腐蚀，它应具有以下性能：

（1）有较好的化学稳定性，在使用温度范围（一般为 $-20\sim+70℃$）内不产生裂缝，不变脆和流淌。

（2）与周围的材料如混凝土、钢材、缠绕材料或塑料套管等不起化学作用。

（3）不会被腐蚀，且具有不透水性。

15. 无粘结预应力束用的外层包裹物必须具有一定的抗拉强度和防渗漏的性能，以保证预应力束在运输、储存、铺设和浇筑混凝土过程中不会发生不可修复的破坏。常用的包裹物有塑料布、塑料薄膜或牛皮纸，其中塑料布或塑料薄膜防水性能、抗拉强度和延伸率较好。此外，还可选用聚氯乙烯、高压聚乙烯、低压聚乙烯和聚丙烯等挤压成形作为预应力束的涂层包裹层。

16. 辅助材料质量验收：

（1）后张预应力混凝土孔道成型材料应具有刚度和密闭性，在铺设及浇筑混凝土过程中不应变形，其咬口及连接处不应漏浆。成形后的管道应能有效地传递灰浆和周围混凝土的粘结力。

（2）预应力混凝土用金属波纹管进场时应具备产品合格证、出厂检验报告，使用前做进场复验，其尺寸、径向刚度和抗渗性能等应符合现行国家标准《预应力混凝土用金属波纹管》（JG 225—2007）的规定。对金属波纹管用量较少的一般工程，如有可靠依据时，可不做径向刚度、抗渗漏性能的进场复试。

（3）预应力混凝土用金属波纹管在使用前应进行外观质量检查。其内外表面应清洁，无锈蚀、无油污，不应有变形、孔洞和不规则的摺皱，咬口不应有开裂和脱扣。

（4）孔道灌浆用水泥应采用普通硅酸盐水泥，水泥及水泥外加剂应符合设计和规范要求，严禁使用含氯化物的外加剂。且水泥和水泥外加剂进场，应具备产品合格证，使用前做进场复验。

二、施工质量控制

预应力混凝土结构施工前，专业施工单位应根据设计图纸，编制预应力施工方案。当设计图纸深度不具备施工条件时，预应力专业施工单位应将图纸进一步深化、细化，予以完善，并经设计单位审核后实施。

1. 预应力筋制作与安装

预应力筋制作与安装时，其品种、级别、规格、数量必须符合设计要求。

（1）预应力筋下料

1）预应力筋应采用砂轮锯或切断机切断，不得采用电弧切割，以免电弧损伤预应力筋。

2）预应力筋的下料长度应由计算确定，加工尺寸要求严格，以确保预加应力均匀一致。

（2）后张法有粘结预应力筋预留孔道

1）预留孔道的规格、数量、位置和形状应满足设计要求。

2）预留孔道的定位应准确、牢固，浇筑混凝土时不应出现移位或变形。

3）孔道应平顺通畅，端部的预埋垫板应垂直于孔道中心线。

4）成孔用管道应密封良好，接头应严密，不得漏浆。

5）灌浆孔的间距：对预埋金属螺旋预埋管的不宜大于 30m；对抽芯成形孔道不宜大于 12m。

6）在曲线孔道的曲线波峰位置应设置排气兼泌水管，必要时在最低点设置排水孔。灌浆孔及泌水管的孔径应能保证浆液通畅。

7）固定成孔管道的钢筋马凳间距：对钢管不宜大于 1.5m；对金属螺旋管及波纹管不宜大于 1.0m；对胶管不宜大于 0.5m；对曲线孔道宜适当加密。

（3）预应力筋铺设

1）施工过程中应防止电火花损伤预应力筋，对有损伤的预应力筋应予以更换。

2）先张法预应力施工时应选用非油脂性的模板隔离剂，在铺设预应力筋时严禁隔离剂沾污预应力筋。

3）在后张法施工中，对于浇筑混凝土前穿入孔道的预应力筋，应有防锈措施。

4）无粘结预应力的护套应完整，局部破损处采用防水塑料胶带缠绕紧密修补好。

5）无粘结预应力筋的定位应牢固，浇筑混凝土时不应出现移位和变形，端部的预埋垫板应垂直于预应力筋，内埋式固定端垫板不应重叠，锚具与垫块应贴紧。

6）预应力筋的保护层厚度应符合设计及有关规范的规定。无粘结预应力筋成束布置时，其数量及排列形状应能保证混凝土密实，并能够握裹住预应力筋。

7）预应力筋束形控制点的竖向位置偏差应符合表 5-8 的规定。

束形控制点的竖向位置允许偏差 表 5-8

截面高（厚）度（mm）	$h \leqslant 300$	$300 < h \leqslant 1500$	$h > 1500$
允许偏差（mm）	±5	±10	±15

2. 预应力筋张拉和放张

（1）安装张拉设备时。直线预应力筋，应使张拉力的作用线与孔道中心线重合；曲线预应力筋，应使张拉力的作用线与孔道中心线末端的切线重合。

（2）预应力筋张拉或放张时，混凝土强度应符合设计要求；当设计无具体要求时，不应低于设计的混凝土立方体抗压强度标准值的 75%。

（3）预应力筋的张拉力、张拉或放张顺序及张拉工艺应符合设计及施工技术方案的要求，并应符合下列规定：

1）张拉力及设计计算伸长值、张拉顺序均由设计确定，在后张法施工中，确定张拉力应考虑后批张拉对先批张拉预应力筋所产生的结构构件弹性压缩的影响，如应力影响较大时，可将其统一增加一定值。

2）预应力筋张拉时的应力控制应满足设计要求。后张法施工中，当预应力筋是逐根或逐束张拉时，应保证各阶段不出现对结构不利的应力状态；同时宜考虑后批张拉预应力筋所产生的结构构件的弹性压缩对先批张拉预应力筋的影响，确定张拉力。

有粘结预应力筋张拉时应整束张拉，使其各根预应力筋同步受力，应力均匀。

实际施工中有部分预应力损失，可采取超张拉方法抵消，其最大张拉应力不应大于现行国家标准《混凝土结构设计规范》（GB 50010—2010）的规定。

3）当采取超张拉方法减少预应力筋的松弛损失时，预应力筋的张拉顺序为：

从零应力开始张拉至 1.05 倍预应力筋的张拉控制应力 σ_{con}，持荷 2min 后，卸荷至预应力筋的张拉控制应力；或从应力为零开始张拉至 1.03 倍预应力筋的张拉控制应力。其中 σ_{con} 为预应力筋的张拉控制应力。

4）当采用应力控制方法张拉时，应校核预应力筋的伸长值，如实际伸长值比计算伸长值大于 10% 或小于 5%，应暂停张拉，在采取措施予以调整后，方可继续张拉。

（4）内缩量值控制：在预应力筋锚固过程中，由于锚具零件之间和锚具与预应力筋之间的相对移动和局部塑性变形造成的回缩量，张拉端预应力筋的内回缩量应符合设计要求。

3. 灌浆及封锚

（1）灌浆

孔道灌浆是在预应力筋处于高应力状态，对其进行永久性保护的工序，所以应在预应力筋张拉后尽早进行孔道灌浆，孔道内水泥浆应饱满、密实。

1）孔道灌浆前应进行水泥浆配合比设计。

2）严格控制水泥浆的稠度和泌水率，以获得饱满密实的灌浆效果，水泥浆的水灰比不应大于 0.45，搅拌后 3h 泌水不宜大于 2%，且不应大于 3%，应做水泥浆性能试验，泌水应能在 24h 内全部重新被水泥浆吸收。对空隙大的孔道，也可采用砂浆灌浆，水泥浆或砂浆的抗压强度标准值不应小于 30N/mm²，当需要增加孔道灌浆密实度时，也可掺入对预应力筋无腐蚀的外加剂。

3）灌浆前孔道应湿润、洁净，灌浆顺序宜先下层孔道。

4）灌浆应缓慢均匀的进行，不能中断，直至出浆口排出的浆体稠度与进浆口一致，灌满孔道后，应再继续加压 0.5～0.6MPa，稍后封闭灌浆孔。不掺外加剂的水泥浆，可采用二次灌浆法。封闭顺序是沿灌注方向依次封闭。

5）灌浆工作应在水泥浆初凝前完成。每个工作班留一组边长为 70.7mm 的立方体试件，标准养护 28d，做抗压强度试验，抗压强度为一组 6 个试件组成，当一组试件中抗压强度最大值或最小值与平均值相差 20％时，应取中间 4 个试件强度的平均值。

（2）张拉端锚具及外露预应力筋的封闭保护

锚具的封闭保护应符合设计要求；当设计无具体要求时，应符合下列规定：

1）锚固后的外露部分宜采用机械方法切割，外露长度不宜小于预应力筋直径的 1.5 倍，且不小于 30mm。

2）预应力筋的外露锚具必须有严格的密封保护措施，应采取防止锚具受机械损伤或遭受腐蚀的有效措施。

3）外露预应力筋的保护层厚度，处于正常环境时不应小于 20mm，处于易受腐蚀环境时，不应小于 50mm。

4）凸出式锚固端锚具的保护层厚度不应小于 50mm。

三、施工质量验收

1. 原材料

（1）主控项目

1）预应力筋进场时，应按现行国家标准《预应力混凝土用钢绞线》（GB/T 5224—2003）等的规定抽取试件做力学性能检验，其质量必须符合有关标准的规定。

检查数量：按进场的批次和产品的抽样检验方案确定。

检验方法：检查产品合格证、出厂检验报告和进场复验报告。

2）无粘结预应力筋的涂包质量应符合无粘结预应力钢绞线标准的规定。

检查数量：每 60t 为一批，每批抽取一组试件。

检验方法：观察，检查产品合格证、出厂检验报告和进场复验报告。

当有工程经验，并经观察认为质量有保证时，可不做油脂用量和护套厚度的进场复验。

3）预应力筋用锚具、夹具和连接器应按设计要求采用，其性能应符合现行国家标准《预应力筋用锚具、夹具和连接器》（GB/T 14370—2007）等的规定。

检查数量：按进场批次和产品的抽样检验方案确定。

检验方法：检查产品合格证、出厂检验报告和进场复验报告。

对锚具用量较少的一般工程，如供货方提供有效的试验报告，可不做静载锚固性能试验。

4）孔道灌浆用水泥应采用普通硅酸盐水泥，其质量应符合本章混凝土分项工程原材料验收主控项目第 1）条的规定。孔道灌浆用外加剂的质量应符合本章混凝土分项工程原材料验收主控项目第2）条的规定。

检查数量：按进场批次和产品的抽样检验方案确定。

检验方法：检查产品合格证、出厂检验报告和进场复验报告。

对孔道灌浆用水泥和外加剂用量较少的一般工程，当有可靠依据时，可不做材料性能的进场复验。

（2）一般项目

1）预应力筋使用前应进行外观检查，其质量应符合下列要求：

①有粘结预应力筋展开后应平顺，不得有弯折，表面不应有裂纹、小刺、机械损伤、氧化铁皮和油污等。

②无粘结预应力筋护套应光滑、无裂缝，无明显褶皱。

检查数量：全数检查。

检验方法：观察。

无粘结预应力筋护套轻微破损者应外包防水塑料胶带修补，严重破损者不得使用。

2）预应力筋用锚具、夹具和连接器使用前应进行外观检查，其表面应无污物、锈蚀、机械损伤和裂纹。

检查数量：全数检查。

检验方法：观察。

3）预应力混凝土用金属螺旋管的尺寸和性能应符合国家现行标准《预应力混凝土用金属波纹管》（JG 225—2007）的规定。

检查数量：按进场批次和产品的抽样检验方案确定。

检验方法：检查产品合格证、出厂检验报告和进场复验报告。

对金属螺旋管用量较少的一般工程，当有可靠依据时，可不做径向刚度、抗渗漏，性能的进场复验。

4）预应力混凝土用金属螺旋管在使用前应进行外观检查，其内外表面应清洁，无锈蚀，不应有油污、孔洞和不规则的褶皱，咬口不应有开裂或脱扣。

检查数量：全数检查。

检验方法：观察。

2. 制作与安装

（1）主控项目

1）预应力筋安装时，其品种、级别、规格、数量必须符合设计要求。

检查数量：全数检查。

检验方法：观察，钢尺检查。

2）先张法预应力施工时应选用非油质类模板隔离剂，并应避免沾污预应力筋。

检查数量：全数检查。

检验方法：观察。

3）施工过程中应避免电火花损伤预应力筋；受损伤的预应力筋应予以更换。

检查数量：全数检查。

检验方法：观察。

（2）一般项目

1）预应力筋下料应符合下列要求：

①预应力筋应采用砂轮锯或切断机切断，不得采用电弧切割。

②当钢丝束两端采用墩头锚具时，同一束中各根钢丝长度的极差不应大于钢丝长度的1/5000，且不应大于5mm。当成组张拉长度不大于10m的钢丝时，同组钢丝长度的极差不得大于2mm。

检查数量：每工作班抽查预应力筋总数的3%，且不少于3束。

检验方法：观察，钢尺检查。

2）预应力筋端部锚具的制作质量应符合下列要求：

①挤压锚具制作时压力表油压应符合操作说明书的规定，挤压后预应力筋外端应露出挤压套筒1～5mm；

②钢绞线压花锚成形时，表面应清洁、无油污，梨形头尺寸和直线段长度应符合设计要求；

③钢丝镦头的强度不得低于钢丝强度标准值的98%。

检查数量：对挤压锚，每工作班抽查5%，且不应少于5件；对压花锚，每工作班抽查3件；对钢丝镦头强度，每批钢丝检查6个镦头试件。

检验方法：观察，钢尺检查，检查墩头强度试验报告。

3）后张法有粘结预应力筋预留孔道的规格、数量、位置和形状除应符合设计要求外，尚应符合下列规定：

①预留孔道的定位应牢固，浇筑混凝土时不应出现移位和变形。

②孔道应平顺，端部的预埋锚垫板应垂直于孔道中心线。

③成孔用管道应密封良好，接头应严密且不得漏浆。

④灌浆孔的间距：对预埋金属螺旋管不宜大于30m；对抽芯成形孔道不宜大于12m。

⑤在曲线孔道的曲线波峰部位应设置排气兼泌水管，必要时可在最低点设置排水孔。

⑥灌浆孔及泌水管的孔径应能保证浆液畅通。

检查数量：全数检查。

检验方法：观察，钢尺检查。

4）预应力筋束形控制点的竖向位置偏差应符合表5-7的规定。

检查数量：在同一检验批内，抽查各类型构件中预应力筋总数的5%，且对各类型构件均不少于5束，每束不应少于5处。

检验方法：钢尺检查。

5）无粘结预应力筋的铺设除应符合第4）条的规定外，尚应符合下列要求：

①无粘结预应力筋的定位应牢固，浇筑混凝土时不应出现移位和变形。

②端部的预埋锚垫板应垂直于预应力筋。

③内埋式固定端垫板不应重叠，锚具与垫板应贴紧。

④无粘结预应力筋成束布置时应能保证混凝土密实并能裹住预应力筋。

⑤无粘结预应力筋的护套应完整，局部破损处应采用防水胶带缠绕紧密。

检查数量：全数检查。

检验方法：观察。

6）浇筑混凝土前穿入孔道的后张法有粘结预应力筋，宜采取防止锈蚀的措施。

检查数量：全数检查。

检验方法：观察。

3. 张拉和放张

（1）主控项目

1）预应力筋张拉或放张时，混凝土强度应符合设计要求；当设计无具体要求时，不应低于设计的混凝土立方体抗压强度标准值的 75％。

检查数量：全数检查。

检验方法：检查同条件养护试件试验报告。

2）预应力筋的张拉力、张拉或放张顺序及张拉工艺应符合设计及施工技术方案的要求，并应符合下列规定：

①当施工需要超张拉时，最大张拉应力不应大于现行国家标准《混凝土结构设计规范》（GB 50010—2010）的规定；

②张拉工艺应能保证同一束中各根预应力筋的应力均匀一致；

③后张法施工中，当预应力筋是逐根或逐束张拉时，应保证各阶段不出现对结构不利的应力状态；同时宜考虑后批张拉预应力筋所产生的结构构件的弹性压缩对先批张 拉预应力筋的影响，确定张拉力；

④先张法预应力筋放张时，宜缓慢放松锚固装置，使各根预应力筋同时缓慢放松；

⑤当采用应力控制方法张拉时，应校核预应力筋的伸长值。实际伸长值与设计计算理论伸长值的相对允许偏差为±6％。

检查数量：全数检查。

检验方法：检查张拉记录。

3）预应力筋张拉锚固后实际建立的预应力值与工程设计规定检验值的相对允许偏差为±5％。

检查数量：对先张法施工，每工作班抽查预应力筋总数的 1％，且不少于 3 根；对后张法施工，在同一检验批内，抽查预应力筋总数的 3％，且不少于 5 束。

检验方法：对先张法施工，检查预应力筋应力检测记录；对后张法施工，检查见证张拉记录。

4）张拉过程中应避免预应力筋断裂或滑脱；当发生断裂或滑脱时，必须符合下列规定：

①对后张法预应力结构构件，断裂或滑脱的数目严禁超过同一截面预应力筋总根数的 3％，且每束钢丝不得超过一根；对多跨双向连续板，其同一截面应按每跨计算；

②对先张法预应力构件，在浇筑混凝土前发生断裂或滑脱的预应力筋必须予以更换。

检查数量：全数检查。

检验方法：观察，检查张拉记录。

（2）一般项目

1）锚固阶段张拉端预应力筋的内缩量应符合设计要求；当设计无具体要求时，应符合表 5-9 的规定。

锚 具 类 别		内缩量限值（mm）
支承式锚具（镦头锚具等）	螺母缝隙	1
	每块后加垫板的缝隙	1
锥 塞 式 锚 具		5
夹片式锚具	有预压	5
	无预压	6～8

检查数量：每工作班抽查预应力筋总数的 3%，且不少于 3 束。

检验方法：钢尺检查。

2）先张法预应力筋张拉后与设计位置的偏差不得大于 5mm，且不得大于构件截面短边边长的 4%。

检查数量：每工作班抽查预应力筋总数的 3%，且不少于 3 束。

检验方法：钢尺检查。

4．灌浆及封锚

（1）主控项目

1）后张法有粘结预应力筋张拉后应尽早进行孔道灌浆，孔道内水泥浆应饱满、密实。

检查数量：全数检查。

检验方法：观察，检查灌浆记录。

2）锚具的封闭保护应符合设计要求；当设计无具体要求时，应符合下列规定：

①应采取防止锚具腐蚀和遭受机械损伤的有效措施；

②凸出式锚固端锚具的保护层厚度不应小于 50mm；

③外露预应力筋的保护层厚度：处于正常环境时，不应小于 20mm；处于易受腐蚀的环境时，不应小于 50mm。

检查数量：在同一检验批内，抽查预应力筋总数的 5%，且不少于 5 处。

检验方法：观察，钢尺检查。

（2）一般项目

1）后张法预应力筋锚固后的外露部分宜采用机械方法切割，其外露长度不宜小于预应力筋直径的 1.5 倍，且不宜小于 30mm。

检查数量：在同一检验批内，抽查预应力筋总数的 3%，且不少于 5 束。

检验方法：观察，钢尺检查。

2）灌浆用水泥浆的水灰比不应大于 0.45，搅拌后 3h 泌水率不宜大于 2%，且不应大于 3%。泌水应能在 24h 内全部重新被水泥浆吸收。

检查数量：同一配合比检查一次。

检验方法：检查水泥浆性能试验报告。

3）灌浆用水泥浆的抗压强度不应小于 30N/mm²。

检查数量：每工作班留置一组边长为 70.7mm 的立方体试件。

检验方法：检查水泥浆试件强度试验报告。

一组试件由 6 个试件组成，试件应标准养护 28d；抗压强度为一组试件的平均值，当一组试件中抗压强度最大值或最小值与平均值相差超过 20％时，应取中间 4 个试件强度的平均值。

第四节　混凝土分项工程

一、材料质量要求

1. 一般规定

（1）结构构件的混凝土强度应按现行国家标准《混凝土强度检验评定标准》（GB/T 50107—2010）的规定分批检验评定。

对采用蒸汽法养护的混凝土结构构件，其混凝土试件应先随同结构构件同条件蒸汽养护，再转入标准条件养护共 28d。

当混凝土中掺用矿物掺合料时，由于其强度增长较慢，以 28d 为验收龄期可能不合适。所以，确定混凝土强度时的龄期可按现行国家标准《粉煤灰混凝土应用技术规范》（GBJ 146—90）的规定取值。

（2）检验评定混凝土强度用的混凝土试件的尺寸及强度的尺寸换算系数应按表 5-10 取用；其标准成型方法、标准养护条件及强度试验方法应符合普通混凝土力学性能试验方法标准的规定。

混凝土试件尺寸及强度的尺寸换算系数　　　　　　　　表 5-10

骨料最大粒径（mm）	试件尺寸（mm）	强度的尺寸换算系数
≤31.5	100×100×100	0.95
≤40	150×150×150	1.00
≤63	200×200×200	1.05

注：对强度等级为 C60 及以上的混凝土试件，其强度的尺寸换算系数可通过试验确定。

（3）由于同条件养护试件具有与结构混凝土相同的原材料、配合比和养护条件，能有效代表结构混凝土的实际质量。所以，结构构件拆模、出池、出厂、吊装、张拉、放张及施工期间临时负荷时的混凝土强度，应根据同条件养护的标准尺寸试件的混凝土强度确定。

（4）当混凝土试件强度评定不合格时，可采用非破损或局部破损的检测方法（例如，回弹法、超声回弹综合法、钻芯法、后装拔出法等），按国家现行有关标准的规定对结构构件中的混凝土强度进行推定，并作为处理的依据。

（5）室外日平均气温连续 5d 稳定低于 5℃时，混凝土分项工程应采取冬期施工措施，混凝土的冬期施工应符合国家现行标准《建筑工程冬期施工规程》（JGJ/T 104—2011）和施工技术方案的规定。

2. 水泥进场检查与试验

普通混凝土工程中水泥应采用硅酸盐水泥、普通硅酸盐水泥、矿渣硅酸盐水泥、火山灰质硅酸盐水泥或粉煤灰硅酸盐水泥。水泥的强度等级由设计确定，但不宜低于 32.5 级。水泥是混凝土的重要组成成分，其进场时应对其品种、级别、包装或散装仓号、出厂日期等进行检查，并应对其强度、安定性及其他必要的性能指标进行复验，其质量必须符合现行国家标准《硅酸盐水泥、普通硅酸盐水泥》（GB 175—2007）等的规定。钢筋混凝土结构、预应力混凝土结构中，严禁使用含氯化物的水泥。

3. 外加剂质量控制

混凝土外加剂的特点是品种多、掺量小、在改善新拌和硬化混凝土性能中起着重要的作用。外加剂的研究和应用促进了混凝土施工新技术和新品种混凝土的发展。混凝土外加剂种类较多，且均有相应的质量标准，使用时对其质量及应用技术应符合国家现行标准《混凝土外加剂》（GB 8076—2008）、《混凝土外加剂应用技术规范》（GB 50119—2003）、《喷射混凝土用速凝剂》（JC 477—2005）、《混凝土防冻泵送剂》JG/T 377—2012、《混凝土防水剂》（JC 474—2008）、《混凝土防冻剂》（JC 475—2004）、《混凝土膨胀剂》（GB 23439—2009）等的规定。外加剂的检验项目、方法和批量应符合相应标准的规定。若外加剂中含有氯化物，同样可能引起混凝土结构中钢筋的锈蚀，故应严格控制。

4. 氯化物和碱量控制

混凝土中氯化物、碱的总含量过高，可能引起钢筋锈蚀和碱—集料反应，严重影响结构构件受力性能和耐久性。现行国家标准《混凝土结构设计规范》（GB 50010—2010）中对此的规定如下：

（1）设计使用年限为 50 年的结构混凝土应符合表 5-11 的规定。

结构混凝土材料的耐久性基本要求   表 5-11

环境等级	最大水胶比	最低强度等级	最大氯离子含量（%）	最大碱含量（kg/m³）
一	0.60	C20	0.30	不限制
二 a	0.55	C25	0.20	
二 b	0.50（0.55）	C30（C25）	0.15	
三 a	0.45（0.50）	C35（C30）	0.15	3.0
三 b	0.40	C40	0.10	

注：1. 氯离子含量系指其占胶凝材料总量的百分比；

2. 预应力构件混凝土中的最大氯离子含量为 0.06%；其最低混凝土强度等级宜按表中的规定提高两个等级；

3. 素混凝土构件的水胶比及最低强度等级的要求可适当放松；

4. 有可靠工程经验时，二类环境中的最低混凝土强度等级可降低一个等级；

5. 处于严寒和寒冷地区二 b、三 a 类环境中的混凝土应使用引气剂，并可采用括号中的有关参数；

6. 当使用非碱活性骨料时，对混凝土中的碱含量可不作限制。

（2）一类环境中，设计使用年限为 100 年的结构。

混凝土中的最大氯离子含量为 0.06%。

宜使用非碱活性集料；当使用碱活性集料时，混凝土中的最大碱含量为 3.0 kg/m³。

二、混凝土施工质量控制

1. 搅拌机的选用

混凝土搅拌机按搅拌原理可分为自落式和强制式两种。其搅拌原理、机型及适用范围见表 5-12。

搅拌机的搅拌原理及适用范围　　　　　　表 5-12

类别	搅拌原理	机型	适用范围
自落式	筒身旋转，带动叶片将物料提高，在重力作用下物料自由坠下，重复进行，互相穿插翻拌，混合	鼓形	流动性及低流动性混凝土
		锥形	流动性、低流动性及干硬性混凝土
强制式	筒身固定，叶片旋转，对物料施加剪切、挤压、翻滚、滑动、混合	立轴	低流动性或干硬性混凝土
		卧轴	

2. 混凝土搅拌前材料质量检查

在混凝土拌制前，应对原材料质量进行检查，其检验项目见表 5-13 所示。

材料质量检查　　　　　　表 5-13

材料名称		检 查 项 目
水泥	散装	由企管员按仓库号查验水泥品种、强度等级、出厂或进仓时间
	袋装	（1）检查袋上标注的水泥品种、强度等级、出厂日期； （2）抽查重量，允许误差 2%； （3）仓库内水泥品种、强度等级有无混放
砂、石子		目测（有怀疑时再通知试验部门检验） （1）有无杂质； （2）砂的细度模数； （3）粗骨料的最大粒径、针片状及风化骨料含量
外加剂		溶液是否搅拌均匀，粉剂是否已按量分装好

3. 混凝土工程的施工配料计量

在混凝土工程的施工中，混凝土质量与配料计量控制关系密切。但施工现场有关人员为图方便，往往是骨料按体积比，加水量由人工凭经验控制，这样造成拌制的混凝土离散性很大，难以保证混凝土的质量，故混凝土的施工配料计量须符合下列规定：

（1）水泥、砂、石子、混合料等干料的配合比，应采用重量法计量。严禁采用容积法。

（2）水的计量必须在搅拌机上配置水箱或定量水表。

（3）外加剂中的粉剂可按比例先与水泥拌匀，按水泥计量或将粉剂用量称好，在搅拌时加入；溶液掺入先按比例稀释为溶液，按用水量加入。

混凝土原材料每盘称量的偏差，不得超过表 5-14 的规定。

混凝土原材料称量的允许偏差　　　　　　表 5-14

材料名称	允许偏差
水泥、混合材料	±2%
粗、细骨料	±3%
水、外加剂	±2%

注：1. 各种衡器应定期校验，保持准确；
　　2. 骨料含水率应经常测定，雨天施工应增加测定次数。

4. 首拌混凝土的操作要求

上班第一拌的混凝土是整个操作混凝土的基础，其操作要求如下：

（1）空车运转的检查：

1）旋转方向是否与机身箭头一致。

2）空车转速约比重车快 2～3r/min。

3）检查时间 2～3min。

（2）上料前应先启动，待正常运转后方可进料。

（3）为补偿粘附在机内的砂浆，第一盘减少石子约 30%；或多加水泥、砂各 15%。

5. 混凝土搅拌时间

搅拌混凝土的目的是使所有骨料表面都涂满水泥浆，从而使混凝土各种材料混合成匀质体。因此，必需的搅拌时间与搅拌机类型、容量和配合比有关。混凝土搅拌的最短时间可按表 5-15 采用。

混凝土搅拌的最短时间（s）　　　　　　　　　　表 5-15

混凝土坍落度（mm）	搅拌机机型	搅拌机出料量（L）		
		<250	250～500	>500
≤30	强制式	60	90	120
	自落式	90	120	150
>30	强制式	60	60	90
	自落式	90	90	120

注：1. 混凝土搅拌的最短时间系指自全部材料装入搅拌筒中起，到开始卸料止的时间；

2. 当掺有外加剂时，搅拌时间应适当延长；

3. 全轻混凝土宜采用强制式搅拌机搅拌，砂轻混凝土可采用自落式搅拌机搅拌，但搅拌时间应延长 60～90s；

4. 采用强制式搅拌机搅拌轻骨料混凝土的加料顺序是：当轻骨料在搅拌前预湿时，先加粗、细骨料和水泥搅拌 30s，再加水继续搅拌；当轻骨料在搅拌前未预湿时，先加 1/2 的总用水量和粗、细骨料搅拌 60s。再加水泥和剩余用水量继续搅拌；

5. 当采用其他形式的搅拌设备时，搅拌的最短时间应按设备说明书的规定或经试验确定；

6. 混凝土浇捣的质量控制。

（1）混凝土浇捣前的准备

1）对模板、支架、钢筋、预埋螺栓、预埋铁件的质量、数量、位置逐一检查，并做好记录。

2）与混凝土直接接触的模板，地基基土、未风化的岩石，应清除淤泥和杂物，用水湿润。地基基土应有排水和防水措施。模板中的缝隙和孔应堵严。

3）混凝土自由倾落高度不宜超过 2m。

4）根据工程需要和气候特点，应准备好抽水设备和防雨、防暑、防寒等物品。

（2）混凝土浇捣过程中的质量要求

1）分层浇捣与浇捣时间间隔：

①分层浇捣。

为了保证混凝土的整体性，浇捣工作原则上要求一次完成。但由于振捣机具性能、配筋等原因，混凝土需要分层浇捣时，其浇筑层的厚度，应符合表 5-16 的规定。

混凝土浇筑层厚度 表 5-16

捣实混凝土的方法		浇筑层的厚度（mm）
插入式振捣		振捣器作用部分长度的 1.25 倍
表面振动		200
人工捣固	在基础，无筋混凝土或配筋稀疏的结构中	250
	在梁、墙板、柱结构中	200
	在配筋密列的结构中	150
轻骨料混凝土	插入式振捣	300
	表面振动（振动时需加荷）	200

②浇捣的时间间隔。

浇捣混凝土应连续进行。当必须间歇时，其间歇时间应尽量缩短，并应在前层混凝土凝结之前，将次层混凝土浇筑完毕。前层混凝土凝结时间的标准，不得超过表 5-17 的规定。否则应留施工缝。

混凝土凝结时间（min，从出搅拌机起计） 表 5-17

混凝土强度等级	气温（℃）	
	不高于 25	高于 25
≤C30	210	180
>C30	180	150

2）采用振捣器振实混凝土时，每一振点的振捣时间，应将混凝土捣实至表面呈现浮浆和不再沉落为止。

①采用插入式振捣器振捣时，普通混凝土的移动间距，不宜大于作用半径的 1.5 倍，振捣器距离模板不应大于振捣器作用半径的 1/2，并应尽量避免碰撞钢筋、模板、芯管、吊环、预埋件等。

为使上、下层混凝土结合成整体，振捣器应插入下层混凝土 5cm。

②表面振动器，其移动间距应能保证振动器的平板覆盖已振实部分的混凝土边缘。对于表面积较大平面构件，当厚度小于 20cm 时，采用一般表面振动器振捣即可，但厚度大于 20cm，最好先用插入式振捣器振捣后，再用表面振动器振实。

③采用振动台振实干硬性混凝土时，宜采用加压振实的方法，加压重量为 $1\sim3kN/m^2$。

3）在浇筑与柱和墙连成整体的梁与板时，应在柱和墙浇捣完毕后停歇 $1\sim1.5h$，再继续浇筑。

梁和板宜同时浇筑混凝土；拱和高度大于 1m 的梁等结构，可单独浇筑混凝土。

4）大体积混凝土的浇筑应按施工方案合理分段，分层进行，浇筑应在室外气温较高时进行，但混凝土浇筑温度不宜超过 28℃。

（3）施工缝与后浇带

1）施工缝的位置设置。

混凝土施工缝的位置应在混凝土浇捣前按设计要求和施工技术方案确定。施工缝的处

149

理应按施工技术方案执行。

2）后浇带。

后浇带是为在现浇钢筋混凝土结构施工过程中，克服由于温度、收缩而可能产生有害裂缝而设置的临时施工缝。该缝需要根据设计要求保留一段时间后再浇筑，将整个结构连成整体。

后浇带的设置距离，应考虑在有效降低温差和收缩应力的条件下，通过计算获得。在正常的施工条件下，有关规范对此的规定是，如混凝土置于室内和土中，则为30m，如在露天，则为20m。

后浇带的保留时间应根据设计确定，如设计无要求时，一般至少保留28d以上。

后浇带的宽度应考虑施工简便，避免应力集中。一般其宽度为70～100cm。后浇带内的钢筋应完好保存。后浇带的构造如图5-2所示。

图 5-2 后浇带构造图
(a) 平接式；(b) 企口式；(c) 台阶式

后浇带在浇筑混凝土前，必须将整个混凝土表面按照施工缝的要求进行处理。填充后浇带混凝土可采用微膨胀或无收缩水泥，也可采用普通水泥加入相应的外加剂拌制，但必须要求填筑混凝土的强度等级比原结构强度提高一级，并保持至少15d的湿润养护。

6. 混凝土养护

混凝土浇筑完毕后应按施工技术方案及时采取有效的养护措施并应符合下列规定：

（1）应在浇筑完毕后的12h以内对混凝土加以覆盖并保湿养护。

（2）混凝土浇水养护的时间：对采用硅酸盐水泥、普通硅酸盐水泥或矿渣硅酸盐水泥拌制的混凝土不得少于7d，对掺用缓凝型外加剂或有抗渗要求的混凝土不得少于14d。

（3）浇水次数应能保持混凝土处于湿润状态，混凝土养护用水应与拌制用水相同。

（4）采用塑料布覆盖养护的混凝土其敞露的全部表面应覆盖严密并应保持塑料布内有凝结水。

（5）混凝土强度达到 $1.2N/mm^2$ 前不得在其上踩踏或安装模板及支架。

当日平均气温低于5℃时不得浇水；当采用其他品种水泥时，混凝土的养护时间应根据所采用水泥的技术性能确定；混凝土表面不便浇水或使用塑料布时，宜涂刷养护剂；对大体积混凝土的养护，应根据气候条件按施工技术方案采取控温措施。

三、施工质量验收

1. 原材料

（1）主控项目

1）水泥进场时应对其品种、级别、包装或散装仓号、出厂日期等进行检查，并应对其强度、安定性及其他必要的性能指标进行复验，其质量必须符合现行国家标准《通用硅酸盐水泥》（GB 175—2007）等的规定。

当在使用中对水泥质量有怀疑或水泥出厂超过三个月（快硬硅酸盐水泥超过一个月）时，应进行复验，并按复验结果使用。

钢筋混凝土结构、预应力混凝土结构中，严禁使用含氯化物的水泥。

检查数量：按同一生产厂家、同一等级、同一品种、同一批号且连续进场的水泥，袋装不超过 200t 为一批，散装不超过 500t 为一批，每批抽样不少于一次。

检验方法：检查产品合格证、出厂检验报告和进场复验报告。

2）混凝土中掺用外加剂的质量及应用技术应符合现行国家标准《混凝土外加剂》（GB 8076—2008）、《混凝土外加剂应用技术规范》（GB 50119—2003）等和有关环境保护的规定。

预应力混凝土结构中，严禁使用含氯化物的外加剂。钢筋混凝土结构中，当使用含氯化物的外加剂时，混凝土中氯化物的总含量应符合现行国家标准《混凝土质量控制标准》（GB 50164—2011）的规定。

检查数量：按进场的批次和产品的抽样检验方案确定。

检验方法：检查产品合格证、出厂检验报告和进场复验报告。

3）混凝土中氯化物和碱的总含量应符合现行国家标准《混凝土结构设计规范》（GB 50010—2010）和设计的要求。

检验方法：检查原材料试验报告和氯化物、碱的总含量计算书。

（2）一般项目

1）混凝土中掺用矿物掺合料的质量应符合现行国家标准《用于水泥和混凝土中的粉煤灰》（GB/T 1596—2005）等的规定。矿物掺合料的掺量应通过试验确定。

检查数量：按进场的批次和产品的抽样检验方案确定。

检验方法：检查出厂合格证和进场复验报告。

2）普通混凝土所用的粗、细骨料的质量应符合国家现行标准《普通混凝土用砂、石质量及检验方法标准》（JGJ 52—2006）的规定。

检查数量：按进场的批次和产品的抽样检验方案确定。

检验方法：检查进场复验报告。

混凝土用的粗骨料，其最大颗粒粒径不得超过构件截面最小尺寸的1/4，且不得超过钢筋最小净间距的3/4。

对混凝土实心板，骨料的最大粒径不宜超过板厚的1/3，且不得超过 40mm。

3）拌制混凝土宜采用饮用水；当采用其他水源时，水质应符合国家现行标准《混凝土用水标准》（JGJ 63）的规定。

检查数量：同一水源检查不应少于一次。

检验方法：检查水质试验报告。

2. 配合比设计

（1）主控项目

1）混凝土应按国家现行标准《普通混凝土配合比设计规程》（JGJ 55—2011）的有关

规定，根据混凝土强度等级、耐久性和工作性等要求进行配合比设计。

对有特殊要求的混凝土，具配合比设计尚应符合国家现行有关标准的专门规定。

检验方法：检查配合比设计资料。

（2）一般项目

1）首次使用的混凝土配合比应进行开盘鉴定，其工作性应满足设计配合比的要求。开始生产时应至少留置一组标准养护试件，作为验证配合比的依据。

检验方法：检查开盘鉴定资料和试件强度试验报告。

2）混凝土拌制前，应测定砂、石含水率并根据测试结果调整材料用量，提出施工配合比。

检查数量：每工作班检查一次。

检验方法：检查含水率测试结果和施工配合比通知单。

3. 混凝土施工

（1）主控项目

1）结构混凝土的强度等级必须符合设计要求。用于检查结构构件混凝土强度的试件，应在混凝土的浇筑地点随机抽取。取件留置应符合下列规定：

每拌制 100 盘且不超过 100m³ 的同配合比的混凝土，取样不得少于一次；

每工作班拌制的同一配合比的混凝土不足 100 盘时，取样不得少于一次；

当一次连续浇筑超过 1000m³ 时，同一配合比的混凝土每 200m³ 取样不得少于一次；

每一楼层、同一配合比的混凝土，取样不得少于一次；

每次取样应至少留置一组标准养护试件，同条件养护试件的留置组数应根据实际需要确定。

检验方法：检查施工记录及试件强度试验报告。

2）对有抗渗要求的混凝土结构，其混凝土试件应在浇筑地点随机取样。同一工程、同一配合比的混凝土，取样不应少于一次，留置组数可根据实际需要确定。

检验方法：检查试件抗渗试验报告。

3）混凝土原材料每盘称量的偏差应符合表 5-13 的规定。

检查数量：每工作班抽查不应少于一次。

检验方法：复称。

4）混凝土运输、浇筑及间歇的全部时间不应超过混凝土的初凝时间。同一施工段的混凝土应连续浇筑，并应在底层混凝土初凝之前将上一层混凝土浇筑完毕。

当底层混凝土初凝后浇筑上一层混凝土时，应按施工技术方案中对施工缝的要求进行处理。

检查数量：全数检查。

检验方法：观察，检查施工记录。

（2）一般项目

1）施工缝的位置应在混凝土浇筑前按设计要求和施工技术方案确定。施工缝的处理应按施工技术方案执行。

检查数量：全数检查。

检验方法：观察，检查施工记录。

2）后浇带的留置位置应按设计要求和施工技术方案确定。后浇带混凝土浇筑应按施工技术方案进行。

检查数量：全数检查。

检验方法：观察，检查施工记录。

3）混凝土浇筑完毕后，应按施工技术方案及时采取有效的养护措施，并应符合下列规定：

①应在浇筑完毕后的12h以内对混凝土加以覆盖并保湿养护；

②混凝土浇水养护的时间：对采用硅酸盐水泥、普通硅酸盐水泥或矿渣硅酸盐水泥拌制的混凝土，不得少于7d；对掺用缓凝型外加剂或有抗渗要求的混凝土，不得少于14d；

③浇水次数应能保持混凝土处于湿润状态；混凝土养护用水应与拌制用水相同；

④采用塑料布覆盖养护的混凝土，其敞露的全部表面应覆盖严密，并应保持塑料布内有凝结水；

⑤混凝土强度达到1.2N/mm² 前，不得在其上踩踏或安装模板及支架。

检查数量：全数检查。

检验方法：观察，检查施工记录。

第五节　现浇结构分项工程

一、一般规定

1. 现浇结构的外观质量缺陷，应由监理（建设）单位、施工单位等各方根据其对结构性能和使用功能影响的严重程度，按表5-18确定。

现浇结构外观质量缺陷　　　　　　　　　　　　　表5-18

名称	现象	严重缺陷	一般缺陷
露筋	构件内钢筋未被混凝土包裹而外露	纵向受力钢筋有露筋	其他钢筋有少量露筋
蜂窝	混凝土表面缺少水泥砂浆而形成石子外露	构件主要受力部位有蜂窝	其他部位有少量蜂窝
孔洞	混凝土中孔穴深度和长度均超过保护层厚度	构件主要受力部位有孔洞	其他部位有少量孔洞
夹渣	混凝土中夹有杂物且深度超过保护层厚度	构件主要受力部位有夹渣	其他部位有少量夹渣
疏松	混凝土中局部不实	构件主要受力部位有疏松	其他部位有少量疏松
裂缝	缝隙从混凝土表面延伸至混凝土内部	构件主要受力部位有影响结构性能或使用功能的裂缝	其他部位有少量不影响结构性能或使用功能的裂缝
连接部位缺陷	构件连接处混凝土缺陷及连接钢筋、连接件松动	连接部位有影响结构传力性能的缺陷	连接部位有基本不影响结构传力性能的缺陷

名称	现象	严重缺陷	一般缺陷
外形缺陷	缺棱掉角、棱角不直、翘曲不平、飞边凸肋等	清水混凝土构件有影响使用功能或装饰效果的外形缺陷	其他混凝土构件有不影响使用功能的外形缺陷
外表缺陷	构件表面麻面、掉皮、起砂、沾污等	具有重要装饰效果的清水混凝土构件表面有外表缺陷	其他混凝土构件有不影响使用功能的外表缺陷

2. 各种缺陷的数量限制可由各地根据实际情况作出具体规定。

3. 现浇结构拆模后，应由监理（建设）单位、施工单位对外观质量和尺寸偏差进行检查，做好记录，并应及时按施工技术方案对缺陷进行处理。

4. 对发生问题的混凝土部位进行观察，必要时会同监理、建设方或质量人员一起，做好记录，并根据质量问题的情况、发生的部位、影响程度等进行全面分析。

5. 对于发生在构件表面浅层局部的质量问题，如蜂窝、麻面、露筋、缺棱掉角等可按规范规定进行修补。而对影响混凝土强度或构件承载能力的质量事故，如大孔洞、断浇、漏振等，应会同有关部门研究必要的加固方案或补强措施。

二、施工质量验收

1. 外观质量

（1）主控项目

现浇结构的外观质量不应有严重缺陷。对已经出现的严重缺陷，应由施工单位提出技术处理方案，并经监理（建设）单位认可后进行处理。对经处理的部位，应重新检查验收。

检查数量：全数检查。

检验方法：观察，检查技术处理方案。

（2）一般项目

现浇结构的外观质量不宜有一般缺陷。对已经出现的一般缺陷，应由施工单位按技术处理方案进行处理，并重新检查验收。

检查数量：全数检查。

检验方法：观察，检查技术处理方案。

2. 尺寸偏差

（1）主控项目

现浇结构不应有影响结构性能和使用功能的尺寸偏差。混凝土设备基础不应有影响结构性能和设备安装的尺寸偏差。

对超过尺寸允许偏差且影响结构性能和安装、使用功能的部位，应由施工单位提出技术处理方案，并经监理（建设）单位认可后进行处理。对经处理的部位，应重新检查验收。

检查数量：全数检查。

检验方法：量测，检查技术处理方案。

（2）一般项目

现浇结构和混凝土设备基础拆模后的尺寸允许偏差检验方法应符合表 5-19、表 5-20 的规定。

现浇结构尺寸允许偏差和检验方法　　　　　　　　表 5-19

项　目			允许偏差（mm）	检验方法
轴线位置		基础	15	钢尺检查
		独立基础	10	
		墙、柱、梁	8	
		剪力墙	5	
垂直度	层高	≤5m	8	经纬仪或吊线、钢尺检查
		>5m	10	经纬仪或吊线、钢尺检查
	全　高		$H/1000$ 且≤30	经纬仪、钢尺检查
标　高	层　高		±10	水准仪或拉线、钢尺检查
	全　高		±30	
截面尺寸			+8，−5	钢尺检查
电梯井	井筒长、宽对定位中心线		+25，0	钢尺检查
	井筒全高（H）垂直度		$H/1000$ 且≤30	经纬仪、钢尺检查
表面平整度			8	2m 靠尺和塞尺检查
预埋中心线位置	预埋件		10	钢尺检查
	预埋螺栓		5	
	预埋管		5	
预留洞中心位置			15	钢尺检查

注：检查轴线、中心线位置时，应沿纵、横两个方向量测，并取其中的较大值。

检查数量： 按楼层、结构缝或施工段划分检验批。在同一检验批内，对梁、柱和独立基础，应抽查构件数量的 10%，且不少于 3 件；对墙和板，应按有代表性的自然间抽查 10%，且不少于 3 间；对大空间结构，墙可按相邻轴线间高度 5m 左右划分检查面，板可按纵、横轴线划分检查面，抽查 10%，且均不少于 3 面；对电梯井，应全数检查；对设备基础，应全数检查。

混凝土设备基础尺寸允许偏差和检验方法　　　　　　　　表 5-20

项　目		允许偏差（mm）	检验方法
坐标位置		20	钢尺检查
不同平面的标高		0，−20	水准仪或拉线、钢尺检查
平面外形尺寸		±20	钢尺检查
凸台上平面外形尺寸		0，−20	钢尺检查
凹穴尺寸		+20，0	钢尺检查
平面水平度	每米	5	水平尺、塞尺检查
	全长	10	水准仪或拉线、钢尺检查

项　目		允许偏差（mm）	检验方法
垂直度	每米	5	经纬仪或吊线、钢尺检查
	全高	10	
预埋地脚螺栓	标高（顶部）	+20，0	水准仪或拉线、钢尺检查
	中心距	±2	钢尺检查
预埋地脚螺栓孔	中心线位置	10	钢尺检查
	深度	+20，0	钢尺检查
	孔垂直度	10	吊线、钢尺检查
预埋活动地脚螺栓锚板	标高	+20，0	水准仪或拉线、钢尺检查
	中心线位置	5	钢尺检查
	带槽锚板平整度	5	钢尺、塞尺检查
	带螺纹孔锚板平整度	2	钢尺、塞尺检查

注：检查坐标、中心线位置时，应沿纵、横两个方向量测，并取其中的较大值。

第六节　装配式结构分项工程

一、材料（构件）质量要求

（1）构件尺寸必须准确，这是关键，要达到符合设计和规范要求，模板支撑时应有足够的强度、刚度和稳定性。同时模板表面必须清理干净，隔离剂涂刷均匀，拆模后表面平整光滑。

（2）构件的配筋数量、规格、接头、节点等均符合施工图，防止出现偏差。学习构件施工图时一定要弄清楚以上各项，并抓好配料、翻样工作。

（3）要进行预应力张拉的构件，须对锚具、预应力筋的质量进行检验，以保证预应力材料的可靠性。且在张拉前一定要检验浇筑构件的混凝土强度是否达到设计要求。

（4）在结构吊装之前，所有制作的构件的有关资料，如混凝土强度报告、预应力张拉记录、灌浆强度、原材料质保书、复检资料等均应齐全。

二、施工质量控制

1. 柱子吊装

应以大柱面中心为准，由三人同时各用一线锤校对楼面上的中线，同时用两台经纬仪校对两相互垂直面的中线。

其校正顺序必须是：起重机脱钩后电焊前初校→电焊后第二次校正→梁安装后第三次校正。

为了避免柱子产生垂直偏差，当梁、柱节点的焊点有两个或两个以上时，施工顺序也要采取轮流间歇的施焊措施，即每个焊点不要一次焊完。

2. 楼板安装

楼板安装前，先要校核梁翼上口标高，抹好砂浆找平层，以控制标高。同时弹出楼板位置线，并标明板号。楼板吊装就位时，应事先用支撑支顶横梁两翼。楼板就位后，应及时检查板底是否平整，不平处用垫铁垫平。安装后的楼板，宜加设临时支撑，以防止施工荷载使楼板产生较大的挠度或出现裂缝。

3. 柱头箍筋的安设

节点梁端柱体的箍筋如果采用手工绑扎，由于箍筋位置难以准确，往往容易影响节点的抗剪能力。故应采用预制焊接钢筋笼，待主、次梁吊装焊接完毕后，从柱顶往下套。对于有 8 根主筋的柱子，应在梁端中部留出豁口，使梁端能顺利地伸入柱内与预埋件焊接。

4. 节点模板支设

梁、柱节点浇筑混凝土的模板，宜用定型钢模板，也可在次梁方向两面用钢模，立梁方向两面用木模。不论用什么模板，在梁下皮及以下需用两道角钢和 $\phi12$ 螺栓组成围圈，或用 $\phi18$ 钢筋围套，并用楔子背紧。

5. 节点浇筑

安装的构件，必须经过校正达到符合要求后，才可正式焊接和浇筑接头的混凝土。构件中浇筑的接头、接缝，凡承受内力的，其混凝土强度等级应等于或大于构件的强度等级。柱子吊装及基础灌缝强度达到设计要求时，才允许吊装上部构件。

上层柱根混凝土的上口，要留出 30mm 捻口缝。甩槎要平整，宽窄要一致。捻口不实，危害极大。因此，捻口宜用干硬性混凝土，并宜采用浇筑水泥，水灰比控制在 0.3，以手捏成团，落地散开为宜。捻灰口时，两侧面用模板挡住，两人相对同时用扁錾子操作。每次填灰不宜过多，要随填随捻实。节点部位混凝土要加强湿润养护，养护时间不少于 7d。

三、施工质量验收

1. 预制构件

（1）主控项目

1）预制构件应在明显部位标明生产单位、构件型号、生产日期和质量验收标志。构件上的预埋件、插筋和预留孔洞的规格、位置和数量应符合标准图或设计的要求。

检查数量：全数检查。

检验方法：观察。

2）预制构件的外观质量不应有严重缺陷。对已经出现的严重缺陷，应按技术处理方案进行处理，并重新检查验收。

检查数量：全数检查。

检验方法：观察，检查技术处理方案。

3）预制构件不应有影响结构性能和安装、使用功能的尺寸偏差。对超过尺寸允许偏差且影响结构性能和安装、使用功能的部位，应按技术处理方案进行处理，并重新检查验收。

检查数量：全数检查。

检验方法：量测，检查技术处理方案。

（2）一般项目

1）预制构件的外观质量不宜有一般缺陷。对已经出现的一般缺陷，应按技术处理方案进行处理，并重新检查验收。

检查数量：全数检查。

检验方法：观察，检查技术处理方案。

2）预制构件的尺寸允许偏差和检验方法应符合表 5-21 的规定。

预制构件尺寸的允许偏差及检验方法 表 5-21

项　　目		允许偏差（mm）	检验方法
长度	板、梁	+10，−5	钢尺检查
	柱	+5，−10	
	墙板	±5	
	薄腹梁、桁架	+15，−10	
宽度、高（厚）度	板、梁、柱、墙板、薄腹梁、桁架	±5	钢尺量一端及中部，取其中较大值
侧向弯曲	梁、柱、板	$l/750$ 且≤20	拉线、钢尺量最大侧向弯曲处
	墙板、薄腹梁、桁架	且≤20	
预埋件	中心线位置	10	钢尺检查
	螺栓位置	5	
	螺栓外露长度	+10，−5	
预留孔	中心线位置	5	钢尺检查
预留洞	中心线位置	15	钢尺检查
主筋保护层厚度	板	+5，−3	钢尺或保护层厚度测定仪量测
	梁、柱、墙板、薄腹梁、桁架	+10，−5	
对角线差	板、墙板	10	钢尺量两个对角线
表面平整度	板、墙板、柱、梁	5	2m靠尺和塞尺检查
预应力构件预留孔道位置	梁、墙板、薄腹梁、桁架	3	钢尺检查
翘　　曲	板	$l/750$	调平尺在两端量测
	墙板	$l/1000$	

注：1. l 为构件长度（mm）。

2. 检查中心线、螺栓和孔道位置时，应沿纵、横两个方向最测，并取其中的较大值。

3. 对形状复杂或有特殊要求的构件，其尺寸偏差应符合标准图或设计的要求。

检查数量：同一工作班生产的同类型构件，抽查 5% 且不少于 3 件。

2. 装配式结构施工

（1）主控项目

1）进入现场的预制构件，其外观质量、尺寸偏差及结构性能应符合标准图或设计的要求。

检查数量：按批检查。

检验方法：检查构件合格证。

2）预制构件与结构之间的连接应符合设计要求。

连接处钢筋或埋件采用焊接或机械连接时，接头质量应符合国家现行标准《钢筋焊接及验收规程》（JGJ 18—2012）、《钢筋机械连接通用技术规程》（JGJ 107—2010）的要求。

检查数量：全数检查。

检验方法：观察，检查施工记录。

3）承受内力的接头和拼缝，当其混凝土强度未达到设计要求时，不得吊装上一层结构构件；当设计无具体要求时，应在混凝土强度不小于 $10N/mm^2$ 或具有足够的支持时方可吊装上一层结构构件。

已安装完毕的装配式结构，应在混凝土强度到达设计要求后，方可承受全部设计荷载。

检查数量：全数检查。

检验方法：检查施工记录及试件强度试验报告。

（2）一般项目

1）预制构件码放和运输时的支持位置和方法应符合标准图或设计的要求。

检查数量：全数检查。

检验方法：观察检查。

2）预制构件吊装前，应按设计要求在构件和相应的支持结构上标出中心线、标高等控制尺寸，按标准图或设计文件校核预埋件及连接钢筋等，并作出标志。

检查数量：全数检查。

检验方法：观察，钢尺检查。

3）预制构件应按标准图或设计的要求吊装。起吊时绳索与构件水平面的夹角不宜小于 45°，否则应采用吊架或经验算确定。

检查数量：全数检查。

检验方法：观察检查。

4）预制构件安装就位后，应采取保证构件稳定的临时固定措施，并应根据水准点和轴线校正位置。

检查数量：全数检查。

检验方法：观察，钢尺检查。

5）装配式结构中的接头和拼缝应符合设计要求；当设计无具体要求时，应符合下列规定：

①对承受内力的接头和拼缝应采用混凝土浇筑，其强度等级应比构件混凝土强度等级提高一级；

②对不承受内力的接头和拼缝应采用混凝土或砂浆浇筑，其强度等级不应低于 C15 或 M15；

③用于接头和拼缝的混凝土或砂浆，宜采取微膨胀措施和快硬措施，在浇筑过程中应振捣密实，并应采取必要的养护措施。

检查数量：全数检查。

检验方法：检查施工记录及试件强度试验报告。

第七节　混凝土结构子分部工程

一、结构实体检验

（1）对涉及混凝土结构安全的重要部位应进行结构实体检验。结构实体检验应在监理工程师（建设单位项目专业技术负责人）见证下，由施工项目技术负责人组织实施。承担结构实体检验的试验室应具有相应的资质。

（2）结构实体检验的内容应包括混凝土强度、钢筋保护层厚度以及工程合同约定的项目；必要时可检验其他项目。

（3）对混凝土强度的检验，应以在混凝土浇筑地点制备并与结构实体同条件养护的试件强度为依据。混凝土强度检验用同条件养护试件的留置、养护和强度代表值应符合《混凝土结构工程施工质量验收规范》（GB 50204）附录 D 的规定。

对混凝土强度的检验，也可根据合同的约定，采用非破损或局部破损的检测方法，按国家现行有关标准的规定进行。

（4）当同条件养护试件强度的检验结果符合现行国家标准《混凝土强度检验评定标准》（GB/T 50107—2010）的有关规定时，混凝土强度应判为合格。

（5）对钢筋保护层厚度的检验，抽样数量、检验方法、允许偏差和合格条件应符合《混凝土结构工程施工质量验收规范》（GB 50204）附录 E 的规定。

（6）当未能取得同条件养护试件强度、同条件养护试件强度被判为不合格或钢筋保护层厚度不满足要求时，应委托具有相应资质等级的检测机构按国家有关标准的规定进行检测。

二、混凝土结构子分部工程验收

1. 混凝土结构子分部工程施工质量验收时，应提供下列文件和记录：
（1）设计变更文件；
（2）原材料出厂合格证和进场复验报告；
（3）钢筋接头的试验报告；
（4）混凝土工程施工记录；
（5）混凝土试件的性能试验报告；
（6）装配式结构预制构件的合格证和安装验收记录；
（7）预应力筋用锚具、连接器的合格证和进场复验报告；
（8）预应力筋安装、张拉及灌浆记录；
（9）隐蔽工程验收记录；
（10）分项工程验收记录；
（11）混凝土结构实体检验记录；
（12）工程的重大质量问题的处理方案和验收记录；
（13）其他必要的文件和记录。
2. 混凝土结构子分部工程施工质量验收合格应符合下列规定：

（1）有关分项工程施工质量验收合格；

（2）应有完整的质量控制资料；

（3）观感质量验收合格；

（4）结构实体检验结果满足规范的要求。

3. 当混凝土结构施工质量不符合要求时，应按下列规定进行处理：

（1）经返工、返修或更换构件、部件的检验批，应重新进行验收。

（2）经有资质的检测单位检测鉴定达到设计要求的检验批，应予以验收。

（3）经有资质的检测单位检测鉴定达不到设计要求，但经原设计单位核算并确认仍可满足结构安全和使用功能的检验批，可予以验收。

（4）经返修或加固处理能够满足结构安全使用要求的分项工程，可根据技术处理方案和协商文件进行验收。

4. 混凝土结构工程子分部工程施工质量验收合格后，应将所有的验收文件存档备案。

第六章 钢结构工程

第一节 原材料、成品进场验收

一、材料质量控制

1. 为保证采购的产品符合规定的要求，应选择合适的供货方。

2. 对用于工程的主要材料，进场时必须具备正式的出厂合格证和材质证明书。如不具备或对证明资料有疑义，应抽样复验，只有试验结果达到国家标准的规定和技术文件的要求时方可采用。

（1）工程中所有的钢构件必须有出厂合格证和有关质量资料。由于运输安装中出现的构件质量问题，应进行分析研究，制定纠正措施并落实。

（2）凡标志不清或怀疑质量有问题的材料、钢结构件，受工程重要性程度决定应进行一定比例试验的材料，需要进行追踪检验以控制和保证其质量可靠性的材料和钢结构件等，均应进行抽检，对于进口材料应进行商检。材料质量抽样和检验方法，应符合国家有关标准和设计要求。要能反映该批材料的质量特性。对于重要的构件应按合同或设计规定增加采样的数量。

3. 对材料的性能、质量标准、适用范围和对施工的要求必须充分了解，慎重选择和使用材料。如焊条的选用应符合母材的等级，油漆应注意上、下层的用料选择。

4. 材料的代用要征得设计单位的认可。

二、原材料管理

1. 加强对材料的质量控制，材料进厂必须按规定的技术条件进行检验，合格后方可入库和使用。

（1）钢材应按种类、材质、炉号（批号）、规格等分类平整堆放，并做好标志。

（2）焊材必须分类堆放，并有明显标志，不得混放，焊材库必须干燥通风，严格控制库内温度和湿度。

（3）高强度螺栓存放应防潮、防雨、防粉尘，并按类型、规格、批号分类存放保管。对长期保管或保管不善而造成螺栓生锈及沾染脏物等可能改变螺栓的扭矩系数或性能，应视情况进行清洗、除锈和润滑等处理，并对螺栓进行扭矩系数或预拉力检验，合格后方可使用。

（4）压型金属板应按材质、规格分批平整堆放，并妥善保管，防止发生擦痕、泥砂、油污、明显凹凸和皱折。

2. 由于油漆和耐火涂料属于时效性物资，库存积压易过期失效，故宜先进先用，注意时效管理。对因存放过久，超过使用期限的涂料，应取样进行质量检测，检测项目按产品标准的规定或设计部门要求进行。

3. 企业应建立严格的进料验证、入库、保管、标记、发放和回收制度，使影响产品质量的因素处于受控状态。

三、施工质量验收

1. 钢材

（1）主控项目

1）铸件的品种、规格、性能等应符合现行国家产品标准和设计要求。进口钢材产品的质量应符合设计和合同规定标准的要求。

检查数量：全数检查。

检验方法：检查质量合格证明文件、中文标志及检验报告等。

2）对属于下列情况之一的钢材，应进行抽样复验，其复验结果应符合现行国家产品标准和设计要求。

①国外进口钢材；

②钢材混批；

③板厚等于或大于40mm，且设计有 Z 向性能要求的厚板；

④建筑结构安全等级为一级，大跨度钢结构中主要受力构件所采用的钢材；

⑤设计有复验要求的钢材；

⑥对质量有疑义的钢材。

检查数量：全数检查。

检验方法：检查复验报告。

（2）一般项目

1）钢板厚度及允许偏差应符合其产品标准的要求。

检查数量：每一品种、规格的钢板抽查 5 处。

检验方法：用游标卡尺量测。

2）型钢的规格尺寸及允许偏差符合其产品标准的要求。

检查数量：每一品种、规格的型钢抽查 5 处。

检验方法：用钢尺和游标卡尺量测。

3）钢材的表面外观质量除应符合国家现行有关标准的规定外，尚应符合下列规定：

①当钢材的表面有锈蚀、麻点或划痕等缺陷时，其深度不得大于该钢材厚度负允许偏差值的1/2；

②钢材表面的锈蚀等级应符合现行国家标准《涂装前钢材表面锈蚀等级和除锈等级》（GB 8923—1988）规定的 C 级及 C 级以上；

③钢材端边或断口处不应有分层、夹渣等缺陷。

检查数量：全数检查。

检验方法：观察检查。

2. 焊接材料

（1）主控项目

1）焊接材料的品种、规格、性能等应符合现行国家产品标准和设计要求。

检查数量：全数检查。

检验方法：检查焊接材料的质量合格证明文件、中文标志及检验报告等。

2）重要钢结构采用的焊接材料应进行抽样复验，复验结果应符合现行国家产品标准和设计要求。

检查数量：全数检查。

检验方法：检查复验报告。

（2）一般项目

1）焊钉及焊接瓷环的规格、尺寸及偏差应符合现行国家标准《圆柱头焊钉》（GB 10433—2002）中的规定。

检查数量：按量抽查 1％，且不应少于 10 套。

检验方法：用钢尺和游标卡尺量测。

2）焊条外观不应有药皮脱落、焊芯生锈等缺陷；焊剂不应受潮结块。

检查数量：按量抽查 1％，且不应少于 10 包。

检验方法：观察检查。

3. 连接用紧固标准件

（1）主控项目

1）钢结构连接用高强度大六角头螺栓连接副、扭剪型高强度螺栓连接副、钢网架用高强度螺栓、普通螺栓、铆钉、自攻钉、拉铆钉、射钉、锚栓（机械型和化学试剂型）、地脚锚栓等紧固标准件及螺母、垫圈等标准配件，其品种、规格、性能等应符合现行国家产品标准和设计要求。高强度大六角头螺栓连接副和扭剪型高强度螺栓连接副出厂时应分别随箱带有扭矩系数和紧固轴力（预拉力）的检验报告。

检查数量：全数检查。

检验方法：检查产品的质量合格证明文件、中文标志及检验报告等。

2）高强度大六角头螺栓连接副应按《钢结构工程施工质量验收规范》（GB 50205—2001）附录 B 的规定检验其扭矩系数，其检验结果应符合《钢结构工程施工质量验收规范》（GB 50205—2001）附录 B 的规定。

检查数量：随机抽取每批 8 套。

检验方法：检查复验报告。

3）扭剪型高强度螺栓连接副应按《钢结构工程施工质量验收规范》（GB 50205—2001）附录 B 的规定检验预拉力，其检验结果应符合《钢结构工程施工质量验收规范》（GB 50205—2001）附录 B 的规定。

检查数量：随机抽取每批 8 套。

检验方法：检查复验报告。

（2）一般项目

1）高强度螺栓连接副，应按包装箱配套供货，包装箱上应标明批号、规格、数量及生产日期。螺栓、螺母、垫圈外观表面应涂油保护，不应出现生锈和沾染脏物，螺纹不应有损伤。

检查数量：按包装箱数抽查 5％，且不应少于 3 箱。

检验方法：观察检查。

2）对建筑结构安全等级为一级，跨度 40m 及以上的螺栓球节点钢网架结构，其连接高强度螺栓应进行表面硬度试验，对 8.8 级的高强度螺栓其硬度为 HRC21～29；10.9 级高强度螺栓其硬度为 HRC32～36，且不得有裂纹或损伤。

检查数量：按规格抽查 8 只。

检验方法：硬度计、10 倍放大镜或磁粉探伤。

4. 焊接球

（1）主控项目

1）焊接球及制造焊接球所采用的原材料，其品种、规格、性能等应符合现行国家产品标准和设计要求。

检查数量：全数检查。

检验方法：检查产品的质量合格证明文件、中文标志及检验报告等。

2）焊接球焊缝应进行无损检验，其质量应符合设计要求，当设计无要求时，应符合《钢结构工程施工质量验收规范》（GB 50205—2001）规定的二级质量标准。

检查数量：每一规格按数量抽查 5％，且不应少于 3 个。

检验方法：超声波探伤或检查检验报告。

（2）一般项目

1）焊接球直径、圆度、壁厚减薄量等尺寸偏差应符合《钢结构工程施工质量验收规范》（GB 50205—2001）的规定。

检查数量：每一规格按数量抽查 5％，且不应少于 3 个。

检验方法：用卡尺和测厚仪检查。

2）焊接球表面应无明显波纹及局部凹凸不平不大于 1.5mm。

检查数量：每一规格按数量抽查 5％，且不应少于 3 个。

检验方法：用弧形套模、卡尺和观察检查。

5. 螺栓球

（1）主控项目

1）螺栓球及制造螺栓球节点所采用的原材料，其品种、规格、性能等应符合现行国家产品标准和设计要求。

检查数量：全数检查。

检验方法：检查产品的质量合格证明文件、中文标志及检验报告等。

2）螺栓球不得有过烧、裂纹及褶皱。

检查数量：每种规格抽查 5％，且不应少于 5 只。

检验方法：用 10 倍放大镜观察和表面探伤。

（2）一般项目

1）螺栓球螺纹尺寸应符合现行国家标准《普通螺纹基本尺寸》（GB 196—2003）中粗牙螺纹的规定，螺纹公差必须符合现行国家标准《普通螺纹公差与配合》（GB 197—2003）中 6H 级精度的规定。

检查数量：每种规格抽查 5％，且不应少于 5 只。

检验方法：用标准螺纹规。

2）螺栓球直径、圆度、相邻两螺栓孔中心线夹角等尺寸及允许偏差应符合《钢结构工程施工质量验收规范》（GB 50205—2001）的规定。

检查数量：每一规格按数量抽查 5%，且不应少于 3 个。

检验方法：用卡尺和分度头仪检查。

6. 封板、锥头和套筒

（1）主控项目

1）封板、锥头和套筒及制造封板、锥头和套筒所采用的原材料，其品种、规格、性能等应符合现行国家产品标准和设计要求。

检查数量：全数检查。

检验方法：检查产品的质量合格证明文件、中文标志及检验报告等。

2）封板、锥头、套筒外观不得有裂纹、过烧及氧化皮。

检查数量：每种抽查 5 拆，且不应少于 10 只。

检验方法：用放大镜观察检查和表面探伤。

7. 金属压型板

（1）主控项目

1）金属压型板及制造金属压型板所采用的原材料，其品种、规格、性能等应符合现行国家产品标准和设计要求。

检查数量：全数检查。

检验方法：检查产品的质量合格证明文件、中文标志及检验报告等。

2）压型金属泛水板、包角板和零配件的品种、规格以及防水密封材料的性能应符合现行国家产品标准和设计要求。

检查数量：全数检查。

检验方法：检查产品的质量合格证明文件、中文标志及检验报告等。

（2）一般项目

1）压型金属板的规格尺寸及允许偏差、表面质量、涂层质量等应符合设计要求和《钢结构工程施工质量验收规范》（GB 50205—2001）的规定。

检查数量，每种规格抽查 5%，且不应少于 3 件。

检验方法：观察和用 10 倍放大镜检查及尺量。

8. 涂装材料

（1）主控项目

1）钢结构防腐涂料、稀释剂和固化剂等材料的品种、规格、性能等应符合现行国家产品标准和设计要求。

检查数量：全数检查。

检验方法：检查产品的质量合格证明文件、中文标志及检验报告等。

2）钢结构防火涂料的品种和技术性能应符合设计要求，并应经过具有资质的检测机构检测，符合国家现行有关标准的规定。

检查数量：全数检查。

检验方法：检查产品的质量合格证明文件、中文标志及检验报告等。

（2）一般项目

1）防腐涂料和防火涂料的型号、名称、颜色及有效期应与其质量证明文件相符。开启后，不应存在结皮、结块、凝胶等现象。

　　检查数量：按桶数抽查 5%，且不应少于 3 桶。

　　检验方法：观察检查。

9. 其他

（1）主控项目

1）钢结构用橡胶垫的品种、规格、性能等应符合现行国家产品标准和设计要求。

　　检查数量：全数检查。

　　检验方法：检查产品的质量合格证明文件、中文标志及检验报告等。

2）钢结构工程所涉及的其他特殊材料，其品种、规格、性能等应符合现行国家产品标准和设计要求。

　　检查数量：全数检查。

　　检验方法：检查产品的质量合格证明文件、中文标志及检验报告等。

第二节　钢结构焊接工程

一、材料质量要求

　　1. 建筑钢结构用钢材及焊接填充材料的选用应符合设计图的要求，并应具有钢厂和焊接材料厂出具的质量证明书或检验报告；其化学成分、力学性能和其他质量要求必须符合国家现行标准规定。当采用其他钢材和焊接材料替代设计选用的材料时，必须经原设计单位同意。

　　2. 钢材的成分、性能复验应符合国家现行有关工程质量验收标准的规定；大型、重型及特殊钢结构的主要焊缝采用的焊接填充材料应按生产批号进行复验。复验应由国家技术质量监督部门认可的质量监督检测机构进行。

　　3. 钢结构工程中选用的新材料必须经过新产品鉴定。钢材应由生产厂提供焊接性能资料、指导性焊接工艺、热加工和热处理工艺参数、相应钢材的焊接接头性能数据等资料；焊接材料应由生产厂提供储存及焊前烘焙参数规定、熔敷金属成分、性能鉴定资料及指导性施焊参数，经专家论证、评审和焊接工艺评定合格后，方可在工程中采用。

　　4. 焊接 T 形、十字形、角接接头，当其翼缘板厚度等于或大于 40mm 时，设计宜采用抗层状撕裂的钢板。钢材的厚度方向性能级别应根据工程的结构类型、节点形式及板厚和受力状态的不同情况选择。

　　5. 焊条应符合现行国家标准《碳钢焊条》（GB/T 5117—1995）、《低合金钢焊条》（GB/T 5118—1995）的规定。

　　焊丝应符合现行国家标准《熔化焊用钢丝》（GB/T 14957—1994）、《气体保护电弧焊用碳钢、低合金钢焊丝》（GB/T 8110—2008）及《碳钢药芯焊丝》（GB/T 10045—2001）、《低合金钢药芯焊丝》（GB/T 17493—2008）的规定。

　　埋弧焊用焊丝和焊剂应符合现行国家标准《埋弧焊用碳钢焊丝和焊剂》（GB/T 5293—1999）、《低合金钢埋弧焊用焊剂》（GB/T 12470—2003）的规定。

　　气体保护焊使用的氩气应符合现行国家标准《氩气》（GB/T 4842—2006）的规定，

其纯度不应低于 99.95%。

气体保护焊使用的二氧化碳气体应符合国家现行标准《焊接用二氧化碳》（HG/T 2537—1993）的规定，大型、重型及特殊钢结构工程中主要构件的重要焊接节点采用的二氧化碳气体质量应符合该标准中优等品的要求，即其二氧化碳含量（V/V）不得低于 99.9%，水蒸气与乙醇总含量（m/m）不得高于 0.005%，并不得检出液态水。

6. 钢材还应符合下列要求：

（1）清除待焊处表面的水、氧化皮、锈、油污。

（2）焊接坡口边缘上钢材的夹层缺陷长度超过 25mm 时，应采用无损探伤检测其深度，如深度不大于 6mm，应用机械方法清除；如深度大于 6mm，应用机械方法清除后焊接填满；若缺陷深度大于 25mm 时，应采用超声波探伤测定其尺寸，当单个缺陷面积（$a \times d$）或聚集缺陷的总面积不超过被切割钢材总面积（$B \times L$）的 4% 时为合格，否则该板不宜使用。

（3）钢材内部的夹层缺陷，其尺寸不超过上述（2）的规定且位置离母材坡口表面距离（b）大于或等于 25mm 时不需要修理；如该距离小于 25mm 则应进行修补。

（4）夹层缺陷是裂纹时，如裂纹深度超过 50mm 或累计长度超过板宽的 20% 时，该钢板不宜使用。

7. 焊接材料还应符合下列规定：

（1）焊条、焊丝、焊剂和熔嘴应储存在干燥、通风良好的地方，由专人保管。

（2）焊条、熔嘴、焊剂和药芯焊丝在使用前，必须按产品说明书及有关工艺文件的规定进行烘干。

（3）低氢型焊条烘干温度应为 350～380℃，保温时间应为 1.5～2h，烘干后应缓冷放置于 110～120℃ 的保温箱中存放、待用；使用时应置于保温筒中；烘干后的低氢型焊条在大气中放置时间超过 4h 应重新烘干；焊条重复烘干次数不宜超过两次；受潮的焊条不应使用。

（4）实芯焊丝及熔嘴导管应无油污、锈蚀，镀铜层应完好无损。

（5）焊钉的外观质量和力学性能及焊接瓷环尺寸应符合现行国家标准《圆柱头焊钉》GB/T 10433 的规定，并应由制造厂提供焊钉性能检验及其焊接端的鉴定资料。焊钉保存时应有防潮措施；焊钉及母材焊接区如有水、氧化皮、锈、漆、油污、水泥灰渣等杂质，应清除干净方可施焊。受潮的焊接瓷环使用前应经 120℃ 烘干 2h。

（6）焊条、焊剂烘干装置及保温装置的加热、测温、控温性能应符合使用要求；二氧化碳气体保护电弧焊所用的二氧化碳气瓶必须装有预热干燥器。

二、施工质量控制

1. 焊接准备

（1）从事钢结构各种焊接工作的焊工，应按现行国家标准《建筑钢结构焊接技术规程（2012 版）》（JGJ 81—2002）的规定经考试并取得合格证后，方可进行操作。

（2）钢结构中首次采用的钢种、焊接材料、接头形式、坡口形式及工艺方法，应按照《建筑钢结构焊接技术规程》（JGJ 81—2002）和《钢制压力容器焊接工艺评定》（JB 4078—1992）的规定进行焊接工艺评定，其评定结果应符合设计要求。

（3）焊接材料的选择应与母材的机械性能相匹配。对低碳钢一般按焊接金属与母材等强度的原则选择焊接材料；对低合金高强度结构钢一般应使焊缝金属与母材等强或略高于母材，但不应高出 50MPa，同时焊缝金属必须具有优良的塑性、韧性和抗裂性；当不同强度等级的钢材焊接时，宜采用与低强度钢材相适应的焊接材料。

（4）焊条、焊剂、电渣焊的熔化嘴和栓钉焊保护瓷圈，使用前应按技术说明书规定的烘焙时间进行烘焙，然后转入保温。低氢型焊条经烘焙后放入保温筒内随用随取。

（5）母材的焊接坡口及两侧 30～50mm 范围内，在焊前必须彻底清除氧化皮、熔渣、铁锈、油污、涂料、灰尘、水分等影响焊接质量的杂质。

（6）构件的定位焊的长度和间距，应视母材的厚度、结构形式和拘束度来确定。

（7）钢结构的焊接，应视钢种、板厚、接头的拘束度和焊接缝金属中的含氢量等因素、钢材的强度及所用的焊接方法来确定合适的预热温度和方法。

碳素结构钢厚度大于 50mm、低合金高强度结构钢厚度大于 36mm 时，其焊接前预热温度宜控制在 100～150℃。预热区在焊道两侧，其宽度各为焊件厚度的 2 倍以上，且不应小于 100mm。

合同、图纸或技术条件有要求时，焊接应作焊后处理。

（8）因降雨、雪等使母材表面潮湿（相对湿度＞80%）或大风天气，不得进行露天焊接；但焊工及被焊接部分如果被充分保护且对母材采取适当处置（如加热、去潮）时，可进行焊接。

当采用 CO_2 半自动气体保护焊时，环境风速大于 2m/s 时原则上应停止焊接，但若采用适当的挡风措施或采用抗风式焊机时，仍允许焊接（药芯焊丝电弧焊可不受此限制）。

2. 焊接施工

（1）引弧应在焊道处进行，严禁在焊道区以外的母材上打火引弧。焊缝终端的弧坑必须填满。

（2）对接焊接：

1）不同厚度的工件对接，其厚板一侧应加工成平缓过渡形状，当板厚差超过 4mm 时，厚板一侧应加工成 1∶2.5～1∶5 的斜度，对接处与薄板等厚。

2）T 形接头、十字接头、角接接头等要求熔透的对接和角接组合焊缝，焊接时应增加对母材厚度 1/4 以上的加强角焊缝尺寸。

（3）填角焊接：

1）等角填角焊缝的两侧焊角，不得有明显差别；对不等角填角焊缝，要注意确保焊角尺寸，并使焊趾处平滑过渡。

2）焊成凹形的角焊缝，焊缝金属与母材间应平缓过渡；加工成凹形的角焊缝不得在其表面留下切痕。

3）当角焊缝的端部在构件上时，转角处宜连续包角焊，起落弧点不宜在端部或棱角处，应距焊缝端部 10mm 以上。

（4）部分熔透焊接，焊前必须检查坡口深度，以确保要求的焊缝深度。当采用手工电弧焊时，打底焊宜采用 $\phi3.2$mm 或以下的小直径焊条，以确保足够的熔透深度。

（5）多层焊接宜连续施焊，每一层焊完后应及时清理检查，如发现有影响质量的缺陷，必须清除后再焊。

（6）焊接完毕，焊工应清理焊缝表面的熔渣及两侧的飞溅物，检查焊缝外观质量，合格后在工艺规定的部位打上焊工钢印。

（7）不良焊接的修补：

1）焊缝同一部位的返修次数，不宜超过两次，超过两次时，必须经过焊接责任工程师核准后，方可按返修工艺进行。

2）焊缝出现裂缝时，焊工不得擅自处理，应及时报告焊接技术负责人查清原因，制定出修补措施，方可处理。

3）对焊缝金属中的裂纹，在修补前应用无损检测方法确定裂纹的界限范围，在去除时，应自裂纹的端头算起，两端至少各加50mm的焊缝一同去除后再进行修补。

4）对焊接母材中的裂纹，原则上应更换母材，但是在得到技术负责人认可后，可以采用局部修补措施进行处理。主要受力构件必须得到原设计单位确认。

（8）栓钉焊：

1）采用栓钉焊机进行焊接时，一般应使工件处于水平位置。

2）每天施工作业前，应在与构件相同的材料上先试焊2只栓钉，然后进行30°的弯曲试验，如果挤出焊角达到360°，且无热影响区裂纹时，方可进行正式焊接。

三、施工质量验收

1. 钢结构焊接工程

（1）主控项目

1）焊条、焊丝、焊剂、电渣焊熔嘴等焊接材料与母材的匹配应符合设计要求及国家现行标准《建筑钢结构焊接技术规程（2012版）》（JGJ 81—2002）的规定。焊条、焊剂、药芯焊丝、熔嘴等在使用前，应按其产品说明书及焊接工艺文件的规定进行烘焙和存放。

检查数量：全数检查。

检验方法：检查质量证明书和烘焙记录。

2）焊工必须经考试合格并取得合格证书。持证焊工必须在其考试合格项目及其认可范围内施焊。

检查数量：全数检查。

检验方法：检查焊工合格证及其认可范围、有效期。

3）施工单位对其首次采用的钢材、焊接材料、焊接方法、焊后 热处理等，应进行焊接工艺评定，并应根据评定报告确定焊接工艺。

检查数量：全数检查。

检验方法：检查焊接工艺评定报告。

4）设计要求全焊透的一、二级焊缝应采用超声波探伤进行内部缺陷的检验，超声波探伤不能对缺陷作出判断时，应采用射线探伤，其内部缺陷分级及探伤方法应符合现行国家标准《钢焊缝手工超声波探伤方法和探伤结果分级法》（GB 11345—1989）或《钢熔化焊对接接头射线照相和质量分级》（GB 3323—2005）的规定。焊接球节点网架焊缝、螺栓球节点网架焊缝及圆管T、K、Y型节点相关线焊缝，其内部缺陷分级及探伤方法应符合国家现行标准《钢结构超声波探伤及质量分级法》（JG/T 203—2007）、《建筑钢结构焊接技术规程（2012版）》（JGJ 81—2002）的规定。

一级、二级焊缝的质量等级及缺陷分级应符合表 6-1 的规定。

一、二级焊缝质量等级及缺陷分级　　　　　　表 6-1

焊缝质量等级		一　级	二　级
内部缺陷超声波探伤	评定等级	Ⅱ	Ⅲ
	检验等级	B 级	B 级
	探伤比例	100%	20%
内部缺陷射线探伤	评定等级	Ⅱ	Ⅲ
	检验等级	AB 级	AB 级
	探伤比例	100%	20%

注：探伤比例的计数方法应按以下原则确定：（1）对工厂制作焊缝，应按每条焊缝计算百分比，且探伤长度应不小于 200mm，当焊缝长度不足 200mm 时，应对整条焊缝进行探伤；（2）对现场安装焊缝，应按同一类型、同一施焊条件的焊缝条数计算百分比，探伤长度应不小于 200mm，并应不少于 1 条焊缝。

检查数量：全数检查。

检验方法：检查超声波或射线探伤记录。

5）T 形接头、十字接头、角接接头等要求熔透的对接和角对接组合焊缝，其焊脚尺寸不应小于 $t/4$，如图 6-1（a）、（b）、（c）所示；设计有疲劳验算要求的吊车梁或类似构件的腹板与上翼缘连接焊缝的焊脚尺寸为 $t/2$，如图 6-1（d）所示，且不应大于 10mm。焊脚尺寸的允许偏差为 0～4mm。

图 6-1　焊脚尺寸

检查数量：资料全数检查；同类焊缝抽查 10%，且不应少于 3 条。

检验方法：观察检查，用焊缝量规抽查测量。

6）焊缝表面不得有裂纹、焊瘤等缺陷。一级、二级焊缝不得有表面气孔、夹渣、弧坑裂纹、电弧擦伤等缺陷。且一级焊缝不得有咬边、未焊满、根部收缩等缺陷。

检查数量：每批同类构件抽查 10%，且不应少于 3 件；被抽查构件中，每一类型焊缝按条数抽查 5%，且不应少于 1 条；每条检查 1 处，总抽查数不应少于 10 处。

检验方法：观察检查或使用放大镜、焊缝量规和钢尺检查，当存在疑义时，采用渗透或磁粉探伤检查。

（2）一般项目

1）对于需要进行焊前预热或焊后热处理的焊缝，其预热温度或后热温度应符合国家现行有关标准的规定或通过工艺试验确定。预热区在焊道两侧，每侧宽度均应大于焊件厚度的 1.5 倍以上，且不应小于 100mm；焊后热处理应在焊后立即进行，保温时间应根据板厚按每 25mm 板厚 1h 确定。

检查数量：全数检查。

检验方法：检查预热、后热施工记录和工艺试验报告。

2）二级、三级焊缝外观质量标准应符合《钢结构工程施工质量验收规范》（GB 50205—2001）附录 A 中表 A.0.1 的规定。三级对接焊缝应按二级焊缝标准进行外观质量检验。

检查数量：每批同类构件抽查 10%，且不应少于 3 件；被抽查构件中，每一类型焊缝按条数抽查 5%，且不应少于 1 条；每条检查 1 处，总抽查数不应少于 10 处。

检验方法：观察检查或使用放大镜、焊缝量规和钢尺检查。

3）焊缝尺寸允许偏差应符合《钢结构工程施工质量验收规范》（GB 50205—2001）附录 A 中表 A.0.2 的规定。

检查数量：每批同类构件抽查 10%，且不应少于 3 件；被抽查构件中，每种焊缝按条数各抽查 5%，但不应少于 1 条；每条检查 1 处，总抽查数不应少于 10 处。

检验方法：用焊缝量规检查。

4）焊成凹形的角焊缝，焊缝金属与母材间应平缓过渡；加工成凹形的角焊缝，不得在其表面留下切痕。

检查数量：每批同类构件抽查 10%，且不应少于 3 件。

检验方法：观察检查。

5）焊缝感观应达到：外形均匀、成型较好，焊道与焊道、焊道与基本金属间过渡较平滑，焊渣和飞溅物基本清除干净。

检查数量：每批同类构件抽查 10%，且不应少于 3 件；被抽查构件中，每种焊缝按数量各抽查 5%，总抽查处不应少于 5 处。

检验方法：观察检查。

2. 焊钉（栓钉）焊接工程

（1）主控项目

1）施工单位对其采用的焊钉和钢材焊接应进行焊接工艺评定，其结果应符合设计要求和国家现行有关标准的规定。瓷环应按其产品说明书进行烘焙。

检查数量：全数检查。

检验方法：检查焊接工艺评定报告和烘焙记录。

2）焊钉焊接后应进行弯曲试验检查，其焊缝和热影响区不应有肉眼可见的裂纹。

检查数量：每批同类构件抽查 10%，且不应少于 10 件；被抽查构件中，每件检查焊钉数量的 1%，但不应少于 1 个。

检验方法：焊钉弯曲 30°后用角尺检查和观察检查。

（2）一般项目

焊钉根部焊脚应均匀，焊脚立面的局部未熔合或不足 360°的焊脚应进行修补。

检查数量：按总焊钉数量抽查 1%，且不应少于 10 个。

检验方法：观察检查。

第三节　紧固件连接工程

一、材料质量要求

普通螺栓通常用 Q235 钢制造。由于强度较低，故对其栓杆施加的紧固预拉力不能太大，这样在被连接件间所施加的压紧力不大，因此其间的摩擦力也不大。另外，普通螺栓根据螺栓的加工精度还分为 A、B 和 C 三级。A 级和 B 级螺栓尺寸准确，精度较高，且配用 I 类孔孔径与螺栓杆径相等，只分别允许其有正与负公差，因此栓杆和螺孔间的空隙仅 0.3～0.5mm。C 级螺栓表面不加工，尺寸不很准确，且配用 D 类孔（在单个零件上一次冲成或不用钻模钻成设计孔径的孔），孔径比螺栓杆径大 1～1.5mm。

高强度螺栓制造厂应对原材料（按加工高强度螺栓的同样工艺进行热处理）进行抽样试验，其性能应符合表 6-2 的规定。

高强度螺栓性能　　　　　　　　　　　　　　　　　　　表 6-2

性能等级	抗拉强度 f_u（N/mm²）		最大屈服强度 f_y（N/mm²）	伸长率 δ_5（%）	收缩率 ϕ（%）	冲击韧性 α_k
	公称值	幅度值	不小于			
10.9S	1000	1000～1124	900	10	42	59
8.8S	800	810～984	640	12	45	78

高强度螺栓的硬度：性能等级为 8.8 级时，热处理后硬度为 HRC21～29；性能等级为 10.9 级时，热处理后硬度为 HRC32～36。

高强度螺栓不允许存在任何淬火裂纹。

高强度螺栓表面要进行发黑处理。

高强度螺栓抗拉极限承载力应符合设计规定。

二、施工质量控制

1. 普通螺栓

（1）螺母和螺钉的装配应符合以下要求：

1）螺母或螺钉与零件贴合的表面要光洁、平整、贴合处的表面应经过加工，否则容易使连接件松动或使螺钉弯曲。

2）螺母或螺钉和接触面之间应保持清洁，螺孔内的脏物应清理干净。

3）拧紧成组的螺母时，必须按照一定的顺序进行，并做到分次序逐步拧紧，否则会使零件或螺杆产生松紧不一致，甚至变形。在拧紧长方形布置的成组螺母时，必须从中间开始，逐渐向两边对称地扩展；在拧紧方形或圆形布置的成组螺母时，必须对称地进行。

4）装配时，必须按照一定的拧紧力矩来拧紧，因为拧紧力矩太大时，会出现螺栓或螺钉拉长甚至断裂和被连接件变形等现象；拧紧力矩太小时，就不可能保证被连接件在工作时的可靠性和正确性。

（2）一般的螺纹连接都具有自锁性，在受静荷载和工作温度变化不大时，不会自行松脱。但在冲击、振动或变荷载作用下，以及在工作温度变化很大时，这种连接有可能自松，影响工作，甚至发生事故。为了保证连接安全可靠，对螺纹连接必须采取有效的防松措施。

一般常用的防松措施有增大摩擦力、机械防松和不可拆三大类。

1）增大摩擦力的防松措施是使拧紧的螺纹之间不因外载荷变化而失去压力，因而始终有摩擦阻力防止连接松脱。但这种方法不十分可靠，所以多用于冲击和振动不剧烈的场合。常用的措施有弹簧垫圈和双螺母。

2）机械防松措施是利用各种止动零件，阻止螺纹零件的相对转动来实现防松。机械防松可靠，所以应用很广。常用的措施有开口销与槽形螺母、止退垫圈与圆螺母、止动垫圈与螺母或螺钉、串联钢丝等。

3）不可拆的防松措施是利用点焊、点铆等方法把螺母固定在螺栓或被连接件上，或者把螺钉固定在被连接零件上，达到防松目的。

2. 高强度螺栓

（1）高强度螺栓的连接形式。

高强度螺栓的连接形式有摩擦连接、张拉连接和承压连接3种。

1）摩擦连接是高强度螺栓拧紧后，产生强大夹紧力来夹紧板束，依靠接触面间产生的抗剪摩擦力传递与螺杆垂直方向应力的连接方法。

2）张拉连接是螺杆只承受轴向拉力，在螺栓拧紧后，连接的板层间压力减少，外力完全由螺栓承担。

3）承压连接是在螺栓拧紧后所产生的抗滑移力及螺栓孔内和连接钢板间产生的承压力来传递应力的一种方法。

（2）摩擦面的处理是指采用高强度摩擦连接时对构件接触面的钢材进行表面加工。经过加工，使其接触表面的抗滑系数达到设计要求的额定值，一般为 0.45～0.55。

摩擦面的处理方法有：喷砂（或抛丸）后生赤锈；喷砂后涂无机富锌漆；砂轮打磨；钢丝刷消除浮锈；火焰加热清理氧化皮；酸洗等。

（3）摩擦型高强度螺栓施工前，钢结构制作和施工单位应按规定分别进行高强度螺栓连接摩擦面的抗滑移系数试验和复验，现场处理的构件摩擦面应单独进行摩擦面抗滑移系数试验。试验基本要求如下：

1）制造厂和安装单位应分别以钢结构制造批为单位进行抗滑移系数试验。制造批可按照分部（子分部）工程划分规定的工程量每 2000t 为一批，不足 2000t 的可视为一批。选用两种或两种以上表面处理工艺时，每种处理工艺应单独检验，每批三组试件。

2）抗滑移系数试验用的试件应由制造厂加工，试件与所代表的钢结构构件应为同一材质、同批制作、采用同一摩擦面处理工艺和具有相同的表面状态，并应用同批同一性能等级的高强度螺栓连接副，在同一环境条件下存放。

（4）高强度螺栓连接安装时，在每个节点上应穿入的临时螺栓与冲钉数量由安装时可能承担的载荷计算确定，并应符合下列规定：

1）不得少于安装孔数的 1/3。

2）不得少于两个临时螺栓。

174

3) 冲钉穿入数量不宜多于临时螺栓的 30%，不得将连接用的高强度螺栓兼作临时螺栓。

(5) 高强度螺栓的安装应顺畅穿入孔内，严禁强行敲打。如不能自由穿入时，应用铰刀铰孔修整，修整后的最大孔径应小于 1.2 倍螺栓直径。铰孔前应将四周的螺栓全部拧紧，使钢板密贴后再进行，不得用气割扩孔。

(6) 高强度螺栓的穿入方向应以施工方便为准，并力求一致。连接副组装时，螺母带垫圈面的一侧应朝向垫圈倒角面的一侧。大六角头高强度螺栓六角头下放置的垫圈有倒角面的一侧必须朝向螺栓六角头。

(7) 安装高强度螺栓时，构件的摩擦面应保持干燥，不得在雨中作业。

(8) 高强度螺栓连接副的拧紧应分为初拧、终拧。对于大型节点应分初拧、复拧、终拧。复拧扭矩等于初拧扭矩。初拧、复拧、终拧应在 24h 内完成。

(9) 高强度螺栓连接副初拧、复拧、终拧时，一般应按由螺栓群节点中心位置顺序向外缘拧紧的方法施拧。

(10) 高强度螺栓连接副的施工扭矩确定：

1) 终拧扭矩值按下式计算：

$$T_c = K \times P_c \times d \tag{6-1}$$

式中　T_c——终拧扭矩值（N·m）；

　　　P_c——施工预拉力标准值（kN），见表 6-3；

　　　d——螺栓公称直径（mm）；

　　　K——扭矩系数，按 GB 50205 的规定试验确定。

高强度螺栓连接副施工预拉力标准值（kN）　　　　　　　表 6-3

螺栓性能等级	螺栓公称直径（mm）					
	M16	M20	M22	M24	M27	M30
8.8s	75	120	150	170	225	275
10.9s	110	170	210	250	320	390

2) 高强度大六角头螺栓连接副初拧扭矩 T_o 可按 $0.5T_c$ 取值。

3) 扭剪型高强度螺栓连接副初拧扭矩值可按下式计算：

$$T_o = 0.065 P_c \times d \tag{6-2}$$

式中　T_o——初拧扭矩值（N·m）；

　　　P_c——施工预拉力标准值（kN），见表 6-3；

　　　d——螺栓公称直径（mm）。

(11) 施工所用的扭矩扳手，扳前必须矫正，扳后必须校验，其扭矩误差不得大于 ±5%，合格的方可使用。检查用的扭矩扳手其扭矩误差不得大于 ±3%。

(12) 初拧或复拧后的高强度螺栓应用颜色在螺母上涂上标记，终拧后的螺栓应用另一种颜色在螺栓上涂上标记，以分别表示初拧、复拧、终拧完毕。扭剪型高强螺栓应用专用扳手进行终拧，直至螺栓尾部梅花头拧掉。对于操作空间有限，不能用扭剪型螺栓专用扳手进行终拧的扭剪型螺栓，可按大六角头高强度螺栓的拧紧方法进行终拧。

三、施工质量验收

1. 普通紧固件连接

（1）主控项目

1）普通螺栓作为永久性连接螺栓时，当设计有要求或对其质量有疑义时，应进行螺栓实物最小拉力载荷复验，试验方法见《钢结构工程施工质量验收规范》（GB 50205—2001）附录 B，其结果应符合现行国家标准《紧固件机械性能　螺栓、螺钉和螺柱》（GB 3098.1—2000）的规定。

检查数量：每一规格螺栓抽查 8 个。

检验方法：检查螺栓实物复验报告。

2）连接薄钢板采用的自攻钉、拉铆钉、射钉等其规格尺寸应与被连接钢板相匹配，其间距、边距等应符合设计要求。

检查数量：按连接节点数抽查 1%，且不应少于 3 个。

检验方法：观察和尺量检查。

（2）一般项目

1）永久性普通螺栓紧固应牢固、可靠，外露丝扣不应少于 2 扣。

检查数量：按连接节点数抽查 10%，且不应少于 3 个。

检验方法：观察和用小锤敲击检查。

2）自攻螺钉、钢拉铆钉、射钉等与连接钢板应紧固密贴，外观排列整齐。

检查数量：按连接节点数抽查 10%，且不应少于 3 个。

检验方法：观察或用小锤敲击检查。

2. 高强度螺栓

（1）主控项目

1）钢结构制作和安装单位应按《钢结构工程施工质量验收规范》（GB 50205—2001）附录 B 的规定分别进行高强度螺栓连接摩擦面的抗滑移系数试验和复验，现场处理的构件摩擦面应单独进行摩擦面抗滑移系数试验，其结果应符合设计要求。

检查数量：按照分部（子分部）工程划分规定的工程量每 2000t 为一批，不足 2000t 的可视为一批。选用两种或两种以上表面处理工艺时，每种处理工艺应单独检验，每批三组试件。

检验方法：检查摩擦面抗滑移系数试验报告和复验报告。

2）高强度大六角头螺栓连接副终拧完成 1h 后、48h 内应进行终拧扭矩检查，检查结果应符合《钢结构工程施工质量验收规范》（GB 50205—2001）附录 B 的规定。

检查数量：按节点数抽查 10%，且不应少于 10 个；每个被抽查节点按螺栓数抽查 10%，且不应少于 2 个。

检验方法：见《钢结构工程施工质量验收规范》（GB 50205—2001）附录 B。

3）扭剪型高强度螺栓连接副终拧后，除因构造原因无法使用专用扳手终拧掉梅花头者外，未在终拧中拧掉梅花头的螺栓数不应大于该节点螺栓数的 5%。对所有梅花头未拧掉的扭剪型高强度螺栓连接副应采用扭矩法或转角法进行终拧并作标记，且按第 2）条的规定进行终拧扭矩检查。

检查数量：按节点数抽查 1%，但不应少于 10 个节点，被抽查节点中梅花头未拧掉的扭剪型高强度螺栓连接副全数进行终拧扭矩检查。

检验方法：观察检查及《钢结构工程施工质量验收规范》（GB 50205—2001）附录 B。

（2）一般项目

1）高强度螺栓连接副的施拧顺序和初拧、复拧扭矩应符合设计要求和国家现行行业标准《钢结构高强度螺栓连接的设计、施工及验收规程》（JGJ 82—2011）的规定。

检查数量：全数检查资料。

检验方法：检查扭矩扳手标定记录和螺栓施工记录。

2）高强度螺栓连接副终拧后，螺栓丝扣外露应为 2～3 扣，其中允许有 10% 的螺栓丝扣外露 1 扣或 4 扣。

检查数量：按节点数抽查 5%，且不应少于 10 个。

检验方法：观察检查。

3）高强度螺栓连接摩擦面应保持干燥、整洁，不应有飞边、毛刺、焊接飞溅物、焊疤、氧化铁皮、污垢等，除设计要求外摩擦面不应涂漆。

检查数量：全数检查。

检验方法：观察检查。

4）高强度螺栓应自由穿入螺栓孔。高强度螺栓孔不应采用气割扩孔，扩孔数量应征得设计同意，扩孔后的孔径不应超过 1.2d（d 为螺栓直径）。

检查数量：被扩螺栓孔全数检查。

检验方法：观察检查及用卡尺检查。

5）螺栓球节点网架总拼完成后，高强度螺栓与球节点应紧固连接，高强度螺栓拧入螺栓球内的螺纹长度不应小于 1.0d（d 为螺栓直径），连接处不应出现有间隙、松动等未拧紧情况。

检查数量：按节点数抽查 5%，且不应少于 10 个。

检验方法：普通扳手及尺量检查。

第四节　钢零件及钢部件加工工程

一、材料质量要求

钢材应具有质量证明书，并应符合设计的要求。当对钢材的质量有疑义时，应按国家现行有关标准的规定进行抽样检验，其结果应符合国家标准的规定和设计文件的要求方可采用。钢材表面有锈蚀、麻点和划痕等缺陷时，其深度不得大于该钢材厚度负偏差值的 1/2。钢材表面锈蚀等级应符合现行国家标准《涂装前钢材表面锈蚀等级和除锈等级》（GB 8923—1988）规定的 A、B、C 级。

连接材料（焊条、焊丝、焊剂）、高强度螺栓、精制螺栓、普通螺栓及铆钉等，以及涂料（底漆和面漆等）均应具有出厂质量证明书，并应符合设计的要求和国家现行有关标准的规定。严禁使用药皮脱落或焊芯生锈的焊条、受潮结块或已熔烧过的焊剂以及锈蚀、碰伤或混批的高强度螺栓。

二、施工质量控制

1. 放样和号料

（1）放样

1）放样即是根据已审核过的施工样图，按构件（或部件）的实际尺寸或一定比例画出该构件的轮廓，或将曲面展开成平面，求出实际尺寸，作为制造样板、加工和装配工作的依据。放样是整个钢结构制作工艺中第一道工序，是非常重要的一道工序。因为所有的构件、部件、零件尺寸和形状都必须先进行放样，然后根据其结果数据、图样进行加工，最后才把各个零件装配成一个整体，所以，放样的准确程度将直接影响产品的质量。

2）放样前，放样人员必须熟悉施工图和工艺要求，核对构件及其相互连接的几何尺寸和连接有否不当之处。如发现施工图有遗漏或错误，以及其他原因需要更改施工图时，必须取得原设计单位签具的设计变更文件，不得擅自修改。

3）放样使用的钢尺，必须经计量单位检验合格，并与土建、安装等有关方面使用的钢尺相核对。丈量尺寸，应分段叠加，不得分段测量后相加累计全长。

4）放样应在平整的放样台上进行。凡放大样的构件，应以1:1的比例放出实样；当构件零件较大难以制作样杆、样板时，可以绘制下料图。

5）样杆、样板制作时，应按施工图和构件加工要求，做好各种加工符号、基准线、眼孔中心等标记，并按工艺要求预放各种加工余量，然后号上冲印等印记，用磁漆（或其他材料）在样杆、样板上写出工程、构件及零件编号、零件规格孔径、数量及标注有关符号。

6）放样工作完成，对所放大样和样杆、样板（或下料图）进行自检，无误后报专职检验人员检验。

7）样杆、样板应按零件号及规格分类存放，妥为保存。

（2）号料

1）号料前，号料人员应熟悉样杆、样板（成下料图）所注的各种符号及标记等要求。核对材料牌号及规格、炉批号。

2）凡型材端部存有倾斜或板材边缘弯曲等缺陷，号料时应去除缺陷部分或先行矫正。

3）根据割、锯等不同切割要求和对刨、铣加工的零件，预放不同的切割及加工余量和焊接收缩量。

4）按照样杆、样板的要求，对下料件应号出加工基准线和其他有关标记。并号上冲印等印记。

5）下料完成，检查所下零件规格、数量等是否有误，并做好下料记录。

2. 切割

钢材的切割下料应根据钢材截面形状、厚度以及切割边缘质量要求的不同而分别采用剪切、冲切、锯切、气割。

（1）剪切

1）剪切或剪断的边缘，必要时应加工整光，相关接触部分不得产生歪曲。

2）剪切材料对主要受静载荷的构件，允许材料在剪断机上剪切，无须再加工。

3）剪切的材料对受动载荷的构件，必须将截面中存在有害的剪切边清除。

4）剪切前必须检查核对材料规格、牌号是否符合图纸要求。

5）剪切前，应将钢板表面的油污、铁锈等清除干净，并检查剪断机是否符合剪切材料强度要求。

6）剪切时，必须看清断线符号，确定剪切程序。

（2）气割

1）气割原则上采用自动切割机，也可使用半自动切割机和手工切割，使用气体可为氧乙炔、丙烷、碳-3气及混合气等。气割工在操作时，必须检查工作场地和设备，严格遵守安全操作规程。

2）零件自由端火焰切割面无特殊要求的情况加工精度如下：

粗糙度：200s 以下。

缺口度：1.0mm 以下。

3）采用气割时应控制切割工艺参数，自动、半自动气割工艺参数见表6-4。

自动、半自动气割工艺参数

表6-4

割嘴号码	板厚（mm）	氧气压力（MPa）	乙炔压力（MPa）	气割速度（mm/min）
1	6～10	0.20～0.25	≥0.030	650～450
2	10～20	0.25～0.30	≥0.035	500～350
3	20～30	0.30～0.40	≥0.040	450～300
4	40～60	0.50～0.60	≥0.045	400～300
5	60～80	0.60～0.70	≥0.050	350～250
6	80～100	0.70～0.80	≥0.060	300～200

4）气割工割完重要的构件时，在割缝两端100～200mm处，加盖本人钢印。割缝出现超过质量要求所规定的缺陷，应上报有关部门，进行质量分析，制定措施后方可返修。

5）当重要构件、厚板切割时应做适当预热处理，或遵照工艺技术要求进行。

3. 矫正和成型

钢结构（或钢材）表面上如有不平、弯曲、扭曲、尺寸精度超过允许偏差的规定时，必须对有缺陷的构件（或钢材）进行矫正，以保证钢结构构件的质量。矫正的方法很多，根据矫正时钢材的温度分冷矫正和热矫正两种。冷矫正是在常温下进行的矫正，冷矫时会产生冷硬现象，适用于矫正塑性较好的钢材。对变形十分严重或脆性很大的钢材，如合金钢及长时间放在露天生锈钢材等，因塑性较差不能用冷矫正；热矫正是将钢材加热至700～1000℃的高温内进行，当钢材弯曲变形大，钢材塑性差，或在缺少足够动力设备的情况下才应用热矫正。另外，根据矫正时作用外力的来源与性质分，矫正分手工矫正、机械矫正、火焰矫正等。矫正和成型应符合以下要求：

（1）钢材的初步矫正，只对影响号料质量的钢材进行矫正，其余在各工序加工完毕后再矫正或成型。

（2）钢材的机械矫正，一般应在常温下用机械设备进行，矫正后的钢材，在表面上不应有凹陷、凹痕及其他损伤。

（3）碳素结构钢和低合金高强度结构钢，允许加热矫正，其加热温度严禁超过正火温度（900℃）。用火焰矫正时，对钢材的牌号为Q345、Q390、35、45钢的焊件，不准浇水冷却，一定要在自然状态下冷却。

（4）弯曲加工分常温和高温，热弯时所有需要加热的型钢，宜加热到 880～1050℃，并采取必要措施使构件不致"过热"，当温度降低到普通碳素结构钢 700℃，低合金高强度结构钢 800℃，构件不能再进行热弯，不得在蓝脆区段（200～400℃）进行弯曲。

（5）热弯的构件应在炉内加热或电加热，成型后有特殊要求者再退火。冷弯的半径应为材料厚度的 2 倍以上。

4. 边缘加工

通常采用刨和铣加工对切割的零件边缘加工，以便提高零件尺寸精度，消除切割边缘的有害影响，加工焊接坡口，提高截面光洁度，保证截面能良好传递较大压力。边缘加工应符合以下要求：

（1）气割的零件，当需要消除影响区进行边缘加工时，最少加工余量为 2.0mm。

（2）机械加工边缘的深度，应能保证把表面的缺陷清除掉，但不能小于 2.0mm，加工后表面不应有损伤和裂缝，在进行砂轮加工时，磨削的痕迹应当顺着边缘。

（3）碳素结构钢的零件边缘，在手工切割后，其表面应作清理，不能有超过 1.0mm 的不平度。

（4）构件的端部支承边要求刨平顶紧和构件端部截面精度要求较高的，无论是什么方法切割和用何种钢材制成的，都要刨边或铣边。

（5）施工图有特殊要求或规定为焊接的边缘需进行刨边，一般板材或型钢的剪切边不需刨光。

（6）刨削时直接在工作台上用螺栓和压板装夹工件时，通用工艺规则如下：

1）多件画线毛坯同时加工时，装夹中心必须按工件的加工线找正到同一平面上，以保证各工件加工尺寸的一致。

2）在龙门刨床上加工重而窄的工件，需偏于一侧加工时，应尽量两件同时加工或在另一侧加配重，以使机床的两边导轨负荷平衡。

3）在刨床工作台上装夹较高的工件时，应加辅助支撑，以使装夹牢靠和防止加工中工件变形。

4）必须合理装夹工件，以工件迎着走刀方向和进给方向的两个侧边紧靠定位装置，而另两个侧边应留有适当间隙。

（7）关于铣刀和铣削量的选择，应根据工件材料和加工要求决定，合理的选择是加工质量的保证。

5. 管、球加工

（1）焊接球节点

1）焊接空心球节点由空心球、钢管杆件、连接套管等零件组成。空心球制作工艺流程为：下料→加热→冲压→切边坡口→拼装→焊接→检验。

2）半球圆形坯料钢板应用氧乙炔气或等离子切割下料。坯料锻压的加热温度应控制在 900～1100℃。半球成型，其坯料须在固定锻模具上热挤压成半个球形，半球表面光滑平整，不应有局部凸起或褶皱。

3）毛坯半圆球可在普通车床切边坡口。不加肋空心球两个半球对装时，中间应预留 2.0mm 缝隙，以保证焊透。

4）加肋空心球的肋板位置，应在两个半球的拼接环形缝平面处。加肋钢板应用氧乙炔气切割下料，并外径（D）留放加工余量，其内孔以 D/3～D/2 割孔。

5）空心球与钢管杆件连接时，钢管两端开坡口 30°，并在钢管两端头内加套管与空心球焊接，球面上相邻钢管杆件之间的缝隙不宜小于 10mm。钢管杆件与空心球之间应留有 2.0～6.0mm 的缝隙予以焊透。

（2）螺栓球节点

1）螺栓球节点主要由钢球、高强度螺栓、锥头或封板、套筒等零件组成。钢球、锥头、封板、套筒等原材料是圆钢采用锯床下料，圆钢经加热温度控制在 900～1100℃之间，分别在固定的锻模具上压制成型。

2）螺栓球加工应在车床上进行，其加工程序第一是加工定位工艺孔，第二是加工各种弦杆孔。相邻螺孔角度必须以专用的夹具保证。每个球必须检验合格，打上操作者标记和安装球号，最后在螺纹处涂上黄油防锈。

（3）钢管杆件加工

1）钢管杆件应用切割机或管子车床下料，下料后长度应放余量，钢管两端应加工坡口 30°，钢管下料长度应预加焊接收缩量，如钢管壁厚≤6.0mm，每条焊缝放 1.0～1.5mm；壁厚≥8.0mm，每条焊缝放 1.5～2.0mm。钢管杆件下料后必须认真清除钢材表面的氧化皮和锈蚀等污物，并采取防腐措施。

2）钢管杆件焊接两端加锥头或封板，长度是用专门的定位夹具控制，以保证杆件的精度和互换性。采用手工焊，焊接成品应分三步到位：一是定长度点焊；二是底层焊；三是面层焊。当采用 CO_2 气体保护自动焊接机床焊接钢管杆件，它只需要钢管杆件配锥头或封板后焊接自动完成一次到位，焊缝高度必须大于钢管壁厚。对接焊缝部位应在清除焊渣后涂刷防锈漆，检验合格后打上焊工钢印和安装编号。

6. 制孔

构件使用的高强度螺栓、半圆头铆钉和自攻螺钉等用孔的制作方法可有：钻孔、铣孔、冲孔、铰孔等。制孔加工过程应注意以下事项：

（1）构件制孔优先采用钻孔，当证明某些材料质量、厚度和孔径，冲孔后不会引起脆性时允许采用冲孔。厚度在 5mm 以下的所有普通结构钢允许冲孔，次要结构厚度小于 12mm 允许采用冲孔。在冲切孔上，不得随后施焊（槽形），除非证明材料在冲切后，仍保留有相当韧性则可焊接施工。一般情况下，在需要所冲的孔上再钻大时，则冲孔必须比指定的直径小 3mm。

（2）钻孔前，一是要磨好钻头，二是要合理地选择切削余量。

（3）制成的螺栓孔，应为正圆柱形，并垂直于所在位置的钢材表面，倾斜度应小于 1/20，其孔周边应无毛刺、破裂、喇叭口或凹凸的痕迹，切屑应清除干净。

三、施工质量验收

1. 切割

（1）主控项目

1）钢材切割面或剪切面应无裂纹、夹渣、分层和大于 1mm 的缺棱。

检查数量：全数检查。

检验方法：观察或用放大镜及百分尺检查，有疑义时做渗透、磁粉或超声波探伤检查。

（2）一般项目

1）气割的允许偏差应符合表 6-5 的规定。

气割的允许偏差   表 6-5

项　　目	允许偏差（mm）	项　　目	允许偏差（mm）
零件宽度	±3.0	割纹深度	0.3
切割面平面度	0.05t，且不应大于 2.0	局部缺口深度	1.0

注：t 为切割面厚度。

检查数量：按切割面数抽查 10％，且不应少于 3 个。

检验方法：观察检查或用钢尺、塞尺检查。

2）机械剪切的允许偏差应符合表 6-6 的规定。

机械剪切的允许偏差   表 6-6

项　　目	允许偏差（mm）	项　　目	允许偏差（mm）
零件宽度、长度	±3.0	型钢端部垂直度	2.0
边缘缺棱	1.0		

检查数量：按切割面数抽查 10％，且不应少于 3 个。

检验方法：观察检查或用钢尺、塞尺检查。

2. 矫正和成型

（1）主控项目

1）碳素结构钢在环境温度低于 −16℃、低合金结构钢在环境温度低于 −12℃时，不应进行冷矫正和冷弯曲。碳素结构钢和低合金结构钢在加热矫正时，加热温度不应超过 900℃。低合金结构钢在加热矫正后应自然冷却。

检查数量：全数检查。

检验方法：检查制作工艺报告和施工记录。

2）当零件采用热加工成型时，加热温度应控制在 900～1000℃；碳素结构钢和低合金结构钢在温度分别下降到 700℃和 800℃之前，应结束加工；低合金结构钢应自然冷却。

检查数量：全数检查。

检验方法：检查制作工艺报告和施工记录。

（2）一般项目

1）矫正后的钢材表面，不应有明显的凹面或损伤，划痕深度不得大于 0.5mm，且不应大于该钢材厚度负允许偏差的 1/2。

检查数量：全数检查。

检验方法：观察检查和实测检查。

2）冷矫正和冷弯曲的最小曲率半径和最大弯曲矢高应符合表 6-7 的规定。

钢材类别	图　例	对应轴	矫　正		弯　曲	
			r	f	r	f
钢板扁钢		$x-x$	$50t$	$\dfrac{l^2}{400t}$	$25t$	$\dfrac{l^2}{200t}$
		$y-y$（仅对扁钢轴线）	$100b$	$\dfrac{l^2}{800b}$	$50b$	$\dfrac{l^2}{400b}$
角钢		$x-x$	$90b$	$\dfrac{l^2}{720b}$	$45b$	$\dfrac{l^2}{360b}$
槽钢		$x-x$	$50h$	$\dfrac{l^2}{400h}$	$25h$	$\dfrac{l^2}{200h}$
		$y-y$	$90b$	$\dfrac{l^2}{720b}$	$45b$	$\dfrac{l^2}{360b}$
工字钢		$x-x$	$50h$	$\dfrac{l^2}{400h}$	$25h$	$\dfrac{l^2}{200h}$
		$y-y$	$50b$	$\dfrac{l^2}{400b}$	$25b$	$\dfrac{l^2}{200b}$

注：r 为曲率半径；f 为弯曲矢高；l 为弯曲弦长；t 为钢板厚度。

检查数量：按冷矫正和冷弯曲的件数抽查 10%，且不应少于 3 个。

检验方法：观察检查和实测检查。

3）钢材矫正后的允许偏差，应符合表 6-8 的规定。

项　目		允许偏差	图　例
钢板的局部平面度	$t\leqslant14$	1.5	
	$t>14$	1.0	
型钢弯曲矢高		$l/1000$ 且不应大于 5.0	
角钢肢的垂直度		$b/100$ 双肢栓接 角钢的角度不得大于 90°	

项　目	允许偏差	图　例
槽钢翼缘对腹板的垂直度	$b/80$	
工字钢、H 型钢翼缘对腹板的垂直度	$b/100$ 且不大于 2.0	

检查数量：按矫正件数抽查 10%，且不应少于 3 件。

检验方法：观察检查和实测检查。

3. 边缘加工

（1）主控项目

1）气割或机械剪切的零件，需要进行边缘加工时，其刨削量不应小于 2.0mm。

检查数量：全数检查。

检验方法：检查工艺报告和施工记录。

（2）一般项目

1）边缘加工允许偏差应符合表 6-9 的规定。

边缘加工的允许偏差　　　　　　　　　　　　　表 6-9

项　目	允许偏差（mm）	项　目	允许偏差（mm）
零件宽度、长度	±1.0	加工面垂直度	$0.025t$，且不应大于 0.5
加工边线直线度	$l/3000$ 且不应大于 2.0	加工面表面粗糙度	$\sqrt[50]{}$
相邻两边夹角	±6′		

检查数量：按加工面数抽查 10%，且不应少于 3 件。

检验方法：观察检查和实测检查。

4. 管、球加工

（1）主控项目

1）螺栓球成型后，不应有裂纹、褶皱、过烧。

检查数量：每种规格抽查 10%，且不应少于 5 个。

检验方法：10 倍放大镜观察检查或表面探伤。

2）钢板压成半圆球后，表面不应有裂纹、褶皱；焊接球其对接坡口应采用机械加工，对接焊缝表面应打磨平整。

检查数量：每种规格抽查 10%，且不应少于 5 个。

检验方法：10 倍放大镜观察检查或表面探伤。

（2）一般项目

1）螺栓球加工的允许偏差应符合表6-10的规定。

螺栓球加工的允许偏差 表6-10

项　目		允许偏差（mm）	检验方法
圆度	$d \leqslant 120$	1.5	用卡尺和游标卡尺检查
	$d > 120$	2.5	
同一轴线上两铣平面平行度	$d \leqslant 120$	0.2	用百分表V形块检查
	$d > 120$	0.3	
铣平面距球中心距离		±0.2	用游标卡尺检查
相邻两螺栓孔中心线夹角		±30′	用分度头检查
两铣平面与螺栓孔轴线垂直度		$0.005r$	用百分表检查
球毛坯直径	$d \leqslant 120$	+2.0 −1.0	用卡尺和游标卡尺检查
	$d > 120$	+3.0 −1.5	

检查数量：每种规格抽查10%，且不应少于5个。

检验方法：见6-10。

2）焊接球加工的允许偏差应符合表6-11的规定。

焊接球加工的允许偏差 表6-11

项　目	允许偏差（mm）	检验方法
直径	±0.005d ±2.5	用卡尺和游标卡尺检查
圆度	2.5	用卡尺和游标卡尺检查
壁厚减薄量	$0.13t$，且不应大于1.5	用卡尺和测厚仪检查
两半球对口错边	1.0	用套模和游标卡尺检查

检查数量：每种规格抽查10%，且不应少于5个。

检验方法：见表6-11。

3）钢网架（桁架）用钢管杆件加工的允许偏差应符合表6-12的规定。

钢网架（桁架）用钢管杆件加工的允许偏差 表6-12

项　目	允许偏差（mm）	检验方法
长度	±1.0	用钢尺和百分表检查
端面对管轴的垂直度	$0.005r$	用百分表V形块检查
管口曲线	1.0	用套模和游标卡尺检查

检查数量：每种规格抽查10%，且不应少于5根。

检验方法：见表6-12。

5．制孔

（1）主控项目

1）A、B级螺栓孔（Ⅰ类孔）应具有H12的精度，孔壁表面粗糙度 R_a 不应大于12.5μm。其孔径的允许偏差应符合表6-13的规定。

序　号	螺栓公称直径、螺栓孔直径（mm）	螺栓公称直径允许偏差（mm）	螺栓孔直径允许偏差（mm）
1	10～18	0.00 −0.21	+0.18 0.00
2	18～30	0.00 −0.21	+0.21 0.00
3	30～50	0.00 −0.25	+0.25 0.00

C 级螺栓孔（Ⅱ类孔），孔壁表面粗糙度 R_a 不应大于 $25\mu m$，其允许偏差应符合表 6-14 的规定。

C级螺栓孔的允许偏差　　　　　　　表 6-14

项　目	允许偏差（mm）	项　目	允许偏差（mm）
直径	+0.1 0.0	圆度	2.0
		垂直度	$0.03t$，且不应大于 2.0

检查数量：按钢构件数量抽查 10%，且不应少于 3 件。

检验方法：用游标卡尺或孔径量规检查。

（2）一般项目

1）螺栓孔孔距的允许偏差应符合表 6-15 的规定。

螺栓孔孔距允许偏差（mm）　　　　　　　表 6-15

螺栓孔孔距范围	≤500	501～1200	1201～3000	>3000
同一组内任意两孔间距离	±1.0	±1.5	—	—
相邻两组的端孔间距离	±1.5	±2.0	±2.5	±3.0

注：1. 在节点中连接板与一根杆件相连的所有螺栓孔为一组；

　　2. 对接接头在拼接板一侧的螺栓孔为一组；

　　3. 在两相邻节点或接头间的螺栓孔为一组，但不包括上述两款所规定的螺栓孔；

　　4. 受弯构件翼缘上的连接螺栓孔，每米长度范围内的螺栓孔为一组。

检查数量：按钢构件数量抽查 10%，且不应少于 3 件。

检验方法：用钢尺检查。

2）螺栓孔孔距的允许偏差超过表 6-15 规定的允许偏差时，应采用与母材材质相匹配的焊条补焊后重新制孔。

检查数量：全数检查。

检验方法：观察检查。

第五节　钢构件组装工程

一、一般规定

（1）钢结构构件的组装是遵照施工图的要求，把已加工完成的各零件或半成品构件，用组装的手段组合成为独立的成品，这种方法通常称为组装。组装根据组装构件的特性以及组装程度，可分为部件组装、组装和预总装。

（2）部件组装是组装的最小单元的组合，它由两个或两个以上零件按施工图的要求组装成为半成品的结构构件。

（3）组装是把零件或半成品按施工图的要求组装成为独立的成品构件。预总装是根据施工图把相关的两个以上成品构件，在工厂制作场地上，按其各构件空间位置总装起来。其目的是客观地反映出各构件组装结点，保证构件安装质量。钢结构构件组装通常便用的方法有：地样组装、仿形复制组装、立装、卧装、胎膜组装等。

二、施工质量控制

（1）在组装前，组装人员必须熟悉施工图、组装工艺及有关技术文件的要求，并检查组装零部件的外观、材质、规格、数量，当合格无误后方可施工。

（2）组装焊接处的连接接触面及沿边缘 30～50mm 范围内的铁锈、毛刺、污垢、冰雪等必须在组装前清除干净。

（3）板材、型材需要焊接时，应在部件或构件整体组装前进行；构件整体组装应在部件组装、焊接、矫正后进行。

（4）构件的隐蔽部位应先行涂装、焊接，经检查合格后方可组合；完全封闭的内表面可不涂装。

（5）构件组装应在适当的工作平台及装配胎膜上进行。

（6）组装焊接构件时，对构件的几何尺寸应依据焊缝等收缩变形情况，预放收缩余量；对有起拱要求的构件，必须在组装前按规定的起拱量做好起拱。

（7）胎膜或组装大样定型后须经自检，合格后质检人员复检，经认可后方可组装。

（8）构件组装时的连接及紧固，宜使用活络夹具及活络紧固器具；对吊车梁等承受动载荷构件的受拉翼缘或设计文件规定者，不得在构件上焊接组装卡夹具或其他物件。

（9）拆取组装卡夹具时，不得损伤母材，可用气割方法割除，切割后并磨光残留焊疤。

三、施工质量验收

1. 焊接 H 型钢

（1）一般项目

1）焊接 H 型钢的翼缘板拼接缝和腹板拼接缝的间距不应小于 200mm。翼缘板拼接长度不应小于两倍板宽；腹板拼接宽度不应小于 300mm，长度不应小于 600mm。

检查数量：全数检查。

检验方法：观察和用钢尺检查。

2）焊接 H 型钢的允许偏差应符合《钢结构工程施工质量验收规范》（GB 50205—2001）附录 C 中表 C.0.1 的规定。

检查数量：按钢构件数抽查 10％，宜不应少于 3 件。

检验方法：用钢尺、角尺、塞尺等检查。

2. 组装

（1）主控项目

1）吊车梁和吊车桁架不应下挠。

检查数量：全数检查。

检验方法：构件直立，在两端支承后，用水准仪和钢尺检查。

（2）一般项目

1）焊接连接组装的允许偏差应符合《钢结构工程施工质量验收规范》（GB 50205—2001）附录 C 中表 C.0.2 的规定。

检查数量：按构件数抽查 10%，且不应少于 3 个。

检验方法：用钢尺检验。

2）顶紧接触面应有 75% 以上的面积紧贴。

检查数量：按接触面的数量抽查 10%，且不应少于 10 个。

检验方法：用 0.3mm 塞尺检查，其塞入面积应小于 25%，边缘间隙不应大于 0.8mm。

3）桁架结构杆件轴线交点错位的允许偏差不得大于 3.0mm，允许偏差不得大于 4.0mm。

检查数量：按构件数抽查 10%，且不应少于 3 个，每个抽查构件按节点数抽查 10%，且不应少于 3 个节点。

检验方法：尺量检查。

3. 端部铣平及安装焊缝坡口

（1）主控项目

1）端部铣平的允许偏差应符合表 6-16 的规定。

端部铣平的允许偏差 表 6-16

项　目	允许偏差（mm）	项　目	允许偏差（mm）
两端铣平时构件长度	±2.0	铣平面的平面度	0.3
两端铣平时零件长度	±0.5	铣平面对轴线的垂直度	$l/1500$

检查数量：按铣平面数量抽查 10%，且不应少于 3 个。

检验方法：用钢尺、角尺、塞尺等检查。

（2）一般项目

1）安装焊缝坡口的允许偏差应符合表 6-17 的规定。

安装焊缝坡口的允许偏差 表 6-17

项　目	允许偏差	项　目	允许偏差
坡口角度	±5°	钝边	±1.0mm

检查数量：按坡口数量抽查 10%，且不应少于 3 条。

检验方法：用焊缝量规检查。

2）外露铣平面应防锈保护。

检查数量：全数检查。

检验方法：观察检查。

4. 钢构件外形尺寸

（1）主控项目

1）钢构件外形尺寸主控项目的允许偏差应符合表 6-18 的规定。

项　目	允许偏差（mm）	项　目	允许偏差（mm）
单层柱、梁、桁架受力支托（支承面）表面至第一个安装孔距离	±1.0	构件连接处的截面几何尺寸	±3.0
多节柱铣平面至第一个安装孔距离	±1.0	柱、梁连接处的腹板中心线偏移	2.0
实腹梁两端最外侧安装孔距离	±3.0	受压构件（杆件）弯曲矢高	$l/1000$，且不应大于 10.0

检查数量：全数检查。

检验方法：用钢尺检查。

（2）一般项目

1）钢构件外形尺寸一般项目的允许偏差应符合《钢结构工程施工质量验收规范》（GB 50205—2001）附录 C 中表 C. 0.3～C. 0.9 的规定。

检查数量：按构件数量抽查 10％，且不应少于 3 件。

检验方法：见《钢结构工程施工质量验收规范》（GB 50205—2001）附录 C 中表 C. 0.3～C. 0.9。

第六节　钢构件预拼装工程

钢结构构件工厂内预拼装，目的是在出厂前将已制作完成的各构件进行相关组合，对设计、加工，以及适用标准的规模性验证。

一、施工质量控制

（1）预拼装组合部位的选择原则：尽可能选用主要受力框架、节点连接结构复杂、构件允差接近极限且有代表性的组合构件。

（2）预拼接应在坚实、稳固的平台式胎架上进行。所用的支撑凳或平台应测量找平，检查时应拆除全部临时固定和拉紧装置。

（3）预拼装中所有构件应按施工图控制尺寸，各杆件的重心线应汇交于节点中心，并完全处于自由状态，不允许有外力强制固定。单构件支撑点不论柱、梁、支撑，应不少于两个支撑点。

（4）预拼装构件控制基准中心线应明确标示，并与平台基线和地面基线相对一致。控制基准应按设计要求基准一致。

（5）所有需进行预拼装的构件，必须制作完毕经专检员验收并符合质量标准。相同的单构件宜可互换，而不影响整体集合尺寸。

（6）在胎架上预拼全过程中，不得对构件动用火焰或机械等方式进行修正、切割，或使用重物压载、冲撞、锤击。

（7）大型框架露天预拼装的检测应定时。所使用测量工具的精度，应与安装单位一致。

（8）高强度螺栓连接件预拼装时，可使用冲钉定位和临时螺栓紧固。试装螺栓在一组孔内不得少于螺栓孔的 30％，且不少于 2 只。冲钉数不得多于临时螺栓的 1/3。

二、施工质量验收

1. 主控项目

(1) 高强度螺栓和普通螺栓连接的多层板叠，应采用试孔器进行检查，并应符合下列规定：

1) 当采用比孔公称直径小 1.0mm 的试孔器检查时，每组孔的通过率不应小于 85％。

2) 当采用比螺栓公称直径大 0.3mm 的试孔器检查时，通过率应为 100％。

检查数量：按预拼装单元全数检查。

检验方法：采用试孔器检查。

(2) 一般项目

1) 预拼装的允许偏差应符合《钢结构工程施工质量验收规范》（GB 50205—2001）附录 D 的规定。

检查数量：按预拼装单元全数检查。

检验方法：见《钢结构工程施工质量验收规范》（GB 50205—2001）附录 D 的规定。

第七节　钢结构安装工程

钢结构安装是将各个单体（或组合体）构件组成成一个整体，其所提供的整体建筑物将直接投入生产使用，安装上出现的质量问题有可能成为永久性缺陷，同时钢结构安装工程具有作业面广、工序作业点多，材料、构件等供应渠道来自各方，手工操作比重大、交叉立体作业复杂，工程规模大小不一，以及结构形式变化不同等特点，因此，更显示质量控制的重要性。

一、一般规定

(1) 单层钢结构安装工程可按变形缝或空间刚度单元等划分成一个或若干个检验批。多层及高层钢结构安装工程可按楼层或施工段等划分为一个或若干个检验批。地下钢结构可按不同地下层划分检验批。

(2) 钢结构安装检验批应在进场验收和焊接连接、紧固件连接、制作等分项工程验收合格的基础上进行验收。

(3) 柱、梁、支撑等构件的长度尺寸应包括焊接收缩余量等变形值。

(4) 安装柱时，每节柱的定位轴线应从地面控制轴线直接引上，不得从下层柱的轴线引上。

(5) 结构的楼层标高可按相对标高或设计标高进行控制。

(6) 安装的测量校正、高强度螺栓安装、负温度下施工及焊接工艺等，应在安装前进行工艺试验或评定，并应在此基础上制定相应的施工工艺或方案。

(7) 安装偏差的检测，应在结构形成空间刚度单元并连接固定后进行。

(8) 安装时，必须控制屋面、楼面、平台等的施工荷载，施工荷载和冰雪荷载等严禁超过梁、桁架、楼面板、屋面板、平台铺板等的承载能力。

(9) 在形成空间刚度单元后，应及时对柱底板和基础顶面的空隙进行细石混凝土、灌浆料等二次浇筑。

（10）吊车梁或直接承受动力荷载的梁其受拉翼缘、吊车桁架或直接承受动力荷载的桁架其受拉弦杆上不得焊接悬挂物和卡具等。

二、施工质量控制

1. 施工准备

（1）建筑钢结构的安装，应符合施工图设计的要求，并应编制安装工程施工组织设计。

（2）安装用的专用机具和工具，应满足施工要求，并应定期进行检验，保证合格。

（3）安装的主要工艺，如测量校正、高强度螺栓安装、负温度下施工及焊接工艺等，应在安装前进行工艺试验或评定，并应在此基础上制定相应的施工工艺和施工方案。

（4）安装前，应对构件的变形尺寸、螺栓孔直径及位置、连接件位置及角度、焊缝、栓钉焊、高强度螺栓接头摩擦面加工质量、栓件表面的油漆等进行全面检查，在符合设计文件或有关标准的要求后，方能进行安装工作。

（5）安装使用的测量工具应按同一标准鉴定，并应具有相同的精度等级。

2. 基础和支承面

（1）建筑钢结构安装前，应对建筑物的定位轴线、平面封闭角、柱的位置线、钢筋混凝土基础的标高和混凝土强度等级等进行复查，合格后方能开始安装工作。

（2）框架柱定位轴线的控制，可采用在建筑物外部或内部设辅助线的方法。每节柱的定位轴线应从地面控制轴线引上来，不得从下层柱的轴线引出。

（3）柱的地脚螺栓位置应符合设计文件或有关标准的要求，并应有保护螺纹的措施。

（4）底层柱地脚螺栓的紧固轴力，应符合设计文件的规定。螺母止退可采用双螺母，或用电焊将其焊牢。

（5）结构的楼层标高可按相对标高或设计标高进行控制。

3. 构件安装顺序

（1）建筑钢结构的安装应符合下列要求：

1）划分安装流水区段；

2）确定构件安装顺序；

3）编制构件安装顺序表；

4）进行构件安装，或先将构件组拼成扩大安装单元，再行安装。

（2）安装流水区段可按建筑物的平面形状、结构形状、安装机械的数量、现场施工条件等因素划分。

（3）构件安装的顺序，平面上应从中间向四周扩展，竖向应由下向上逐渐安装。

（4）构件的安装顺序表，应包括各构件所用的节点板、安装螺栓的规格数量等。

4. 钢构件安装

（1）柱的安装应先调整标高，再调整位移，最后调整垂直偏差，并应重复上述步骤。直到柱的标高、位移、垂直偏差符合要求。调整柱垂直度的缆风绳或支撑夹板，应在柱起吊前在地面绑扎好。

（2）当由多个构件在地面组拼为扩大安装单元进行安装时，其吊点应经过计算确定。

（3）构件的零件及附件应随构件一起起吊。尺寸较大、重量较重的节点板，可以用铰链固定在构件上。

（4）柱、主梁、支撑等大构件安装时，应随即进行校正。

（5）当天安装的钢构件应形成空间稳定体系。形成空间刚度单元后，应及时对柱底板和基础顶面的空隙进行细石混凝土、灌浆料等两次浇灌。

（6）进行钢结构安装时，必须控制屋面、楼面、平台等的施工荷载、施工荷载和冰雪荷载等严禁超过梁、桁架、楼面板、屋面板、平台铺板等的承载能力。

（7）一节柱的各层梁安装完毕后，宜立即安装本节柱范围内的各层楼梯，并铺设各层楼面的压型钢板。

（8）安装外墙板时，应根据建筑物的平面形状对称安装。

（9）吊车梁或直接承受动力荷载的梁其受拉翼缘、吊车桁架或直接承受动力荷载的桁架，其受拉弦杆上不得焊接悬挂物和卡具。

（10）一个流水段一节柱的全部钢构件安装完毕并验收合格后，方可进行下一流水段的安装工作。

5. 安装测量校正

（1）柱在安装校正时，水平偏差应校正到允许偏差以内。在安装柱与柱之间的主梁时，再根据焊缝收缩量预留焊缝变形值。

（2）结构安装时，应注意日照、焊接等温度变化引起的热影响对构件的伸缩和弯曲引起的变化，应采取相应措施。

（3）用缆风绳或支撑校正柱时，应在缆风绳或支撑松开状态下使柱保持垂直，才算校正完毕。

（4）在安装柱与柱之间的主梁构件时，应对柱的垂直度进行监测。除监测一根梁两端柱子的垂直度变化外，还应监测相邻各柱因梁连接而产生的垂直度变化。

（5）安装压型钢板前，应在梁上标出压型钢板铺放的位置线。铺放压型钢板时，相邻两排压型钢板端头的波形槽口应对准。

（6）栓钉施工前应标出栓钉焊接的位置。若钢梁或压型钢板在栓钉位置有锈污或镀锌层，应采用角向砂轮打磨干净。栓钉焊接时应按位置线排列整齐。

三、施工质量验收

1. 单层钢结构

（1）基础和支承面

1）主控项目

①建筑物的定位轴线、基础轴线和标高、地脚螺栓的规格及其紧固应符合设计要求。

检查数量：按柱基数抽查10%，且不应少于3个。

检验方法：用经纬仪、水准仪、全站仪和钢尺现场实测。

②基础顶面直接作为柱的支承面和基础顶面预埋钢板或支座作为柱的支承面时，其支承面、地脚螺栓（锚栓）位置的允许偏差应符合表6-19的规定。

检查数量：按柱基数抽查10%，且不应少于3个。

检验方法：用经纬仪、水准仪、全站仪、水平尺和钢尺实测。

③采用座浆垫板时，座浆垫板的允许偏差应符合表6-20的规定。

支承面、地脚螺栓（锚栓）位置的允许偏差 表 6-19

项 目		允许偏差（mm）
支承面	标高	±3.0
	水平度	$l/1000$
地脚螺栓（锚栓）	螺栓中心偏移	5.0
预留孔中心偏移		10.0

座浆垫板的允许偏差 表 6-20

项 目	允许偏差（mm）	项 目	允许偏差（mm）
顶面标高	0.0	水平度	$l/1000$
	−3.0	位置	20.0

检查数量：资料全数检查。按柱基数抽查 10％，且不应少于 3 个。

检验方法：用水准仪、全站仪、水平尺和钢尺现场实测。

④采用杯口基础时，杯口尺寸的允许偏差应符合表 6-21 的规定。

杯口尺寸的允许偏差 表 6-21

项 目	允许偏差（mm）	项 目	允许偏差（mm）
底面标高	0.0	杯口深度 H	±5.0
	−5.0	杯口垂直度	$H/100$，且不应大于 10.0
		位置	10.0

检查数量：按基础数抽查 10％，且不应少于 4 处。

检验方法：观察及尺量检查。

2）一般项目

①地脚螺栓（锚栓）尺寸的偏差应符合表 6-22 的规定。地脚螺栓（锚栓）的螺纹应受到保护。

地脚螺栓（锚拴）尺寸的允许偏差 表 6-22

项 目	允许偏差（mm）	项 目	允许偏差（mm）
螺栓（锚栓）露出长度	+30.0	螺纹长度	+30.0
	0.0		0.0

检查数量：按柱基数抽查 10％，且不应少于 3 个。

检验方法：用钢尺现场实测。

（2）安装和校正

1）主控项目

①钢构件应符合设计要求和规范的规定。运输、堆放和吊装等造成的钢构件变形及涂层脱落，应进行矫正和修补。

检查数量：按构件数抽查 10％，且不应少于 3 个。

检验方法：用拉线、钢尺现场实测或观察。

②设计要求顶紧的节点，接触面不应少于 70％紧贴，且边缘最大间隙不应大于 0.8mm。

检查数量：按节点数抽查 10％，且不应少于 3 个。

检验方法：用钢尺及 0.3mm 和 0.8mm 厚的塞尺现场实测。

③钢屋（托）架、桁架、梁及受压杆件的垂直度和侧向弯曲矢高的允许偏差应符合表

6-23 的规定。

钢屋（托）架、桁架、梁及受压杆件垂直度
和侧向弯曲矢高的允许偏差

表 6-23

项　目	允许偏差（mm）		图　例
跨中的垂直度	$h/250$，且不应大于 15.0		1—1
侧向弯曲矢高 f	$l{\leqslant}30\mathrm{m}$	$l/1000$，且不应大于 10.0	
	$30\mathrm{m}{<}l{\leqslant}60\mathrm{m}$	$l/1000$，且不应大于 30.0	
	$l{>}60\mathrm{m}$	$l/1000$，且不应大于 50.0	

检查数量：按同类构件数抽查 10%，且不应少于 3 个。

检验方法：用吊线、拉线、经纬仪和钢尺现场实测。

④单层钢结构主体结构的整体垂直度和整体平面弯曲的允许偏差应符合表 6-24 的规定。

整体垂直度和整体平面弯曲的允许偏差

表 6-24

项　目	允许偏差（mm）	图　例
主体结构的整体垂直度	$H/1000$，且不应大于 25.0	

项　目	允许偏差（mm）	图　例
主体结构的整体平面弯曲	$l/1500$，且不应大于 25.0	

检查数量：对主要立面全部检查。对每个所检查的立面，除两列角柱外，尚应至少选取一列中间柱。

检验方法：采用经纬仪、全站仪等测量。

2）一般项目

①钢柱等主要构件的中心线及标高基准点等标记应齐全。

检查数量：按同类构件数抽查 10%，且不应少于 3 件。

检验方法：观察检查。

②当钢桁架（或梁）安装在混凝土柱上时，其支座中心对定位轴线的偏差不应大于 10mm；当采用大型混凝土屋面板时，钢桁架（或梁）间距的偏差不应大于 10mm。

检查数量：按同类构件数抽查 10%，且不应少于 3 榀。

检验方法：用拉线和钢尺现场实测。

③钢柱安装的允许偏差应符合《钢结构工程施工质量验收规范》GB 50205—2001 附录 E 中表 E.0.1 的规定。

检查数量：按钢柱数抽查 10%，且不应少于 3 件。

检验方法：见《钢结构工程施工质量验收规范》GB 50205—2001 附录 E 中表 E.0.1。

④钢吊车梁或直接承受动力荷载的类似构件，其安装的允许偏差应符合《钢结构工程施工质量验收规范》GB 50205—2001 附录 E 中表 E.0.2 的规定。

检查数量：按钢吊车梁数抽查 10%，且不应少于 3 榀。

检验方法：见《钢结构工程施工质量验收规范》GB 50205—2001 附录 E 中表 E.0.2。

⑤檩条、墙架等次要构件安装的允许偏差应符合《钢结构工程施工质量验收规范》GB 50205—2001 附录 E 中表 E.0.3 的规定。

检查数量：按同类构件数抽查 10%，且不应少于 3 件。

检验方法：见《钢结构工程施工质量验收规范》GB 50205—2001 附录 E 中表 E.0.3。

⑥钢平台、钢梯、栏杆安装应符合现行国家标准《固定式钢直梯》GB 4053.1、《固定式钢斜梯》GB 4053.2、《固定式防护栏杆》GB 4053.3 和《固定式钢平台》GB 4053.4 的规定。钢平台、钢梯和防护栏杆安装的允许偏差应符合《钢结构工程施工质量验收规范》GB 50205—2001 附录 E 中表 E.0.4 的规定。

检查数量：按钢平台总数抽查 10%，栏杆、钢梯按总长度各抽查 10%，但钢平台不应少于 1 个，栏杆不应少于 5m，钢梯不应少于 1 跑。

检验方法：见《钢结构工程施工质量验收规范》GB 50205—2001 附录 E 中表 E.0.4。

⑦现场焊缝组对间隙的允许偏差应符合表 6-25 的规定。

现场焊缝组对间隙的允许偏差   表 6-25

项　目	允许偏差（mm）	项　目	允许偏差（mm）
无垫板间隙	+3.0 0.0	有垫板间隙	+3.0 −2.0

检查数量：按同类节点数抽查 10％，且不应少于 3 个。

检验方法：尺量检查。

⑧钢结构表面应干净。结构主要表面不应有疤痕、泥砂等污垢。

检查数量：按同类构件数抽查 10％，且不应少于 3 件。

检验方法：观察检查。

2. 多层及高层钢结构安装工程

（1）基础和支承面

1）主控项目

①建筑物的定位轴线、基础上柱的定位轴线和标高、地脚螺栓（锚栓）的规格和位置、地脚螺栓（锚栓）紧固应符合设计要求。当设计无要求时，应符合表 6-26 的规定。

建筑物定位轴线、基础上柱的定位轴线和标高、
地脚螺栓（锚栓）的允许偏差   表 6-26

项　目	允许偏差（mm）	图　例
建筑物定位轴线	$l/20000$，且不应大于 3.0	
基础上柱的定位轴线	1.0	
基础上柱底标高	±2.0	
地脚螺栓（锚栓）位移	2.0	

196

检查数量：按柱基数抽查 10％，且不应少于 3 个。

检验方法：采用经纬仪、水准仪、全站仪和钢尺实测。

②多层建筑以基础顶面直接作为柱的支承面，或以基础顶面预埋钢板或支座作为柱的支承面时，其支承面、地脚螺栓（锚栓）位置的允许偏差应符合表 6-19 的规定。

检查数量：按柱基数抽查 10％，且不应少于 3 个。

检验方法：用经纬仪、水准仪、全站仪、水平尺和钢尺实测。

③多层建筑采用座浆垫板时，座浆垫板的允许偏差应符合表 6-20 的规定。

检查数量：资料全数检查。按柱基数抽查 10％，且不应少于 3 个。

检验方法：用水准仪、全站仪、水平尺和钢尺实测。

④当采用杯口基础时，杯口尺寸的允许偏差应符合表 6-21 的规定。

检查数量：按基础数抽查 10％，且不应少于 4 处。

检验方法：观察及尺量检查。

2）一般项目

①地脚螺栓（锚栓）尺寸的允许偏差应符合本规范表 6-22 的规定。地脚螺栓（锚栓）的螺纹应受到保护。

检查数量：按柱基数抽查 10％，且不应少于 3 个。

检验方法：用钢尺现场实测。

（2）安装和校正

1）主控项目

①钢构件应符合设计要求和《钢结构工程施工质量验收规范》（GB 50205—2001）的规定。运输、堆放和吊装等造成的钢构件变形及涂层脱落，应进行矫正和修补。

检查数量：按构件数抽查 10％，且不应少于 3 个。

检验方法：用拉线、钢尺现场实测或观察。

②柱子安装的允许偏差应符合表 6-27 的规定。

柱子安装的允许偏差　　　　　　　　　　　　　　表 6-27

项　　目	允许偏差（mm）	图　　例
底层柱柱底轴线对定位轴线偏移	3.0	
柱子定位轴线	1.0	

项　目	允许偏差（mm）	图　例
单节柱定位轴线	$h/1000$，且不应大于 10.0	

检查数量：标准柱全部检查；非标准柱抽查 10%，且不应少于 3 根。

检验方法：用全站仪或激光经纬仪和钢尺实测。

③设计要求顶紧的节点，接触面不应少于 70% 紧贴，且边缘最大间隙不应大于 0.8mm。

检查数量：按节点数抽查 10%，且不应少于 3 个。

检验方法：用钢尺及 0.3mm 和 0.8mm 厚的塞尺现场实测。

④钢主梁、次梁及受压杆件的垂直度和侧向弯曲矢高的允许偏差应符合本规范表 6-23 有关钢屋（托）架允许偏差的规定。

检查数量：按同类构件数抽查 10%，且不应少于 3 个。

检验方法：用吊线、拉线、经纬仪和钢尺现场实测。

⑤多层及高层钢结构主体结构的整体垂直度和整体平面弯曲的允许偏差应符合表 6-28 的规定。

整体垂直度和整体平面弯曲的允许偏差　　　　　　　　　表 6-28

项　目	允许偏差（mm）	图　例
主体结构的整体垂直度	$(H/2500+10.0)$，且不大于 50.0	
主体结构的整体平面弯曲	$H/1500$，且不大于 25.0	

检查数量：对主要立面全部检查。对每个所检查的立面，除两列角柱外，尚应至少选

取一列中间柱。

检验方法：对于整体垂直度，可采用激光经纬仪、全站仪测量，也可根据各节柱的垂直度允许偏差累计（代数和）计算。对于整体平面弯曲，可按产生的允许偏差累计（代数和）计算。

2）一般项目

①钢结构表面应干净，结构主要表面不应有疤痕、泥砂等污垢。

检查数量：按同类构件数抽查10%，且不应少于3件。

检验方法：观察检查。

②钢柱等主要构件的中心线及标高基准点等标记应齐全。

检查数量：按同类构件数抽查10%，且不应少于3件。

检验方法：观察检查。

③钢构件安装的允许偏差应符合《钢结构工程施工质量验收规范》（GB 50205—2001）附录E中表E.0.5的规定。

检查数量：按同类构件或节点数抽查10%。其中柱和梁各不应少于3件，主梁与次梁连接节点不应少于3个，支承压型金属板的钢梁长度不应少于5m。

检验方法：见《钢结构工程施工质量验收规范》（GB 50205—2001）附录E中表E.0.5。

④主体结构总高度的允许偏差应符合本规范附录E中表E.0.6的规定。

检查数量：按标准柱列数抽查10%，且不应少于4列。

检验方法：采用全站仪、水准仪和钢尺实测。

⑤当钢构件安装在混凝土柱上时，其支座中心对定位轴线的偏差不应大于10mm；当采用大型混凝土屋面板时，钢梁（或桁架）间距的偏差不应大于10mm。

检查数量：按同类构件数抽查10%，且不应少于3根。

检验方法：用拉线和钢尺现场实测。

⑥多层及高层钢结构中钢吊车梁或直接承受动力荷载的类似构件，其安装的允许偏差应符合《钢结构工程施工质量验收规范》（GB 50205—2001）附录E中表E.0.2的规定。

检查数量：按钢吊车梁数抽查10%，且不应少于3根。

检验方法：见《钢结构工程施工质量验收规范》（GB 50205—2001）附录E中表E.0.2。

⑦多层及高层钢结构中檩条、墙架等次要构件安装的允许偏差应符合《钢结构工程施工质量验收规范》（GB 50205—2001）附录E中表E.0.3的规定。

检查数量：按同类构件数抽查10%，且不应少于3件。

检验方法：见《钢结构工程施工质量验收规范》（GB 50205—2001）附录E中表E.0.3。

⑧多层及高层钢结构中钢平台、钢梯、栏杆安装应符合现行国家标准《固定式钢直梯》GB 4053.1《固定式钢斜梯》GB 4053.2、《固定式防护栏杆》GB 4053.3和《固定式钢平台》GB 4053.4的规定。钢平台、钢梯和防护栏杆安装的允许偏差应符合《钢结构工程施工质量验收规范》GB 50205—2001附录E中表E.0.4的规定。

检查数量：按钢平台总数抽查10%，栏杆、钢梯按总长度各抽查10%，但钢平台不应少于 1 个，栏杆不应少于 5m，钢梯不应少于 1 跑。

检验方法：见《钢结构工程施工质量验收规范》（GB 50205—2001）附录 E 中表 E.0.4。

⑨多层及高层钢结构中现场焊缝组对间隙的允许偏差应符合表 6-25 的规定。

检查数量：按同类节点数抽查 10%，且不应少于 3 个。

检验方法：尺量检查。

第八节　钢网架结构安装工程

一、一般规定

（1）钢网架使用的钢材、连接材料、高强度螺栓、焊条等材料应符合设计要求，并应有出厂合格证明。

（2）螺栓球、空心焊接球、加肋焊接球、锥头、套筒、封板、网架杆件、焊接钢板节点等半成品，应符合设计要求及相应的国家标准规定。

1）制造钢结构网架用的螺栓球的钢材，必须符合设计规定及相应材料的技术条件和标准。

2）拼装用高强度螺栓的钢材必须符合设计规定及相应的技术标准。钢网架结构用高强度螺栓必须采用国家标准《钢结构用高强度大六角头螺栓》规定的性能等级 8.8s 或 10.9s，并应按相应等级要求来检查。检查高强度螺栓出厂合格证、试验报告、复验报告。

3）钢网架拼装用杆件的钢材品种、规格、质量，必须符合设计规定及相应的技术标准。钢管杆件与封板、锥头的连接，必须符合设计要求，焊缝质量标准必须符合现行国家标准《钢结构工程施工质量验收规范》（GB 50205—2001）的规定。

4）钢网架结构安装工程可按变形缝、施工段或空间刚度单元划分成一个或若干检验批。

5）钢网架结构安装检验批应在进场验收和焊接连接、紧固件连接、制作等分项工程验收合格的基础上进行验收。

（3）安装偏差的检测，应在结构形成空间刚度单元并连接固定后进行。

（4）安装时，必须控制屋面、楼面、平台等的施工荷载，施工荷载和冰雪荷载等严禁超过梁、桁架、楼面板、屋面板、平台铺板等的承载能力。

二、施工质量控制

（1）网架安装前，应对照构件明细表核对进场的各种节点、杆件及连接件规格、品种和数量；查验各节点、杆件、连接件和焊接材料的原材料质量保证书和试验报告；复验工厂预装的小拼单元的质量验收合格证明书。

（2）网架安装前，根据定位轴线和标高基准点复核和验收土建施工单位设置的网架支座预埋件或预埋螺栓的平面位置和标高。

（3）网架安装必须按照设计文件和施工图要求，制定施工组织设计和施工方案，并认真加以实施。

（4）网架安装的施工图应严格按照原设计单位提供的设计文件或设计图进行绘制，若要修改，必须取得原设计单位同意，并签署设计变更文件。

（5）网架安装所使用的测量器具，必须按国家有关的计量法规的规定定期送检。测量器具（钢卷尺）使用时按精度进行尺长改正、温度改正，使之满足网架安装工程质量验收的测量精度。

（6）网架安装方法应根据网架受力的构造特点、施工技术条件，在满足质量的前提下综合确定。常用的安装方法有：高空散装法；分条或分块安装法；高空滑移法；整体吊装法；整体提升法；整体顶升法。

（7）采用吊装、提升或顶升的安装方法时，其吊点或支点的位置和数量的选择，应考虑下列因素：

1）宜与网架结构使用时的受力状况相接近。

2）吊点或支点的最大反力不应大于起重设备的负荷能力。

3）各起重设备的负荷宜接近。

（8）安装方法确定后，施工单位应会同设计单位按安装方法分别对网架的吊点（支点）反力、挠度、杆件内力、风荷载作用下提升或顶升时支承柱的稳定性和风荷载作用的网架水平推力等项进行验算，必要时应采取加固措施。

（9）网架正式施工前均应进行试拼及试安装，在确保质量安全和符合设计要求的前提下方可进行正式施工。

（10）当网架采用螺栓球节点连接时，须注意下列几点：

1）拼装过程中，必须使网架杆件始终处于非受力状态，严禁强迫就位或不按设计规定的受力状态加载。

2）拼装过程中，不宜将螺栓一次拧紧，而是须待沿建筑物纵向（横向）安装好一排或两排网架单元后，经测量复验并校正无误后方可将螺栓球节点全部拧紧到位。

3）在网架安装过程中，要确保螺栓球节点拧到位，若出现销钉高出六角套筒面外时，应及时查明原因，调整或调换零件使之达到设计要求。

（11）屋面板安装必须待网架结构安装完毕后再进行，铺设屋面板时应按对称要求进行，否则，须经验算后方可实施。

（12）网架单元宜减少中间运输。如需要运输时，应采取措施防止网架变形。

（13）当组合网架结构分割成条（块）状单元时，必须单独进行承载力和刚度的验算，单元体的挠度不应大于形成整体结构后该处挠度值。

（14）曲面网架施工前应在专用胎架上进行预拼装，以确保网架各节点空间位置偏差在允许范围内。

（15）柱面网架安装顺序：先安装两个下弦球及系杆，拼装成一个简单的曲面结构体系，并及时调整球节点的空间位置，再进行上弦球和腹杆的安装，宜从两边支座向中间进行。

（16）柱面网架安装时，应严格控制网架下弦的挠度，平面位移和各节点缝隙。

（17）大跨度球面网架，其球节点空间定位应采用极坐标法。

（18）球面网架安装，其顺序宜先安装一个基准圈，校正固定后再安装与其相邻的圈。原则上从外圈到内圈逐步向内安装，以减少封闭尺寸误差。

（19）球面网架焊接时，应控制变形和焊接应力，严禁在同一杆件两端同时施焊。

三、施工质量验收

1. 支承面顶板和支承垫块

（1）主控项目

1）钢网架结构支座定位轴线的位置、支座锚栓的规格应符合设计要求。

检查数量：按支座数抽查 10%，且不应少于 4 处。

检验方法：用经纬仪和钢尺实测。

2）支承面顶板的位置、标高、水平度以及支座锚栓位置的允许偏差应符合表 6-29 的规定。

支承面顶板、支座锚栓位置的允许偏差   表 6-29

项 目		允许偏差（mm）
支承面顶板	位置	15.0
	顶面标高	0 −3.0
	顶面水平度	1/1000
支座锚栓	中心偏移	±5.0

检查数量：按支座数抽查 10%，且不应少于 4 处。

检验方法：用经纬仪、水准仪、水平尺和钢尺实测。

3）支承垫块的种类、规格、摆放位置和朝向，必须符合设计要求和国家现行有关标准的规定。橡胶垫块与刚性垫块之间或不同类型刚性垫块之间不得互换使用。

检查数量：按支座数抽查 10%，且不应少于 4 处。

检验方法：观察和用钢尺实测。

4）网架支座锚栓的紧固应符合设计要求。

检查数量：按支座数抽查 10%，且不应少于 4 处。

检验方法：观察检查。

（2）一般项目

1）支座锚栓尺寸的允许偏差应符合表 6-22 的规定。支座锚栓的螺纹应受到保护。

检查数量：按支座数抽查 10%，且不应少于 4 处。

检验方法：用钢尺实测。

2. 总拼与安装

（1）主控项目

1）小拼单元的允许偏差应符合表 6-30 的规定。

检查数量：按单元数抽查 5%，且不应少于 5 个。

检验方法：用钢尺和拉线等辅助量具实测。

2）中拼单元的允许偏差应符合表 6-31 的规定。

小拼单元的允许偏差 表 6-30

项　目			允许偏差（mm）
节点中心偏移			2.0
焊接球节点与钢管中心的偏移			1.0
杆件轴线的弯曲矢高			$L_1/1000$，且不应大于 5.0
锥体型小拼单元	弦杆长度		±2.0
	锥体高度		±2.0
	上弦杆对角线长度		±3.0
平面桁架型小拼单元	跨长	≤24m	+3.0 / −7.0
		>24m	+5.0 / −10.0
	跨中高度		±3.0
	跨中拱度	设计要求起拱	±L/5000
		设计未要求起拱	+10.0

注：L_1 为杆件长度；L 为跨长。

中拼单元的允许偏差 表 6-31

项　目		允许偏差（mm）
单元长度≤20m，拼接长度	单跨	±10.0
	多跨连续	±5.0
单元长度＞20m，拼接长度	单跨	±20.0
	多跨连续	±10.0

检查数量：全数检查。

检验方法：用钢尺和辅助量具实测。

3）对建筑结构安全等级为一级，跨度 40m 及以上的公共建筑钢网架结构，且设计有要求时，应按下列项目进行节点承载力试验，其结果应符合以下规定：

①焊接球节点应按设计指定规格的球及其匹配的钢管焊接成试件，进行轴心拉、压承载力试验，其试验破坏荷载值大于或等于 1.6 倍设计承载力为合格。

②螺栓球节点应按设计指定规格的球最大螺栓孔螺纹进行抗拉强度保证荷载试验，当达到螺栓的设计承载力时，螺孔、螺纹及封板仍完好无损为合格。

检查数量：每项试验做 3 个试件。

检验方法：在万能试验机上进行检验，检查试验报告。

4）钢网架结构总拼完成后及屋面工程完成后应分别测量其挠度值，且所测的挠度值不应超过相应设计值的 1.15 倍。

检查数量：跨度 24m 及以下钢网架结构测量下弦中央一点；跨度 24m 以上钢网架结构测量下弦中央一点及各向下弦跨度的四等分点。

检验方法：用钢尺和水准仪实测。

（2）一般项目

203

1) 钢网架结构安装完成后，其节点及杆件表面应干净，不应有明显的疤痕、泥砂和污垢。螺栓球节点应将所有接缝用油腻子填嵌严密，并应将多余螺孔封口。

检查数量：按节点及杆件数抽查 5%，且不应少于 10 个节点。

检验方法：观察检查。

2) 钢网架结构安装完成后，其安装的允许偏差应符合表 6-32 的规定。

钢网架结构安装的允许偏差 表 6-32

项　目	允许偏差（mm）	检验方法
纵向、横向长度	$L/2000$，且不应大于 30.0 $-L/2000$，且不应小于 -30.0	用钢尺实测
支座中心偏移	$L/3000$ 且不应大于 30.0	用钢尺和经纬仪实测
周边支承网架相邻支座高差	$L/400$，且不应大于 15.0	用钢尺和水准仪实测
支座最大高差	30.0	
多点支承网架相邻支座高差	$L_1/800$，且不应大于 30.0	

注：L 为纵向、横向长度，L_1 为相邻支座间距。

检查数量：除杆件弯曲矢高按杆件数抽查 5% 外，其余全数检查。

检验方法：见表 6-32。

第九节　压型金属板工程

一、材料质量要求

压型钢板的钢材应满足基材与涂层（镀层）两部分的要求，基板一般采用现行国家标准《普通碳素钢》（GB/T 700—2006）中规定的 Q215 和 Q235 牌号。镀锌钢板和彩色涂层钢板还应分别符合现行国家标准《连续热镀锌薄钢板和钢带》（GB/T 2518—2008）和《彩色涂层钢板和钢带》（GB/T 12754—2006）中的各项规定。

二、施工质量控制

1. 压型金属板材质和成材质量

（1）板材必须有出厂合格证及质量证明书，对钢材有疑义时，应进行必要的检查，当有可靠依据时，也可使用具有材质相似的其他钢材。

（2）组合压型金属板应采用镀锌卷板，镀锌层质量两面总计 275g/m²，基板厚度 0.5～2.0mm。

（3）抗剪措施：无痕开口式压型金属板上翼焊剪力钢筋；无痕闭合式压型金属板；带压痕，加劲肋，冲孔的压型金属板。

（4）规格和参数必须达到要求，出厂前应进行抽检。

2. 组合用压型金属板厚度

（1）压型金属板已用于工程上的，如果是单纯用作模板，厚度不够可采取支顶措施解决；如果用于模板并受拉力，则应通过设计进行核算。如超过设计应力，必须采取加固措施。

（2）用于组合板的压型金属板净厚度（不包括镀锌层或饰面层厚度）不应小于0.75mm，仅作模板用的压型金属板厚度不小于0.5mm。

3. 栓钉直径及间距

（1）必须具有栓钉施工专业培训的人员按有关单位会审的施工图纸进行施工。

（2）监理人员应审查栓钉材质及尺寸，必要时开始打栓钉应进行跟踪质量检查，检查工艺是否正确。

（3）对已焊好的栓钉，如有直径不一、间距位置不准，应打掉重新按设计焊好，具体做法如下：

1）当栓钉焊于钢梁受拉翼缘时，其直径不得大于翼缘厚度的1.5倍；当栓钉焊于无拉应力部位时，其直径不得大于翼缘板厚度的2.5倍。

2）栓钉沿梁轴线方向布置，其间距不得小于5d（d为栓钉的直径）；栓钉垂直于轴线布置，其间距不得小于4d，边距不得小于35mm。

3）当栓钉穿透钢板焊于钢梁时，其直径不得小于19mm，焊后栓钉高度应大于压型钢板波高加30mm。

4）栓钉顶面的混凝土保护层厚度不应小于15mm。

5）对穿透压型钢板跨度小于3m的板，栓钉直径宜为13mm或16mm；跨度为3～6m时，栓钉直径宜为16mm或19mm；跨度大于6m的板，栓钉直径宜为19mm。

4. 栓钉焊接

（1）栓焊工必须经过平焊、立焊、仰焊位置专业培训取得合格证者，做相应技术施焊。

（2）栓钉应采用自动定时的栓焊设备进行施焊，栓焊机必须连接在单独的电源上，电源变压器的容量应在100～250kV·A，容量应随焊钉直径的增大而增大，各项工作指数、灵敏度及精度要可靠。

（3）栓钉材质应合格，无锈蚀、氧化皮、油污、受潮，端部无涂漆、镀锌或镀铬等。焊钉焊接药座施焊前必须严格检查，不得使用焊接药座破裂或缺损的栓钉。被焊母材必须清理表面氧化皮、铁锈、受潮、油污等，被焊母材低于-18℃或遇雨雪天气不得施焊，必须焊接时要采取有效的技术措施。

（4）对穿透压型钢板焊于母材上时，焊钉施焊前应认真检查压型钢板是否与母材点固焊牢，其间隙控制在1mm以内。被焊压型钢板在栓钉位置有锈或镀锌层，应采用角向砂轮打磨干净。

瓷环几何尺寸要符合设计要求，破裂和缺损瓷环不能用，如瓷环已受潮，要经过250℃烘焙1h后再用。

（5）焊接时应保持焊枪与工件垂直，直至焊接金属凝固。

（6）栓钉焊后弯曲处理：

1）栓钉焊于工件上，经外观检查合格后，应在主要构件上逐批抽1%打弯15°检验，若焊钉根部无裂纹则认为通过弯曲检验，否则抽2%检验，若其中1%不合格，则对此批焊钉逐个检验，打弯栓钉可不调直；

2）对不合格焊钉打掉重焊，被打掉栓钉底部不平处要磨平，母材损伤凹坑补焊好；

3）如焊脚不足 360°，可用合适的焊条用手工焊修，并做 30°弯曲试验。

三、施工质量验收

1. 压型金属板制作

（1）主控项目

1）压型金属板成型后，其基板不应有裂纹。

检查数量：按计件数抽查 5%，且不应少于 10 件。

检验方法：观察和用 10 倍放大镜检查。

2）有涂层、镀层压型金属板成型后，涂、镀层不应有肉眼可见的裂纹、剥落和擦痕等缺陷。

检查数量：按计件数抽查 5%，且不应少于 10 件。

检验方法：观察检查。

（2）一般项目

1）压型金属板的尺寸允许偏差应符合表 6-33 的规定。

压型金属板的尺寸允许偏差（mm） 表 6-33

项　目			允许偏差
波距			±2.0
波高	压型钢板	截面高度≤70	±1.5
		截面高度>70	±2.0
侧向弯曲	在测量长度 l_1 的范围内		20.0

注：l_1 为测量长度，指板长扣除两端各 0.5m 后的实际长度（小于 10m）或扣除后任选 10m 的长度。

检查数量：按计件数抽查 5%，且不应少于 10 件。

检验方法：用拉线和钢尺检查。

2）压型金属板成型后，表面应干净，不应有明显凹凸和皱褶。

检查数量：按计件数抽查 5%，且不应少于 10 件。

检验方法：观察检查。

3）压型金属板施工现场制作的允许偏差应符合表 6-34 的规定。

压型金属板施工现场制作的允许偏差（mm） 表 6-34

项　目		允许偏差
压型金属板的覆盖宽度	截面高度≤70	+10.0，−2.0
	截面高度>70	+6.0，−2.0
板长		±9.0
横向剪切偏差		6.0
泛水板、包角板尺寸	板长	±6.0
	折弯面宽度	±3.0
	折弯面夹角	2°

检查数量：按计件数抽查 5%，且不应少于 10 件。

检验方法：用钢尺、角尺检查。

2. 压型金属板安装

（1）主控项目

1）压型金属板、泛水板和包角板等应固定可靠、牢固，防腐涂料涂刷和密封材料敷设应完好，连接件数量、间距应符合设计要求和国家现行有关标准规定。

检查数量：全数检查。

检验方法：观察检查及尺量。

2）压型金属板应在支承构件上可靠搭接，搭接长度应符合设计要求，且不应小于表6-35 所规定的数值。

压型金属板在支承构件上的搭接长度（mm）   表 6-35

项　　　目		搭接长度
截面高度＞70		375
截面高度≤70	屋面坡度＜1/10	250
	屋面坡度≥1/10	200
墙面		120

检查数量：按搭接部位总长度抽查 10％，且不应少于 10m。

检验方法：观察和用钢尺检查。

3）组合楼板中压型钢板与主体结构（梁）的锚固支承长度应符合设计要求，且不应小于 50mm，端部锚固件连接应可靠，设置位置应符合设计要求。

检查数量：沿连接纵向长度抽查 10％，且不应少于 10m。

检验方法：观察和用钢尺检查。

（2）一般项目

1）压型金属板安装应平整、顺直，板面不应有施工残留物和污物。檐口和墙面下端应呈直线，不应有未经处理的错钻孔洞。

检查数量：按面积抽查 10％，且不应少于 10m²。

检验方法：观察检查。

2）压型金属板安装的允许偏差应符合表 6-36 的规定。

压型金属板安装的允许偏差   表 6-36

项　　　目		允许偏差（mm）
屋面	檐口与屋脊的平行度	12.0
	压型金属板波纹线对屋脊的垂直度	$L/800$，且不应大于 25.0
	檐口相邻两块压型金属板端部错位	6.0
	压型金属板卷边板件最大波浪高	4.0
墙面	墙板波纹线的垂直度	$H/800$，且不应大于 25.0
	墙板包角板的垂直度	$H/800$，且不应大于 25.0
	相邻两块压型金属板的下端错位	6.0

注：L 为屋面半坡或单坡长度；H 为墙面高度。

检查数量：檐口与屋脊的平行度：按长度抽查 10%，且不应少于 10m。其他项目：每 20m 长度应抽查 1 处，不应少于 2 处。

检验方法：用拉线、吊线和钢尺检查。

第十节　钢结构涂装工程

一、一般规定

涂装前，钢构件表面的除锈质量是确保漆膜防腐蚀效果和保护寿命的关键因素。因此钢构件表面处理的质量控制是防腐涂层的重要环节。涂装前的钢材表面处理，也称可除锈。

（1）钢结构涂装工程可按钢结构制作或钢结构安装工程检验批的划分原则划分成一个或若干个检验批。

（2）钢结构普通涂料涂装工程应在钢结构构件组装、预拼装或钢结构安装工程检验批的施工质量验收合格后进行。钢结构防火涂料涂装工程应在钢结构安装工程检验批和钢结构普通涂料涂装检验批的施工质量验收合格后进行。

二、施工质量控制

1. 涂装施工准备工作

（1）涂装之前应除去钢材表面的污垢、油脂、铁锈、氧化皮、焊渣或已失效的旧漆膜，还包括除锈后钢材表面所形成的合适的"粗糙度"。钢结构表面处理的除锈方法主要有喷射或抛射除锈、动力工具除锈、手工工具除锈、酸洗（化学）除锈和火焰除锈。

（2）在使用前，必须将桶内油漆和沉淀物全部搅拌均匀后才可使用。

（3）双组分的涂料，在使用前必须严格按照说明书所规定的比例混合。一旦按配合比混合后，就必须在规定的时间内用完。

（4）施工时应对选用的稀释剂牌号及使用稀释剂的最大用量进行控制，否则会造成涂料报废或性能下降，影响质量。

2. 施工环境条件

（1）涂装工作尽可能在车间内进行，并应保持环境清洁和干燥，以防止已处理的涂料表面和已涂装好的任何表面被灰尘、水滴、油脂、焊接飞溅或其他脏物粘附在其上面而影响质量。

（2）涂装时的环境温度和相对湿度应符合涂料产品说明书的要求，当产品说明书无要求时，环境温度宜在 5～38℃ 之间，相对湿度不应大于 85%。涂装时构件表面不应有结露；涂装后 4h 内应保护免受雨淋。当使用无气喷涂时，风力超过 5 级时，不宜喷涂。

3. 涂装施工

（1）涂装方法一般有浸涂、手刷、滚刷和喷漆等。在涂刷过程中的顺序应自上而下，从左到右，先里后外，先难后易，纵横交错地进行涂刷。

（2）对于边、角、焊缝、切痕等部位，在喷涂之前应先涂刷一道，然后再进行大面积涂装，以保证凸出部位的漆膜厚度。

（3）喷（抛）射磨料进行表面处理后，一般应在4～6h内涂第一道底漆。涂装前钢材表面不允许再有锈蚀，否则应重新除锈后方可涂装。

（4）构件需焊接部位应留出规定宽度暂不涂装。

（5）涂装前构件表面处理情况和涂装工作每一道工序完成后，都需检查，并做好记录。内容包括：涂件周围工作环境、相对湿度、表面清洁度、各层涂刷（喷）遍数、涂料种类、配料、湿（干）膜厚度等。

（6）损伤涂膜应根据损伤的情况，砂、磨、铲后重新按层涂刷，仍按原工艺要求修补。

（7）包浇、埋入混凝土部位均可不做涂刷油漆。

三、施工质量验收

1. 钢结构防腐涂料涂装

（1）主控项目

1）涂装前钢材表面除锈应符合设计要求和国家现行有关标准的规定。处理后的钢材表面不应有焊渣。焊疤、灰尘、油污、水和毛刺等。当设计无要求时，钢材表面除锈等级应符合表6-37的规定。

各种底漆或防锈漆要求最低的除锈等级 表6-37

涂料品种	除锈等级
油性酚醛、醇酸等底漆或防锈漆	St2
高氯化聚乙烯、氯化橡胶、氯磺化聚乙烯、环氧树脂、聚氨酯等底漆或防锈漆	Sa2
无机富锌、有机硅、过氯乙烯等底漆	$Sa2\frac{1}{2}$

检查数量：按构件数抽查10%，且同类构件不应少于3件。

检验方法：用铲刀检查和用现行国家标准《涂装前钢材表面锈蚀等级和除锈等级》（GB 8923—1988）规定的图片对照观察检查。

2）涂料、涂装遍数、涂层厚度均应符合设计要求。当设计对涂层厚度无要求时，涂层干漆膜总厚度：室外应为150μm，室内应为125μm，其允许偏差为-25μm。每遍涂层干漆膜厚度的允许偏差为-5μm。

检查数量：按构件数抽查10%，且同类构件不应少于3件。

检验方法：用于漆膜测厚仪检查。每个构件检测5处，每处的数值为3个相距50mm测点涂层干漆膜厚度的平均值。

（2）一般项目

1）构件表面不应误涂、漏涂，涂层不应脱皮和返锈等。涂层应均匀、无明显皱皮、流坠、针眼和气泡等。

检查数量：全数检查。

检验方法：观察检查。

2）当钢结构处在有腐蚀介质环境或外露且设计有要求时，应进行涂层附着力测试，在检测处范围内，当涂层完整程度达到70%以上时，涂层附着力达到合格质量标准的要求。

检查数量：按构件数抽查 1％，且不应少于 3 件，每件测 3 处。

检验方法：按照现行国家标准《漆膜附着力测定法》（GB 1720—89）或《色漆和清漆、漆膜的划格试验》（GB 9286—98）的规定执行。

3）涂装完成后，构件的标志、标记和编号应清晰完整。

检查数量：全数检查。

检验方法：观察检查。

2. 钢结构防火涂料涂装

（1）主控项目

1）防火涂料涂装前钢材表面除锈及防锈底漆涂装应符合设计要求和国家现行有关标准的规定。

检查数量：按构件数抽查 10％，且同类构件不应少于 3 件。

检验方法：表面除锈用铲刀检查和用现行国家标准《涂装前钢材表面锈蚀等级和除锈等级》（GB 8923—1988）规定的图片对照观察检查。底漆涂装用于漆膜测厚仪检查，每个构件检测 5 处，每处的数值为 3 个相距 50mm 测点涂层干漆膜厚度的平均值。

2）钢结构防火涂料的粘结强度、抗压强度应符合《钢结构防火涂料应用技术规程》CECS 24：90 的规定。检验方法应符合现行国家标准《建筑构件防火喷涂材料性能试验方法》（GB 9978—1988）的规定。

检查数量：每使用 100t 或不足 100t 薄涂型防火涂料应抽检一次粘结强度；每使用 500t 或不足 500t 厚涂型防火涂料应抽检一次粘结强度和抗压强度。

检验方法：检查复检报告。

3）薄涂型防火涂料的涂层厚度应符合有关耐火极限的设计要求。厚涂型防火涂料涂层的厚度，80％及以上面积应符合有关耐火极限的设计要求，且最薄处厚度不应低于设计要求的 85％。

检查数量：按同类构件数抽查 10％，且均不应少于 3 件。

检验方法：用涂层厚度测量仪、测针和钢尺检查。测量方法应符合《钢结构防火涂料应用技术规程》CECS 24：90 的规定及《钢结构工程施工质量验收规范》（GB 50205—2001）附录 F。

4）薄涂型防火涂料涂层表面裂纹宽度不应大于 0.5mm；厚涂型防火涂料涂层表面裂纹宽度不应大于 1mm。

检查数量：按同类构件数抽查 10％，且均不应少于 3 件。

检验方法：观察和用尺量检查。

（2）一般项目

1）防火涂料涂装基层不应有油污、灰尘和泥砂等污垢。

检查数量：全数检查。

检验方法：观察检查。

2）防火涂料不应有误涂、漏涂，涂层应闭合无脱层、空鼓、明显凹陷、粉化松散和浮浆等外观缺陷，乳突已剔除。

检查数量：全数检查。

检验方法：观察检查。

第十一节 分部工程竣工验收

1. 根据现行国家标准《建筑工程施工质量验收统一标准》（GB 50300—2001）的规定，钢结构作为主体结构之一应按子分部工程竣工验收；当主体结构均为钢结构时应按分部工程竣工验收。大型钢结构工程可划分成若干个子分部工程进行竣工验收。

2. 钢结构分部工程有关安全及功能的检验和见证检测项目见《钢结构工程施工质量验收规范》（GB 50205—2001）附录 G，检验应在其分项工程验收合格后进行。

3. 钢结构分部工程有关观感质量检验应按《钢结构工程施工质量验收规范》（GB 50205—2001）附录 H 执行。

4. 钢结构分部工程合格质量标准应符合下列规定：

（1）各分项工程质量均应符合合格质量标准。

（2）质量控制资料和文件应完整。

（3）有关安全及功能的检验和见证检测结果应符合《钢结构工程施工质量验收规范》（GB 50205—2001）相应合格质量标准的要求。

（4）有关观感质量应符合规范相应合格质量标准的要求。

5. 钢结构分部工程竣工验收时，应提供下列文件和记录：

（1）钢结构工程竣工图纸及相关设计文件。

（2）施工现场质量管理检查记录。

（3）有关安全及功能的检验和见证检测项目检查记录。

（4）有关观感质量检验项目检查记录。

（5）分部工程所含各分项工程质量验收记录。

（6）分项工程所含各检验批质量验收记录。

（7）强制性条文检验项目检查记录及证明文件。

（8）隐蔽工程检验项目检查验收记录。

（9）原材料、成品质量合格证明文件、中文标志及性能检测报告。

（10）不合格项的处理记录及验收记录。

（11）重大质量、技术问题实施方案及验收记录。

（12）其他有关文件和记录。

6. 钢结构工程质量验收记录应符合下列规定：

（1）施工现场质量管理检查记录可按现行国家标准《建筑工程施工质量验收统一标准》（GB 50300—2001）中附录 A 进行；

（2）分项工程检验批验收记录可按《钢结构工程施工质量验收规范》（GB 50205—2001）附录 J 中表 J.0.1～表 J.0.13 进行；

（3）分项工程验收记录可按现行国家标准《建筑工程施工质量验收统一标准》（GB 50300—2001）中附录 E 进行；

（4）分部（子分部）工程验收记录可按现行国家标准《建筑工程施工质量验收统一标准》（GB 50300—2001）中附录 F 进行。

第七章 屋 面 工 程

第一节 卷 材 防 水 屋 面

一、材料质量要求

1. 防水卷材应具备的特性

(1) 水密性：即具有一定的抗渗能力，吸水率低，浸泡后防水能力降低少。

(2) 大气稳定性好：在阳光紫外线、臭氧老化下性能持久。

(3) 温度稳定性好：高温不流淌变形，低温不脆断，在一定温度条件下，保持性能良好。

(4) 一定的力学性能：能承受施工及变形条件下产生的荷载，具有一定强度和伸长率。

(5) 施工性良好：便于施工，工艺简便。

(6) 污染少：对人身和环境无污染。

2. 基层处理制

(1) 冷底子油。

沥青应全部溶解，不应有未溶解的沥青硬块。溶液内不应有草、木、砂、土等杂质。冷底子油稀稠适当，便于涂刷。采用的溶剂应易于挥发。溶剂挥发后的沥青应具有一定软化点。

在终凝后水泥基层上喷涂时，干燥时间为 12~48h，此类属于慢挥发性冷底子油；干燥时间为 5~10h，此类属于快挥发性冷底子油；在金属配件上涂刷时，干燥时间为 4h，此类属于速干性冷底子油。

(2) 卷材基层处理剂。

用于高聚物改性沥青和合成高分子卷材的基层处理，一般采用合成高分子材料进行改性，基本上由卷材生产厂家配套供应。

3. 胶粘剂

(1) 改性沥青胶粘剂的粘结强度不应小于 8N/10mm。

(2) 合成高分子胶粘剂的粘结剥离强度不应小于 15N/10mm，浸水 168h 后的保持率不应小于 70%。

(3) 双面胶粘带剥离状态下的粘合性不应小于 10N/25mm，浸水 168h 后的保持率不应小于 70%。

4. 沥青卷材（油毡）

沥青防水卷材的外观质量和物理性能应符合表 7-1 和表 7-2 的要求。

5. 高聚物改性沥青卷材

高聚物改性沥青防水卷材外观质量和物理性能应符合表 7-3 和表 7-4 的要求。

沥青防水卷材的外观质量要求　　　　　　　　　　　　　表 7-1

项　目	外观质量要求
孔洞、硌伤	不允许
露胎、涂盖不匀	不允许
折纹、折皱	距卷芯 1000mm 以外，长度不应大于 100mm
裂纹	距卷芯 1000mm 以外，长度不应大于 10mm
裂口、缺边	边缘裂口小于 20mm；缺边长度小于 50mm，深度小于 20mm
每卷卷材的接头	不超过 1 处，较短的一段不应小于 2500mm，接头处应加长 150mm

沥青防水卷材物理性能　　　　　　　　　　　　　　　表 7-2

项　目		性　能　要　求	
		350 号	500 号
纵向拉力（25±2℃）（N）		≥340	≥440
耐热度（85±2℃，2h）		不流淌，无集中性气泡	
柔度（18±2℃）		绕 φ20mm 圆棒无裂纹	绕 φ25mm 圆棒无裂纹
不透水性	压力（MPa）	≥0.10	≥0.15
	保持时间（min）	≥30	≥30

高聚物改性沥青防水卷材外观质量　　　　　　　　　表 7-3

项　目	外观质量要求
孔洞、缺边、裂口	不允许
边缘不整齐	不超过 10mm
胎体露白、未浸透	不允许
撒布材料粒度、颜色	均匀
每卷卷材的接头	不超过 1 处，较短的一段不应小于 1000mm，接头处应加长 150mm

高聚物改性沥青卷材的物理性能　　　　　　　　　　表 7-4

项　目		性　能　要　求		
		聚酯毡胎体	玻纤胎体	聚乙烯胎体
拉力（N/50mm）		≥450	纵向≥350，横向≥250	≥100
延伸率（%）		最大拉力时，≥30	—	断裂时，≥200
耐热度（℃，2h）		SBS 卷材 90，APP 卷材 110，无滑动、流淌、滴落		PEE 卷材 90，无流淌、起泡
低温柔度（℃）		SBS 卷材，−180；APP 卷材，−5；PEE 卷材，−10。3mm 厚 r=15mm；4mm 厚 r=25mm；3s 弯 180°，无裂纹		
不透水性	压力（MPa）	≥0.3	≥0.2	≥0.3
	保持时间（min）	≥30		

注：SBS—弹性体改性沥青防水卷材；APP—塑性体改性沥青防水卷材；PEE—改性沥青聚乙烯胎防水卷材。

6. 合成高分子卷材

合成高分子防水卷材的外观质量和物理性能应符合表 7-5 和表 7-6 的要求。

合成高分子防水卷材的外观质量要求 表 7-5

项　　目	外观质量要求
折痕	每卷不超过 2 处，总长度不超过 20mm
杂质	大于 0.5mm 颗粒不允许，每 1m² 不超过 9mm²
胶块	每卷不超过 6 处，每处面积不大于 4mm²
凹痕	每卷不超过 6 处，深度不超过本身厚度 30%；树脂类深度不超过 15%
每卷卷材接头	橡胶类每 20m 不超过 1 处，较短的一段不应小于 3000mm，接头处应加长 150mm；树脂类 20m 长度内不允许有接头

合成高分子防水卷材物理性能 表 7-6

项　　目		性　能　要　求			
		硫化橡胶类	非硫化橡胶类	树脂类	纤维增强类
断裂拉伸强度（MPa）		≥6	≥3	≥10	≥9
扯断伸长率（%）		≥400	≥200	≥200	≥10
低温弯折（℃）		−30	−20	−20	−20
不透水性	压力（MPa）	≥0.3	≥0.2	≥0.3	≥0.3
	保持时间（min）	≥30			
加热收缩率（%）		<1.2	<2.0	<2.0	<1.0
热老化保持率	断裂拉伸强度	≥80%			
	扯断伸长率	≥70%			

二、施工质量控制

1. 工程质量要求

（1）建筑防水工程各部位应达到不渗漏，不积水。

（2）防水工程所用各类材料均应符合质量标准和设计要求。

（3）屋面找平层包括水泥砂浆、细石混凝土或沥青砂浆的整体找平层，其厚度和技术要求应符合规范要求。

（4）保温层应干燥，封闭式保温层的含水率应相当于该材料在当地自然风干状态下的平衡含水率。当采用有机胶结材料时，保温层的含水率不得超过 5%；当采用无机胶结材料时，保温层含水率不得超过 20%。

（5）卷材铺贴工艺应符合标准、规范规定和设计要求，卷材搭接宽度准确，接缝严密。平立面卷材及搭接部位卷材铺贴后表面应平整，无皱褶、鼓泡、翘边，接缝牢固严密。

2. 工程质量控制要点

（1）屋面找平层

1）基层处理：

①水泥砂浆、细石混凝土找平层的基层，施工前必须先清理干净和浇水湿润。

②沥青砂浆找平层的基层，施工前必须干净、干燥。满涂冷底子油1～2道，要求薄而均匀，不得有气泡和空白。

2）分格缝留设：

①按照设计要求，应先在基层上弹线标出分格缝位置。若基层为预制屋面板，则分格缝应与板缝对齐。

②安放分格缝的木条应平直、连续，其高度与找平层厚度一致，宽度应符合设计要求，断面为上宽下窄，便于取出。

3）水泥砂浆、沥青砂浆找平层施工：

①找平层坡度应符合设计要求，一般天沟纵向坡度不宜小于5‰（用轻混凝土垫泛水），内部排水的水落口周围应做成半径约0.5m和坡度不宜小于5％（25mm深）的杯形洼坑。

②用2m长的直尺控制找平层的平整度，允许偏差不超过5mm。

③找平层上的分格缝留设位置应符合设计要求和施工规范规定。分格缝的缝宽一般为20mm。分格缝兼作排气屋面的排气道时，可适当加宽，并应与保温层连通。

④基层与凸出屋面结构（女儿墙、墙、天窗壁、变形缝、烟囱、管道等）的连接处，以及在基层的转角处（槽口、天沟、斜沟、水落口、屋脊等）均应做成半径为100～150mm的圆弧或斜边长度为100～150mm的钝角坡度。

⑤内部排水的水落口杯应牢固地固定在承重结构上，均应预先清除铁锈，并涂上专用底漆（锌磺类或磷化底漆等）。水落杯口与竖管承口的连接处，应用沥青与纤维材料拌制的填料或油膏填塞。

⑥水泥砂浆找平层表面应压实，无脱皮、起砂等缺陷；沥青砂浆找平层的铺设，是在干燥的基层上满涂冷底子油1～2道，干燥后再铺设沥青砂浆，滚压后表面应平整、密实，无蜂窝，无压痕。

⑦水泥砂浆、细石混凝土找平层，在收水后，应做二次压光，确保表面坚固密实和平整。终凝后应采取浇水、覆盖浇水、喷养护剂等养护措施，保证水泥充分水化，确保找平层质量。同时严禁过早堆物、上人操作。特别应注意：在气温低于0℃或终凝前可能下雨的情况下，不宜进行施工。

⑧沥青砂浆找平层施工，应在冷底子油干燥后，开始铺设。虚铺厚度一般应按1.3～1.4倍压实厚度的要求控制。对沥青砂浆在拌制、铺设、滚压过程中的温度，必须按规定准确控制，常温下沥青砂浆的拌制温度为140～170℃，铺设温度为90～120℃。待沥青砂浆铺设于屋面并刮平后，应立即用火滚子进行滚压（夏天温度较高时，滚筒可不生火）直至表面平整、密实、无蜂窝和压痕为止，滚压后的温度为60℃。火滚子滚压不到的地方，可用烙铁烫压。施工缝应留斜槎，继续施工时，接槎处应刷热沥青一道，然后再铺设。

⑨准确设置转角圆弧。对各类转角处的找平层宜采用细石混凝土或沥青砂浆做出圆弧形。施工前可按照设计规定的圆弧半径，采用木材、钢板或其他光滑材料制成简易圆弧操作工具，用于压实、拍平和抹光，并统一控制圆弧形状和半径。

4）预制找平层：

①基层必须平整牢固，无松动现象。坡度符合设计要求。

②预制块不应有断裂、缺角、缺棱。

③预制找平层铺设应紧贴基层，垫平、垫稳，坡度正确，不得有松动。找平层灌缝应密实。

（2）屋面保温层

1）松散材料保温层：

①铺设松散材料保温层的基层应平整、干燥和干净。

②保温层含水率应符合设计要求。

③松散保温材料应分层铺设并压实，每层虚铺厚度不宜大于150mm；压实的程度与厚度必须经试验确定；压实后不得直接在保温层上行车或堆物。

④保温层施工完成后，应及时进行找平层和防水层的施工；雨期施工时，保温层应采取遮盖措施。

2）板状材料保温层：

①板状材料保温层的基层应平整、干燥和干净。

②板状保温材料应紧靠在需保温的基层表面上，并应铺平垫稳。

③分层铺设的板块上下层接缝应相互错开；板间缝隙应采用同类材料嵌填密实。

④干铺的板状保温材料，一要紧靠基层表面；二要分层铺设的板块上下层接缝错开；三要板间缝隙嵌填密实。

⑤板状保温材料的粘贴应符合下列要求：

a. 当采用玛琉脂及其他胶结材料粘贴时，板状保温材料相互之间及基层之间应满涂胶结材料，以便相互粘牢。热玛琉脂的加热温度不应高于240℃，使用温度不宜低于190℃。熬制好的玛琉脂宜在本工作班内用完。

b. 当采用水泥砂浆粘贴板状保温材料时，板间缝隙应采用保温灰浆填实并勾缝。保温灰浆的配比宜为1：1：10（水泥：石灰膏：同类保温材料的碎粒，体积比）。

3）整体现浇（喷）保温层：

①沥青膨胀蛭石、沥青膨胀珍珠岩宜用机械搅拌，并应色泽一致，无沥青团；压实程度根据试验确定，其厚度应符合设计要求，表面应平整。

②硬质聚酯泡沫塑料应按配合比准确计量，发泡厚度均匀一致。

③整体沥青膨胀蛭石、沥青膨胀珍珠岩保温层施工须符合下列规定：

a. 沥青加热温度不应高于240℃。膨胀蛭石或膨胀珍珠岩的预热温度宜为100～120℃。

b. 宜采用机械搅拌。

c. 压实程度必须根据试验确定。

d. 倒置式屋面当保护层采用卵石铺压时，卵石铺设应防止过量，以免加大屋面荷载，使结构开裂或变形过大，甚至造成结构破坏。

（3）卷材防水层

1）冷底子油涂刷

①冷底子油的配合比成分和技术性能应符合设计规定。

②冷底子油的干燥时间应视其用途定为：

a. 在水泥基层上涂刷的慢挥发性冷底子油为 12～48h。

b. 在水泥基层上涂刷的快挥发性冷底子油为 5～10h。

③在熬好的沥青中加入慢挥发性溶剂时，沥青的温度不得超过 140℃；如加入快挥发性溶剂，则沥青温度不应超过 110℃。

④涂刷冷底子油的找平层表面，要求平整、干净、干燥。如个别地方较潮湿，可用喷灯 烘烤干燥。

⑤涂刷冷底子油的品种应视铺贴的卷材而定，不可错用。焦油沥青低温油毡，应用焦油沥青冷底子油。

⑥涂刷冷底子油要薄而匀，无漏刷、麻点、气泡。过于粗糙的找平层表面，宜先刷一遍 慢挥发性冷底子油，待其初步干燥后，再刷一遍快挥发性冷底子油。涂刷时间宜在铺毡前 1～2d 进行。如采取湿铺工艺，冷底子油需在水泥砂浆找平层终凝后，能上人时涂刷。

2）卷材铺贴

①采用冷粘法铺贴卷材：

a. 应严格控制胶粘剂的涂刷质量，确保涂刷均匀，避免出现堆积或漏涂现象。

b. 应根据胶粘剂的性能和施工环境特点，分别采取涂刷后立即粘贴；或待溶剂挥发后粘贴等方法，其间隔时间还和气温、湿度、风力等因素有关，可通过试验，准确掌握间隔时间。

c. 应有效控制搭接宽度和粘结密封性能。搭接缝平直，不扭曲，以保证搭接宽度；并应在已铺卷材上弹出搭接宽度的粉线，以保证搭接尺寸；采取涂满胶粘剂、溢出胶粘剂等方法，以达到粘结牢固的要求。

②采用热熔法铺贴卷材：

a. 应控制施工加热时卷材幅宽内必须均匀一致，要求火焰加热器的喷嘴与卷材的距离适当，加热至卷材表面有光亮黑色时方可粘合。若熔化不够则会影响卷材接缝的粘结强度和密封性能；加热温度过高，会使改性沥青老化变焦且把卷材烧穿。

b. 厚度小于 3mm 的高聚物改性沥青防水卷材，严禁采用热熔法施工。

c. 在铺贴卷材时应将空气排出，确保粘贴服贴、牢固。

d. 应在滚铺卷材时，缝边必须溢出热熔的改性沥青胶，确保搭接粘结牢固，封闭严密。

e. 应实施现场弹线作业，以保证铺贴的卷材平整顺直，搭接尺寸准确，不发生扭曲。

③采用自粘法铺贴卷材：

a. 卷材铺贴前，先将隔离纸撕净，再在基层上涂刷处理剂，并及时铺贴卷材。

b. 在搭接部位采用热风加热，特别在温度较低时，更应正确掌握加热措施。

c. 应在接缝口采用密封材料进行封严，确保接缝口不发生翘边张缝，并有效提高其密封抗渗性能。

d. 应在铺贴立面或大坡面卷材时，采用加热法或钉压固定法，使自粘卷材与基层粘贴牢固。

④采用热风焊枪焊接热塑性卷材（如 PVC 卷材等）：

a. 应先将接缝表面的油污、尘土、水滴等附着物擦拭干净后，再进行焊接施工。

b. 应由操作熟练的专业施工人员进行焊接，并按规定严格控制焊接速度和热风温度，确保无漏焊、跳焊、焊焦或焊接不牢等现象。

3）排气槽与出气孔的留置和施工

①在基层（找平层或保温层）中须留置 30～40mm 宽的纵横连通的排气边沟槽。

②在屋脊或屋面上设置排气槽、出气孔必须相互连通。

③施工中必须注意，不将排气槽、出气孔堵塞。受潮易粉化的材料不得作为排气的填充料。

④在板端排气槽的孔边上要干铺一层不小于 300mm 的油毡附加层，油毡条要单边粘住，以利伸缩。

⑤排气孔、槽均应与大气连通，出气口力求构造简单合理，便于施工，不进水。

4）卷材在泛水处收头密封形式

①女儿墙较低，卷材铺到压顶下，上用金属或钢筋混凝土等压盖。

②墙体为砖砌体时，应预留凹槽将卷材收头压实，用压条钉压，密封材料封严，抹水泥砂浆或聚合物砂浆保护。凹槽距屋面找平层高度不应小于 250mm。

③墙体为混凝土时，卷材的收头可采用金属压条钉压，并用密封材料封固。

（4）卷材屋面保护层

1）绿豆砂保护层

①检查卷材铺贴的质量合格后，方可进行保护层施工。

②绿豆砂在铺撒前应在锅内或钢板上炒干，并加热至 100℃ 左右，在油毡涂刷 2～3mm 厚的热沥青胶结材料，立即趁热将预热的绿豆砂均匀地撒在沥青胶结材料上，使其一半左右粒径嵌入沥青中，不均匀处要补撒，多余的绿豆砂应扫除。

2）板材或整体保护层

①防水层宜采用再生胶、玻璃丝布等防腐油毡，面层上应满涂一层玛琋脂。保护层与油毡之间，宜设隔离层。

②板材无裂纹、缺楞掉角，铺砌牢固，表面平整，板块纵横及周边排列整齐；整体保护层的强度符合设计要求，表面密实压光。

③板材或整体保护层均应分格，分格缝应留设在屋面坡面转折处，以及屋面与凸出屋面的女儿墙、烟囱等交接处，同时尽量与找平层的分格缝错开。整体保护层的分格面积不宜大于 9m²，板材保护层分格面积可适当加大。

④板材的拼缝宜用砂浆填实，并用稠水泥浆勾（封）严密。分格缝应用油膏或掺有石棉绒的玛琋脂嵌封。

三、施工质量验收

1. 卷材防水屋面工程

（1）屋面找平层

1）基本规定

①本节适用于防水层基层采用水泥砂浆、细石混凝土或沥青砂浆的整体找平层。

②找平层的厚度和技术要求应符合表 7-7 的规定。

218

类　别	基层种类	厚度（mm）	技术要求
水泥砂浆找平层	整体混凝土	15～20	1∶2.5～1∶3（水泥∶砂）体积比，水泥强度等级不低于 32.5 级
	整体或板状材料保温层	20～25	
	装配式混凝土板，松散材料保温层	20～30	
细石混凝土找平层	松散材料保温层	30～35	混凝土强度等级不低于 C20
沥青砂浆找平层	整体混凝土装配式混凝土板，整体或板状材料保温层	15～20 20～25	1∶8（沥青∶砂）质量比

③找平层的基层采用装配式钢筋混凝土板时，应符合下列规定：

a. 板端、侧缝应用细石混凝土灌缝，其强度等级不应低于 C20。

b. 板缝宽度大于 40mm 或上窄下宽时，板缝内应设置构造钢筋。

c. 板端缝应进行密封处理。

④找平层的排水坡度应符合设计要求。平屋面采用结构找坡不应小于 3%，采用材料找坡宜为 2%；天沟、槽沟纵向找坡不应小于 1%，沟底水落差不得超过 200mm。

⑤基层与凸出屋面结构（女儿墙、山墙、天窗壁、变形缝、烟囱等）的交接处和基层的转角处，找平层均应做成圆弧形，圆弧半径应符合表 7-8 的要求。内部排水的水落口周围，找平层应做成略低的凹坑。

卷材种类	圆弧半径（mm）	卷材种类	圆弧半径（mm）
沥青防水卷材	100～150	合成高分子防水卷材	20
高聚物改性沥青防水卷材	50		

⑥找平层宜设分格缝，并嵌填密封材料。分格缝应留设在板端缝处，其纵横缝的最大间距：水泥砂浆或细石混凝土找平层，不宜大于 6m；沥青砂浆找平层，不宜大于 4m。

2）主控项目

①找平层的材料质量及配合比，必须符合设计要求。

检验方法：检查出厂合格证、质量检验报告和计量措施。

②屋面（含天沟、檐沟）找平层的排水坡度，必须符合设计要求。

检验方法：用水平仪（水平尺）、拉线和尺量检查。

3）一般项目

①基层与凸出屋面结构的交接处和基层的转角处，均应做成圆弧形，且整齐平顺。

检验方法：观察和尺量检查。

②水泥砂浆、细石混凝土找平层应平整、压光，不得有酥松、起砂、起皮现象；沥青砂浆找平层不得有拌合不匀、蜂窝现象。

检验方法：观察检查。

③找平层分格缝的位置和间距应符合设计要求。

检验方法：观察和尺量检查。

④找平层表面平整度的允许偏差为 5mm。

检验方法：用 2m 靠尺和楔形塞尺检查。

（2）屋面保温层

1）基本规定

①本节适用于松散、板状材料或整体现浇（喷）保温层。

②保温层应干燥，封闭式保温层的含水率应相当于该材料在当地自然风干状态下的平衡含水率。

③屋面保温层干燥有困难时，应采用排汽措施。

④倒置式屋面应采用吸水率小、长期浸水不腐烂的保温材料。保温层上应用混凝土等块材、水泥砂浆或卵石做好保护层；卵石保护层与保温层之间，应干铺一层无纺聚酯纤维布作隔离层。

⑤松散材料保温层施工应符合下列规定：

a. 铺设松散材料保温层的基层应平整、干燥和干净。

b. 保温层含水率应符合设计要求。

c. 松散保温材料应分层铺设并压实，压实的程度与厚度应经试验确定。

d. 保温层施工完成后，应及时进行找平层和防水层的施工；雨期施工时，保温层应采取遮盖措施。

⑥板状材料保温层施工应符合下列规定：

a. 板状材料保温层的基层应平整、干燥和干净。

b. 板状保温材料应紧靠在需保温的基层表面上，并应铺平垫稳。

c. 分层铺设的板块上下层接缝应相互错开；板间缝隙应采用同类材料嵌填密实。

d. 粘贴的板状保温材料应贴严、粘牢。

⑦整体现浇（喷）保温层施工应符合下列规定：

a. 沥青膨胀蛭石、沥青膨胀珍珠岩宜用机械搅拌，并应色泽一致，无沥青团；压实程度根据试验确定，其厚度应符合设计要求，表面应平整。

b. 硬质聚氨酯泡沫塑料应按配合比准确计量，发泡厚度均匀一致。

2）主控项目

①保温材料的堆积密度或表观密度、导热系数以及板材的强度、吸水率，必须符合设计要求。

检验方法：检查出厂合格证、质量检验报告和现场抽样复验报告。

②保温层的含水率必须符合设计要求。

检验方法：检查现场抽样检验报告。

3）一般项目

①保温层的铺设应符合下列要求：

a. 松散保温材料：分层铺设，压实适当，表面平整，找坡正确。

b. 板状保温材料：紧贴（靠）基层，铺平垫稳，拼缝严密，找坡正确。

c. 整体现浇保温层：拌合均匀，分层铺设，压实适当，表面平整，找坡正确。

检验方法：观察检查。

②保温层厚度的允许偏差：松散保温材料和整体现浇保温层为＋10％，－5％；板状

保温材料为±5%，且不得大于4mm。

检验方法：用钢针插入和尺量检查。

③当倒置式屋面保护层采用卵石铺压时，卵石应分布均匀，卵石的质（重）量应符合设计要求。

检验方法：观察检查和按堆积密度计算其质（重）量。

（3）卷材防水层

1）基本规定

①本节适用于防水等级为Ⅰ～Ⅳ级的屋面防水。

②卷材防水层应采用高聚物改性沥青防水卷材、合成高分子防水卷材或沥青防水卷材。所选用的基层处理剂、接缝胶粘剂、密封材料等配套材料应与铺贴的卷材材性相容。

③在坡度大于25%的屋面上采用卷材作防水层时，应采取固定措施。固定点应密封严密。

④铺设屋面隔汽层和防水层前，基层必须干净、干燥。

干燥程度的简易检验方法，是将$1m^2$卷材平坦地干铺在找平层上，静置3～4h后掀开检查，找平层覆盖部位与卷材上未见水印即可铺设。

⑤卷材铺贴方向应符合下列规定：

a. 屋面坡度小于3%时，卷材宜平行屋脊铺贴。

b. 屋面坡度在3%～15%时，卷材可平行或垂直屋脊铺贴。

c. 屋面坡度大于15%或屋面受振动时，沥青防水卷材应垂直屋脊铺贴，高聚物改性沥青防水卷材和合成高分子防水卷材可平行或垂直屋脊铺贴。

d. 上下层卷材不得相互垂直铺贴。

⑥卷材厚度选用应符合表7-9的规定。

卷材厚度选用表 表7-9

屋面防水等级	设防道数	合成高分子防水卷材	高聚物改性沥青防水卷材	沥青防水卷材
Ⅰ级	三道或三道以上设防	不应小于1.5mm	不应小于3mm	—
Ⅱ级	二道设防	不应小于1.2mm	不应小于3mm	—
Ⅲ级	一道设防	不应小于1.2mm	不应小于4mm	三毡四油
Ⅳ级	一道设防	—	—	二毡三油

⑦铺贴卷材采用搭接法时，上下层及相邻两幅卷材的搭接缝应错开。各种卷材搭接宽度应符合表7-10的要求。

卷材搭接宽度（mm） 表7-10

卷材种类	铺贴方法	短边搭接		长边搭接	
		满粘法	空铺、点粘、条粘法	满粘法	空铺、点粘、条粘法
沥青防水卷材		100	150	70	100
高聚物改性沥青防水卷材		80	100	80	100
合成高分子防水卷材	胶粘剂	80	100	80	100
	胶粘带	50	60	50	60
	单缝焊	60，有效焊接宽度不小于25			
	双缝焊	80，有效焊接宽度10×2＋空腔宽			

⑧ 冷粘法铺贴卷材应符合下列规定：

a. 胶粘剂涂刷应均匀，不露底，不堆积。

b. 根据胶粘剂的性能，应控制胶粘剂涂刷与卷材铺贴的间隔时间。

c. 铺贴卷材下面的空气应排尽，并辊压粘结牢固。

d. 铺贴片卷材应平整顺直，搭接尺寸准确，不得扭曲、皱折。

e. 接缝口应用密封材料封严，宽度不应小于 10mm。

⑨ 热熔法铺贴卷材应符合下列规定：

a. 火焰加热器加热卷材应均匀，不得过分加热或烧穿卷材；厚度小于 3mm 的高聚物改性沥青防水卷材严禁采用热熔法施工。

b. 卷材表面热熔后应立即滚铺卷材，卷材下面的空气应排尽，并辊压粘结牢固，不得空鼓。

c. 卷材接缝部位必须溢出热熔的改性沥青胶。

d. 铺贴的卷材应平整顺直，搭接尺寸准确，不得扭曲、皱折。

⑩ 自粘法铺贴卷材应符合下列规定：

a. 铺贴卷材前基层表面应均匀涂刷基层处理剂，干燥后应及时铺贴卷材。

b. 铺贴卷材时，应将自粘胶底面的隔离纸全部撕净。

c. 卷材下面的空气应排尽，并辊压粘结牢固。

d. 铺贴的卷材应平整顺直，搭接尺寸准确，不得扭曲、皱折。搭接部位宜采用热风加热，随即粘贴牢固。

e. 接缝口应用密封材料封严，宽度不应小于 10mm。

⑪ 卷材热风焊接施工应符合下列规定：

a. 焊接前卷材的铺设应平整顺直，搭接尺寸准确，不得扭曲、皱折。

b. 卷材的焊接面应清扫干净，无水滴、油污及附着物。

c. 焊接时应先焊长边搭接缝，后焊短边搭接缝。

d. 控制热风加热温度和时间，焊接处不得有漏焊、跳焊、焊焦或焊接不牢现象。

e. 焊接时不得损害非焊接部位的卷材。

⑫ 沥青玛瑞脂的配制和使用应符合下列规定：

a. 配制沥青玛瑞脂的配合比应视使用条件、坡度和当地历年极端最高气温，并根据所用的材料经试验确定；施工中应按确定的配合比严格配料，每工作班应检查软化点和柔韧性。

b. 热沥青玛瑞脂的加热温度不应高于 240℃，使用温度不应低于 190℃。

c. 冷沥青玛瑞脂使用时应搅匀，稠度太大时可加少量溶剂稀释搅匀。

d. 沥青玛瑞脂应涂刮均匀，不得过厚或堆积。

粘结层厚度：热沥青玛瑞脂宜为 1～1.5mm，冷沥青玛瑞脂宜为 0.5～1mm；面层厚度：热沥青玛瑞脂宜为 2～3mm，冷沥青玛瑞脂宜为 1～1.5mm。

⑬ 天沟、檐沟、槽口、泛水和立面卷材收头的端部应裁齐，塞入预留凹槽内，用金属压条钉压固定，最大钉距不应大于 900mm，并用密封材料嵌填封严。

⑭ 卷材防水层完工并经验收合格后，应做好成品保护。保护层的施工应符合下列规定：

a. 绿豆砂应清洁、预热、铺撒均匀，并使其与沥青玛琋脂粘结牢固，不得残留未粘结的绿豆砂。

　　b. 云母或蛭石保护层不得有粉料，撒铺应均匀，不得露底，多余的云母或蛭石应清除。

　　c. 水泥砂浆保护层的表面应抹平压光，并设表面分格缝，分格面积宜为 $1m^2$。

　　d. 块体材料保护层应留设分格缝，分格面积不宜大于 $100m^2$，分格缝宽度不宜小于 20mm。

　　e. 细石混凝土保护层，混凝土应密实，表面抹平压光，并留设分格缝，分格面积不大于 $36m^2$。

　　f. 浅色涂料保护层应与卷材粘结牢固，厚薄均匀，不得漏涂。

　　g. 水泥砂浆、块材或细石混凝土保护层与防水层之间应设置隔离层。

　　h. 刚性保护层与女儿墙、山墙之间应预留宽度为 30mm 的缝隙，并用密封材料嵌填严密。

　　2）主控项目

　　①卷材防水层所用卷材及其配套材料，必须符合设计要求。

　　检验方法：检查出厂合格证、质量检验报告和现场抽样复验报告。

　　②卷材防水层不得有渗漏或积水现象。

　　检验方法：雨后或淋水、蓄水检验。

　　③卷材防水层在天沟、檐沟、槽口、水落口、泛水、变形缝和伸出屋面管道的防水构造，必须符合设计要求。

　　检验方法：观察检查和检查隐蔽工程验收记录。

　　3）一般项目

　　①卷材防水层的搭接缝应粘（焊）结牢固，密封严密，不得有皱折、翘边和鼓泡等缺陷；防水层的收头应与基层粘结并固定牢固，缝口封严，不得翘边。

　　检验方法：观察检查。

　　②卷材防水层上的撒布材料和浅色涂料保护层应铺撒或涂刷均匀，粘结牢固；水泥砂浆、块材或细石混凝土保护层与卷材防水层间应设置隔离层；刚性保护层的分格缝留置应符合设计要求。

　　检验方法：观察检查。

　　③排汽屋面的排汽道应纵横贯通，不得堵塞。排汽管应安装牢固，位置正确，封闭严密，

　　检验方法：观察检查。

　　④卷材的铺贴方向应正确，卷材搭接宽度的允许偏差为−10mm。

　　检验方法：观察和尺量检查。

第二节　涂膜防水屋面工程

一、材料质量要求

1. 为满足屋面防水工程的需要，防水涂料及其形成的涂膜防水层应具备：

（1）一定的固体含量：涂料是靠其中的固体成分形成涂膜的，由于各种防水涂料所含固体的密度相差并不太大，当单位面积用量相同时，涂膜的厚度取决于固体含量的大小，如果固体含量过低，涂膜的质量难以保证。

（2）优良的防水能力：在雨水的侵蚀和干湿交替作用下防水能力下降少。

（3）耐久性好：在阳光紫外线、臭氧、大气中酸碱介质长期作用下保持长久的防水性能。

（4）温度敏感性低：高温条件下不流淌、不变形，低温状态时能保持足够的延伸率，不发生脆断。

（5）一定的力学性能：即具有一定的强度和延伸率，在施工荷载作用下或结构和基层变形时不破坏、不断裂。

（6）施工性好：工艺简单、施工方法简便、易于操作和工程质量控制。

（7）对环境污染少。

防水涂料按成膜物质的主要成分，可将涂料分成沥青基防水涂料、高聚物改性沥青防水涂料和合成高分子防水涂料 3 种。施工时根据涂料品种和屋面构造形式的需要，可在涂膜防水层中增设胎体增强材料。

2. 沥青基防水涂料的物理性能应符合表 7-11 的要求。

沥青基防水涂料物理性能 表 7-11

项　　目		性　能　要　求
固体含量（%）		≥50
耐热度（80℃，5h）		无流淌、起泡和滑动
柔性〔（10±1）℃〕		4mm 厚，绕 φ20mm 圆棒，无裂纹、断裂
不透水性	压力（MPa）	≥0.1
	保持时间（min）	≥30 不透水
延伸〔（20±2）℃拉伸〕（mm）		≥4.0

3. 高聚物改性沥青防水涂料的物理性能应符合表 7-12 的要求。

高聚物改性沥青防水涂料物理性能 表 7-12

项　　目		性　能　要　求
固体含量（%）		≥43
耐热度（80℃，5h）		无流淌、起泡和滑动
柔性（-10℃）		3mm 厚，绕 φ20mm 圆棒，无裂纹、断裂
不透水性	压力（MPa）	≥0.1
	保持时间（min）	≥30
延伸〔（20±2）℃拉伸〕（mm）		≥4.5

与沥青基防水涂料相比，高聚物改性沥青防水涂料在柔韧性、抗裂性、强度、耐高低温性能、使用寿命等方面都有了较大的改善。

4. 合成高分子防水涂料的物理性能应符合表 7-13 的要求。

合成高分子防水涂料物理性能　　　　　　　　　　　　　表 7-13

项　　目		性　能　要　求		
		反应固化型	挥发固化型	聚合物水泥涂料
固体含量（%）		≥94	≥65	≥65
拉伸强度（MPa）		≥1.65	≥1.5	≥1.2
断裂延伸率（%）		≥350	≥300	≥200
柔性（℃）		—30，弯折无裂痕	—20，弯折无裂痕	—10，绕 ϕ10mm 圆棒无裂痕
不透水性	压力（MPa）	≥0.3		
	保持时间（min）	≥30		

由于合成高分子材料本身的优异性能，以此为原料制成的合成高分子防水涂料有较高的强度和延伸率，优良的柔韧性、耐高低温性能、耐久性和防水能力。

5. 胎体增强材料的质量应符合表 7-14 的要求。

胎体增强材料质量要求　　　　　　　　　　　　　表 7-14

项　　目		质　量　要　求		
		聚酯无纺布	化纤无纺布	玻纤网布
外观		均匀无团状，平整无折皱		
拉力（N/50mm）	纵向	≥150	≥45	≥90
	横向	≥100	≥35	≥50
延伸率（%）	纵向	≥10	≥20	≥3
	横向	≥20	≥25	≥3

二、施工过量控制

1. 工程质量控制要求

（1）涂膜防水层要求

1）涂膜厚度必须达到标准、规范规定和设计要求。

2）涂膜防水层不应有裂纹、脱皮、起鼓、薄厚不匀或堆积、露胎以及皱皮等现象。

（2）屋面涂膜防水工程的检查项目

1）结构层：检查其平整度、预制构件安装稳固程度、板缝混凝土嵌填密实性、预留嵌填密封材料的空间尺寸。

2）找坡层：检查其坡度及平整度。

3）找平层：检查其排水坡度、表面平整度、组成材料的配合比、表面质量（是否有起砂、起壳等现象）、含水率。

4）隔汽层：检查其表面平整、连续完整性、粘结牢靠性、防水隔汽性能，作为隔汽层涂膜的厚度或卷材的搭接宽度。

5）保温层：检查其材料配比、表观密度、含水率、厚度。

6）涂膜防水层：检查是否积水和渗漏、检查其涂膜厚度、涂膜完整性、连续性、与基层或其他材料粘结的牢固度。

7）隔离层：检查其平整、连续性。

8）保护层：检查作为保护层的粘结粒料或浅色涂层等的完整性及与防水涂膜粘结的牢靠性；检查刚性保护层的强度、厚度和完整性。对刚性块体保护层还须检查其平稳性。

9）架空隔热层：检查其架空高度、架空板或架空构件的强度和完整性、表面平整度及板间勾缝质量。

（3）涂膜防水工程完工后的要求

1）防水工程完工后不得有渗漏和积水现象。

2）工程所用材料必须符合国家有关质量标准和设计要求，并按规定抽样复查合格。

3）结构基层应稳固，平整度应符合规定，预制构件接缝应嵌填密实。

4）找平层表面平整度偏差不应超过 5mm，表面不得有酥松、起砂、起皮等现象；找平层排水坡度（含天沟、檐沟、排水沟、水落口、地漏等）必须准确，排水系统必须畅通。

5）节点、构造细部等处做法应符合设计要求，封固严密，不得开缝翘边，密封材料必须与基层粘结牢固，密封部位应平直、光滑，无气泡、龟裂、空鼓、起壳、塌陷，尺寸符合设计要求；底部放置背衬材料但不与密封材料粘结；保护层应覆盖严密。

6）涂膜防水层表面应平整、均匀，不应有裂纹、脱皮、流淌、鼓泡、露胎体、皱皮等现象；涂膜厚度应符合设计要求。

7）涂膜表面上的松散材料保护层、涂料保护层或泡沫塑料保护层等，应覆盖均匀，粘结牢固。

8）在屋面涂膜防水工程中的架空隔热层、保温层、蓄水屋面和种植屋面等，应符合设计要求和有关技术规范规定。

2. 工程质量控制要点

（1）涂料防水屋面基层

1）找平层要有一定强度，表面平整、密实，不得有起砂、起皮、空鼓裂缝等现象。用 2m 直尺检查其平整度不应超过 5mm。

2）基层与凸出屋面结构连接处及基层转角处应做成圆弧或钝角。

3）按设计要求做好排水坡度，无积水现象。基层含水率不超过 8％～18％（现场试验方法是：铺盖 1m² 卷材，由傍晚至次日晨或在晴天约 1～2h，如卷材内侧无结露时即可认为基层已基本干燥）。

4）涂料施工前，应将分格缝清理干净，不得有异物和浮灰。

（2）涂料防水屋面薄质防水涂层

1）按设计要求对屋面板的板缝用细石混凝土嵌填密实或上部用油膏嵌缝。

2）凸出屋面结构的交接处、转角处加铺一层附加层，宽度为 250～350mm。在板端缝、檐口板与屋面板交接处，先铺一层宽度为 150～350mm 塑料薄膜缓冲层，然后涂刷防水层。

3）玻璃丝布或毡片用搭接法铺贴，搭接宽度：长边≥70mm，短边≥100mm，上下层及相邻两幅的搭接缝应错开 1/3 幅宽，但上下层不得互相垂直铺贴。

4）上一道涂料未干燥前不得涂刷下一道涂料。整个防水层完毕后一周内不许上人行走或进行其他工序施工。

5) 如用两组分（A 液、B 液）的涂料，施工时按要求准确计量，搅拌均匀，当天用完。

（3）涂层保护层

1) 保护层所用材料应符合设计要求和涂料说明书的规定。

2) 铺撒保护层应用胶辊滚压，使之粘牢，隔日扫除多余部分。涂刷浅色涂料，应在最后一道涂膜干后进行。要求涂刷均匀，不露底、起泡，未干前严禁上人。

三、施工质量验收

涂膜防水屋面工程中屋面找平层及屋面保温层的施工质量验收标准与卷材防水屋面工程相同。本节主要阐述涂膜防水层的质量验收。

1. 基本规定

（1）本节适用于防水等级为 Ⅰ～Ⅳ 级屋面防水。

（2）防水涂料应采用高聚物改性沥青防水涂料、合成高分子防水涂料。

（3）防水涂膜施工应符合下列规定：

1) 涂膜应根据防水涂料的品种分层分遍涂布，不得一次涂成。

2) 应待先涂的涂层干燥成膜后，方可涂后一遍涂料。

3) 需铺设胎体增强材料时，屋面坡度小于 15% 时可平行屋脊铺设，屋面坡度大于 15% 时应垂直于屋脊铺设。

4) 胎体长边搭接宽度不应小于 50mm，短边搭接宽度不应小于 70mm。

5) 采用二层胎体增强材料时，上下层不得相互垂直铺设，搭接缝应错开，其间距不应小于幅宽的 1/3。

（4）涂膜厚度选用应符合表 7-15 的规定。

涂膜厚度选用表　　　　　　　　　　　　　　　　　　　　表 7-15

屋面防水等级	设防道数	高聚物改性沥青防水涂料	合成高分子防水涂料
Ⅰ 级	三道或三道以上设防	—	不应小于 1.5mm
Ⅱ 级	二道设防	不应小于 3mm	不应小于 1.5mm
Ⅲ 级	一道设防	不应小于 3mm	不应小于 2mm
Ⅳ 级	一道设防	不应小于 2mm	—

（5）屋面基层的干燥程度应视所用涂料特性确定。当采用溶剂型涂料时，屋面基层应干燥。

（6）多组分涂料应按配合比准确计量，搅拌均匀，并应根据有效时间确定使用量。

（7）天沟、檐沟、檐口、泛水和立面涂膜防水层的收头，应用防水涂料多遍涂刷或用密封材料封严。

（8）涂膜防水层完工并经验收合格后，应做好成品保护。

2. 主控项目

（1）防水涂料和胎体增强材料必须符合设计要求。

检验方法：检查出厂合格证、质量检验报告和现场抽样复验报告。

（2）涂膜防水层不得有沾污或积水现象。

检验方法：雨后或淋水、蓄水检验。

（3）涂膜防水层在天沟、檐沟、檐口、水落口、泛水、变形缝和伸出屋面管道的防水构造，必须符合设计要求。

检验方法：观察检查和检查隐蔽工程验收记录。

3. 一般项目

（1）涂膜防水层的平均厚度应符合设计要求，最小厚度不应小于设计厚度的80%。

检验方法：针测法或取样量测。

（2）涂膜防水层与基层应粘结牢固，表面平整，涂刷均匀，无流淌、皱折、鼓泡、露胎体和翘边等缺陷。

检验方法：观察检查。

（3）涂膜防水层上的撒布材料或浅色涂料保护层应铺撒或涂刷均匀，粘结牢固；水泥砂浆、块材或细石混凝土保护层与涂膜防水层间应设置隔离层；刚性保护层的分格缝留置应符合设计要求。

检验方法：观察检查。

第三节　刚性防水屋面工程

一、材料质量要求

1. 水泥和骨料

（1）水泥

宜采用普通硅酸盐水泥或硅酸盐水泥；当采用矿渣硅酸盐水泥时，应采取减少泌水性的措施；水泥的强度等级不低于42.5MPa，不得使用火山灰质硅酸盐水泥。水泥应有出厂合格证，质量标准应符合国家标准的要求。

（2）砂（细骨料）

应符合《普通混凝土用砂、石质量及检验方法标准》（JGJ 52—2006）的规定，如用特细砂、山砂时，应符合《特细砂混凝土配制及应用技术规程》（DBS 1/5002—92）的规定。

（3）石（粗骨料）

应符合《普通混凝土用砂、石质量及检验方法标准》（JGJ 52—2006）的规定。

（4）水

水中不得含有影响水泥正常凝结硬化的糖类、油类及有机物等有害物质，硫酸盐及硫化物较多的水不能使用，pH值不得小于4。一般自来水和饮用水均可使用。

2. 外加剂

刚性防水层中使用的膨胀剂、减水剂、防水剂、引气剂等外加剂应根据不同品种的适用范围、技术要求选择。

3. 配筋

配置直径为4～6mm、间距为100～200mm的双向钢筋网片，可采用乙级冷拔低碳钢丝，性能符合标准要求。钢筋网片应在分格缝处断开，其保护层厚度不小于 10mm。

4. 聚丙烯抗裂纤维

聚丙烯抗裂纤维为短切聚丙烯纤维，纤维直径 $0.48\mu m$，长度 $10\sim19mm$，抗拉强度 276MPa，掺入细石混凝土中，抵抗混凝土的收缩应力，减少细石混凝土的开裂。掺量一般为每立方米（m^3）细石混凝土中掺入 $0.7\sim1.2kg$。

5. 密封材料及背衬材料

分格缝及其他节点处嵌填的密封材料要求见本章"第三节屋面接缝密封防水"的有关内容。

6. 块料

使用的块体应无裂纹，无石灰颗粒，无灰浆泥面，无缺棱掉角，质地坚实，表面平整。

二、施工质量控制

1. 工程质量要求

（1）防水工程所用的防水混凝土和防水砂浆材料及外加剂、预埋件等均应符合有关标准和设计要求。

（2）防水混凝土的密实性、强度和抗渗性，必须符合设计要求和有关标准的规定。

（3）刚性防水层的厚度应符合设计要求，其表面应平整，不起砂，不出现裂缝。细石混凝土防水层内的钢筋位置应准确。分格缝做到平直，位置正确。

（4）施工缝、变形缝的止水片（带）、穿墙管件、支模铁件等设置和构造部位，必须符合设计要求和有关规范规定，不得有渗漏现象。

（5）分格缝的位置应正确，尺寸标准、一致。

（6）防水混凝土和防水砂浆防水层施工时，基底不得有水，雨期施工时应有防雨措施。防水工程施工时，不得带水作业。

（7）防水层施工时，地下水位应降至工程底部最低标高 500mm 以下。降水作业应持续至基坑回填完毕。

2. 材料质量检验

（1）防水材料的外观质量、规格和物理技术性能，均应符合标准、规范规定。

（2）对进入施工现场的材料应及时进行抽样检测。刚性防水材料检测项目主要有：防水混凝土及防水砂浆配合比、坍落度、抗压和抗拉强度、抗渗性等。

3. 施工过程控制

（1）屋面预制板缝用 C20 细石混凝土灌缝，养护不少于 7d。

（2）在结构层与防水层之间增加一层隔离作用层（一般可用低强度砂浆、卷材等）。

（3）细石混凝土防水层分格缝应设置在装配式结构层屋面板的支承端、屋面转折处（如屋脊）、防水层与凸出屋面结构的交接处，并与板缝对齐，其纵横间距一般不大于 6m，分格缝上口宽为 30mm，下口宽为 20mm。分格缝可用油膏嵌封，屋脊和平行于流水方向的分格缝，也可做成泛水，用盖瓦覆盖，盖瓦单边坐灰固定。

（4）按设计要求铺设钢筋网。设计无规定时，一般配置 $\phi4mm$ 间距 $100\sim200mm$ 双向钢筋网片，保护层要不小于 10mm。用绑扎时端头要有弯钩，搭接长度要大于 250mm；焊接搭接长度不小于 25 倍直径，在一个网片的同一断面内接头不得超过钢丝断面积的

1/4，分格缝处钢筋要断开。

（5）细石混凝土配合比由试验室试配确定，施工中严格按配合比计量，并按规定制作试块。

（6）现浇细石混凝土防水层厚度应均匀一致，不宜小于40mm。混凝土以分格缝分块，每块一次浇捣，不留施工缝。浇捣混凝土时应振捣密实平整，压实抹光，无起砂、起皮等缺陷。

（7）屋面泛水应按设计要求施工。如设计无明确要求时，泛水高度不应低于120mm，并与防水层一次浇捣完成，泛水转角处要做成圆弧或钝角。

（8）细石混凝土终凝后养护不少于14d。

4. 防水工程施工检验

（1）基层找平层和刚性防水层的平整度，用2m直尺检查，直尺与面层间的最大空隙不超过5mm，空隙应平缓变化，每米长度内不得多于1处。

（2）刚性屋面及地下室防水工程的每道防水层完成后，应由专人进行检查，合格后方可进行下一道防水层施工。

（3）刚性防水屋面施工后，应进行24h蓄水试验，或持续淋水24h或雨后观察，看屋面排水系统是否畅通，有无渗漏水、积水现象。

（4）防水工程的细部构造处理，各种接缝、保护层及密封防水部位等均应进行外观检验和防水功能检验，合格后方可隐蔽。

三、施工质量验收

1. 基本规定

（1）本节适用于防水等级为Ⅰ～Ⅲ级的屋面防水；不适用于设有松散材料保温层的屋面以及受较大振动或冲击的和坡度大于15％的建筑屋面。

（2）细石混凝土不得使用火山灰质水泥；当采用矿渣硅酸盐水泥时，应采用减少泌水的措施。粗骨料含泥量不应大于1％，细骨料含泥量不应大于2％。

混凝土水灰比不应大于0.55；每立方米混凝土水泥用量不得少于330kg；含砂率宜为35％～40％；灰砂比宜为1：2～1：2.5；混凝土强度等级不应低于C20。

（3）混凝土中掺加膨胀剂、减水剂、防水剂等外加剂时，应按配合比准确计量，投料顺序得当，并应用机械搅拌，机械振捣。

（4）细石混凝土防水层的分格缝，应设在屋面板的支承端、屋面转折处、防水层与凸出屋面结构的交接处，其纵横间距不宜大于6m。分格缝内应嵌填密封材料。

（5）细石混凝土防水层的厚度不应小于40mm，并应配置双向钢筋网片。钢筋网片在分格缝处应断开，其保护层厚度不应小于10mm。

（6）细石混凝土防水层与立墙及凸出屋面结构等交接处，均应做柔性密封处理；细石混凝土防水层与基层间宜设置隔离层。

2. 主控项目

（1）细石混凝土的原材料及配合比必须符合设计要求。

检验方法：检查出厂合格证、质量检验报告、计量措施和现场抽样复验报告。

（2）细石混凝土防水层不得有渗漏或积水现象。

检验方法：雨后或淋水、蓄水检验。

（3）细石混凝土防水层在天沟、檐沟、檐口、水落口、泛水、变形缝和伸出屋面管道的防水构造，必须符合设计要求。

检验方法：观察检查和检查隐蔽工程验收记录。

3. 一般项目

（1）细石混凝土防水层应表面平整、压实抹光，不得有裂缝、起壳、起砂等缺陷。

检验方法：观察检查。

（2）细石混凝土防水层的厚度和钢筋位置应符合设计要求。

检验方法：观察和尺量检查。

（3）细石混凝土分格缝的位置和间距应符合设计要求。

检验方法：观察和尺量检查。

（4）细石混凝土防水层表面平整度的允许偏差为 5mm。

检验方法：用 2m 靠尺和楔形塞尺检查。

第四节　屋面接缝密封防水

一、材料质量要求

密封材料是指用于各种接缝、接头及构件连接处起水密、气密作用的材料。屋面工程中常使用不定型密封材料，即各种膏状体，俗称密封膏、嵌缝油膏。按其组成材料的不同，屋面工程中使用的密封材料可分为两类，即改性沥青密封材料和合成高分子密封材料。

1. 改性沥青密封材料

改性沥青密封材料是以沥青为基料，用适量的高分子聚合物进行改性，加入填充料和其他化学助剂配制而成的膏状密封材料。常用的有两类，即改性石油沥青密封材料和改性焦油沥青密封材料。由于改性焦油沥青密封材料中的焦油具有一定的毒性，施工熬制时会产生较多的有害气体，所以近年已逐渐在建筑工程中限制使用和淘汰。

改性石油沥青密封材料的物理性能应符合表 7-16 的规定。

改性石油沥青密封材料物理性能　　　　　　　　表 7-16

项　　目		性　能　要　求	
		Ⅰ	Ⅱ
耐热度	温度（℃）	70	80
	下垂度（mm）	≤4.0	
低温柔性	温度（℃）	−20	−10
	粘结状态	无裂纹和剥离现象	
拉伸粘结性（%）		≥125	
浸水后拉伸粘结性（%）		≥125	
挥发性（%）		≤2.8	
施工度（mm）		≥22.0	≥20.0

注：改性石油沥青密封材料按耐热度和低温柔性分为Ⅰ类和Ⅱ类。

2. 合成高分子密封材料

合成高分子密封材料是以合成高分子材料为主体，加入适量的化学助剂、色剂等，经过特定的生产工艺制成的膏状密封材料。常用的有聚氨酯密封膏、丙烯酸酯密封膏、有机硅密封膏、丁基密密封膏等。与改性沥青密封材料相比，合成高分子密封材料具有优良的性能，高延伸、优良的耐候性、粘结性强及耐疲劳性等，为高档密封材料。

合成高分子密封材料的物理性能应符合表 7-17 的规定。

合成高分子密封材料物理性能 表 7-17

项 目		性 能 要 求	
		弹性体密封材料	塑性体密封材料
拉伸粘结性	拉伸强度（MPa）	≥0.2	≥0.02
	延伸率（%）	≥200	≥250
柔性（℃）		－30，无裂纹	－20，无裂纹
拉伸—压缩循环性能	拉伸—压缩率（%）	≥±20	≥±10
	粘结和内聚酯破坏面积（%）	≤25	

3. 基层处理剂与背衬材料

（1）基层处理剂。

基层处理剂应符合下列要求：

1）有易于操作的黏度（流动性）。

2）对被粘结体有良好的浸润性和渗透性。

3）不含能溶化被粘结体表面的溶剂，与密封材料在化学结构上相近，不造成侵蚀，有良好的粘结性。

4）干燥时间短，调整幅度大。

基层处理剂一般采用密封材料生产厂家配套提供的或推荐的产品，其他生产厂家时，应作粘结试验。

（2）背衬材料。

为控制密封材料的嵌填深度，防止密封材料和接缝底部粘结，在接缝底部与密封材料之间设置的可变形的材料称为背衬材料。因此，对背衬材料的要求是：与密封材料不粘结或粘结力弱，具有较大变形能力。常用的背衬材料有各种泡沫塑料棒、油毡条等。

二、施工质量控制

1. 质量控制要求

（1）密封材料的品种、性能、质量标准必须符合设计要求和有关标准的规定。

（2）接缝的宽度和深度必须符合设计要求，界面干燥，无浮浆，无尘土。

（3）非成品密封材料的配合比，必须通过试验确定，并符合施工规范规定。

（4）密封嵌缝必须嵌填密实，粘结牢固，无开裂，密封膏嵌入深度不得小于接缝宽度的 50%，密封膏的覆盖宽度必须超过接缝两边各 20mm 以上。

2. 板面裂缝治理

板面裂缝的治理方法为裂缝封闭法，可用防水油膏、二布三油或环氧树脂进行密封处理，处理过程如下：

（1）将裂缝周围50mm宽的界面清洗干净；将裂缝周边的浮渣或不牢的灰浆清除。

（2）用腻子刀或喷枪将密封膏挤入其中。

（3）在嵌缝材料上覆盖一层保护层。

具体施工可如图7-1所示进行。

图7-1　板面裂缝治理

（a）堆缝；（b）贴缝；（c）闭缝

1—裂缝；2—防水油膏；3——布二油或二布三油；4—环氧树脂

3. 建筑接缝密封的维护

接缝密封胶及埋入的定型密封材料一般寿命较长，但并非一劳永逸，很少能同结构寿命等同。由于日光、大气、雨雪、高低温及腐蚀介质的侵蚀，风沙、伸缩位移应力的作用及意外损伤，接缝密封材料的性能将逐渐劣化，发生软化、硬化、龟裂、剥离或破裂。造成接缝密封失效，为了保证在建筑使用期内接缝有效密封，建筑物应定期检修。清洗或为其他目的进行检查时，注意密封失效的先兆。安排专业人员对接缝密封状态进行检查和维护，当接缝密封已经呈现失效特征，如粉化、变软、发硬、微裂纹、边界剥脱现象（尽管未发生渗漏）时，应提前安排局部修复或进行重新密封或定期更换，若当建筑物发生渗漏时才进行维修，不仅维修难度大，而且损失大，代价高。

三、施工质量验收

1. 基本规定

（1）本节适用于刚性防水屋面分格缝以及天沟、檐沟、泛水、变形缝等细部构造的密封处理验收。

（2）密封防水部位的基层质量应符合下列要求：

1）基层应牢固，表面应平整、密实，不得有蜂窝、麻面、起皮和起砂现象。

2）嵌填密封材料的基层应干净、干燥。

（3）密封防水处理连接部位的基层，应涂刷与密封材料相配套的基层处理剂。基层处理剂应配合比准确，搅拌均匀。采用多组分基层处理剂时，应根据有效时间确定使用量。

（4）接缝处的密封材料底部应填放背衬材料，外露的密封材料上应设置保护层，其宽度不应小于200mm。

（5）密封材料嵌填完成后不得碰损及污染，固化前不得踩踏。

2. 主控项目

（1）密封材料的质量必须符合设计要求。

检验方法：检查产品出厂合格证、配合比和现场抽样复验报告。

（2）密封材料嵌填必须密实、连续、饱满，粘结牢固，无气泡、开裂、脱落等缺陷。

检验方法：观察检查。

3. 一般项目

（1）嵌填密封材料的基层应牢固、干净、干燥，表面应平整、密实。

检验方法：观察检查。

（2）密封防水接缝宽度的允许偏差为±10%，接缝深度为宽度的0.5～0.7倍。

检查方法：尺量检查。

（3）嵌填的密封材料表面应平滑，缝边应顺直，无凹凸不平现象。

检查方法：观察检查。

第五节　瓦屋面工程

一、平瓦屋面

1. 材料质量要求

平瓦主要是指传统的黏土机制平瓦和水泥平瓦，平瓦屋面由平瓦和脊瓦组成，平瓦用于铺盖坡面，脊瓦铺盖于屋脊上，黏土平瓦及其脊瓦是以黏土压制或挤压成型、干燥焙烧而成。水泥平瓦及脊瓦是用水泥、砂加水搅拌经机械滚压成型，常压蒸汽养护后制成。

黏土平瓦及脊瓦的表面质量应符合要求表7-18的要求。

黏土平瓦的表面质量要求 表7-18

缺陷项目		优等品	一等品	合格品
有釉类瓦	无釉类瓦			
缺釉、斑点、落脏、棕眼、熔洞、釉缕、釉泡、釉裂	斑点、起包、熔洞、麻面、图案缺陷、烟熏	距1m处目测不明显	距2m处目测不明显	距3m处目测不明显
色差、光泽差	色差	距3m处目测不明显		

2. 施工质量控制

（1）平瓦屋面的瓦不得有缺角（边、瓦爪）、砂眼、裂纹和翘曲、张口等缺陷。铺设后的屋面不得渗漏水（可在雨天后检查）。

（2）挂瓦应平整，搭接紧密，行列横平竖直，靠屋脊一排瓦应挂上整页；檐口瓦出檐尺寸一致，檐头平直整齐。

（3）屋檐要平直，脊瓦搭口和脊瓦与平瓦的缝隙、沿山墙挑檐的平瓦、斜沟瓦与排水沟的空隙，均应用麻刀灰浆填实抹平，封固严密。

（4）封山应平直，天沟、斜沟、檐沟和泛水的质量要求及漏斗罩、水落口、漏斗、排水管均应符合设计要求和工程质量验收标准的规定。

3. 施工质量验收

（1）基本规定

1）本节适用于防水等级为Ⅱ、Ⅲ级以及坡度不小于20%的屋面。

2）平瓦屋面与立墙及凸出屋面结构等交接处，均应做好泛水处理。天沟、檐沟的防水层，应采用合成高分子防水卷材、高聚物改性沥青防水卷材、沥青防水卷材、金属板材或塑料板材等材料铺设。

3）平瓦屋面的有关尺寸应符合下列要求：

①脊瓦在两坡面瓦上的搭盖宽度，每边不小于 40mm。

②瓦伸入天沟、檐沟的长度为 50～70mm。

③天沟、檐沟的防水层伸入瓦内宽度不小于 150mm。

④瓦头挑出封檐板的长度为 50～70mm。

⑤凸出屋面的墙或烟囱的侧面瓦伸入泛水宽度不小于 50mm。

（2）主控项目

1）平瓦及其脊瓦的质量必须符合设计要求。

检验方法：观察检查和检查出厂合格证或质量检验报告。

2）平瓦必须铺置牢固。地震设防地区或坡度大于 50% 的屋面，应采取固定加强措施。

检验方法：观察和手扳检查。

（3）一般项目

1）挂瓦条应分档均匀，铺钉平整、牢固；瓦面平整，行列整齐，搭接紧密，檐口平直。

检验方法：观察检查。

2）脊瓦应搭盖正确，间距均匀，封固严密；屋脊和斜脊应顺直，无起伏现象。

检验方法：观察或手扳检查。

3）泛水做法应符合设计要求，顺直整齐，结合严密，无渗漏。

检验方法：观察检查和雨后或淋水检验。

二、油毡瓦屋面

1. 材料质量要求

（1）外观质量要求

1）10～45℃环境温度时应易于打开，不得产生脆裂和粘连。

2）玻纤毡必须完全用沥青浸透和涂盖。

3）油毡瓦不应有孔洞和边缘切割不齐、裂缝、断裂等缺陷。

4）矿物料应均匀，覆盖紧密。

5）自粘结点距末端切槽的一端不大于 190mm，并与油毡瓦的防粘纸对齐。

2. 物理性能指标

油毡瓦的物理性能应符合表 7-19 的要求。

油毡瓦物理性能 表 7-19

项　目	性　能　指　标	
	合格品	优等品
可溶物含量（g/m²）	≥1450	≥1900
拉力（N）	≥300	≥340
耐热度（℃）	≥85	
柔度（℃）	10	8

3. 施工质量控制

(1) 在有屋面板的屋面上，铺瓦前铺钉一层油毡，其搭接宽度为 100mm。油毡用顺水条（间距一般为 500mm）钉在屋面板上。

(2) 挂瓦条一般用断面为 30mm×30mm 木条，铺钉时上口要平直，接头在檩条上并要错开，同一檩条上不得连续超过三个接头。其间距根据瓦长，一般为 280～330mm，挂瓦条应铺钉平整、牢固，上棱应成一线。封檐条要比挂瓦条高 20～30mm。

(3) 瓦应铺成整齐的行列，彼此紧密搭接，檐口应成一直线，瓦头挑出檐口一般为 50～70mm。

(4) 斜脊、斜沟瓦应先盖好瓦，沟瓦要搭盖泛水宽度不小于 150mm，然后弹黑线编号，将多余的瓦面锯掉后按号码次序挂上，斜脊同样处理，但要保证脊瓦搭盖在二坡面瓦上至少各 40mm，间距应均匀。

(5) 脊瓦与坡面瓦的缝隙应用麻刀混合砂浆嵌严刮平，屋脊和斜脊应平直，无起伏现象。平脊的接头口要顺主导风向。斜脊的接头口向下（即由下向上铺设）。

(6) 沿山墙挑檐一行瓦，宜用 1∶2.5 的水泥砂浆做好披水线，将瓦封固。

(7) 天沟、斜沟和檐沟一般用镀锌薄钢板制作时，其厚度应为 0.45～0.75mm，薄钢板伸入瓦下面不应少于 150mm。镀锌薄钢板应经风化或涂刷专用的底漆（锌磺类或磷化底漆等）后再涂刷罩面漆两度；如用薄钢板时，应将表面铁锈、油污及灰尘清理干净，其两面均应涂刷两度防锈底漆（红丹油等）再涂刷罩面漆两度。

(8) 天沟和斜沟如用油毡铺设，层数不得小于三层，底层油毡应用带有垫圈的钉子钉在木基层上，其余各层油毡施工应符合有关规定。

4. 施工质量验收

(1) 基本规定

1) 本节适用于防水等级为Ⅱ、Ⅲ级以及坡度不小于 20% 的屋面。

2) 油毡瓦屋面与立墙及凸出屋面结构等交接处，均应做泛水处理。

3) 油毡瓦的基层应牢固平整。如为混凝土基层，油毡瓦应用专用水泥钢钉与冷沥青玛瑞脂粘结固定在混凝土基层上；如为木基层，铺瓦前应在木基层上铺设一层沥青防水卷材垫毡，用油毡钉铺钉，钉帽应被盖在垫毡下面。

4) 油毡瓦屋面的有关尺寸应符合下列要求：

①脊瓦与两坡面油毡瓦搭盖宽度每边不小于 100mm。

②脊瓦与脊瓦的压盖面不小于脊瓦面积的 1/2。

③油毡瓦在屋面与凸出屋面结构的交接处铺贴高度不小于 250mm。

(2) 主控项目

1) 油毡瓦的质量必须符合设计要求。

检验方法：检查出厂合格证和质量检验报告。

2) 油毡瓦所用固定钉必须钉平、钉牢，严禁钉帽外露油毡瓦表面。

检验方法：观察检查。

(3) 一般项目

1) 油毡瓦的铺设方法应正确；油毡瓦之间的对缝，上下层不得重合。

检验方法：观察检查。

2）油毡瓦应与基层紧贴，瓦面平整，檐口顺直。

检验方法：观察检查。

3）泛水做法应符合设计要求，顺直整齐，结合严密，无渗漏。

检验方法：观察检查和雨后或淋水检验。

三、金属板材屋面

1. 材料质量要求

（1）金属板材应边缘整齐，表面光滑，外形规则，不得有扭翘、锈蚀等缺陷。其规格和性能应符合表 7-20 的要求。

金属板材规格和性能　　　　　　　　　　表 7-20

项　　目	规　格　和　性　能					
屋面板宽度（mm）	1000					
屋面板每块长度（m）	12					
屋面板厚度（mm）	40		60		80	
板材厚度（mm）	0.5	0.6	0.5	0.6	0.5	0.6
适用温度范围（℃）	-50～120					
耐火极限（h）	0.6					
重量（kg/m²）	12	14	13	15	14	16
屋面板、泛水板屋脊板厚度（mm）	0.6～0.7					

（2）金属板材连接件及密封材料应符合表 7-21 的要求。

连接件及密封材料的要求　　　　　　　　表 7-21

材　料　名　称	材　料　要　求
自攻螺钉	6.3mm、45 号钢镀锌板、塑料帽
拉铆钉	铝质抽芯铆钉
压盖	不锈钢
密封垫圈	乙丙橡胶垫圈
密封材料	丙烯酸、硅酮密封膏、丁基密封条

2. 施工质量控制

（1）屋面坡度不应小于 1/20，也不应大于 1/6；在腐蚀环境中屋面坡度不应小于 1/12。

（2）屋面板采用切边铺法时，上下两块板的板峰应对齐；不切边铺法时，上下两块板的板峰应错开一波。铺板应挂线铺设，使纵横对齐，横向搭接不小于一个波，长向（侧向）搭接，应顺年最大频率风向搭接，端部搭接应顺流水方向搭接，搭接长度不应小于 200mm。屋面板铺设从一端开始；往另一端同时向屋脊方向进行。

（3）每块金属板材两端支承处的板缝均应用 φ6.3 自攻螺栓与檩条固定，中间支承处应每隔一个板峰用 φ6.3 自攻螺栓与檩条固定。钻孔时，应垂直不偏斜，将板与檩条一起钻穿，螺栓固定前，先垫好长短边的密封条，套上橡胶密封垫圈和不锈钢压盖一起拧紧。

（4）铺板时两板长向搭接间应放置一条通长密封条，端头应放置二条密封条（包括屋脊板、泛水板、包角板等），密封条应连续，不得间断。螺栓拧紧后，两板的搭接口处还应用丙烯酸或硅酮密封膏封严。

（5）两板铺设后，两板的侧向搭接处还应用拉铆钉连接，所用铆钉均应用丙烯酸或硅酮密封膏封严。

3. 施工质量验收

（1）基本规定

1）本节适用于防水等级为Ⅰ～Ⅲ级的屋面。

2）金属板材屋面与立墙及凸出屋面结构等交接处，均应做泛水处理。两板间应放置通长密封条；螺栓拧紧后，两板的搭接口处应用密封材料封严。

3）压型板应采用带防水垫圈的镀锌螺栓（螺钉）固定，固定点应设在波峰上。所有外露的螺栓（螺钉），均应涂抹密封材料保护。

4）压型板屋面的有关尺寸应符合下列要求：

①压型板的横向搭接不小于一个波，纵向搭接不小于 200mm。

②压型板挑出墙面的长度不小于 200mm。

③压型板伸入檐沟内的长度不小于 150mm。

④压型板与泛水的搭接宽度不小于 200mm。

（2）主控项目

1）金属板材及辅助材料的规格和质量，必须符合设计要求。

检验方法：检查出厂合格证和质量检验报告。

2）金属板材的连接和密封处理必须符合设计要求，不得有渗漏现象。

检验方法：观察检查和雨后或淋水检验。

（3）一般项目

1）金属板材屋面应安装平整，固定方法正确，密封完整；排水坡度应符合设计要求。

检验方法：观察和尺量检查。

2）金属板材屋面的檐口线、泛水段应顺直，无起伏现象。

检验方法：观察检查。

第六节 隔热屋面工程

一、施工质量控制

1. 架空隔热屋面

（1）架空隔热屋面应在通风较好的平屋面建筑上采用，夏季风量小的地区和通风差的建筑上使用效果不好，尤其在高女儿墙情况下不宜采用，应采取其他隔热措施。寒冷地区也不宜采用，因为冬天寒冷时也会降低屋面温度，反而使室内降温。

（2）架空的高度一般在 100～300mm，并要视屋面的宽度、坡度而定。如果屋面宽度超过 10m 时，应设通风屋脊，以加强通风强度。

（3）架空屋面的进风口应设在当地炎热季节最大频率风向的正压区，出风口设在负压区。

（4）铺设架空板前，应清扫屋面上的落灰、杂物，以保证隔热层气流畅通，但操作时不得损伤已完成的防水层。

（5）架空板支座底面的柔性防水层上应采取增设卷材或柔软材料的加强措施，以免损坏已完工的防水层。

（6）架空板的铺设应平整、稳固，缝隙宜采用水泥砂浆或水泥混合砂浆嵌填。

（7）架空隔热板距女儿墙不小于 250mm。以利于通风，避免顶裂山墙。

（8）架空隔热制品应铺平垫稳，架空层中不得堵塞，架空板表面应平整，缝隙用水泥砂浆勾填密实。

2. 蓄水屋面

（1）蓄水屋面的防水层，宜采用刚柔结合的防水方案，柔性防水层应是耐腐蚀、耐霉烂、耐穿刺好的涂料或卷材，最佳方案应是涂膜防水层和卷材防水层复合，然后在防水层上浇筑配筋细石混凝土，它既是刚性防水层，又是柔性防水层的保护层。刚性防水层的分格缝和蓄水分区相结合，分格间距一般不大于 10m，以便于管理、清扫和维修，缩小蓄水面积，也可防止大风吹起浪花影响周围环境，细石混凝土的分格缝应填密封材料。当蓄水面积较大时，在蓄水区中部还应设置通道板。

（2）蓄水屋面坡度不宜大于 0.5%，并应划分为若干蓄水区，每区的边长不宜大于 10m；在变形缝两侧，应分成两个互不连通的蓄水区；长度超过 40m 的蓄水屋面，应做横向伸缩缝一道，分区隔墙可用混凝土，也可用砖砌抹面，同时兼作人行通道。分隔墙间应设可以关闭和开启的连通孔、进水孔、溢水孔。

（3）蓄水屋面的泛水和隔墙应高出蓄水深度 100mm，并在蓄水高度处留置溢水口。在分区隔墙底部设过水孔，泄水孔应与水落管连通。

（4）蓄水屋面防水层质量可靠，构造设置合理，如采用柔性防水层复合时，应先施工柔性防水层，再做隔离层，然后浇筑细石混凝土防水层。柔性防水层施工完成后，应进行蓄水检验无渗漏，才能继续下一道工序的施工。柔性防水层与刚性防水层或刚性保护层间应设置隔离层。

（5）蓄水屋面预埋管道及孔洞应在浇筑混凝土前预埋牢固和预留孔洞，不得事后打孔凿洞。

（6）蓄水屋面的细石混凝土原材料和配比应符合刚性防水层的要求，宜掺加膨胀剂、减水剂和密实剂，以减少混凝土的收缩。

（7）每分格区内的混凝土应一次浇完，不得留设施工缝。

（8）防水混凝土必须机械搅拌、机械振捣，随捣随抹，抹压时不得洒水、撒干水泥或加水泥浆。混凝土收水后应进行二次压光，及时养护，如放水养护应结合蓄水，不得再使之干涸，否则就会发生渗漏。

（9）分格缝嵌填密封材料后，上面应做砂浆保护层埋置保护。

（10）含水屋面的每块盖板间距应留 20～30mm 间缝，以便下雨时蓄水。

3. 种植屋面

（1）种植屋面的坡度宜为 1%～3%，以利多余水的排除。

（2）种植屋面的防水层，宜采用刚柔结合的防水方案，柔性防水层应是耐腐蚀、耐霉烂、耐穿刺好的涂料或卷材，最佳方案应是涂膜防水层和卷材防水层复合，柔性防水层上必须设置细石混凝土保护层或细石混凝土防水层，以抵抗种植根系的穿刺和种植工具对它的损坏。

（3）种植屋面四周应设挡墙，以阻止屋面上种植介质的流失，挡墙下部应留泄水孔，孔内侧放置疏水粗细骨料，或放置聚酯无纺布，以保证多余水的流出而种植介质不会流失。

（4）根据种植要求应设置人行通道，也可以采用门形预制槽板，作为挡墙和分区走道板。

（5）种植覆盖层的施工应避免损坏防水层；覆盖材料的表观密度、厚度应按设计的要求选用。

（6）分格缝宜采用整体浇筑的细石混凝土硬化后用切割机锯缝，缝深为2/3刚性防水层厚度，填密封材料后，加聚合物水泥砂浆嵌缝，以减少植物根系穿刺防水层。

二、施工质量验收

1. 架空屋面

（1）基本规定

1）架空隔热层的高度应按照屋面宽度或坡度大小的变化确定。如设计无要求，一般以 100～300mm 为宜。当屋面宽度大于 10m 时，应设置通风屋脊。

2）架空隔热制品支座底面的卷材、涂膜防水层上应采取加强措施，操作时不得损坏已完工的防水层。

3）架空隔热制品的质量应符合下列要求：

①非上人屋面的黏土砖强度等级不应低于 MU7.5；上人屋面的黏土砖强度等级不应低于 MU10。

②混凝土板的强度等级不应低于 C20，板内宜加放钢丝网片。

（2）主控项目

架空隔热制品的质量必须符合设计要求，严禁有断裂和露筋等缺陷。

检验方法：观察检查和检查构件合格证或试验报告。

（3）一般项目

1）架空隔热制品的铺设应平整、稳固，缝隙勾填应密实；架空隔热制品距山墙或女儿墙不得小于 250mm，架空层中不得堵塞，架空高度及变形缝做法应符合设计要求。

检验方法：观察和尺量检查。

2）相邻两块制品的高低差不得大于 3mm。

检验方法：用直尺和楔形塞尺检查。

2. 蓄水屋面

（1）基本规定

1）蓄水屋面应采用刚性防水层或在卷材、涂膜防水层上面再做刚性防水层，防水层应采用耐腐蚀、耐霉烂、耐穿刺性能好的材料。

2）蓄水屋面应划分为若干蓄水区，每区的边长不宜大于 10m，在变形缝的两侧应分成两个互不连通的蓄水区；长度超过 40m 的蓄水屋面应做横向伸缩缝一道。蓄水屋面应设置人行通道。

3）蓄水屋面所设排水管、溢水口和给水管等，应在防水层施工前安装完毕。

4）每个蓄水区的防水混凝土应一次浇筑完毕，不得留施工缝。

（2）主控项目

1）蓄水屋面上设置的溢水口、过水孔、排水管、溢水管，其大小、位置、标高的留设必须符合设计要求。

检验方法：观察和尺量检查。

2）蓄水屋面防水层施工必须符合设计要求，不得有渗漏现象。

检验方法：蓄水至规定高度观察检查。

3. 种植屋面

（1）基本规定

1）种植屋面的防水层应采用耐腐蚀、耐霉烂、耐穿刺性能好的材料。

2）种植屋面采用卷材防水层时，上部应设置细石混凝土保护层。

3）种植屋面应有 1‰～3‰ 的坡度。种植屋面四周应设挡墙，挡墙下部应设泄水孔，孔内侧放置疏水粗细骨料。

4）种植覆盖层的施工应避免损坏防水层；覆盖材料的厚度、质（重）量应符合设计要求。

（2）主控项目

1）种植屋面挡墙泄水孔的留设必须符合设计要求，并不得堵塞。

检验方法：观察和尺量检查。

2）种植屋面防水层施工必须符合设计要求，不得有渗漏现象。

检验方法：蓄水至规定高度，观察检查。

第七节　屋面细部构造防水

一、施工质量控制

（1）在檐口、斜沟、泛水、屋面和凸出屋面结构的连接处以及水落口四周，均应加铺一层卷材附加层；天沟宜加 1～2 层卷材附加层；内部排水的水落口四周，还宜再加铺一层沥青麻布油毡或再生胶油毡，如图 7-2 和图 7-3 所示。

（2）内部排水的水落口应用铸铁制品，水落口杯应牢固地固定在承重结构上，全部零件应预先除净铁锈，并涂刷防锈漆。

与水落口连接的各层卷材，均应粘贴在水落口杯上，并用漏斗罩。底盘压紧宽度至少为 100mm，底盘与卷材间应涂沥青胶结材料，底盘周围应用沥青胶结材料填平。

（3）水落口杯与竖管承口的连接处，用沥青麻丝堵塞，以防漏水。

（4）混凝土檐口宜留凹槽，卷材端部应固定在凹槽内，并用玛瑞脂或油膏封严。

（5）屋面与凸出屋面结构的连接处，贴在立面上的卷材高度应 ≥250mm。如用薄钢板泛水覆盖时，应用钉子将泛水卷材层的上端钉在预埋的墙上木砖上，泛水上部与墙间的缝隙应用沥青砂浆填平，并将钉帽盖住。薄钢板泛水长向接缝处应焊牢。如用其他泛水

图 7-2　屋面与墙面连接处防水层的做法

1—防腐木砖；2—水泥砂浆或沥青砂浆封口；3—20mm×0.5mm 镀锌薄钢板压住油毡并钉牢；

4—防腐木条；5—油毡附加层；6—油毡防水层；7—砂浆找平层；8—保温层及钢筋混凝土基

层；9—油毡附加层；10—油毡搭接部分；11—油毡防水层

图 7-3　天沟与屋面连接处各层卷材的搭接方法

1—屋面油毡防水层；2—砂浆找平层；3—保温层；4—预制钢筋混凝土屋面板；5—天沟油毡防水层；6—天沟油毡附加层；7—预制混凝土薄板；8—天沟部分轻混凝土

（1）本节适用于屋面的天沟、檐沟、檐口、泛水、水落口、变形缝、伸出屋面管道等防水构造。

（2）用于细部构造处理的防水卷材、防水涂料和密封材料的质量，均应符合本规范有关规定的要求。

（3）卷材或涂膜防水层在天沟、檐沟与屋面交接处、泛水、阴阳角等部位，应增加卷材或涂膜附加层。

（4）天沟、檐沟的防水构造应符合下列要求：

1）沟内附加层在天沟、檐沟与屋面交接处宜空铺，空铺的宽度不应小于 200mm。

2）卷材防水层应由沟底翻上至沟外槽顶部，卷材收头应用水泥钉固定，并用密封材料封严。

3）涂膜收头应用防水涂料多遍涂刷或用密封材料封严。

4）在天沟、檐沟与细石混凝土防水层的交接处，应留凹槽并用密封材料嵌填严密。

（5）檐口的防水构造应符合下列要求：

1）铺贴檐口 800mm 范围内的卷材应采取满粘法。

2）卷材收头应压入凹槽，采用金属压条钉压，并用密封材料封口。

3）涂膜收头应用防水涂料多遍涂刷或用密封材料封严。

4）檐口下端应抹出鹰嘴和滴水槽。

时，卷材上端应用沥青砂浆或水泥砂浆封严。

（6）在砌变形缝的附加墙以前，缝口应用伸缩片覆盖，并在墙砌好后，在缝内填沥青麻丝；上部应用钢筋混凝土盖板或可伸缩的镀锌薄钢板盖住。钢筋混凝土盖板的接缝，可用油膏嵌实封严。

二、施工质量验收

1. 基本规定

（6）女儿墙泛水的防水构造应符合下列要求：

1）铺贴泛水处的卷材应采取满粘法。

2）砖墙上的卷材收头可直接铺压在女儿墙压顶下，压顶应做防水处理；也可压入砖墙凹槽内固定密封，凹槽距屋面找平层不应小于250mm，凹槽上部的墙体应做防水处理。

3）涂膜防水层应直接涂刷至女儿墙的压顶下，收头处理应用防水涂料多遍涂刷封严，压顶应做防水处理。

4）混凝土墙上的卷材收头应采用金属压条钉压，并用密封材料封严。

（7）水落口的防水构造应符合下列要求：

1）水落口杯上口的标高应设置在沟底的最低处。

2）防水层贴入水落口杯内不应小于50mm。

3）水落口周围直径500mm范围内的坡度不应小于5%，并采用防水涂料或密封材料涂封，其厚度不应小于2mm。

4）水落口杯与基层接触处应留宽20mm、深20mm凹槽，并嵌填密封材料。

（8）变形缝的防水构造应符合下列要求：

1）变形缝的泛水高度不应小于250mm。

2）防水层应铺贴到变形缝两侧砌体的上部。

3）变形缝内应填充聚苯乙烯泡沫塑料，上部填放衬垫材料，并用卷材封盖。

4）变形缝顶部应加扣混凝土或金属盖板，混凝土盖板的接缝应用密封材料嵌填。

（9）伸出屋面管道的防水构造应符合下列要求：

1）管道根部直径500mm范围内，找平层应抹出高度不小于30mm的圆台。

2）管道周围与找平层或细石混凝土防水层之间，应预留20mm×20mm的凹槽，并用密封材料嵌填严密。

3）管道根部四周应增设附加层，宽度和高度均不应小于300mm。

4）管道上的防水层收头处应用金属箍紧固，并用密封材料封严。

2. 主控项目

（1）天沟、檐沟的排水坡度，必须符合设计要求。

检验方法：用水平仪（水平尺）、拉线和尺量检查。

（2）天沟、檐沟、檐口、水落口、泛水、变形缝和伸出屋面管道的防水构造，必须符合设计要求。

检验方法：观察检查和检查隐蔽工程验收记录。

第八节 分部工程验收

1. 屋面工程施工应按工序或分项工程进行验收，构成分项工程的各检验批应符合相应质量标准的规定。

2. 屋面工程验收的文件和记录应按表7-22要求执行。

3. 屋面工程隐蔽验收记录应包括以下主要内容：

（1）卷材、涂膜防水层的基层。

（2）密封防水处理部位。

(3) 天沟、檐沟、泛水和变形缝等细部做法。

(4) 卷材、涂膜防水层的搭接宽度和附加层。

(5) 刚性保护层与卷材、涂膜防水层之间设置的隔离层。

<table>
<tr><td colspan="3" align="center">屋面工程验收的文件和记录</td><td align="right">表 7-22</td></tr>
<tr><td>序号</td><td>项　目</td><td colspan="2">文 件 和 记 录</td></tr>
<tr><td>1</td><td>防水设计</td><td colspan="2">设计图纸及会审记录、设计变更通知单和材料代用核定单</td></tr>
<tr><td>2</td><td>施工方案</td><td colspan="2">施工方法、技术措施、质量保证措施</td></tr>
<tr><td>3</td><td>技术交底记录</td><td colspan="2">施工操作要求及注意事项</td></tr>
<tr><td>4</td><td>材料质量证明文件</td><td colspan="2">出厂合格证、质量检验报告和试验报告</td></tr>
<tr><td>5</td><td>中间检查记录</td><td colspan="2">分项工程质量验收记录、隐蔽工程验收记录、施工检验记录、淋水或蓄水检验记录</td></tr>
<tr><td>6</td><td>施工日志</td><td colspan="2">逐日施工情况</td></tr>
<tr><td>7</td><td>工程检验记录</td><td colspan="2">抽样质量检验及观察检查</td></tr>
<tr><td>8</td><td>其他技术资料</td><td colspan="2">事故处理报告、技术总结</td></tr>
</table>

4. 屋面工程质量应符合下列要求：

(1) 防水层不得有渗漏或积水现象。

(2) 使用的材料应符合设计要求和质量标准的规定。

(3) 找平层表面应平整，不得有酥松、起砂、起皮现象。

(4) 保温层的厚度、含水率和表观密度应符合设计要求。

(5) 天沟、檐沟、泛水和变形缝等构造，应符合设计要求。

(6) 卷材铺贴方法和搭接顺序应符合设计要求，搭接宽度正确，接缝严密，不得有皱折、鼓泡和翘边现象。

(7) 涂膜防水层的厚度应符合设计要求，涂层无裂纹、皱折、流淌、鼓泡和露胎体现象。

(8) 刚性防水层表面应平整、压光，不起砂，不起皮，不开裂。分格缝应平直，位置正确。

(9) 嵌缝密封材料应与两侧基层粘牢，密封部位光滑、平直，不得有开裂、鼓泡、下塌现象。

(10) 平瓦屋面的基层应平整、牢固，瓦片排列整齐、平直，搭接合理，接缝严密，不得有残缺瓦片。

5. 检查屋面有无渗漏、积水和排水系统是否畅通，应在雨后或持续淋水 2h 后进行。有可能作蓄水检验的屋面，其蓄水时间不应少于 24h。

6. 屋面工程验收后，应填写分部工程质量验收记录，交建设单位和施工单位存档。

第八章 地下防水工程

第一节 防水混凝土

防水混凝土适用于抗渗等级不小于 P6 的地下混凝土结构，不适用于环境温度高于 80℃的地下工程。处于侵蚀性介质中，防水混凝土的耐侵蚀性要求应符合现行国家标准《工业建筑防腐蚀设计规范》GB 50046 和《混凝土结构耐久性设计规范》GB 50476 的有关规定。

一、材料要求

1. 水泥

（1）宜采用普通硅酸盐水泥或硅酸盐水泥，采用其他品种水泥时应经试验确定。

（2）在受侵蚀性介质作用时，应按介质的性质选用相应的水泥品种。

（3）不得使用过期或受潮结块的水泥，并不得将不同品种或强度等级的水泥混合使用。

2. 砂

（1）宜选用中粗砂，含泥量不应大于 3.0%，泥块含量不宜大于 1.0%。

（2）不宜使用海砂；在没有使用河砂的条件时，应对海砂进行处理后才能使用，且控制氯离子含量不得大于 0.06%。

（3）对长期处于潮湿环境的重要结构混凝土用砂，应进行碱活性检验。

3. 石

（1）石或卵石的粒径宜为 5～40mm，含泥量不应大于 1.0%，泥块含量不应大于 0.5%。

（2）对长期处于潮湿环境的重要结构混凝土用石，应进行碱活性检验。

4. 矿物掺合料

（1）粉煤灰的级别不应低于 Ⅱ 级，烧失量不应大于 5%。

（2）硅粉的比表面积不应小于 15000m^2/kg，SiO_2 含量不应小于 85%。

（3）粒化高炉矿渣粉的品质要求应符合现行国家标准《用于水泥和混凝土中的粒化高炉矿渣粉》GB/T 18046 的有关规定。

5. 水

混凝土拌合用水，应符合现行行业标准《混凝土用水标准》JGJ63 的有关规定。

6. 外加剂

（1）外加剂的品种和用量应经试验确定，所用外加剂应符合现行国家标准《混凝土外加剂应用技术规范》GB 50119 的质量规定。

（2）掺加引气剂或引气型减水剂的混凝土，其含气量宜控制在 3%～5%。

（3）考虑外加剂对硬化混凝土收缩性能的影响。

（4）严禁使用对人体产生危害、对环境产生污染的外加剂。

二、施工质量控制

1. 防水混凝土的配合比

（1）试配要求的抗渗水压值应比设计值提高 0.2MPa。

（2）混凝土胶凝材料总量不宜小于 320kg/m³，其中水泥用量不宜小于 260kg/m³，粉煤灰掺量宜为胶凝材料总量的 20%～30%，硅粉的掺量宜为胶凝材料总量的 2%～5%。

（3）水胶比不得大于 0.50，有侵蚀性介质时水胶比不宜大于 0.45。

（4）砂率宜为 35%～40%，泵送时可增至 45%。

（5）灰砂比宜为 1：1.5～1：2.5。

（6）混凝土拌合物的氯离子含量不应超过胶凝材料总量的 0.1%；混凝土中各类材料的总碱量（即 Na_2O 当量）不得大于 3kg/m³。

2. 防水混凝土施工

（1）防水混凝土采用预拌混凝土时，入泵坍落度宜控制在 120～160mm，坍落度每小时损失不应大于 20mm，坍落度总损失值不应大于 40mm。

（2）拌制混凝土所用材料的品种、规格和用量，每工作班检查不应少于两次。每盘混凝土组成材料计量结果的允许偏差应符合表 8-1 的规定。

混凝土组成材料计量结果的允许偏差（%）　　　　　表 8-1

混凝土组成材料	每盘计量	累计计量
水泥、掺合料	±2	±1
粗、细骨料	±3	±2
水、外加剂	±2	±1

注：累计计量仅适用于微机控制计量的搅拌站。

（3）混凝土在浇筑地点的坍落度，每工作班至少检查两次，坍落度试验应符合现行国家标准《普通混凝土拌合物性能试验方法标准》GB/T 50080 的有关规定。混凝土坍落度允许偏差应符合表 8-2 的规定。

（4）泵送混凝土在交货地点的入泵坍落度，每工作班至少检查两次。混凝土入泵时的坍落度允许偏差应符合表 8-3 的规定。

混凝土坍落度允许偏差（mm）　　　　　表 8-2

规定坍落度	允许偏差
≤40	±10
50～90	±15
>90	±20

混凝土入泵时的坍落度允许偏差（mm）　　　　　表 8-3

所需坍落度	允许偏差
≤100	±20
>100	±30

（5）当防水混凝土拌合物在运输后出现离析，必须进行二次搅拌。当坍落度损失后不能满足施工要求时，应加入原水胶比的水泥浆或掺加同品种的减水剂进行搅拌，严禁直接

加水。

(6) 防水混凝土抗压强度试件，应在混凝土浇筑地点随机取样后制作，并应符合下列规定：

1) 同一工程、同一配合比的混凝土，取样频率与试件留置组数应符合现行国家标准《混凝土结构工程施工质量验收规范》GB 50204 的有关规定。

2) 抗压强度试验应符合现行国家标准《普通混凝土力学性能试验方法标准》GB/T 50081 的有关规定。

3) 结构构件的混凝土强度评定应符合现行国家标准《混凝土强度检验评定标准》GB/T 50107 的有关规定。

(7) 防水混凝土抗渗性能应采用标准条件下养护混凝土抗渗试件的试验结果评定，试件应在混凝土浇筑地点随机取样后制作，并应符合下列规定：

1) 连续浇筑混凝土每 500m³ 应留置一组 6 个抗渗试件，且每项工程不得少于两组；采用预拌混凝土的抗渗试件，留置组数应视结构的规模和要求而定。

2) 抗渗性能试验应符合现行国家标准《普通混凝土长期性能和耐久性能试验方法标准》GB/T50082 的有关规定。

(8) 大体积防水混凝土的施工应采取材料选择、温度控制、保温保湿等技术措施。在设计许可的情况下，掺粉煤灰混凝土设计强度等级的龄期宜为 60d 或 90d。

(9) 防水混凝土分项工程检验批的抽样检验数量，应按混凝土外露面积每 100m² 抽查 1 处，每处 10m²，且不得少于 3 处。

三、施工质量验收

1. 主控项目

(1) 防水混凝土的原材料、配合比及坍落度必须符合设计要求。

检验方法：检查产品合格证、产品性能检测报告、计量措施和材料进场检验报告。

(2) 防水混凝土的抗压强度和抗渗性能必须符合设计要求。

检验方法：检查混凝土抗压强度、抗渗性能检验报告。

(3) 防水混凝土结构的施工缝、变形缝、后浇带、穿墙管、埋设件等设置和构造必须符合设计要求。

检验方法：观察检查和检查隐蔽工程验收记录。

2. 一般项目

(1) 防水混凝土结构表面应坚实、平整，不得有露筋、蜂窝等缺陷；埋设件位置应准确。

检验方法：观察检查。

(2) 防水混凝土结构表面的裂缝宽度不应大于 0.2mm，且不得贯通。

检验方法：用刻度放大镜检查。

(3) 防水混凝土结构厚度不应小于 250mm，其允许偏差应为 +8mm、-5mm；主体结构迎水面钢筋保护层厚度不应小于 50mm，其允许偏差应为 ±5mm。

检验方法：尺量检查和检查隐蔽工程验收记录。

第二节 水泥砂浆防水层

水泥砂浆防水层适用于地下工程主体结构的迎水面或背水面，不适用于受持续振动或环境温度高于 80℃ 的地下工程。水泥砂浆防水层应采用聚合物水泥防水砂浆、掺外加剂或掺合料的防水砂浆。

一、材料要求

(1) 水泥应使用普通硅酸盐水泥、硅酸盐水泥或特种水泥，不得使用过期或受潮结块的水泥。

(2) 砂宜采用中砂，含泥量不应大于 1.0%，硫化物及硫酸盐含量不应大于 1.0%。

(3) 用于拌制水泥砂浆的水，应采用不含有害物质的洁净水。

(4) 聚合物乳液的外观为均匀液体，无杂质，无沉淀，不分层。

(5) 外加剂的技术性能应符合现行国家或行业有关标准的质量要求。

二、施工质量控制

1. 基层质量要求

(1) 基层表面应平整、坚实、清洁，并应充分湿润、无明水。

(2) 基层表面的孔洞、缝隙，应采用与防水层相同的水泥砂浆堵塞并抹平。

(3) 施工前应将埋设件、穿墙管预留凹槽内嵌填密封材料后，再进行水泥砂浆防水层施工。

2. 防水层施工

(1) 水泥砂浆的配制，应按所掺材料的技术要求准确计量。

(2) 分层铺抹或喷涂，铺抹时应压实、抹平，最后两层表面应提浆压光。

(3) 防水层各层应紧密粘合，每层宜连续施工；必须留设施工缝时，应采用阶梯坡形槎，但与阴阳角处的距离不得小于 200mm。

(4) 水泥砂浆终凝后应及时进行养护，养护温度不宜低于 5℃，并应保持砂浆表面湿润，养护时间不得少于 14d；聚合物水泥防水砂浆未达到硬化状态时，不得浇水养护或直接受雨水冲刷，硬化后应采用干湿交替的养护方法。潮湿环境中，可在自然条件下养护。

(5) 水泥砂浆防水层分项工程检验批的抽样检验数量，应按施工面积每 100m² 抽查 1 处，每处 10m²，且不得少于 3 处。

三、施工质量验收

1. 主控项目

(1) 防水砂浆的原材料及配合比必须符合设计规定。

检验方法：检查产品合格证、产品性能检测报告、计量措施和材料进场检验报告。

(2) 防水砂浆的粘结强度和抗渗性能必须符合设计规定。

检验方法：检查砂浆粘结强度、抗渗性能检验报告。

（3）水泥砂浆防水层与基层之间应结合牢固，无空鼓现象。

检验方法：观察和用小锤轻击检查。

2. 一般项目

（1）水泥砂浆防水层表面应密实、平整，不得有裂纹、起砂、麻面等缺陷。

检验方法：观察检查。

（2）水泥砂浆防水层施工缝留槎位置应正确，接槎应按层次顺序操作，层层搭接紧密。

检验方法：观察检查和检查隐蔽工程验收记录。

（3）水泥砂浆防水层的平均厚度应符合设计要求，最小厚度不得小于设计厚度的85%。

检验方法：用针测法检查。

（4）水泥砂浆防水层表面平整度的允许偏差应为5mm。

检验方法：用2m靠尺和楔形塞尺检查。

第三节 卷 材 防 水 层

卷材防水层适用于受侵蚀性介质作用或受振动作用的地下工程；卷材防水层应铺设在主体结构的迎水面。

一、材料要求

卷材防水层应采用高聚物改性沥青类防水卷材和合成高分子类防水卷材。所选用的基层处理剂、胶粘剂、密封材料等均应与铺贴的卷材相匹配。

二、施工质量控制

1. 基层

（1）铺贴防水卷材前，基面应干净、干燥，并应涂刷基层处理剂；当基面潮湿时，应涂刷湿固化型胶粘剂或潮湿界面隔离剂。

（2）基层阴阳角应做成圆弧或45°坡角，其尺寸应根据卷材品种确定；在转角处、变形缝、施工缝、穿墙管等部位应铺贴卷材加强层，加强层宽度不应小于500mm。

2. 卷材

（1）防水卷材的搭接宽度应符合表8-4的要求。铺贴双层卷材时，上下两层和相邻两幅卷材的接缝应错开1/3～1/2幅宽，且两层卷材不得相互垂直铺贴。

防水卷材的搭接宽度　　　　　　　　　　　　　　　　表 8-4

卷材品种	搭接宽度（mm）
弹性体改性沥青防水卷材	100
改性沥青聚乙烯胎防水卷材	100
自粘聚合物改性沥青防水卷材	80
三元乙丙橡胶防水卷材	100～60（胶粘剂/胶粘带）

卷材品种	搭接宽度（mm）
聚氯乙烯防水卷材	60～80（单焊缝/双焊缝）
	100（胶粘剂）
聚乙烯丙纶复合防水卷材	100（粘结料）
高分子自粘胶膜防水卷材	70～80（自粘胶/胶粘带）

（2）冷粘法铺贴卷材应符合下列规定：

1）胶粘剂应涂刷均匀，不得露底、堆积。

2）根据胶粘剂的性能，应控制胶粘剂涂刷与卷材铺贴的间隔时间。

3）铺贴时不得用力拉伸卷材，应排除卷材下面的空气，辊压粘贴牢固。

4）铺贴卷材应平整、顺直，搭接尺寸准确，不得扭曲、皱折。

5）卷材接缝部位应采用专用胶粘剂或胶粘带满粘，接缝口应用密封材料封严，其宽度不应小于10mm。

（3）热熔法铺贴卷材应符合下列规定：

1）火焰加热器加热卷材应均匀，不得加热不足或烧穿卷材。

2）卷材表面热熔后应立即滚铺，排除卷材下面的空气，并粘贴牢固。

3）铺贴卷材应平整、顺直，搭接尺寸准确，不得扭曲、皱折。

4）卷材接缝部位应溢出热熔的改性沥青胶料，并粘贴牢固，封闭严密。

（4）自粘法铺贴卷材应符合下列规定：

1）铺贴卷材时，应将有黏性的一面朝向主体结构。

2）外墙、顶板铺贴时，排除卷材下面的空气，辊压粘贴牢固。

3）铺贴卷材应平整、顺直，搭接尺寸准确，不得扭曲、皱折和起泡。

4）立面卷材铺贴完成后，应将卷材端头固定，并用密封材料封严。

5）低温施工时，宜对卷材和基面采用热风适当加热，然后铺贴卷材。

（5）卷材接缝采用焊接法施工应符合下列规定：

1）焊接前卷材应铺放平整，搭接尺寸准确，焊接缝的结合面应清扫干净。

2）焊接时应先焊长边搭接缝，后焊短边搭接缝。

3）控制热风加热温度和时间，焊接处不得漏焊、跳焊或焊接不牢。

4）焊接时不得损害非焊接部位的卷材。

（6）铺贴聚乙烯丙纶复合防水卷材应符合下列规定：

1）应采用配套的聚合物水泥防水粘结材料。

2）卷材与基层粘贴应采用满粘法，粘结面积不应小于90%，刮涂粘结料应均匀，不得露底、堆积、流淌。

3）固化后的粘结料厚度不应小于1.3mm。

4）卷材接缝部位应挤出粘结料，接缝表面处应涂刮1.3mm厚、50mm宽聚合物水泥粘结料封边。

5）聚合物水泥粘结料固化前，不得在其上行走或进行后续作业。

（7）高分子自粘胶膜防水卷材宜采用预铺反粘法施工，并应符合下列规定：

1）卷材宜单层铺设。

2）在潮湿基面铺设时，基面应平整坚固，无明水。

3）卷材长边应采用自粘边搭接，短边应采用胶粘带搭接，卷材端部搭接区应相互错开。

4）立面施工时，在自粘边位置距离卷材边缘 10～20mm 内，每隔 400～600mm 应进行机械固定，并应保证固定位置被卷材完全覆盖。

5）浇筑结构混凝土时不得损伤防水层。

3. 保护层

（1）顶板的细石混凝土保护层与防水层之间宜设置隔离层。细石混凝土保护层厚度：机械回填时不宜小于 70mm，人工回填时不宜小于 50mm。

（2）底板的细石混凝土保护层厚度不应小于 50mm。

（3）侧墙宜采用软质保护材料或铺抹 20mm 厚 1：2.5 水泥砂浆。

4. 卷材防水层分项工程检验批的抽样检验数量，应按铺贴面积每 100m² 抽查 1 处，每处 10m²，且不得少于 3 处。

三、施工质量验收

1. 主控项目

（1）卷材防水层所用卷材及其配套材料必须符合设计要求。

检验方法：检查产品合格证、产品性能检测报告和材料进场检验报告。

（2）卷材防水层在转角处、变形缝、施工缝、穿墙管等部位的做法必须符合设计要求。

检验方法：观察检查和检查隐蔽工程验收记录。

2. 一般项目

（1）卷材防水层的搭接缝应粘贴或焊接牢固，密封严密，不得有扭曲、折皱、翘边和起泡等缺陷。

检验方法：观察检查。

（2）采用外防外贴法铺贴卷材防水层时，立面卷材接槎的搭接宽度，高聚物改性沥青类卷材应为 150mm，合成高分子类卷材应为 100mm，且上层卷材应盖过下层卷材。

检验方法：观察和尺量检查。

（3）侧墙卷材防水层的保护层与防水层应结合紧密，保护层厚度应符合设计要求。

检验方法：观察和尺量检查。

（4）卷材搭接宽度的允许偏差应为 −10mm。

检验方法：观察和尺量检查。

第四节　涂料防水层

涂料防水层适用于受侵蚀性介质作用或受振动作用的地下工程；有机防水涂料宜用于主体结构的迎水面，无机防水涂料宜用于主体结构的迎水面或背水面。

一、材料要求

有机防水涂料应采用反应型、水乳型、聚合物水泥等涂料；无机防水涂料应采用掺外加剂、掺合料的水泥基防水涂料或水泥基渗透结晶型防水涂料。

二、施工质量控制

1. 基层

有机防水涂料基面应干燥。当基面较潮湿时，应涂刷湿固化型胶粘剂或潮湿界面隔离剂；无机防水涂料施工前，基面应充分润湿，但不得有明水。

2. 防水层

(1) 多组分涂料应按配合比准确计量，搅拌均匀，并应根据有效时间确定每次配制的用量。

(2) 涂料应分层涂刷或喷涂，涂层应均匀，涂刷应待前遍涂层干燥成膜后进行。每遍涂刷时应交替改变涂层的涂刷方向，同层涂膜的先后搭压宽度宜为 30～50mm。

(3) 涂料防水层的甩槎处接槎宽度不应小于 100mm，接涂前应将其甩槎表面处理干净。

(4) 采用有机防水涂料时，基层阴阳角处应做成圆弧；在转角处、变形缝、施工缝、穿墙管等部位应增加胎体增强材料和增涂防水涂料，宽度不应小于 500mm。

(5) 胎体增强材料的搭接宽度不应小于 100mm。上下两层和相邻两幅胎体的接缝应错开 1/3 幅宽，且上下两层胎体不得相互垂直铺贴。

3. 涂料防水层分项工程检验批的抽样检验数量，应按涂层面积每 100m²，抽查 1 处，每处 10m²，且不得少于 3 处。

三、施工质量验收

1. 主控项目

(1) 涂料防水层所用的材料及配合比必须符合设计要求。

检验方法：检查产品合格证、产品性能检测报告、计量措施和材料进场检验报告。

(2) 涂料防水层的平均厚度应符合设计要求，最小厚度不得小于设计厚度的 90%。

检验方法：用针测法检查。

(3) 涂料防水层在转角处、变形缝、施工缝、穿墙管等部位做法必须符合设计要求。

检验方法：观察检查和检查隐蔽工程验收记录。

2. 一般项目

(1) 涂料防水层应与基层粘结牢固，涂刷均匀，不得流淌、鼓泡、露槎。

检验方法：观察检查。

(2) 涂层间夹铺胎体增强材料时，应使防水涂料浸透胎体覆盖完全，不得有胎体外露现象。

检验方法：观察检查。

(3) 侧墙涂料防水层的保护层与防水层应结合紧密，保护层厚度应符合设计要求。

检验方法：观察检查。

第五节　塑料防水板防水层

塑料防水板防水层适用于经常承受水压、侵蚀性介质或有振动作用的地下工程；塑料防水板宜铺设在复合式衬砌的初期支护与二次衬砌之间。

一、施工质量控制

1. 基层

塑料防水板防水层的基面应平整，无尖锐凸出物，基面平整度 D/L 不应大于 1/6。

注：D 为初期支护基面相邻两凸面间凹进去的深度；

L 为初期支护基面相邻两凸面间的距离。

初期支护的渗漏水，应在塑料防水板防水层铺设前封堵或引排。

2. 塑料防水板

（1）铺设塑料防水板前应先铺缓冲层，缓冲层应用暗钉圈固定在基面上；缓冲层搭接宽度不应小于 50mm；铺设塑料防水板时，应边铺边用压焊机将塑料防水板与暗钉圈焊接。

（2）两幅塑料防水板的搭接宽度不应小于 100mm，下部塑料防水板压住上部塑料防水板。接缝焊接时，塑料防水板的搭接层数不得超过 3 层。

（3）塑料防水板的搭接缝应采用双焊缝，每条焊缝的有效宽度不应小于 10mm。

（4）塑料防水板铺设时宜设置分区预埋注浆系统。

（5）分段设置塑料防水板防水层时，两端应采取封闭措施。

（6）塑料防水板的铺设应超前二次衬砌混凝土施工，超前距离宜为 5～20m。

（7）塑料防水板应牢固地固定在基面上，固定点间距应根据基面平整情况确定，拱部宜为 0.5～0.8m，边墙宜为 1.0～1.5m，底部宜为 1.5～2.0m；局部凹凸较大时，应在凹处加密固定点。

（8）塑料防水板防水层分项工程检验批的抽样检验数量，应按铺设面积每 100m² 抽查 1 处，每处 10m²，且不得少于 3 处。焊缝检验应按焊缝条数抽查 5%，每条焊缝为 1处，且不得少于 3 处。

二、施工质量验收

1. 主控项目

（1）塑料防水板及其配套材料必须符合设计要求。

检验方法：检查产品合格证、产品性能检测报告和材料进场检验报告。

（2）塑料防水板的搭接缝必须采用双缝热熔焊接，每条焊缝的有效宽度不应小于 10mm。

检验方法：双焊缝间空腔内充气检查和尺量检查。

2. 一般项目

（1）塑料防水板应采用无钉孔铺设，其固定点的间距应符合规范的规定。

检验方法：观察和尺量检查。

（2）塑料防水板与暗钉圈应焊接牢靠，不得漏焊、假焊和焊穿。

检验方法：观察检查。

（3）塑料防水板的铺设应平顺，不得有下垂、绷紧和破损现象。

检验方法：观察检查。

（4）塑料防水板搭接宽度的允许偏差应为—10mm。

检验方法：尺量检查。

第六节　金属板防水层

金属板防水层适用于抗渗性能要求较高的地下工程；金属板应铺设在主体结构迎水面。

一、材料要求

金属板防水层所采用的金属材料和保护材料应符合设计要求。金属板及其焊接材料的规格、外观质量和主要物理性能，应符合国家现行有关标准的规定。

金属板表面有锈蚀、麻点或划痕等缺陷时，其深度不得大于该板材厚度的负偏差值。

二、施工质量控制

金属板的拼接及金属板与工程结构的锚固件连接应采用焊接。金属板的拼接焊缝应进行外观检查和无损检验。

金属板防水层分项工程检验批的抽样检验数量，应按铺设面积每 10m² 抽查 1 处，每处 1m²，且不得少于 3 处。焊缝表面缺陷检验应按焊缝的条数抽查 5%，且不得少于 1 条焊缝；每条焊缝检查 1 处，总抽查数不得少于 10 处。

三、施工质量验收

1. 主控项目

（1）金属板和焊接材料必须符合设计要求。

检验方法：检查产品合格证、产品性能检测报告和材料进场检验报告。

（2）焊工应持有有效的执业资格证书。

检验方法：检查焊工执业资格证书和考核日期。

2. 一般项目

（1）金属板表面不得有明显凹面和损伤。

检验方法：观察检查。

（2）焊缝不得有裂纹、未熔合、夹渣、焊瘤、咬边、烧穿、弧坑、针状气孔等缺陷。

检验方法：观察检查和使用放大镜、焊缝量规及钢尺检查，必要时采用渗透或磁粉探伤检查。

（3）焊缝的焊波应均匀，焊渣和飞溅物应清除干净；保护涂层不得有漏涂、脱皮和返锈现象。

检验方法：观察检查。

第七节　膨润土防水材料防水层

膨润土防水材料防水层适用于 pH 为 4～10 的地下环境中；膨润土防水材料防水层应

用于复合式衬砌的初期支护与二次衬砌之间以及明挖法地下工程主体结构的迎水面，防水层两侧应具有一定的夹持力。

一、材料要求

膨润土防水材料中的膨润土颗粒应采用钠基膨润土，不应采用钙基膨润土。

二、施工质量控制

（1）膨润土防水材料防水层基面应坚实、清洁，不得有明水，基面平整度应符合规定；基层阴阳角应做成圆弧或坡角。

（2）膨润土防水毯的织布面和膨润土防水板的膨润土面，均应与结构外表面密贴。

（3）膨润土防水材料应采用水泥钉和垫片固定；立面和斜面上的固定间距宜为400～500mm，平面上应在搭接缝处固定。

（4）膨润土防水材料的搭接宽度应大于100mm；搭接部位的固定间距宜为200～300mm，固定点与搭接边缘的距离宜为25～30mm，搭接处应涂抹膨润土密封膏。平面搭接缝处可干撒膨润土颗粒，其用量宜为0.3～0.5kg/m。

（5）膨润土防水材料的收口部位应采用金属压条和水泥钉固定，并用膨润土密封膏覆盖。

（6）转角处和变形缝、施工缝、后浇带等部位均应设置宽度不小于500mm加强层，加强层应设置在防水层与结构外表面之间。穿墙管件部位宜采用膨润土橡胶止水条、膨润土密封膏进行加强处理。

（7）膨润土防水材料分段铺设时，应采取临时遮挡防护措施。

（8）膨润土防水材料防水层分项工程检验批的抽样检验数量，应按铺设面积每100m² 抽查1处，每处10m²，且不得少于3处。

三、施工质量验收

1. 主控项目

（1）膨润土防水材料必须符合设计要求。

检验方法：检查产品合格证、产品性能检测报告和材料进场检验报告。

（2）膨润土防水材料防水层在转角处和变形缝、施工缝、后浇带；穿墙管等部位做法必须符合设计要求。

检验方法：观察检查和检查隐蔽工程验收记录。

2. 一般项目

（1）膨润土防水毯的织布面或防水板的膨润土面，应朝向工程主体结构的迎水面。

检验方法：观察检查。

（2）立面或斜面铺设的膨润土防水材料应上层压住下层，防水层与基层、防水层与防水层之间应密贴，并应平整无折皱。

检验方法：观察检查。

（3）膨润土防水材料的搭接和收口部位应符合规范的规定。

检验方法：观察和尺量检查。

（4）膨润土防水材料搭接宽度的允许偏差应为－10mm。

检验方法：观察和尺量检查。

第八节 细部构造防水工程

一、施工缝

1. 主控项目

（1）施工缝用止水带、遇水膨胀止水条或止水胶、水泥基渗透结晶型防水涂料和预埋注浆管必须符合设计要求。

检验方法：检查产品合格证、产品性能检测报告和材料进场检验报告。

（2）施工缝防水构造必须符合设计要求。

检验方法：观察检查和检查隐蔽工程验收记录。

2. 一般项目

（1）墙体水平施工缝应留设在高出底板表面不小于300mm的墙体上。拱、板与墙结合的水平施工缝，宜留在拱、板与墙交接处以下150～300mm处；垂直施工缝应避开地下水和裂隙水较多的地段，并宜与变形缝相结合。

检验方法：观察检查和检查隐蔽工程验收记录。

（2）在施工缝处继续浇筑混凝土时，已浇筑的混凝土抗压强度不应小于1.2MPa。

检验方法：观察检查和检查隐蔽工程验收记录。

（3）水平施工缝浇筑混凝土前，应将其表面浮浆和杂物清除，然后铺设净浆、涂刷混凝土界面处理剂或水泥基渗透结晶型防水涂料，再铺30～50mm厚的1∶1水泥砂浆，并及时浇筑混凝土。

检验方法：观察检查和检查隐蔽工程验收记录。

（4）垂直施工缝浇筑混凝土前，应将其表面清理干净，再涂刷混凝土界面处理剂或水泥基渗透结晶型防水涂料，并及时浇筑混凝土。

检验方法：观察检查和检查隐蔽工程验收记录。

（5）中埋式止水带及外贴式止水带埋设位置应准确，固定应牢靠。

检验方法：观察检查和检查隐蔽工程验收记录。

（6）遇水膨胀止水条应具有缓膨胀性能；止水条与施工缝基面应密贴，中间不得有空鼓、脱离等现象；止水条应牢固地安装在缝表面或预留凹槽内；止水条采用搭接连接时，搭接宽度不得小于30mm。

检验方法：观察检查和检查隐蔽工程验收记录。

（7）遇水膨胀止水胶应采用专用注胶器挤出粘结在施工缝表面，并做到连续、均匀、饱满，无气泡和孔洞，挤出宽度及厚度应符合设计要求；止水胶挤出成形后，固化期内应采取临时保护措施；止水胶固化前不得浇筑混凝土。

检验方法：观察检查和检查隐蔽工程验收记录。

（8）预埋注浆管应设置在施工缝断面中部，注浆管与施工缝基面应密贴并固定牢靠，固定间距宜为200～300mm；注浆导管与注浆管的连接应牢固、严密，导管埋入混凝土内的部分应与结构钢筋绑扎牢固，导管的末端应临时封堵严密。

检验方法：观察检查和检查隐蔽工程验收记录。

二、变形缝

1. 主控项目

（1）变形缝用止水带、填缝材料和密封材料必须符合设计要求。

检验方法：检查产品合格证、产品性能检测报告和材料进场检验报告。

（2）变形缝防水构造必须符合设计要求。

检验方法：观察检查和检查隐蔽工程验收记录。

（3）中埋式止水带埋设位置应准确，其中间空心圆环与变形缝的中心线应重合。

检验方法：观察检查和检查隐蔽工程验收记录。

2. 一般项目

（1）中埋式止水带的接缝应设在边墙较高位置上，不得设在结构转角处；接头宜采用热压焊接，接缝应平整、牢固，不得有裂口和脱胶现象。

检验方法：观察检查和检查隐蔽工程验收记录。

（2）中埋式止水带在转弯处应做成圆弧形；顶板、底板内止水带应安装成盆状，并宜采用专用钢筋套或扁钢固定。

检验方法：观察检查和检查隐蔽工程验收记录。

（3）外贴式止水带在变形缝与施工缝相交部位宜采用十字配件；外贴式止水带在变形缝转角部位宜采用直角配件。止水带埋设位置应准确，固定应牢靠，并与固定止水带的基层密贴，不得出现空鼓、翘边等现象。

检验方法：观察检查和检查隐蔽工程验收记录。

（4）安设于结构内侧的可卸式止水带所需配件应一次配齐，转角处应做成45°角，并增加紧固件的数量。

检验方法：观察检查和检查隐腋工程验收记录。

（5）嵌填密封材料的缝内两侧基面应平整、洁净、干燥，并应涂刷基层处理剂；嵌缝底部应设置背衬材料；密封材料嵌填应严密、连续、饱满，粘结牢固。

检验方法：观察检查和检查隐蔽工程验收记录。

（6）变形缝处表面粘贴卷材或涂刷涂料前，应在缝上设置隔离层和加强层。

检验方法：观察检查和检查隐蔽工程验收记录。

三、后带浇

1. 主控项目

（1）后浇带用遇水膨胀止水条或止水胶；预埋注浆管、外贴式止水带必须符合设计要求。

检验方法：检查产品合格证、产品性能检测报告和材料进场检验报告。

（2）补偿收缩混凝土的原材料及配合比必须符合设计要求。

检验方法：检查产品合格证、产品性能检测报告、计量措施和材料进场检验报告。

（3）后浇带防水构造必须符合设计要求。

检验方法：观察检查和检查隐蔽工程验收记录。

（4）采用掺膨胀剂的补偿收缩混凝土，其抗压强度、抗渗性能和限制膨胀率必须符合设计要求。

检验方法：检查混凝土抗压强度、抗渗性能和水中养护 14d 后的限制膨胀率检验报告。

2. 一般项目

（1）补偿收缩混凝土浇筑前，后浇带部位和外贴式止水带应采取保护措施。

检验方法：观察检查。

（2）后浇带两侧的接缝表面应先清理干净，再涂刷混凝土界面处理剂或水泥基渗透结晶型防水涂料；后浇混凝土的浇筑时间应符合设计要求。

检验方法：观察检查和检查隐蔽工程验收记录。

（3）遇水膨胀止水条、遇水膨胀止水胶的施工，预埋注浆管、外贴式止水带的施工均应符合规范规定。

检验方法：观察检查和检查隐蔽工程验收记录。

（4）后浇带混凝土应一次浇筑，不得留设施工缝；混凝土浇筑后应及时养护，养护时间不得少于 28d。

检验方法：观察检查和检查隐蔽工程验收记录。

四、穿墙管

1. 主控项目

（1）穿墙管用遇水膨胀止水条和密封材料必须符合设计要求。

检验方法：检查产品合格证、产品性能检测报告和材料进场检验报告。

（2）穿墙管防水构造必须符合设计要求。

检验方法：观察检查和检查隐蔽工程验收记录。

2. 一般项目

（1）固定式穿墙管应加焊止水环或环绕遇水膨胀止水圈，并做好防腐处理；穿墙管应在主体结构迎水面预留凹槽，槽内应用密封材料嵌填密实。

检验方法：观察检查和检查隐蔽工程验收记录。

（2）套管式穿墙管的套管与止水环及翼环应连续满焊，并做好防腐处理；套管内表面应清理干净，穿墙管与套管之间应用密封材料和橡胶密封圈进行密封处理，并采用法兰盘及螺栓进行固定。

检验方法：观察检查和检查隐蔽工程验收记录。

（3）穿墙盒的封口钢板与混凝土结构墙上预埋的角钢应焊严，并从钢板上的预留浇注孔注入改性沥青密封材料或细石混凝土，封填后将浇注孔口用钢板焊接封闭。

检验方法：观察检查和检查隐蔽工程验收记录。

（4）当主体结构迎水面有柔性防水层时，防水层与穿墙管连接处应增设加强层。

检验方法：观察检查和检查隐蔽工程验收记录。

（5）密封材料嵌填应密实、连续、饱满，粘结牢固。

检验方法：观察检查和检查隐蔽工程验收记录。

五、埋设件

1. 主控项目

（1）埋设件用密封材料必须符合设计要求。

检验方法：检查产品合格证、产品性能检测报告、材料进场检验报告。

（2）埋设件防水构造必须符合设计要求。

检验方法：观察检查和检查隐蔽工程验收记录。

2. 一般项目

（1）埋设件应位置准确，固定牢靠；埋设件应进行防腐处理。

检验方法：观察、尺量和手扳检查。

（2）埋设件端部或预留孔、槽底部的混凝土厚度不得小于 250mm；当混凝土厚度小于 250mm 时，应局部加厚或采取其他防水措施。

检验方法：尺量检查和检查隐蔽工程验收记录。

（3）结构迎水面的埋设件周围应预留凹槽，凹槽内应用密封材料填实。

检验方法：观察检查和检查隐蔽工程验收记录。

（4）用于固定模板的螺栓必须穿过混凝土结构时，可采用工具式螺栓或螺栓加堵头，螺栓上应加焊止水环。拆模后留下的凹槽应用密封材料封堵密实，并用聚合物水泥砂浆抹平。

检验方法：观察检查和检查隐蔽工程验收记录。

（5）预留孔、槽内的防水层应与主体防水层保持连续。

检验方法：观察检查和检查隐蔽工程验收记录。

（6）密封材料嵌填应密实、连续、饱满，粘结牢固。

检验方法：观察检查和检查隐蔽工程验收记录。

六、预留通道接头

1. 主控项目

（1）预留通道接头用中埋式止水带、遇水膨胀止水条或止水胶、预埋注浆管、密封材料和可卸式止水带必须符合设计要求。

检验方法：检查产品合格证、产品性能检测报告、材料进场检验报告。

（2）预留通道接头防水构造必须符合设计要求。

检验方法：观察检查和检查隐蔽工程验收记录。

（3）中埋式止水带埋设位置应准确，其中间空心圆环与通道接头中心线应重合。

检验方法：观察检查和检查隐蔽工程验收记录。

2. 一般项目

（1）预留通道先浇混凝土结构、中埋式止水带和预埋件应及时保护，预埋件应进行防锈处理。

检验方法：观察检查。

（2）遇水膨胀止水条、遇水膨胀止水胶、预埋注浆管的施工应符合规范的规定。

检验方法：观察检查和检查隐蔽工程验收记录。

（3）密封材料嵌填应密实、连续、饱满，粘结牢固。

检验方法：观察检查和检查隐蔽工程验收记录。

（4）用膨胀螺栓固定可卸式止水带时，止水带与紧固件压块以及止水带与基面之间应结合紧密。采用金属膨胀螺栓时，应选用不锈钢材料或进行防锈处理。

检验方法：观察检查和检查隐蔽工程验收记录。

（5）预留通道接头外部应设保护墙。

检验方法：观察检查和检查隐蔽工程验收记录。

七、桩头

1. 主控项目

（1）桩头用聚合物水泥防水砂浆、水泥基渗透结晶型防水涂料、遇水膨胀止水条或止水胶和密封材料必须符合设计要求。

检验方法：检查产品合格证、产品性能检测报告和材料进场检验报告。

（2）桩头防水构造必须符合设计要求。

检验方法：观察检查和检查隐蔽工程验收记录。

（3）桩头混凝土应密实，如发现渗漏水应及时采取封堵措施。

检验方法：观察检查和检查隐蔽工程验收记录。

2. 一般项目

（1）桩头顶面和侧面裸露处应涂刷水泥基渗透结晶型防水涂料，并延伸到结构底板垫层 150mm 处；桩头四周 300mm 范围内应抹聚合物水泥防水砂浆过渡层。

检验方法：观察检查和检查隐蔽工程验收记录。

（2）结构底板防水层应做在聚合物水泥防水砂浆过渡层上并延伸至桩头侧壁，其与桩头侧壁接缝处应采用密封材料嵌填。

检验方法：观察检查和检查隐蔽工程验收记录。

（3）桩头的受力钢筋根部应采用遇水膨胀止水条或止水胶，并应采取保护措施。

检验方法：观察检查和检查隐蔽工程验收记录。

（4）遇水膨胀止水条、遇水膨胀止水胶的施工应符合规范规定。

检验方法：观察检查和检查隐蔽工程验收记录。

（5）密封材料嵌填应密实、连续、饱满，粘结牢固。

检验方法：观察检查和检查隐蔽工程验收记录。

八、孔口

1. 主控项目

（1）孔口用防水卷材、防水涂料和密封材料必须符合设计要求。

检验方法：检查产品合格证、产品性能检测报告、材料进场检验报告。

（2）孔口防水构造必须符合设计要求。

检验方法：观察检查和检查隐蔽工程验收记录。

2. 一般项目

（1）人员出入口高出地面不应小于 500mm；汽车出入口设置明沟排水时，其高出地面宜为 150mm，并应采取防雨措施。

检验方法：观察和尺量检查。

（2）窗井的底部在最高地下水位以上时，窗井的墙体和底板应做好防水处理，并宜与主体结构断开。窗台下部的墙体和底板应做防水层。

检验方法：观察检查和检查隐蔽工程验收记录。

（3）窗井或窗井的一部分在最高地下水位以下时，窗井应与主体结构连成整体，其防水层也应连成整体，并应在窗井内设置集水井。窗台下部的墙体和底板应做好防水层。

检验方法：观察检查和检查隐蔽工程验收记录。

（4）窗井内的底板应低于窗下缘 300mm。窗井墙高出室外地面不得小于 500mm；窗井外地面应做好散水，散水与墙面间应采用密封材料嵌填。

检验方法：观察检查和尺量检查。

（5）密封材料嵌填应密实、连续、饱满，粘结牢固。

检验方法：观察检查和检查隐蔽工程验收记录。

九、坑、池

1. 主控项目

（1）坑、池防水混凝土的原材料、配合比及坍落度必须符合设计要求。

检验方法：检查产品合格证、产品性能检测报告、计量措施和材料进场检验报告。

（2）坑、池防水构造必须符合设计要求。

检验方法：观察检查和检查隐蔽工程验收记录。

（3）坑、池、储水库内部防水层完成后，应进行蓄水试验。

检验方法：观察检查和检查蓄水试验记录。

2. 一般项目

（1）坑、池、储水库宜采用防水混凝土整体浇筑，混凝土表面应坚实、平整，不得有露筋、蜂窝和裂缝等缺陷。

检验方法：观察检查和检查隐蔽工程验收记录。

（2）坑、池底板的混凝土厚度不应小于 250mm；当底板的厚度小于 250mm 时，应采取局部加厚措施，并应使防水层保持连续。

检验方法：观察检查和检查隐蔽工程验收记录。

（3）坑、池施工完后，应及时遮盖和防止杂物堵塞。

检验方法：观察检查。

第九节　特殊施工法结构防水工程

一、锚喷支护

锚喷支护适用于暗挖法地下工程的支护结构及复合式衬砌的初期支护。喷射混凝土施工前，应根据围岩裂隙及渗漏水的情况，预先采用引排或注浆堵水。

1. 材料要求

（1）选用普通硅酸盐水泥或硅酸盐水泥。

（2）中砂或粗砂的细度模数宜大于 2.5，含泥量不应大于 3.0%；干法喷射时，含水率宜为 5%～7%。

（3）采用卵石或碎石，粒径不应大于 15mm，含泥量不应大于 1.0%；使用碱性速凝剂时，不得使用含有活性二氧化硅的石料。

（4）用不含有害物质的洁净水。

（5）速凝剂的初凝时间不应大于 5min，终凝时间不应大于 10min。

2. 施工质量控制

（1）混合料必须计量准确，搅拌均匀，并应符合下列规定：

1）水泥与砂石质量比宜为 1∶4～1∶4.5，砂率宜为 45%～55%，水胶比不得大于 0.45，外加剂和外掺料的掺量应通过试验确定。

2）水泥和速凝剂称量允许偏差均为 ±2%，砂、石称量允许偏差均为 ±3%。

3）混合料在运输和存放过程中严防受潮，存放时间不应超过 2h；当掺入速凝剂时，存放时间不应超过 20min。

（2）喷射混凝土终凝 2h 后应采取喷水养护，养护时间不得少于 14d；当气温低于 5℃时，不得喷水养护。

（3）喷射混凝土试件制作组数应符合下列规定：

1）地下铁道工程应按区间或小于区间断面的结构，每 20 延米拱和墙各取抗压试件一组；车站取抗压试件两组。其他工程应按每喷射 50m，同一配合比的混合料或混合料小于 50m³ 的独立工程取抗压试件一组。

2）地下铁道工程应按区间结构每 40 延米取抗渗试件一组；车站每 20 延米取抗渗试件一组。其他工程当设计有抗渗要求时，可增做抗渗性能试验。

3）锚杆必须进行抗拔力试验。同一批锚杆每 100 根应取一组试件，每组 3 根，不足 100 根也取 3 根。同一批试件抗拔力平均值不应小于设计锚固力，且同一批试件抗拔力的最小值不应小于设计锚固力的 90%。

4）锚喷支护分项工程检验批的抽样检验数量，应按区间或小于区间断面的结构每 20 延米抽查 1 处，车站每 10 延米抽查 1 处，每处 10m²，且不得少于 3 处。

3. 施工质量验收

（1）主控项目

1）喷射混凝土所用原材料、混合料配合比及钢筋网、锚杆、钢拱架等必须符合设计要求。

检验方法：检查产品合格证、产品性能检测报告、计量措施和材料进场检验报告。

2）喷射混凝土抗压强度、抗渗性能和锚杆抗拔力必须符合设计要求。

检验方法：检查混凝土抗压强度、抗渗性能检验报告和锚杆抗拔力检验报告。

3）锚喷支护的渗漏水量必须符合设计要求。

检验方法：观察检查和检查渗漏水检测记录。

（2）一般项目

1）喷层与围岩以及喷层之间应粘结紧密，不得有空鼓现象。

检验方法：用小锤轻击检查。

2）喷层厚度有 60% 以上检查点不应小于设计厚度，最小厚度不得小于设计厚度的 50%，且平均厚度不得小于设计厚度。

检验方法：用针探法或凿孔法检查。

3）喷射混凝土应密实、平整，无裂缝、脱落、漏喷、露筋。

检验方法：观察检查。

4）喷射混凝土表面平整度 D/L 不得大于 1/6。

检验方法：尺量检查。

二、地下连续墙

地下连续墙适用于地下工程的主体结构、支护结构以及复合式衬砌的初期支护。

1. 材料要求

地下连续墙应采用防水混凝土。胶凝材料用量不应小于 $400\mathrm{kg/m^3}$，水胶比不得大于 0.55，坍落度不得小于 180mm。

2. 施工质量控制

（1）地下连续墙施工时，混凝土应按每一个单元槽段留置一组抗压试件，每 5 个槽段留置一组抗渗试件。

（2）叠合式侧墙的地下连续墙与内衬结构连接处，应凿毛并清洗干净，必要时应做好特殊防水处理。

（3）地下连续墙应根据工程要求和施工条件减少槽段数量；地下连续墙槽段接缝应避开拐角部位。

（4）地下连续墙如有裂缝、孔洞、露筋等缺陷，应采用聚合物水泥砂浆修补；地下连续墙槽段接缝如有渗漏，应采用引排或注浆封堵。

（5）地下连续墙分项工程检验批的抽样检验数量，应按每连续 5 个槽段抽查 1 个槽段，且不得少于 3 个槽段。

3. 施工质量验收

（1）主控项目

1）防水混凝土的原材料、配合比及坍落度必须符合设计要求。

检验方法：检查产品合格证、产品性能检测报告、计量措施和材料进场检验报告。

2）防水混凝土的抗压强度和抗渗性能必须符合设计要求。

检验方法：检查混凝土的抗压强度、抗渗性能检验报告。

3）地下连续墙的渗漏水量必须符合设计要求。

检验方法：观察检查和检查渗漏水检测记录。

（2）一般项目

1）地下连续墙的槽段接缝构造应符合设计要求。

检验方法：观察检查和检查隐蔽工程验收记录。

2）地下连续墙墙面不得有露筋、露石和夹泥现象。

检验方法：观察检查。

3）地下连续墙墙体表面平整度，临时支护墙体允许偏差应为 50mm，单一或复合墙体允许偏差应为 30mm。

检验方法：尺量检查。

三、盾构隧道

盾构隧道适用于在软土和软岩土中采用盾构掘进和拼装管片方法修建的衬砌结构。

1. 施工质量控制

（1）盾构隧道衬砌防水措施应按表 8-5 选用。

盾构隧道衬砌防水措施　　　　　　　　表 8-5

防水措施		高精度管片	接缝防水				混凝土内衬或其他内衬	外防水涂料
			密封垫	嵌缝材料	密封剂	螺孔密封圈		
防水等级	一级	必选	必选	全隧道或部分区段应选	可选	必选	宜选	对混凝土有中等以上腐蚀的地层应选，在非腐蚀地层宜选
	二级	必选	必选	部分区段宜选	可选	必选	局部宜选	对混凝土有中等以上腐蚀的地层宜选
	三级	应选	必选	部分区段宜选	—	应选	—	对混凝土有中等以上腐蚀的地层宜选
	四级	可选	宜选	可选	—	—	—	—

（2）钢筋混凝土管片的质量应符合下列规定：

1）管片混凝土抗压强度和抗渗性能以及混凝土氯离子扩散系数均应符合设计要求。

2）管片不应有露筋、孔洞、疏松、夹渣、有害裂缝、缺棱掉角、飞边等缺陷。

3）单块管片制作尺寸允许偏差应符合表 8-6 的规定。

单块管片制作尺寸允许偏差　　　　　　　　表 8-6

项　　目	允许偏差（mm）
宽度	±1
弧长、弦长	±1
厚度	+3，−1

（3）钢筋混凝土管片抗压和抗渗试件制作应符合下列规定：

1）直径 8m 以下隧道，同一配合比按每生产 10 环制作抗压试件一组，每生产 30 环制作抗渗试件一组。

2）直径 8m 以上隧道，同一配合比按每工作台班制作抗压试件一组，每生产 10 环制作抗渗试件一组。

（4）钢筋混凝土管片的单块抗渗检漏应符合下列规定：

1）检验数量：管片每生产 100 环应抽查 1 块管片进行检漏测试，连续 3 次达到检漏标准，则改为每生产 200 环抽查 1 块管片，再连续 3 次达到检漏标准，按最终检测频率为 400 环抽查 1 块管片进行检漏测试。如出现一次不达标，则恢复每 100 环抽查 1 块管片的最初检漏频率，再按上述要求进行抽检。当检漏频率为每 100 环抽查 1 块时，如出现不达标，则双倍复检，如再出现不达标，必须逐块检漏。

2）检漏标准：管片外表在 0.8MPa 水压力下，恒压 3h，渗水进入管片外背高度不超过 50mm 为合格。

（5）盾构隧道衬砌的管片密封垫防水应符合下列规定：

1）密封垫沟槽表面应干燥，无灰尘，雨天不得进行密封垫粘贴施工。

2）密封垫应与沟槽紧密贴合，不得有起鼓、超长和缺口现象。

3）密封垫粘贴完毕并达到规定强度后，方可进行管片拼装。

4）采用遇水膨胀橡胶密封垫时，非粘贴面应涂刷缓膨胀剂或采取符合缓膨胀的措施。

（6）盾构隧道衬砌的管片嵌缝材料防水应符合下列规定：

1）根据盾构施工方法和隧道的稳定性，确定嵌缝作业开始的时间。

2）嵌缝槽如有缺损，应采用与管片混凝土强度等级相同的聚合物水泥砂浆修补。

3）嵌缝槽表面应坚实、平整、洁净、干燥。

4）嵌缝作业应在无明显渗水后进行。

5）嵌填材料施工时，应先刷涂基层处理剂，嵌填应密实、平整。

（7）盾构隧道衬砌的管片密封剂防水应符合下列规定：

1）接缝管片渗漏时，应采用密封剂堵漏。

2）密封剂注入口应无缺损，注入通道应通畅。

3）密封剂材料注入施工前，应采取控制注入范围的措施。

（8）盾构隧道衬砌的管片螺孔密封圈防水应符合下列规定：

1）螺栓拧紧前，应确保螺栓孔密封圈定位准确，并与螺栓孔沟槽相贴合。

2）螺栓孔渗漏时，应采取封堵措施。

3）不得使用已破损或提前膨胀的密封圈。

（9）盾构隧道分项工程检验批的抽样检验数量，应按每连续 5 环抽查 1 环，且不得少于 3 环。

2．施工质量验收

（1）主控项目

1）盾构隧道衬砌所用防水材料必须符合设计要求。

检验方法：检查产品合格证、产品性能检测报告和材料进场检验报告。

2）钢筋混凝土管片的抗压强度和抗渗性能必须符合设计要求。

检验方法：检查混凝土抗压强度、抗渗性能检验报告和管片单块检漏测试报告。

3）盾构隧道衬砌的渗漏水量必须符合设计要求。

检验方法：观察检查和检查渗漏水检测记录。

（2）一般项目

1）管片接缝密封垫及其沟槽的断面尺寸应符合设计要求。

检验方法：观察检查和检查隐蔽工程验收记录。

2）密封垫在沟槽内应套箍和粘贴牢固，不得歪斜、扭曲。

检验方法：观察检查。

3）管片嵌缝槽的深宽比及断面构造形式、尺寸应符合设计要求。

检验方法：观察检查和检查隐蔽工程验收记录。

4）嵌缝材料嵌填应密实、连续、饱满，表面平整，密贴牢固。

检验方法：观察检查。

5）管片的环向及纵向螺栓应全部穿进并拧紧；衬砌内表面的外露铁件防腐处理应符合设计要求。

检验方法：观察检查。

四、沉井

沉井适用于下沉施工的地下建筑物或构筑物。

1. 材料要求

沉井结构应采用防水混凝土浇筑。

2. 施工质量控制

（1）沉井分段制作时，施工缝的防水措施，固定模板的螺栓穿过混凝土井壁时，螺栓部位的防水处理均应符合规定。

（2）沉井干封底施工应符合下列规定：

1）沉井基底土面应全部挖至设计标高，待其下沉稳定后再将井内积水排干。

2）清除浮土杂物，底板与井壁连接部位应凿毛、清洗干净或涂刷混凝土界面处理剂，及时浇筑防水混凝土封底。

3）在软土中封底时，宜分格逐段对称进行。

4）封底混凝土施工过程中，应从底板上的集水井中不间断地抽水。

5）封底混凝土达到设计强度后，方可停止抽水；集水井的封堵应采用微膨胀混凝土填充捣实，并用法兰、焊接钢板等方法封平。

（3）沉井水下封底施工应符合下列规定：

1）井底应将浮泥清除干净，并铺碎石垫层。

2）底板与井壁连接部位应冲刷干净。

3）封底宜采用水下不分散混凝土，其坍落度宜为 180～220mm。

4）封底混凝土应在沉井全部底面积上连续均匀浇筑。

5）封底混凝土达到设计强度后，方可从井内抽水，并应检查封底质量。

（4）防水混凝土底板应连续浇筑，不得留设施工缝；底板与井壁接缝处的防水处理应符合规范规定。

（5）沉井分项工程检验批的抽样检验数量，应按混凝土外露面积每 100m² 抽查 1 处，每处 10m²，且不得少于 3 处。

3. 施工质量验收

（1）主控项目

1）沉井混凝土的原材料、配合比及坍落度必须符合设计要求。

检验方法：检查产品合格证、产品性能检测报告、计量措施和材料进场检验报告。

2）沉井混凝土的抗压强度和抗渗性能必须符合设计要求。

检验方法：检查混凝土抗压强度、抗渗性能检验报告。

3）沉井的渗漏水量必须符合设计要求。

检验方法：观察检查和检查渗漏水检测记录。

（2）一般项目

1）沉井干封底和水下封底的施工应符合规范规定。

检验方法：观察检查和检查隐蔽工程验收记录。

2）沉井底板与井壁接缝处的防水处理应符合设计要求。

检验方法：观察检查和检查隐蔽工程验收记录。

五、逆筑结构

逆筑结构适用于地下连续墙为主体结构或地下连续墙与内衬构成复合式衬砌进行逆筑法施工的地下工程。

1. 施工质量控制

（1）地下连续墙为主体结构逆筑法施工应符合下列规定：

1）地下连续墙墙面应凿毛、清洗干净，并宜做水泥砂浆防水层。

2）地下连续墙与顶板、中楼板、底板接缝部位应凿毛处理，施工缝的施工应符合规范规定。

3）钢筋接驳器处宜涂刷水泥基渗透结晶型防水涂料。

（2）地下连续墙与内衬构成复合式衬砌逆筑法施工除应符合下列规定：

1）顶板及中楼板下部 500mm 内衬墙应同时浇筑，内衬墙下部应做成斜坡形；斜坡形下部应预留 300～500mm 空间，并应待下部先浇混凝土施工 14d 后再进行浇筑。

2）浇筑混凝土前，内衬墙的接缝面应凿毛、清洗干净，并应设置遇水膨胀止水条或止水胶和预埋注浆管。

3）内衬墙的后浇筑混凝土应采用补偿收缩混凝土，浇筑口宜高于斜坡顶端 200mm 以上。

（3）内衬墙垂直施工缝应与地下连续墙的槽段接缝相互错开 2.0～3.0m。

（4）底板混凝土应连续浇筑，不宜留设施工缝；底板与桩头接缝部位的防水处理应符合规范规定。

（5）底板混凝土达到设计强度后方可停止降水，并应将降水井封堵密实。

（6）逆筑结构分项工程检验批的抽样检验数量，应按混凝土外露面积每 100m² 抽查 1 处，每处 10m²，且不得少于 3 处。

2. 施工质量验收

（1）主控项目

1）补偿收缩混凝土的原材料、配合比及坍落度必须符合设计要求。

检验方法：检查产品合格证、产品性能检测报告、计量措施和材料进场检验报告。

2）内衬墙接缝用遇水膨胀止水条或止水胶和预埋注浆管必须符合设计要求。

检验方法：检查产品合格证、产品性能检测报告和材料进场检验报告。

3）逆筑结构的渗漏水量必须符合设计要求。

检验方法：观察检查和检查渗漏水检测记录。

（2）一般项目

1）逆筑结构的施工应符合规范的规定。

检验方法：观察检查和检查隐蔽工程验收记录。

2）遇水膨胀止水条、遇水膨胀止水胶、预埋注浆管的施工应符合规范的规定。

检验方法：观察检查和检查隐蔽工程验收记录。

第十节 排 水 工 程

一、渗排水、盲沟排水

渗排水适用于无自流排水条件、防水要求较高且有抗浮要求的地下工程。盲沟排水适用于地基为弱透水性土层、地下水量不大或排水面积较小，地下水位在结构底板以下或在丰水期地下水位高于结构底板的地下工程。

1. 施工质量控制

（1）渗排水应符合下列规定：

1）渗排水层用砂、石应洁净，含泥量不应大于 2.0%。

2）粗砂过滤层总厚度宜为 300mm，如较厚时应分层铺填；过滤层与基坑土层接触处，应采用厚度为 100～150mm、粒径为 5～10mm 的石子铺填。

3）集水管应设置在粗砂过滤层下部，坡度不宜小于 1‰，且不得有倒坡现象。集水管之间的距离宜为 5～10m，并与集水井相通。

4）工程底板与渗排水层之间应做好隔浆层，建筑周围的渗排水层顶面应做成散水坡。

（2）盲沟排水应符合下列规定：

1）盲沟成型尺寸和坡度应符合设计要求。

2）盲沟的类型及盲沟与基础的距离应符合设计要求。

3）盲沟用砂、石应洁净，含泥量不应大于 2.0%。

4）盲沟反滤层的层次和粒径组成应符合表 8-7 的规定。

盲沟反滤层的层次和粒径组成   表 8-7

反滤层的层次	建筑物地区地层为砂性土时（塑性指数 $I_p < 3$）	建筑地区地层为黏性土时（塑性指数 $I_p > 3$）
第一层（贴天然土）	用 1～3mm 粒径砂子组成	用 2～5mm 粒径砂子组成
第二层	用 3～10mm 粒径小卵石组成	用 5～10mm 粒径小卵石组成

5）盲沟在转弯处和高低处应设置检查井，出水口处应设置滤水算子。

（3）渗排水、盲沟排水均应在地基工程验收合格后进行施工。

（4）集水管宜采用无砂混凝土管、硬质塑料管或软式透水管。

（5）渗排水、盲沟排水分项工程检验批的抽样检验数量，应按 10% 抽查，其中按两轴线间或 10 延米为 1 处，且不得少于 3 处。

2. 施工质量验收

（1）主控项目

1）盲沟反滤层的层次和粒径组成必须符合设计要求。

检验方法：检查砂、石试验报告和隐蔽工程验收记录。

2）集水管的埋置深度和坡度必须符合设计要求。

检验方法：观察和尺量检查。

（2）一般项目

1）渗排水构造应符合设计要求。

检验方法：观察检查和检查隐蔽工程验收记录。

2）渗排水层的铺设应分层、铺平、拍实。

检验方法：观察检查和检查隐蔽工程验收记录。

3）盲沟排水构造应符合设计要求。

检验方法：观察检查和检查隐蔽工程验收记录。

4）集水管采用平接式或承插式接口应连接牢固，不得扭曲变形和错位。

检验方法：观察检查。

二、隧道排水、坑道排水

隧道排水、坑道排水适用于贴壁式、复合式、离壁式衬砌。

1. 施工质量控制

（1）隧道或坑道内如设置排水泵房时，主排水泵站和辅助排水泵站、集水池的有效容积应符合设计要求。

（2）主排水泵站、辅助排水泵站和污水泵房的废水及污水，应分别排入城市雨水和污水管道系统。污水的排放尚应符合国家现行有关标准的规定。

（3）坑道排水应符合有关特殊功能设计的要求。

（4）隧道贴壁式、复合式衬砌围岩疏导排水应符合下列规定：

1）集中地下水出露处，宜在衬砌背后设置盲沟、盲管或钻孔等引排措施。

2）水量较大、出水面广时，衬砌背后应设置环向、纵向盲沟组成排水系统，将水汇集排至排水沟内。

3）当地下水丰富、含水层明显且有补给来源时，可采用辅助坑道或泄水洞等截、排水设施。

（5）盲沟中心宜采用无砂混凝土管或硬质塑料管，其管周围应设置反滤层；盲管应采用软式透水管。

（6）排水明沟的纵向坡度应与隧道或坑道坡度一致，排水明沟应设置盖板和检查井。

（7）隧道离壁式衬砌侧墙外排水沟应做成明沟，其纵向坡度不应小于0.5%。

（8）隧道排水、坑道排水分项工程检验批的抽样检验数量，应按10%抽查，其中按两轴线间或每10延米为1处，且不得少于3处。

2. 施工质量验收

（1）主控项目

1）盲沟反滤层的层次和粒径组成必须符合设计要求。

检验方法：检查砂、石试验报告。

2）无砂混凝土管、硬质塑料管或软式透水管必须符合设计要求。

检验方法：检查产品合格证和产品性能检测报告。

3）隧道、坑道排水系统必须通畅。

检验方法：观察检查。

（2）一般项目

1）盲沟、盲管及横向导水管的管径、间距、坡度均应符合设计要求。

检验方法：观察和尺量检查。

2）隧道或坑道内排水明沟及离壁式衬砌外排水沟，其断面尺寸及坡度应符合设计要求。

检验方法：观察和尺量检查。

3）盲管应与岩壁或初期支护密贴，并应固定牢固；环向、纵向盲管接头宜与盲管相配套。

检验方法：观察检查。

4）贴壁式、复合式衬砌的盲沟与混凝土衬砌接触部位应做好隔浆层。

检验方法：观察检查和检查隐蔽工程验收记录。

三、塑料排水板排水

塑料排水板适用于无自流排水条件且防水要求较高的地下工程以及地下工程种植顶板排水。

1. 材料要求

塑料排水板应选用抗压强度大且耐久性好的凸凹形排水板。

2. 施工质量控制

（1）塑料排水板排水构造应符合设计要求，并宜符合以下工艺流程：

1）室内底板排水按混凝土底板→铺设塑料排水板（支点向下）→混凝土垫层→配筋混凝土面层等顺序进行。

2）室内侧墙排水按混凝土侧墙→粘贴塑料排水板（支点向墙面）→钢丝网固定→水泥砂浆面层等顺序进行。

3）种植顶板排水按混凝土顶板→找坡层→防水层→混凝土保护层→铺设塑料排水板（支点向上）→铺设土工布→覆土等顺序进行。

4）隧道或坑道排水按初期支护→铺设土工布→铺设塑料排水板（支点向初期支护）→二次衬砌结构等顺序进行。

（2）铺设塑料排水板应采用搭接法施工，长短边搭接宽度均不应小于100mm。塑料排水板的接缝处宜采用配套胶粘剂粘结或热熔焊接。

（3）地下工程种植顶板种植土若低于周边土体，塑料排水板排水层必须结合排水沟或盲沟分区设置，并保证排水畅通。

（4）塑料排水板应与土工布复合使用。土工布宜采用 $200\sim400g/m^2$ 的聚酯无纺布。土工布应铺设在塑料排水板的凸面，相邻土工布搭接宽度不应小于200mm，搭接部位应采用粘合或缝合。

（5）塑料排水板排水分项工程检验批的抽样检验数量，应按铺设面积每 $100m^2$ 抽查1处，每处 $10m^2$，且不得少于3处。

3. 施工质量验收

（1）主控项目

1）塑料排水板和土工布必须符合设计要求。

检验方法：检查产品合格证、产品性能检测报告。

2）塑料排水板排水层必须与排水系统连通，不得有堵塞现象。

检验方法：观察检查。

（2）一般项目

1）塑料排水板排水层构造做法应符合规范规定。

检验方法：观察检查和检查隐蔽工程验收记录。

2）塑料排水板的搭接宽度和搭接方法应符合规范规定。

检验方法：观察和尺量检查。

3）土工布铺设应平整、无折皱；土工布的搭接宽度和搭接方法应符合规范规定。

检验方法：观察和尺量检查。

第十一节 注 浆 工 程

一、预注浆、后注浆

预注浆适用于工程开挖前预计涌水量较大的地段或软弱地层；后注浆适用于工程开挖后处理围岩渗漏及初期壁后空隙回填。

1. 材料要求

注浆材料要具有较好的可注性；固结体收缩小，良好的粘结性、抗渗性、耐久性和化学稳定性；无毒并对环境污染小；注浆工艺简单，施工操作方便，安全可靠。

2. 施工质量控制

在砂卵石层中宜采用渗透注浆法；在黏土层中宜采用劈裂注浆法；在淤泥质软土中宜采用高压喷射注浆法。

（1）注浆浆液应符合下列规定：

1）预注浆宜采用水泥浆液、黏土水泥浆液或化学浆液。

2）后注浆宜采用水泥浆液、水泥砂浆或掺有石灰、黏土膨润土、粉煤灰的水泥浆液。

3）注浆浆液配合比应经现场试验确定。

（2）注浆过程控制应符合下列规定：

1）根据工程地质条件、注浆目的等控制注浆压力和注浆量。

2）回填注浆应在衬砌混凝土达到设计强度的70%后进行，衬砌后围岩注浆应在充填注浆固结体达到设计强度的70%后进行。

3）浆液不得溢出地面和超出有效注浆范围，地面注浆结束后注浆孔应封填密实。

4）注浆范围和建筑物的水平距离很近时，应加强对邻近建筑物和地下埋设物的现场监控。

5）注浆点距离饮用水源或公共水域较近时，注浆施工如有污染应及时采取相应措施。

（3）预注浆、后注浆分项工程检验批的抽样检验数量，应按加固或堵漏面积每 $100m^2$ 抽查 1 处，每处 $10m^2$，且不得少于 3 处。

3. 施工质量验收

（1）主控项目

1）配制浆液的原材料及配合比必须符合设计要求。

检验方法：检查产品合格证、产品性能检测报告、计量措施和材料进场检验报告。

2）预注浆及后注浆的注浆效果必须符合设计要求。

检验方法：采取钻孔取芯法检查；必要时采取压水或抽水试验方法检查。

（2）一般项目

1）注浆孔的数量、布置间距、钻孔深度及角度应符合设计要求。

检验方法：尺量检查和检查隐蔽工程验收记录。

2）注浆各阶段的控制压力和注浆量应符合设计要求。

检验方法：观察检查和检查隐蔽工程验收记录。

3）注浆时浆液不得溢出地面和超出有效注浆范围。

检验方法：观察检查。

4）注浆对地面产生的沉降量不得超过30mm，地面的隆起不得超过20mm。

检验方法：用水准仪测量。

二、结构裂缝注浆

结构裂缝注浆适用于混凝土结构宽度大于0.2mm的静止裂缝、贯穿性裂缝等堵水注浆。裂缝注浆应待结构基本稳定和混凝土达到设计强度后进行。

1. 材料要求

结构裂缝堵水注浆宜选用聚氨酯、丙烯酸等化学浆液；补强加固的结构裂缝注浆宜选用改性环氧树脂、超细水泥等浆液。

2. 施工质量控制

（1）结构裂缝注浆应符合下列规定：

1）施工前，应沿裂缝清除基面上油污杂质。

2）浅裂缝应骑缝粘埋注浆嘴，必要时沿缝开凿"U"形槽并用速凝水泥砂浆封缝。

3）深裂缝应骑缝钻孔或斜向钻孔至裂缝深部，孔内安设注浆管或注浆嘴，间距应根据裂缝宽度而定，但每条裂缝至少有一个进浆孔和一个排气孔。

4）注浆嘴及注浆管应设在裂缝的交叉处、较宽处及贯穿处等部位；对封缝的密封效果应进行检查。

5）注浆后待缝内浆液固化后，方可拆下注浆嘴并进行封口抹平。

（2）结构裂缝注浆分项工程检验批的抽样检验数量，应按裂缝的条数抽查10%，每条裂缝检查1处，且不得少于3处。

3. 施工质量验收

（1）主控项目

1）注浆材料及其配合比必须符合设计要求。

检验方法：检查产品合格证、产品性能检测报告、计量措施和材料进场检验报告。

2）结构裂缝注浆的注浆效果必须符合设计要求。

检验方法：观察检查和压水或压气检查；必要时钻取芯样采取劈裂抗拉强度试验方法检查。

（2）一般项目

1) 注浆孔的数量、布置间距、钻孔深度及角度应符合设计要求。

检验方法：尺量检查和检查隐蔽工程验收记录。

2) 注浆各阶段的控制压力和注浆量应符合设计要求。

检验方法：观察检查和检查隐蔽工程验收记录。

第十二节 子分部工程质量验收

地下防水工程质量验收的程序和组织，应符合现行国家标准《建筑工程施工质量验收统一标准》（GB 50300—2001）的有关规定。

1. 检验批的合格判定应符合下列规定：

（1）主控项目的质量经抽样检验全部合格。

（2）一般项目的质量经抽样检验 80% 以上检测点合格，其余不得有影响使用功能的缺陷；对有允许偏差的检验项目，其最大偏差不得超过现行国家标准《地下防水工程质量验收规范》GB 50208 规定允许偏差的 1.5 倍。

（3）施工具有明确的操作依据和完整的质量检查记录。

2. 分项工程质量验收合格应符合下列规定：

（1）分项工程所含检验批的质量均应验收合格。

（2）分项工程所含检验批的质量验收记录应完整。

3. 子分部工程质量验收合格应符合下列规定：

（1）子分部所含分项工程的质量均应验收合格。

（2）质量控制资料应完整。

（3）地下工程渗漏水检测应符合设计的防水等级标准要求。

（4）观感质量检查应符合要求。

4. 地下防水工程竣工记录资料应符合表 8-8 的规定。

地下防水工程竣工记录资料   表 8-8

序　号	项　　目	竣工和记录资料
1	防水设计	施工图、设计交底记录、图纸会审记录、设计变更通知单和材料代用核定单
2	资质、资格证明	施工单位资质及施工人员上岗证复印证件
3	施工方案	施工方法、技术措施、质量保证措施
4	技术交底	施工操作要求及安全等注意事项
5	材料质量证明	产品合格证、产品性能检测报告、材料进场检验报告
6	混凝土、砂浆质量证明	试配及施工配合比、混凝土抗压强度、抗渗性能检验报告，砂浆粘结强度、抗渗性能检验报告
7	中间检查记录	施工质量验收记录、隐蔽工程验收记录、施工检查记录
8	检验记录	渗漏水检测记录、观感质量检查记录
9	施工日志	逐日施工情况
10	其他资料	事故处理报告、技术总结

5. 地下防水工程应对下列部位做好隐蔽工程验收记录：

（1）防水层的基层。

（2）防水混凝土结构和防水层被掩盖的部位。

（3）施工缝、变形缝、后浇带等防水构造做法。

（4）管道穿过防水层的封固部位。

（5）渗排水层、盲沟和坑槽。

（6）结构裂缝注浆处理部位。

（7）衬砌前围岩渗漏水处理部位。

（8）基坑的超挖和回填。

6. 地下防水工程的观感质量检查应符合下列规定：

（1）防水混凝土应密实，表面应平整，不得有露筋、蜂窝等缺陷；裂缝宽度不得大于0.2mm，并不得贯通。

（2）水泥砂浆防水层应密实、平整，粘结牢固，不得有空鼓、裂纹、起砂、麻面等缺陷。

（3）卷材防水层接缝应粘贴牢固，封闭严密，防水层不得有损伤、空鼓、折皱等缺陷。

（4）涂料防水层应与基层粘结牢固，不得有脱皮、流淌、鼓泡、露胎、折皱等缺陷。

（5）塑料防水板防水层应铺设牢固、平整，搭接焊缝严密，不得有下垂、绷紧破损现象。

（6）金属板防水层焊缝不得有裂纹、未熔合、夹渣、焊瘤、咬边、烧穿、弧坑、针状气孔等缺陷。

（7）施工缝、变形缝、后浇带、穿墙管、埋设件、预留通道接头、桩头、孔口、坑、池等防水构造应符合设计要求。

（8）锚喷支护、地下连续墙、盾构隧道、沉井、逆筑结构等防水构造应符合设计要求。

（9）排水系统不淤积、不堵塞，确保排水畅通。

（10）结构裂缝的注浆效果应符合设计要求。

7. 地下工程出现渗漏水时，应及时进行治理，符合设计的防水等级标准要求后方可验收。

8. 地下防水工程验收后，应填写子分部工程质量验收记录，随同工程验收资料分别由建设单位和施工单位存档。

第九章 建筑地面工程

第一节 基层铺设

一、一般规定

（1）基层铺设的材料质量、密实度和强度等级（或配合比）等应符合设计要求和规范的规定。

（2）基层铺设前，其下一层表面应干净、无积水。垫层分段施工时，接槎处应做成阶梯形，每层接槎处的水平距离应错开 0.5～1.0m。接槎处不应设在地面荷载较大的部位。当垫层、找平层、填充层内埋设暗管时，管道应按设计要求予以稳固。

（3）对有防静电要求的整体地面的基层，应清除残留物，将露出基层的金属物涂绝缘漆两遍，晾干。

（4）基层的标高、坡度、厚度等应符合设计要求。基层表面应平整，其允许偏差和检验方法应符合表 9-1 的规定。

基层表面的允许偏差和检验方法 表 9-1

项目	允许偏差（mm）														检验方法
	基土	垫层		垫层地板			找平层				填充层		隔离层	绝热层	
	土	砂、石、碎石、碎砖	灰土、三合土、四合土、炉渣、水泥混凝土、陶粒混凝土	木格栅	拼花实木地板、拼花实木复合地板、软木类地板面层	其他种面层	用胶结料做结合层铺设板块面层	用水泥砂浆做结合层铺设板块面层	用胶粘剂做结合层铺设拼花木板、浸渍纸层压木质地板、实木复合地板、竹地板、软木地板面层	金属板面层	松散材料	板、块材料	防水、防潮、防油渗	板块材料、浇筑材料、喷涂材料	
表面平整度（mm）	15	15	10	3	3	5	3	5	2	3	7	5	3	4	用 2m 靠尺和楔形塞尺检查
标高（mm）	0 −50	±20	±10	±5	±5	±8	±5	±8	±4	±4	±4	±4	±4	±4	用水准仪检查
坡度（mm）	不大于房间相应尺寸的 2/1000，且不大于 30														用坡度尺检查
厚度（mm）	在个别地方不大于设计厚度的 1/10，且不大于 20														用钢尺检查

二、基土

1. 施工质量控制

地面应铺设在均匀密实的基土上。土层结构被扰动的基土应进行换填，并予以压实。压实系数应符合设计要求。对软弱土层应按设计要求进行处理。

填土应分层摊铺、分层压（夯）实、分层检验其密实度。填土质量应符合现行国家标准《建筑地基基础工程施工质量验收规范》GB 50202 的有关规定。填土时应为最优含水量。重要工程或大面积的地面填土前，应取土样，按击实试验确定最优含水量与相应的最大干密度。

2. 施工质量验收

（1）主控项目

1）基土不应用淤泥、腐殖土、冻土、耕植土、膨胀土和建筑杂物作为填土，填土土块的粒径不应大于 50mm。

检验方法：观察检查和检查土质记录。

检查数量：按规范规定的检验批检查。

2）Ⅰ类建筑基土的氨浓度应符合现行国家标准《民用建筑工程室内环境污染控制规范》GB 50325 的规定。

检验方法：检查检测报告。

检查数量：同一工程、同一土源地点检查一组。

3）基土应均匀密实，压实系数应符合设计要求，设计无要求时，不应小于 0.9。

检验方法：观察检查和检查试验记录。

检查数量：按规范规定的检验批检查。

（2）一般项目

1）基土表面平整度的允许偏差应符合表 9-1 的规定。

检验方法：按表 9-1 中的检验方法检验。

检查数量：按规范规定的检验批和要求检查。

三、灰土垫层

1. 材料要求

灰土垫层应采用熟化石灰与黏土（或粉质黏土、粉土）的拌合料铺设，其厚度不应小于 100mm。熟化石灰粉可采用磨细生石灰，也可用粉煤灰代替。

2. 施工质量控制

灰土垫层应铺设在不受地下水浸泡的基土上。施工后应有防止水浸泡的措施。并应分层夯实，经湿润养护、晾干后方可进行下一道工序施工。灰土垫层不宜在冬期施工。当必须在冬期施工时，应采取可靠措施。

3. 施工质量验收

（1）主控项目

1）灰土体积比应符合设计要求。

检验方法：观察检查和检查配合比试验报告。

检查数量：同一工程、同一体积比检查一次。

（2）一般项目

1）熟化石灰颗粒粒径不应大于 5mm；黏土（或粉质黏土、粉土）内不得含有有机物质，颗粒粒径不应大于 16mm。

检验方法：观察检查和检查质量合格证明文件。

检查数量：按规范规定的检验批检查。

2）灰土垫层表面平整度的允许偏差应符合表 9-1 的规定。

检验方法：按表 9-1 中的检验方法检验。

检查数量：按规范规定的检验批和数量检查。

四、砂垫层和砂石垫层

1. 施工质量控制

（1）砂垫层厚度不应小于 60mm；砂石垫层厚度不应小于 100mm。

（2）砂石应选用天然级配材料。铺设时不应有粗细颗粒分离现象，压（夯）至不松动为止。

2. 施工质量验收

（1）主控项目

1）砂和砂石不应含有草根等有机杂质；砂应采用中砂；石子最大粒径不应大于垫层厚度的 2/3。

检验方法：观察检查和检查质量合格证明文件。

检查数量：按规范规定的检验批检查。

2）砂垫层和砂石垫层的干密度（或贯入度）应符合设计要求。

检验方法：观察检查和检查试验记录。

检查数量：按规范规定的检验批检查。

（2）一般项目

1）表面不应有砂窝、石堆等现象。

检验方法：观察检查。

检查数量：按规范规定的检验批检查。

2）砂垫层和砂石垫层表面平整度的允许偏差应符合表 9-1 的规定。

检验方法：按表 9-1 中的检验方法检验。

检查数量：按规范规定的检验批和要求检查。

五、碎石垫层和碎砖垫层

1. 施工质量控制

碎石垫层和碎砖垫层厚度不应小于 100mm。垫层应分层压（夯）实，达到表面坚实、平整。

2. 施工质量验收

（1）主控项目

1）碎石的强度应均匀，最大粒径不应大于垫层厚度的 2/3；碎砖不应采用风化、酥松、夹有有机杂质的砖料，颗粒粒径不应大于 60mm。

检验方法：观察检查和检查质量合格证明文件。

检查数量：按规范规定的检验批检查。

2）碎石、碎砖垫层的密实度应符合设计要求。

检验方法：观察检查和检查试验记录。

检查数量：按规范规定的检验批检查。

（2）一般项目

1）碎石、碎砖垫层的表面平整度允许偏差应符合表 9-1 的规定。

检验方法：按表 9-1 中的检验方法检验。

检查数量：按规范规定的检验批和要求检查。

六、三合土垫层和四合土垫层

1. 施工质量控制

三合土垫层应采用石灰、砂（可掺入少量黏土）与碎砖的拌合料铺设，其厚度不应小于 100mm；四合土垫层应采用水泥、石灰、砂（可掺少量黏土）与碎砖的拌合料铺设，其厚度不应小于 80mm。三合土垫层和四合土垫层均应分层夯实。

2. 施工质量验收

（1）主控项目

1）水泥宜采用硅酸盐水泥、普通硅酸盐水泥；熟化石灰颗粒粒径不应大于 5mm；砂应用中砂，并不得含有草根等有机物质；碎砖不应采用风化、酥松和含有机杂质的砖料，颗粒粒径不应大于 60mm。

检验方法：观察检查和检查质量合格证明文件。

检查数量：按规范规定的检验批检查。

2）三合土、四合土的体积比应符合设计要求。

检验方法：观察检查和检查配合比试验报告。

检查数量：同一工程、同一体积比检查一次。

（2）一般项目

1）三合土垫层和四合土垫层表面平整度的允许偏差应符合表 9-1 的规定。

检验方法：按表 9-1 中的检验方法检验。

检查数量：按规范规定的检验批和要求检查。

七、炉渣垫层

1. 施工质量控制

炉渣垫层应采用炉渣或水泥与炉渣或水泥、石灰与炉渣的拌合料铺设，其厚度不应小于 80mm。炉渣或水泥炉渣垫层的炉渣，使用前应浇水闷透；水泥石灰炉渣垫层的炉渣，使用前应用石灰浆或用熟化石灰浇水拌合闷透；闷透时间均不得少于 5d。

在垫层铺设前，其下一层应湿润；铺设时应分层压实，表面不得有泌水现象。铺设后应养护，待其凝结后方可进行下一道工序施工。

炉渣垫层施工过程中不宜留施工缝。当必须留缝时，应留直槎，并保证间隙处密实，接槎时应先刷水泥浆，再铺炉渣拌合料。

2. 施工质量验收

（1）主控项目

1）炉渣内不应含有有机杂质和未燃尽的煤块，颗粒粒径不应大于 40mm，且颗粒粒径在 5mm 及其以下的颗粒，不得超过总体积的 40%；熟化石灰颗粒粒径不应大于 5mm。

检验方法：观察检查和检查质量合格证明文件。

检查数量：按规范规定的检验批检查。

2）炉渣垫层的体积比应符合设计要求。

检验方法：观察检查和检查配合比试验报告。

检查数量：同一工程、同一体积比检查一次。

（2）一般项目

1）炉渣垫层与其下一层结合应牢固，不应有空鼓和松散炉渣颗粒。

检验方法：观察检查和用小锤轻击检查。

检查数量：按规范规定的检验批检查。

2）炉渣垫层表面平整度允许偏差应符合表 9-1 的规定。

检验方法：按表 9-1 中的检验方法检验。

检查数量：按规范规定的检验批和要求检查。

八、水泥混凝土垫层和陶粒混凝土垫层

1. 施工质量控制

（1）水泥混凝土垫层和陶粒混凝土垫层应铺设在基土上。当气温长期处于 0℃ 以下，设计无要求时，垫层应设置缩缝，缝的位置、嵌缝做法等应与面层伸缩缝相一致，并应符合规范规定。

（2）水泥混凝土垫层的厚度不应小于 60mm；陶粒混凝土垫层的厚度不应小于 80mm。

（3）垫层铺设前，当为水泥类基层时，其下一层表面应湿润。

（4）室内地面的水泥混凝土垫层和陶粒混凝土垫层，应设置纵向缩缝和横向缩缝；纵向缩缝、横向缩缝的间距均不得大于 6m。垫层的纵向缩缝应做成平头缝或加肋板平头缝。当垫层厚度大于 150mm 时，可做成企口缝。横向缩缝应做成假缝。平头缝和企口缝的缝间不得放置隔离材料，浇筑时应互相紧贴。企口缝尺寸应符合设计要求，假缝宽度宜为 5～20mm，深度宜为垫层厚度的 1/3，填缝材料应与地面变形缝的填缝材料相一致。

（5）工业厂房、礼堂、门厅等大面积水泥混凝土、陶粒混凝土垫层应分区段浇筑。分区段应结合变形缝位置、不同类型的建筑地面连接处和设备基础的位置进行划分，并应与设置的纵向、横向缩缝的间距相一致。

（6）水泥混凝土、陶粒混凝土施工质量检验尚应符合国家现行标准《混凝土结构工程施工质量验收规范》（GB 50204）和《轻骨料混凝土技术规程》（JGJ 51）的有关规定。

2. 施工质量验收

（1）主控项目

1）水泥混凝土垫层和陶粒混凝土垫层采用的粗骨料，其最大粒径不应大于垫层厚度的 2/3，含泥量不应大于 3%；砂为中粗砂，其含泥量不应大于 3%。陶粒中粒径小于

5mm 的颗粒含量应小于 10%；粉煤灰陶粒中大于 15mm 的颗粒含量不应大于 5%；陶粒中不得混夹杂物或黏土块。陶粒宜选用粉煤灰陶粒、页岩陶粒等。

检验方法：观察检查和检查质量合格证明文件。

检查数量：同一工程、同一强度等级、同一配合比检查一次。

2）水泥混凝土和陶粒混凝土的强度等级应符合设计要求。陶粒混凝土的密度应在 800～1400kg/m³ 之间。

检验方法：检查配合比试验报告和强度等级检测报告。

检查数量：配合比试验报告按同一工程、同一强度等级、同一配合比检查一次；强度等级检测报告按规范规定检查。

（2）一般项目

1）水泥混凝土垫层和陶粒混凝土垫层表面平整度的允许偏差应符合表 9-1 的规定。

检验方法：按表 9-1 中的检验方法检验。

检查数量：按规范规定的检验批和要求检查。

九、找平层

1. 材料要求

找平层宜采用水泥砂浆或水泥混凝土铺设。当找平层厚度小于 30mm 时，宜用水泥砂浆做找平层；当找平层厚度不小于 30mm 时，宜用细石混凝土做找平层。

2. 施工质量控制

找平层铺设前，当其下一层有松散填充料时，应予铺平振实。有防水要求的建筑地面工程，铺设前必须对立管、套管和地漏与楼板节点之间进行密封处理，并应进行隐蔽验收；排水坡度应符合设计要求。

在预制钢筋混凝土板上铺设找平层前，板缝填嵌的施工应符合下列要求：

（1）预制钢筋混凝土板相邻缝底宽不应小于 20mm。

（2）填嵌时，板缝内应清理干净，保持湿润。

（3）填缝应采用细石混凝土，其强度等级不应小于 C20。填缝高度应低于板面 10～20mm，且振捣密实；填缝后应养护。当填缝混凝土的强度等级达到 C15 后方可继续施工。

（4）当板缝底宽度大于 40mm 时，应按设计要求配置钢筋。

在预制钢筋混凝土板上铺设找平层时，其板端应按设计要求做好防裂的构造措施。

3. 施工质量验收

（1）主控项目

1）找平层采用碎石或卵石的粒径不应大于其厚度的 2/3，含泥量不应大于 2%；砂为中粗砂，其含泥量不应大于 3%。

检验方法：观察检查和检查质量合格证明文件。

检查数量：同一工程、同一强度等级、同一配合比检查一次。

2）水泥砂浆体积比、水泥混凝土强度等级应符合设计要求，且水泥砂浆体积比不应小于 1：3（或相应强度等级）；水泥混凝土强度等级不应小于 C15。

检验方法：观察检查和检查配合比试验报告、强度等级检测报告。

检查数量：配合比试验报告按同一工程、同一强度等级、同一配合比检查一次；强度等级检测报告按规范规定检查。

3）有防水要求的建筑地面工程的立管、套管、地漏处不应渗漏，坡向应正确、无积水。

检验方法：观察检查和蓄水、泼水检验及坡度尺检查。

检查数量：按规范规定的检验批检查。

4）在有防静电要求的整体面层的找平层施工前，其下敷设的导电网系统应与接地引下线和地下接电体有可靠连接，经电性能检测且符合相关要求后进行隐蔽工程验收。

检验方法：观察检查和检查质量合格证明文件。

检查数量：按规范规定的检验批检查。

（2）一般项目

1）找平层与其下一层结合应牢固，不应有空鼓。

检验方法：用小锤轻击检查。

检查数量：按规范规定的检验批检查。

2）找平层表面应密实，不应有起砂、蜂窝和裂缝等缺陷。

检验方法：观察检查。

检查数量：按规范规定的检验批检查。

3）找平层的表面平整度允许偏差应符合表 9-1 的规定。

检验方法：按表 9-1 中的检验方法检验。

检查数量：按规范规定的检验批和要求检查。

十、隔离层

1. 材料要求

隔离层材料的防水、防油渗性能应符合设计要求。

2. 施工质量控制

（1）隔离层的铺设层数（或道数）、上翻高度应符合设计要求。有种植要求的地面隔离层的防根穿刺等应符合现行行业标准《种植屋面工程技术规程》（JGJ 155）的有关规定。

（2）在水泥类找平层上铺设卷材类、涂料类防水、防油渗隔离层时，其表面应坚固、洁净、干燥。铺设前，应涂刷基层处理剂。基层处理剂应采用与卷材性能相容的配套材料或采用与涂料性能相容的同类涂料的底子油。

（3）当采用掺有防渗外加剂的水泥类隔离层时，其配合比、强度等级、外加剂的复合掺量等应符合设计要求。

（4）铺设隔离层时，在管道穿过楼板面四周，防水、防油渗材料应向上铺涂，并超过套管的上口；在靠近柱、墙处，应高出面层 200～300mm 或按设计要求的高度铺涂。阴阳角和管道穿过楼板面的根部应增加铺涂附加防水、防油渗隔离层。

（5）隔离层兼作面层时，其材料不得对人体及环境产生不利影响，并应符合现行国家标准《食品安全性毒理学评价程序和方法》（GB 15193.1）和《生活饮用水卫生标准》（GB 5749）的有关规定。

（6）防水隔离层铺设后，应按规范规定进行蓄水检验，并做好记录。

（7）隔离层施工质量检验应符合现行国家标准《屋面工程施工质量验收规范》（GB 50207）的有关规定。

3. 施工质量验收

（1）主控项目

1）隔离层材料应符合设计要求和国家现行有关标准的规定。

检验方法：观察检查和检查型式检验报告、出厂检验报告、出厂合格证。

检查数量：同一工程、同一材料、同一生产厂家、同一型号、同一规格、同一批号检查一次。

2）卷材类、涂料类隔离层材料进入施工现场，应对材料的主要物理力学性能指标进行复验。

检验方法：检查复验报告。

检查数量：执行现行国家标准《屋面工程质量验收规范》（GB 50207）的规定。

3）厕浴间和有防水要求的建筑地面必须设置防水隔离层。楼层结构必须采用现浇混凝土或整块预制混凝土板，混凝土强度等级不应小于C20；房间的楼板四周除门洞外应做好混凝土翻边，高度不应小于200mm，宽同墙厚，混凝土强度等级不应小于C20。施工时结构层标高和预留孔洞位置应准确，严禁乱凿洞。

检验方法：观察和钢尺检查。

检查数量：按规范规定的检验批检查。

4）水泥类防水隔离层的防水等级和强度等级应符合设计要求。

检验方法：观察检查和检查防水等级检测报告、强度等级检测报告。

检查数量：防水等级检测报告、强度等级检测报告均按规范的规定检查。

5）防水隔离层严禁渗漏，排水的坡向应正确、排水通畅。

检验方法：观察检查和蓄水、泼水检验、坡度尺检查及检查验收记录。

检查数量：按规范规定的检验批检查。

（2）一般项目

1）隔离层厚度应符合设计要求。

检验方法：观察检查和用钢尺、卡尺检查。

检查数量：按规范规定的检验批检查。

2）隔离层与其下一层应粘结牢固，不应有空鼓；防水涂层应平整、均匀，无脱皮、起壳、裂缝、鼓泡等缺陷。

检验方法：用小锤轻击检查和观察检查。

检查数量：按规范规定的检验批检查。

3）隔离层表面平整度的允许偏差应符合表9-1的规定。

检验方法：按表9-1中的检验方法检验。

检查数量：按规范规定的检验批和要求检查。

十一、填充层

1. 施工质量控制

（1）填充层材料的密度应符合设计要求。

（2）填充层的下一层表面应平整。当为水泥类时，尚应洁净、干燥，并不得有空鼓、裂缝和起砂等缺陷。

（3）采用松散材料铺设填充层时，应分层铺平拍实；采用板、块状材料铺设填充层时，应分层错缝铺贴。

（4）有隔声要求的楼面，隔声垫在柱、墙面的上翻高度应超出楼面 20mm，且应收口于踢脚线内。地面上有竖向管道时，隔声垫应包裹管道四周，高度同卷向柱、墙面的高度。隔声垫保护膜之间应错缝搭接，搭接长度应大于 100mm，并用胶带等封闭。

（5）隔声垫上部应设置保护层，其构造做法应符合设计要求。当设计无要求时，混凝土保护层厚度不应小于 30mm，内配间距不大于 200mm×200mm 的 $\phi6mm$ 钢筋网片。

（6）有隔声要求的建筑地面工程尚应符合现行国家标准《建筑隔声评价标准》（GB/T 50121）、《民用建筑隔声设计规范》（GBJ 118）的有关要求。

2. 施工质量验收

（1）主控项目

1）填充层材料应符合设计要求和国家现行有关标准的规定。

检验方法：观察检查和检查质量合格证明文件。

检查数量：同一工程、同一材料、同一生产厂家、同一型号、同一规格、同一批号检查一次。

2）填充层的厚度、配合比应符合设计要求。

检验方法：用钢尺检查和检查配合比试验报告。

检查数量：按规范规定的检验批检查。

3）对填充材料接缝有密闭要求的应密封良好。

检验方法：观察检查。

检查数量：按规范规定的检验批检查。

（2）一般项目

1）松散材料填充层铺设应密实；板块状材料填充层应压实，无翘曲。

检验方法：观察检查。

检查数量：按规范规定的检验批检查。

2）填充层的坡度应符合设计要求，不应有倒泛水和积水现象。

检验方法：观察和采用泼水或用坡度尺检查。

检查数量：按规范规定的检验批检查。

3）填充层表面平整度的允许偏差应符合表 9-1 的规定。

检验方法：按表 9-1 中的检验方法检验。

检查数量：按规范规定的检验批和要求检查。

4）用作隔声的填充层，其表面平整度允许偏差应符合表 9-1 中隔离层的规定。

检验方法：按表 9-1 中隔离层的检验方法检验。

检查数量：按规范规定的检验批和要求检查。

十二、绝热层

1. 施工质量控制

（1）绝热层材料的性能、品种、厚度、构造做法应符合设计要求和国家现行有关标准的规定。

（2）建筑物室内接触基土的首层地面应增设水泥混凝土垫层后方可铺设绝热层，垫层的厚度及强度等级应符合设计要求。首层地面及楼层楼板铺设绝热层前，表面平整度宜控制在 3mm 以内。

（3）有防水、防潮要求的地面，宜在防水、防潮隔离层施工完毕并验收合格后再铺设绝热层。

（4）穿越地面进入非采暖保温区域的金属管道应采取隔断热桥的措施。

（5）绝热层与地面面层之间应设有水泥混凝土结合层，构造做法及强度等级应符合设计要求。设计无要求时，水泥混凝土结合层的厚度不应小于 30mm，层内应设置间距不大于 200mm×200mm 的 ϕ6mm 钢筋网片。

（6）有地下室的建筑，地上、地下交界部位楼板的绝热层应采用外保温做法，绝热层表面应设有外保护层。外保护层应安全、耐候，表面应平整，无裂纹。

（7）建筑物勒脚处绝热层的铺设应符合设计要求。设计无要求时，应符合下列规定：

1）当地区冻土深度不大于 500mm 时，应采用外保温做法；

2）当地区冻土深度大于 500mm 且不大于 1000mm 时，宜采用内保温做法；

3）当地区冻土深度大于 100mm 时，应采用内保温做法；

4）当建筑物的基础有防水要求时，宜采用内保温做法；

5）采用外保温做法的绝热层，宜在建筑物主体结构完成后再施工。

（8）绝热层的材料不应采用松散型材料或抹灰浆料。

（9）绝热层施工质量检验尚应符合现行国家标准《建筑节能工程施工质量验收规范》（GB 50411）的有关规定。

2. 施工质量验收

（1）主控项目

1）绝热层材料应符合设计要求和国家现行有关标准的规定。

检验方法：观察检查和检查型式检验报告、出厂检验报告、出厂合格证。

检查数量：同一工程、同一材料、同一生产厂家、同一型号、同一规格、同一批号检查一次。

2）绝热层材料进入施工现场时，应对材料的导热系数、表观密度、抗压强度或压缩强度、阻燃性进行复验。

检验方法：检查复验报告。

检查数量：同一工程、同一材料、同一生产厂家、同一型号、同一规格、同一批号复验一组。

3）绝热层的板块材料应采用无缝铺贴法铺设，表面应平整。

检验方法：观察检查、楔形塞尺检查。

检查数量：按规范规定的检验批检查。

（2）一般项目

1）绝热层的厚度应符合设计要求，不应出现负偏差，表面应平整。

检验方法：直尺或钢尺检查。

检查数量：按规范规定的检验批检查。

2）绝热层表面应无开裂。

检验方法：观察检查。

检查数量：按规范规定的检验批检查。

3) 绝热层与地面面层之间的水泥混凝土结合层或水泥砂浆找平层，表面应平整，允许偏差应符合表 9-1 中找平层的规定。

检验方法：按表 9-1 中找平层的检验方法检验。

检查数量：按规范规定的检验批和要求检查。

第二节 整 体 面 层 铺 设

一、一般规定

（1）铺设整体面层时，水泥类基层的抗压强度不得小于 1.2MPa；表面应粗糙、洁净、湿润并不得有积水。铺设前宜凿毛或涂刷界面剂。硬化耐磨面层、自流平面层的基层处理应符合设计及产品的要求。

（2）铺设整体面层时，地面变形缝的位置应符合规范的规定；大面积水泥类面层应设置分格缝。

（3）整体面层施工后，养护时间不应少于 7d；抗压强度应达到 5MPa 后方准上人行走；抗压强度应达到设计要求后，方可正常使用。

（4）当采用掺有水泥拌合料作踢脚线时，不得用石灰混合砂浆打底。

（5）水泥类整体面层的抹平工作应在水泥初凝前完成，压光工作应在水泥终凝前完成。

（6）整体面层的允许偏差和检验方法应符合表 9-2 的规定。

整体面层的允许偏差和检验方法 表 9-2

项目	允许偏差（mm）									检验方法
	水泥混凝土面层	水泥砂浆面层	普通水磨石面层	高级水磨石面层	硬化耐磨面层	防油渗混凝土和不发火（防暴）面层	自流平面层	涂料面层	塑胶面层	
表面平整度	5	4	6	2	4	5	2	2	2	用 2m 靠尺和楔形塞尺检查
踢脚线上口平直	4	4	3	3	4	4	3	3	3	拉 5m 线和用钢尺检查
缝格顺直	3	3	3	2	3	3	2	2	2	

二、水泥混凝土面层

1. 施工质量控制

水泥混凝土面层厚度应符合设计要求。水泥混凝土面层铺设不得留施工缝。当施工间隙超过允许时间规定时，应对接槎处进行处理。

（1）主控项目

1）水泥混凝土采用的粗骨料，最大粒径不应大于面层厚度的 2/3，细石混凝土面层采用的石子粒径不应大于 16mm。

检验方法：观察检查和检查质量合格证明文件。

检查数量：同一工程、同一强度等级、同一配合比检查一次。

2）防水水泥混凝土中掺入的外加剂的技术性能应符合国家现行有关标准的规定，外加剂的品种和掺量应经试验确定。

检验方法：检查外加剂合格证明文件和配合比试验报告。

检查数量：同一工程、同一品种、同一掺量检查一次。

3）面层的强度等级应符合设计要求，且强度等级不应小于 C20。

检验方法：检查配合比试验报告和强度等级检测报告。

检查数量：配合比试验报告按同一工程、同一强度等级、同一 配合比检查一次；强度等级检测报告按规范的规定检查。

4）面层与下一层应结合牢固，应无空鼓和开裂。当出现空鼓时，空鼓面积不应大于 400cm²，且每自然间或标准间不应多于 2 处。

检验方法：观察和用小锤轻击检查。

检查数量：按规范规定的检验批检查。

（2）一般项目

1）面层表面应洁净，不应有裂纹、脱皮、麻面、起砂等缺陷。

检验方法：观察检查。

检查数量：按规范规定的检验批检查。

2）面层表面的坡度应符合设计要求，不应有倒泛水和积水现象。

检验方法：观察和采用泼水或用坡度尺检查。

检查数量：按规范规定的检验批检查。

3）踢脚线与柱、墙面应紧密结合，踢脚线高度和出柱、墙厚度应符合设计要求且均匀一致。当出现空鼓时，局部空鼓长度不应大于 300mm，且每自然间或标准间不应多于 2 处。

检验方法：用小锤轻击、钢尺和观察检查。

检查数量：按规范规定的检验批检查。

4）楼梯、台阶踏步的宽度、高度应符合设计要求。楼层梯段相邻踏步高度差不应大于 10mm；每踏步两端宽度差不应大于 10mm，旋转楼梯梯段的每踏步两端宽度的允许偏差不应大于 5mm。踏步面层应做防滑处理，齿角应整齐，防滑条应顺直、牢固。

检验方法：观察和用钢尺检查。

检查数量：按规范规定的检验批检查。

5）水泥混凝土面层表面平整度的允许偏差应符合表 9-2 的规定。

检验方法：按规范表 9-2 中的检验方法检验。

检查数量：按规范规定的检验批和要求检查。

三、水泥砂浆面层

1. 施工质量控制

水泥砂浆面层的厚度应符合设计要求。

2. 施工质量验收

（1）主控项目

1）水泥宜采用硅酸盐水泥、普通硅酸盐水泥，不同品种、不同强度等级的水泥不应混用；砂应为中粗砂，当采用石屑时，其粒径应为 1～5mm，且含泥量不应大于 3％；防水水泥砂浆采用的砂或石屑，其含泥量不应大于 1％。

检验方法：观察检查和检查质量合格证明文件。

检查数量：同一工程、同一强度等级、同一配合比检查一次。

2）防水水泥砂浆中掺入的外加剂的技术性能应符合国家现行有关标准的规定，外加剂的品种和掺量应经试验确定。

检验方法：观察检查和检查质量合格证明文件、配合比试验报告。

检查数量：同一工程、同一强度等级、同一配合比、同一外加剂品种、同厂掺量检查一次。

3）水泥砂浆的配合比（强度等级）应符合设计要求，且体积比应为 1：2，强度等级不应小于 M15。

检验方法：检查强度等级检测报告。

检查数量：按规范的规定检查。

4）有排水要求的水泥砂浆地面，坡向应正确、排水通畅；防水水泥砂浆面层不应渗漏。

检验方法：观察检查和蓄水、泼水检验或坡度尺检查及检查检验记录。

检查数量：按规范规定的检验批检查。

5）面层与下一层应结合牢固，且应无空鼓和开裂。当出现空鼓时，空鼓面积不应大于 400cm²，且每自然间或标准间不应多于 2 处。

检验方法：观察和用小锤轻击检查。

检查数量：按规范规定的检验批检查。

（2）一般项目

1）面层表面的坡度应符合设计要求，不应有倒泛水和积水现象。

检验方法：观察和采用泼水或坡度尺检查。

检查数量：按规范规定的检验批检查。

2）面层表面应洁净，不应有裂纹、脱皮、麻面、起砂等现象。

检验方法：观察检查。

检查数量：按规范规定的检验批检查。

3）踢脚线与柱、墙面应紧密结合，踢脚线高度及出柱、墙厚度应符合设计要求且均匀一致。当出现空鼓时，局部空鼓长度不应大于 300mm，且每自然间或标准间不应多于 2 处。

检验方法：用小锤轻击、钢尺和观察检查。

检查数量：按规范规定的检验批检查。

4）楼梯、台阶踏步的宽度、高度应符合设计要求。楼层梯段相邻踏步高度差不应大于 10mm；每踏步两端宽度差不应大于 10mm，旋转楼梯梯段的每踏步两端宽度的允许偏差不应大于 5mm。踏步面层应做防滑处理，齿角应整齐，防滑条应顺直、牢固。

检验方法：观察和用钢尺检查。

检查数量：按规范规定的检验批检查。

5）水泥砂浆面层表面平整度的允许偏差应符合表 9-2 的规定。

检验方法：按表 9-2 中的检验方法检验。

检查数量：按规范规定的检验批和要求检查。

四、水磨石面层

1. 施工质量控制

（1）水磨石面层应采用水泥与石粒拌合料铺设，有防静电要求时，拌合料内应按设计要求掺入导电材料。

（2）面层厚度除有特殊要求外，宜为 12～18mm，且宜按石粒粒径确定。水磨石面层白颜色和图案应符合设计要求。

（3）白色或浅色的水磨石面层应采用白水泥；深色的水磨石面层宜采用硅酸盐水泥、普通硅酸盐水泥或矿渣硅酸盐水泥；同颜色的面层应使用同一批水泥。同一彩色面层应使用同厂、同批的颜料；其掺入量宜为水泥质量的 3％～6％或由试验确定。

（4）水磨石面层的结合层采用水泥砂浆时，强度等级应符合设计要求且不应小于 M10，稠度宜为 30～35mm。

（5）防静电水磨石面层中采用导电金属分格条时，分格条应经绝缘处理，且十字交叉处不得碰接。

（6）普通水磨石面层磨光遍数不应少于 3 遍。高级水磨石的厚度和磨光遍数应由设计确定。水磨石面层磨光后，在涂草酸和上蜡前，其表面不得污染。

（7）防静电水磨石面层应在表面经清洗、干燥后，在表面均匀涂抹一层防静电剂和地板蜡，并应做抛光处理。

2. 施工质量验收

（1）主控项目

1）水磨石面层的石粒应采用白云石、大理石等岩石加工而成，石粒应洁净，无杂物，其粒径除特殊要求外应为 6～16mm；颜料应采用耐光、耐碱的矿物原料，不得使用酸性颜料。

检验方法：观察检查和检查质量合格证明文件。

检查数量：同一工程、同一体积比检查一次。

2）水磨石面层拌合料的体积比应符合设计要求，且水泥与石粒的比例应为 1∶1.5～1∶2.5。

检验方法：检查配合比试验报告。

检查数量：同一工程、同一体积比检查一次。

3）防静电水磨石面层应在施工前及施工完成表面干燥后进行接地电阻和表面电阻检测，并应做好记录。

检验方法：检查施工记录和检测报告。

检查数量：按规范规定的检验批检查。

4）面层与下一层结合应牢固，且应无空鼓、裂纹。当出现空鼓时，空鼓面积不应大于400cm²，且每自然间或标准间不应多于2处。

检验方法：观察和用小锤轻击检查。

检查数量：按规范规定的检验批检查。

（2）一般项目

1）面层表面应光滑，且应无裂纹、砂眼和磨痕；石粒应密实，显露应均匀；颜色图案应一致，不混色；分格条应牢固、顺直和清晰。

检验方法：观察检查。

检查数量：按规范规定的检验批检查。

2）踢脚线与柱、墙面应紧密结合，踢脚线高度及出柱、墙厚度应符合设计要求且均匀一致。当出现空鼓时，局部空鼓长度不应大于300mm，且每自然间或标准间不应多于2处。

检验方法：用小锤轻击、钢尺和观察检查。

检查数量：按规范规定的检验批检查。

3）楼梯、台阶踏步的宽度、高度应符合设计要求。楼层梯段相邻踏步高度差不应大于10mm；每踏步两端宽度差不应大于10mm，旋转楼梯梯段的每踏步两端宽度的允许偏差不应大于5mm。踏步面层应做防滑处理，齿角应整齐，防滑条应顺直、牢固。

检验方法：观察和用钢尺检查。

检查数量：按规范规定的检验批检查。

4）水磨石面层表面平整度的允许偏差应符合表9-2的规定。

检验方法：按表9-2中的检验方法检验。

检查数量：按规范规定的检验批和要求检查。

五、硬化耐磨面层

1. 施工质量控制

（1）硬化耐磨面层应采用金属渣、屑、纤维或石英砂、金刚砂等，并应与水泥类胶凝材料拌合铺设或在水泥类基层上撒布铺设。

（2）硬化耐磨面层采用拌合料铺设时，拌合料的配合比应通过试验确定；采用撒布铺设时，耐磨材料的撒布量应符合设计要求，且应在水泥类基层初凝前完成撒布。

（3）硬化耐磨面层采用拌合料铺设时，宜先铺设一层强度等级不小于M15、厚度不小于20mm的水泥砂浆，或水灰比宜为0.4的素水泥浆结合层。

（4）硬化耐磨面层采用拌合料铺设时，铺设厚度和拌合料强度应符合设计要求。当设计无要求时，水泥钢（铁）屑面层铺设厚度不应小于30mm，抗压强度不应小于40MPa；水泥石英砂浆面层铺设厚度不应小于20mm，抗压强度不应小于30MPa；钢纤维混凝土面层铺设厚度不应小于40mm，抗压强度不应小于40MPa。

（5）硬化耐磨面层采用撒布铺设时，耐磨材料应撒布均匀，厚度应符合设计要求；混凝土基层或砂浆基层的厚度及强度应符合设计要求。当设计无要求时，混凝土基层的厚度不应小于50mm，强度等级不应小于C25；砂浆基层的厚度不应小于20mm，强度等级不应小于M15。

（6）硬化耐磨面层分格缝的间距及缝深、缝宽、填缝材料应符合设计要求。

（7）硬化耐磨面层铺设后应在湿润条件下静置养护，养护期限应符合材料的技术要求。

（8）硬化耐磨面层应在强度达到设计强度后方可投入使用。

2. 施工质量验收

（1）主控项目

1）硬化耐磨面层采用的材料应符合设计要求和国家现行有关标准的规定。

检验方法：观察检查和检查质量合格证明文件。

检查数量：采用拌合料铺设的，按同一工程、同一强度等级检查一次；采用撒布铺设的，按同一工程、同一材料、同一生产厂家、同一型号、同一规格、同一批号检查一次。

2）硬化耐磨面层采用拌合料铺设时，水泥的强度不应小于 42.5MPa。金属渣、屑、纤维不应有其他杂质，使用前应去油除锈、冲洗干净并干燥；石英砂应用中粗砂，含泥量不应大于 2%。

检验方法：观察检查和检查质量合格证明文件。

检查数量：同一工程、同一强度等级检查一次。

3）硬化耐磨面层的厚度、强度等级、耐磨性能应符合设计要求。

检验方法：用钢尺检查和检查配合比试验报告、强度等级检测报告、耐磨性能检测报告。

检查数量：厚度按规范规定的检验批检查；配合比试验报告按同一工程、同一强度等级、同一配合比检查一次；强度等级检测报告按规范规定检查；耐磨性能检测报告按同一工程抽样检查一次。

4）面层与基层（或下一层）结合应牢固，且应无空鼓、裂缝。当出现空鼓时，空鼓面积不应大于 400cm²，且每自然间或标准间不应多于 2 处。

检验方法：观察和用小锤轻击检查。

检查数量：按规范规定的检验批检查。

（2）一般项目

1）面层表面坡度应符合设计要求，不应有倒泛水和积水现象。

检验方法：观察和采用泼水或用坡度尺检查。

检查数量：按规范规定的检验批检查。

2）面层表面应色泽一致，切缝应顺直，不应有裂纹、脱皮、麻面、起砂等缺陷。

检验方法：观察检查。

检查数量：按规范规定的检验批检查。

3）踢脚线与柱、墙面应紧密结合，踢脚线高度及出柱、墙厚度应符合设计要求且均匀一致。当出现空鼓时，局部空鼓长度应大于 300mm，且每自然间或标准间不应多于 2 处。

检验方法：用小锤轻击、钢尺和观察检查。

检查数量：按规范规定的检验批检查。

4）硬化耐磨面层表面平整度的允许偏差应符合表 9-2 的规定。

检验方法：按表 9-2 中的检查方法检查。

检查数量：按规范规定的检验批和要求检查。

六、防油渗面层

1. 施工质量控制

（1）防油渗面层应采用防油渗混凝土铺设或采用防油渗涂片涂刷。

（2）防油渗隔离层及防油渗面层与墙、柱连接处的构造应符合设计要求。

（3）防油渗混凝土面层厚度应符合设计要求，防油渗混凝土的配合比应按设计要求的强度等级和抗渗性能通过试验确定。

（4）防油渗混凝土面层应按厂房柱网分区段浇筑，区段划分及分区段缝应符合设计要求。

（5）防油渗混凝土面层内不得敷设管线。露出面层的电线管、接线盒、预埋套管和地脚螺栓等的处理，以及与墙、柱、变形缝、孔洞等连接处泛水均应采取防油渗措施并应符合设计要求。

（6）防油渗面层采用防油渗涂料时，材料应按设计要求选用，涂层厚度宜为5～7mm。

2. 施工质量验收

（1）主控项目

1）防油渗混凝土所用的水泥应采用普通硅酸盐水泥；碎石采用花岗石或石英石，不应使用松散、多孔和吸水率大的石子，粒径为5～16mm，最大粒径不应大于20mm，含泥量不应大于1%；砂应为中砂，且应洁净无杂物；掺入的外加剂和防油渗剂应符合有关标准的规定。防油渗涂料应具有耐油、耐磨、耐火和粘结性能。

检验方法：观察检查和检查质量合格证明文件。

检查数量：同一工程、同一强度等级、同一配合比、同一粘结强度检查一次。

2）防油渗混凝土的强度等级和抗渗性能应符合设计要求，且强度等级不应小于C30；防油渗涂料的粘结强度不应小于0.3MPa。

检验方法：检查配合比试验报告、强度等级检测报告、粘结强度检测报告。

检查数量：配合比试验报告按同一工程、同一强度等级、同一配合比检查一次；强度等级检测报告按规范规定检查；抗拉粘结强度检测报告按同一工程、同一涂料品种、同一生产厂家、同一型号、同一规格、同一批号检查一次。

3）防油渗混凝土面层与下一层应结合牢固、无空鼓。

检验方法：用小锤轻击检查。

检查数量：按规范规定的检验批检查。

4）防油渗涂料面层与基层应粘结牢固，不应有起皮、开裂、漏涂等缺陷。

检验方法：观察检查。

检查数量：按规范规定的检验批检查。

（2）一般项目

1）防油渗面层表面坡度应符合设计要求，不得有倒泛水和积水现象。

检验方法：观察和采用泼水或用坡度尺检查。

检查数量：按规范规定的检验批检查。

2）防油渗混凝土面层表面应洁净，不应有裂纹、脱皮、麻面和起砂等现象。

检验方法：观察检查。

检查数量：按规范规定的检验批检查。

3）踢脚线与柱、墙面应紧密结合，踢脚线高度及出柱、墙厚度应符合设计要求且均匀一致。

检验方法：用小锤轻击、钢尺和观察检查。

检查数量：按规范规定的检验批检查。

4）防油渗面层表面平整度的允许偏差应符合表 9-2 的规定。

检验方法：按表 9-2 中的检验方法检查。

检查数量：按规范规定的检验批和要求检查。

七、不发火（防爆）面层

1. 施工质量控制

（1）不发火（防爆）面层应采用水泥类拌合料及其他不发火材料铺设，其材料和厚度应符合设计要求。不发火（防爆）各类面层的铺设应符合规范的规定。

（2）不发火（防爆）面层采用的材料和硬化后的试件，应按《建筑地面工程施工质量验收规范》GB 50209 附录 A 做不发火性试验。

2. 施工质量验收

（1）主控项目

1）不发火（防爆）面层中碎石的不发火性能必须合格；砂应质地坚硬、表面粗糙，其粒径应为 0.15～5mm，含泥量不应大于 3％，有机物含量不应大于 0.5％；水泥应采用硅酸盐水泥、普通硅酸盐水泥；面层分格的嵌条应采用不发生火花的材料配制。配制时应随时检查，不得混入金属或其他易发生火花的杂质。

检验方法：观察检查和检查质量合格证明文件。

检查数量：按规范规定检查。

2）不发火（防爆）面层的强度等级应符合设计要求。

检验方法：检查配合比试验报告和强度等级检测报告。

检查数量：配合比试验报告按同一工程、同一强度等级、同一配合比检查一次；强度等级检测报告按规范的规定检查。

3）与下一层应结合牢固，且应无空鼓和开裂。当出现空鼓时，空鼓面积不应大于 400cm²，且每自然间或标准间不应多于 2 处。

检验方法：观察和用小锤轻击检查。

检查数量：按规范规定的检验批检查。

4）不发火（防爆）面层的试件应检验合格。

检验方法：检查检测报告。

检查数量：同一工程、同一强度等级、同一配合比检查一次。

（2）一般项目

1）面层表面应密实，无裂缝、蜂窝、麻面等缺陷。

检验方法：观察检查。

检查数量：按规范规定的检验批检查。

2）踢脚线与柱、墙面应紧密结合，踢脚线高度及出柱、墙厚度应符合设计要求且均匀一致。当出现空鼓时，局部空鼓长度不应大于300mm，且每自然间或标准间不应多于2处。

检验方法：用小锤轻击、钢尺和观察检查。

检查数量：按规范规定的检验批检查。

3）不发火（防爆）面层表面平整度的允许偏差应符合表9-2的规定。

检验方法：按表9-2中的检验方法检验。

检查数量：按规范规定的检验批和要求检查。

八、自流平面层

1. 施工质量控制

（1）自流平面层可采用水泥基、石膏基、合成树脂基等拌合物铺设。

（2）自流平面层与墙、柱等连接处的构造做法应符合设计要求，铺设时应分层施工。

（3）自流平面层的基层应平整、洁净，基层的含水率应与面层材料的技术要求相一致。

（4）自流平面层的构造做法、厚度、颜色等应符合设计要求。

（5）有防水、防潮、防油渗、防尘要求的自流平面层应符合设计要求。

2. 施工质量验收

（1）主控项目

1）自流平面层的铺涂材料应符合设计要求和国家现行有关标准的规定。

检验方法：观察检查和检查型式检验报告、出厂检验报告、出厂合格证。

检查数量：同一工程、同一材料、同一生产厂家、同一型号、同一规格、同一批号检查一次。

2）自流平面层的涂料进入施工现场时，应有以下有害物质限量合格的检测报告：

①水性涂料中的挥发性有机化合物（VOC）和游离甲醛；

②溶剂型涂料中的苯、甲苯＋二甲苯、挥发性有机化合物（VOC）和游离甲苯二异氰醛酯（TDI）。

检验方法：检查检测报告。

检查数量：同一工程、同一材料、同一生产厂家、同一型号、同一规格、同一批号检查一次。

3）自流平面层的基层的强度等级不应小于C20。

检验方法：检查强度等级检测报告。

检查数量：按规范的规定检查。

4）自流平面层的各构造层之间应粘结牢固，层与层之间不应出现分离、空鼓现象。

检验方法：用小锤轻击检查。

检查数量：按规范规定的检验批检查。

5）自流平面层的表面不应有开裂、漏涂和倒泛水、积水等现象。

检验方法：观察和泼水检查。

检查数量：按规范规定的检验批检查。

（2）一般项目

1）自流平面层应分层施工，面层找平施工时不应留有抹痕。

检验方法：观察检查和检查施工记录。

检查数量：按规范规定的检验批检查。

2）自流平面层表面应光洁，色泽应均匀、一致，不应有起泡、泛砂等现象。

检验方法：观察检查。

检查数量：按规范规定的检验批检查。

3）自流平面层表面平整度的允许偏差应符合表 9-2 的规定。

检验方法：按表 9-2 中的检验方法检验。

检查数量：按规范规定的检验批和要求检查。

九、涂料面层

1. 施工质量控制

（1）涂料面层应采用丙烯酸、环氧、聚氨酯等树脂型涂料涂刷。

（2）涂料面层的基层应符合下列规定：

1）应平整、洁净；

2）强度等级不应小于 C20；

3）含水率应与涂料的技术要求相一致。

（3）涂料面层的厚度、颜色应符合设计要求，铺设时应分层施工。

2. 施工质量验收

（1）主控项目

1）涂料应符合设计要求和国家现行有关标准的规定。

检验方法：观察检查和检查型式检验报告、出厂检验报告、出厂合格证。

检查数量：同一工程、同一材料、同一生产厂家、同一型号、同一规格、同一批号检查一次。

2）涂料进入施工现场时，应有苯、甲苯＋二甲苯、挥发性有机化合物（VOC）和游离甲苯二异氰酸酯（TDI）限量合格的检测报告。

检验方法：检查检测报告。

检查数量：同一材料、同一生产厂家、同一型号、同一规格、同一批号检查一次。

3）涂料面层的表面不应有开裂、空鼓、漏涂和倒泛水、积水等现象。

检验方法：观察和泼水检查。

检查数量：按规范规定的检验批检查。

（2）一般项目

1）涂料找平层应平整，不应有刮痕。

检验方法：观察检查。

检查数量：按规范规定的检验批检查。

2）涂料面层应光洁，色泽应均匀、一致，不应有起泡、起皮、泛砂等现象。

检验方法：观察检查。

检查数量：按规范规定的检验批检查。

3）楼梯、台阶踏步的宽度、高度应符合设计要求。楼层梯段相邻踏步高度差不应大于 10mm；每踏步两端宽度差不应大于 10mm，旋转楼梯梯段的每踏步两端宽度的允许偏差不应大于 5mm。踏步面层应做防滑处理，齿角应整齐，防滑条应顺直、牢固。

检验方法：观察和用钢尺检查。

检查数量：按规范规定的检验批检查。

4）涂料面层表面平整度的允许偏差应符合表 9-2 的规定。

检验方法：按表 9-2 中的检验方法检验。

检查数量：按规范规定的检验批和要求检查。

十、塑胶面层

1. 施工质量控制

（1）塑胶面层应采用现浇型塑胶材料或塑胶卷材，宜在沥青混凝土或水泥类基层上铺设。

（2）基层的强度和厚度应符合设计要求，表面应平整、干燥、洁净，无油脂及其他杂质。

（3）塑胶面层铺设时的环境温度宜为 10～30℃。

2. 施工质量验收

（1）主控项目

1）塑胶面层采用的材料应符合设计要求和国家现行有关标准的规定。

检验方法：观察检查和检查型式检验报告、出厂检验报告、出厂合格证。

检查数量：现浇型塑胶材料按同一工程、同一配合比检查一次；塑胶卷材按同一工程、同一材料、同一生产厂家、同一型号、同一规格、同一批号检查一次。

2）现浇型塑胶面层的配合比应符合设计要求，成品试件应检测合格。

检验方法：检查配合比试验报告、试件检测报告。

检查数量：同一工程、同一配合比检查一次。

3）现浇型塑胶面层与基层应粘结牢固，面层厚度应一致，表面颗粒应均匀，不应有裂痕、分层、气泡、脱粒等现象；塑胶卷材面层的卷材与基层应粘结牢固，面层不应有断裂、起泡、起鼓、空鼓、脱胶、翘边、溢液等现象。

检验方法：观察和用敲击法检查。

检查数量：按规范规定的检验批检查。

（2）一般项目

1）塑胶面层的各组合层厚度、坡度、表面平整度应符合设计要求。

检验方法：采用钢尺、坡度尺、2m 或 3m 水平尺检查。

检查数量：按规范规定的检验批检查。

2）塑胶面层应表面洁净，图案清晰，色泽一致；拼缝处的图案、花纹应吻合，无明显高低差及缝隙，无胶痕；与周边接缝应严密，阴阳角应方正、收边整齐。

检验方法：观察检查。

检查数量：按规范规定的检验批检查。

3）塑胶卷材面层的焊缝应平整、光洁，无焦化变色、斑点、焊瘤、起鳞等缺陷，焊缝凹凸允许偏差不应大于0.6mm。

检验方法：观察检查。

检查数量：按规范规定的检验批检查。

4）塑胶面层表面平整度的允许偏差应符合表9-2的规定。

检验方法：按表9-2中的检验方法检验。

检查数量：按规范规定的检验批和要求检查。

十一、地面辐射供暖的整体面层

1. 施工质量控制

（1）地面辐射供暖的整体面层宜采用水泥混凝土、水泥砂浆等，应在填充层上铺设。

（2）地面辐射供暖的整体面层铺设时不得扰动填充层，不得向填充层内楔入任何物件。

2. 施工质量验收

（1）主控项目

1）地面辐射供暖的整体面层采用的材料或产品除应符合设计要求和本规范相应面层的规定外，还应具有耐热性、热稳定性、防水、防潮、防霉变等特点。

检验方法：观察检查和检查质量合格证明文件。

检查数量：同一工程、同一材料、同一生产厂家、同一型号、同一规格、同一批号检查一次。

2）地面辐射供暖的整体面层的分格缝应符合设计要求，面层与柱、墙之间应留不小于10mm的空隙。

检验方法：观察和用钢尺检查。

检查数量：按规范规定的检验批检查。

（2）一般项目

一般项目及检验方法、检查数量应符合规范的有关规定。

第三节 板块面层铺设

一、一般规定

（1）铺设板块面层时，其水泥类基层的抗压强度不得小于1.2MPa。

（2）铺设板块面层的结合层和板块间的填缝采用水泥砂浆时，应符合下列规定：

1）配制水泥砂浆应采用硅酸盐水泥、普通硅酸盐水泥或矿渣硅酸盐水泥。

2）配制水泥砂浆的砂应符合现行行业标准《普通混凝土用砂、石质量及检验方法标准》JGJ 52的有关规定。

3）水泥砂浆的体积比（或强度等级）应符合设计要求。

（3）结合层和板块面层填缝的胶结材料应符合国家现行有关标准的规定和设计要求。

（4）铺设水泥混凝土板块、水磨石板块、人造石板块、陶瓷锦砖、陶瓷地砖、缸砖、水泥花砖、料石、大理石、花岗石等面层的结合层和填缝材料采用水泥砂浆时，在面层铺设后，表面应覆盖、湿润，养护时间不应少于7d。当板块面层的水泥砂浆结合层的抗压强度达到设计要求后，方可正常使用。

（5）大面积板块面层的伸、缩缝及分格缝应符合设计要求。板块类踢脚线施工时，不得采用混合砂浆打底。

（6）板块面层的允许偏差和检验方法应符合表9-3的规定。

板块面层的允许偏差和检验方法　　　　　　表 9-3

项目	允许偏差（mm）											检验方法
	陶瓷锦砖面层、高级水磨石板、陶瓷地砖面层	缸砖面层	水泥花砖面层	水磨石板块面层	大理石面层、花岗石面层、人造石面层、金属板面层	塑料板面层	水泥混凝土板面层	碎拼大理石、碎拼花岗石面层	活动地板面层	条石面层	块石面层	
表面平整度	2.0	4.0	3.0	3.0	1.0	2.0	4.0	3.0	2.0	10	10	用2m靠尺和楔形塞尺检查
缝格平直	3.0	3.0	3.0	3.0	2.0	3.0	3.0	—	2.5	8.0	8.0	拉5m线和用钢尺检查
接缝高低差	0.5	1.5	0.5	1.0	0.5	0.5	1.5	—	0.4	2.0	—	用钢尺和楔形塞尺检查
踢脚线上口平直	3.0	4.0	—	4.0	1.0	2.0	4.0	1.0	—	—	—	拉5m线和用钢尺检查
板块间隙宽度	2.0	2.0	2.0	2.0	1.0	—	6.0	—	0.3	5.0	—	用钢尺检查

二、砖面层

1. 施工质量控制

（1）砖面层可采用陶瓷锦砖、缸砖、陶瓷地砖和水泥花砖，应在结合层上铺设。

（2）在水泥砂浆结合层上铺贴缸砖、陶瓷地砖和水泥花砖面层时，应符合下列规定：

1）在铺贴前，应对砖的规格尺寸、外观质量、色泽等进行预选；需要时，浸水湿润晾干待用。

2）勾缝和压缝应采用同品种、同强度等级、同颜色的水泥，并做好养护和保护。

（3）在水泥砂浆结合层上铺贴陶瓷锦砖面层时，砖底面应洁净，每联陶瓷锦砖之间与结合层之间以及在墙角、镶边和靠柱、墙处应紧密贴合。在靠柱、墙处不得采用砂浆填补。

（4）在胶结料结合层上铺贴缸砖面层时，缸砖应干净，铺贴应在胶结料凝结前完成。

2. 施工质量验收

（1）主控项目

1）砖面层所用板块产品应符合设计要求和国家现行有关标准的规定。

检验方法：观察检查和检查型式检验报告、出厂检验报告、出厂合格证。

检查数量：同一工程、同一材料、同一生产厂家、同一型号、同一规格、同一批号检查一次。

2）砖面层所用板块产品进入施工现场时，应有放射性限量合格的检测报告。

检验方法：检查检测报告。

检查数量：同一工程、同一材料、同一生产厂家；同一型号、同一规格、同一批号检查一次。

3）面层与下一层的结合（粘结）应牢固，无空鼓（单块砖边角允许有局部空鼓，但每自然间或标准间的空鼓砖不应超过总数的 5%）。

检验方法：用小锤轻击检查。

检查数量：按规范规定的检验批检查。

（2）一般项目

1）砖面层的表面应洁净、图案清晰，色泽应一致，接缝应平整，深浅应一致，周边应顺直。板块应无裂纹、掉角和缺楞等缺陷。

检验方法：观察检查。

检查数量：按规范条规定的检验批检查。

2）面层邻接处的镶边用料及尺寸应符合设计要求，边角应整齐、光滑。

检验方法：观察和用钢尺检查。

检查数量：按规范规定的检验批检查。

3）踢脚线表面应洁净，与柱、墙面的结合应牢固。踢脚线高度及出柱、墙厚度应符合设计要求，且均匀一致。

检验方法：观察和用小锤轻击及钢尺检查。

检查数量：按规范规定的检验批检查。

4）楼梯、台阶踏步的宽度、高度应符合设计要求。踏步板块的缝隙宽度应一致；楼层梯段相邻踏步高度差不应大于 10mm；每踏步两端宽度差不应大于 10mm，旋转楼梯梯段的每踏步两端宽度的允许偏差不应大于 5mm。踏步面层应做防滑处理，齿角应整齐，防滑条应顺直、牢固。

检验方法：观察和用钢尺检查。

检查数量：按规范规定的检验批检查。

5）面层表面的坡度应符合设计要求，不倒泛水、无积水；与地漏、管道结合处应严密牢固，无渗漏。

检验方法：观察、泼水或用坡度尺及蓄水检查。

检查数量：按规范规定的检验批检查。

6）砖面层表面平整度的允许偏差应符合表 9-3 的规定。

检验方法：按表 9-3 中的检验方法检验。

检查数量：按规范规定的检验批和要求检查。

三、大理石面层和花岗石面层

1. 施工质量控制

(1) 大理石、花岗石面层采用天然大理石、花岗石（或碎拼大理石、碎拼花岗石）板材，应在结合层上铺设。

(2) 板材有裂缝、掉角、翘曲和表面有缺陷时应予剔除，品种不同的板材不得混杂使用；在铺设前，应根据石材的颜色、花纹、图案、纹理等按设计要求，试拼编号。

(3) 铺设大理石、花岗石面层前，板材应浸湿、晾干；结合层与板材应分段同时铺设。

2. 施工质量验收

(1) 主控项目

1）大理石、花岗石面层所用板块产品应符合设计要求和国家现行有关标准的规定。

检验方法：观察检查和检查质量合格证明文件。

检查数量：同一工程、同一材料、同一生产厂家、同一型号、同一规格、同一批号检查一次。

2）大理石、花岗石面层所用板块产品进入施工现场时，应有放射性限量合格的检测报告。

检验方法：检查检测报告。

检查数量：同一工程、同一材料、同一生产厂家、同一型号、同一规格、同一批号检查一次。

3）面层与下一层应结合牢固，无空鼓（单块板块边角允许有局部空鼓，但每自然间或标准间的空鼓板块不应超过总数的 5%）。

检验方法：用小锤轻击检查。

检查数量：按规范规定的检验批检查。

(2) 一般项目

1）大理石、花岗石面层铺设前，板块的背面和侧面应进行防碱处理。

检验方法：观察检查和检查施工记录。

检查数量：按规范规定的检验批检查。

2）大理石、花岗石面层的表面应洁净、平整、无磨痕，且应图案清晰，色泽一致，接缝均匀，周边顺直，镶嵌正确，板块应无裂纹、掉角、缺棱等缺陷。

检验方法：观察检查。

检查数量：按规范规定的检验批检查。

3）踢脚线表面应洁净，与柱、墙面的结合应牢固。踢脚线高度及出柱、墙厚度应符合设计要求，且均匀一致。

检验方法：观察和用小锤轻击及钢尺检查。

检查数量：按规范规定的检验批检查。

4）楼梯、台阶踏步的宽度、高度应符合设计要求。踏步板块的缝隙宽度应一致；楼层梯段相邻踏步高度差不应大于 10mm；每踏步两端宽度差不应大于 10mm，旋转楼梯梯段的每踏步两端宽度的允许偏差不应大于 5mm。踏步面层应做防滑处理，齿角应整齐，防滑条应顺直、牢固。

检验方法：观察和用钢尺检查。

检查数量：按规范规定的检验批检查。

5）面层表面的坡度应符合设计要求，不倒泛水、无积水；与地漏、管道结合处应严密牢固，无渗漏。

检验方法：观察、泼水或用坡度尺及蓄水检查。

检查数量：按规范规定的检验批检查。

6）大理石面层和花岗石面层（或碎拼大理石面层、碎拼花岗石面层）表面平整度的允许偏差应符合表 9-3 的规定。

检验方法：按表 9-3 中的检验方法检验。

检查数量：按规范规定的检验批和要求检查。

四、制板块面层

1. 施工质量控制

（1）预制板块面层采用水泥混凝土板块、水磨石板块、人造石板块，应在结合层上铺设。

（2）在现场加工的预制板块应按《建筑地面工程施工质量验收规范》（GB 50209）的有关规定执行。

（3）水泥混凝土板块面层的缝隙中，应采用水泥浆（或砂浆）填缝；彩色混凝土板块、水磨石板块、人造石板块应用同色水泥浆（砂浆）擦缝。

（4）强度和品种不同的预制板块不宜混杂使用。

（5）板块间的缝隙宽度应符合设计要求。当设计无要求时，混凝土板块面层缝宽不宜大于 6mm，水磨石板块、人造石板块间的缝宽不应大于 2mm。预制板块面层铺完 24h 后，应用水泥砂浆灌缝至 2/3 高度，再用同色水泥浆擦（勾）缝。

2. 施工质量验收

（1）主控项目

1）预制板块面层所用板块产品应符合设计要求和国家现行有关标准的规定。

检验方法：观察检查和检查型式检验报告、出厂检验报告、出厂合格证。

检查数量：同一工程、同一材料、同一生产厂家、同一型号、同一规格、同一批号检查一次。

2）预制板块面层所用板块产品进入施工现场时，应有放射性限量合格的检测报告。

检验方法：检查检测报告。

检查数量：同一工程、同一材料、同一生产厂家、同一型号、同一规格、同一批号检查一次。

3）面层与下一层应粘合牢固、无空鼓（单块板块边角允许有局都空鼓，但每自然间或标准间的空鼓板块不应超过总数的 5%）。

检验方法：用小锤轻击检查。

检查数量：按规范规定的检验批检查。

（2）一般项目

1）预制板块表面应无裂缝、掉角、翘曲等明显缺陷。

检验方法：观察检查。

检查数量：按规范规定的检验批检查。

2）预制板块面层应平整洁净，图案清晰，色泽一致，接缝均匀，周边顺直，镶嵌正确。

检验方法：观察检查。

检查数量：按规范规定的检验批检查。

3）面层邻接处的镶边用料尺寸应符合设计要求，边角应整齐、光滑。

检验方法：观察和用钢尺检查。

检查数量：按规范规定的检验批检查。

4）踢脚线表面应洁净，与柱、墙面的结合应牢固。踢脚线高度及出柱、墙厚度应符合设计要求，且均匀一致。

检验方法：观察和用小锤轻击及钢尺检查。

检查数量：按规范规定的检验批检查。

5）楼梯、台阶踏步的宽度、高度应符合设计要求。踏步板块的缝隙宽度应一致；楼层梯段相邻踏步高度差不应大于 10mm；每踏步两端宽度差不应大于 10mm，旋转楼梯梯段的每踏步两端宽度的允许偏差不应大于 5mm。踏步面层应做防滑处理，齿角应整齐，防滑条应顺直、牢固。

检验方法：观察和用钢尺检查。

检查数量：按规范规定的检验批检查。

6）水泥混凝土板块、水磨石板块、人造石板块面层表面平整度的允许偏差应符合表9-3 的规定。

检验方法：按表 9-3 中的检验方法检验。

检查数量：按规范规定的检验批和要求检查。

五、料石面层

1. 施工质量控制

（1）料石面层采用天然条石和块石，应在结合层上铺设。

（2）条石和块石面层所用的石材的规格、技术等级和厚度应符合设计要求。条石的质量应均匀，形状为矩形六面体，厚度为 80～120mm；块石形状为直棱柱体，顶面粗琢平整，底面面积不宜小于顶面面积的 60%，厚度为 100～150mm。

（3）不导电的料石面层的石料应采用辉绿石加工制成。填缝材料也采用辉绿岩石加工的砂嵌实。耐高温的料石面层的石料，应按设计要求选用。

（4）条石面层的结合层宜采用水泥砂浆，其厚度应符合设计要求；块石面层的结合层宜采用砂垫层，其厚度不应小于 60mm；基土层应为均匀密实的基土或夯实的基土。

2. 施工质量验收

（1）主控项目

1）石材应符合设计要求和国家现行有关标准的规定；条石的强度等级应大于 MU60，块石的强度等级应大于 MU30。

检验方法：观察检查和检查质量合格证明文件。

检查数量：同一工程、同一材料、同一生产厂家、同一型号、同一规格、同一批号检查一次。

2）石材进入施工现场时，应有放射性限量合格的检测报告。

检验方法：检查检测报告。

检查数量：同一工程、同一材料、同一生产厂家、同一型号、同一规格、同一批号检查一次。

3）面层与下一层应结合牢固、无松动；

检验方法：观察和用锤击检查。

检查数量：按规范规定的检验批检查。

（2）一般项目

1）条石面层应组砌合理，无十字缝，铺砌方向和坡度应符合设计要求；块石面层石料缝隙应相互错开，通缝不应超过两块石料。

检验方法：观察和用坡度尺检查。

检查数量：按规范规定的检验批检查。

2）条石面层和块石面层表面平整度的允许偏差应符合表 9-3 的规定。

检验方法：按表 9-3 中的检验方法检验。

检查数量：按规范规定的检验批和要求检查。

六、塑料板面层

1. 施工质量控制

（1）塑料板面层应采用塑料板块材、塑料板焊接、塑料卷材以胶粘剂在水泥类基层上采用满粘或点粘法铺设。

（2）水泥类基层表面应平整、坚硬、干燥、密实、洁净、无油脂及其他杂质，不应有麻面、起砂、裂缝等缺陷。

（3）胶粘剂应按基层材料和面层材料使用的相容性要求，通过试验确定，其质量应符合国家现行有关标准的规定。

（4）焊条成分和性能应与被焊的板相同，其质量应符合有关技术标准的规定，并应有出厂合格证。

（5）铺贴塑料板面层时，室内相对湿度不宜大于 70%，温度宜在 10～32℃ 之间。

（6）塑料板面层施工完成后的静置时间应符合产品的技术要求。

（7）防静电塑料板配套的胶粘剂、焊条等应具有防静电性能。

2. 施工质量验收

（1）主控项目

1）塑料板面层所用的塑料板块、塑料卷材、胶粘剂等应符合设计要求和国家现行有关标准的规定。

检验方法：观察检查和检查型式检验报告、出厂检验报告、出厂合格证。

检查数量：同一工程、同一材料、同一生产厂家、同一型号、同一规格、同一批号检查一次。

2）塑料板面层采用的胶粘剂进入施工现场时，应有以下有害物质限量合格的检测报告：

①溶剂型胶粘剂中的挥发性有机化合物（VOC）、苯、甲苯＋二甲苯；

②水性胶粘剂中的挥发性有机化合物（VOC）和游离甲醛。

检验方法：检查检测报告。

检查数量：同一工程、同一材料、同一生产厂家、同一型号、同一规格、同一批号检查一次。

3）面层与下一层的粘结应牢固，不翘边、不脱胶、无溢胶（单块板块边角允许有局部脱胶，但每自然间或标准间的脱胶板块不应超过总数的5％；卷材局部脱胶处面积不应大于20cm，且相隔间距应大于或等于50cm）。

检验方法：观察、敲击及用钢尺检查。

检查数量：按规范规定的检验批检查。

（2）一般项目

1）塑料板面层应表面洁净，图案清晰，色泽一致，接缝应严密、美观。拼缝处的图案、花纹应吻合，无胶痕；与柱、墙边交接应严密，阴阳角收边应方正。

检验方法：观察检查。

检查数量：按规范规定的检验批检查。

2）板块的焊接，焊缝应平整、光洁，无焦化变色、斑点、焊瘤和起鳞等缺陷。其凹凸允许偏差不应大于0.6mm。焊缝的抗拉强度应不小于塑料板强度的75％。

检验方法：观察检查和检查检测报告。

检查数量：按规范规定的检验批检查。

3）镶边用料应尺寸准确、边角整齐、拼缝严密、接缝顺直。

检验方法：观察和用钢尺检查。

检查数量：按规范规定的检验批检查。

4）踢脚线宜与地面面层对缝一致，踢脚线与基层的粘合应密实。

检验方法：观察检查。

检查数量：按规范规定的检验批检查。

5）塑料板面层表面平整度的允许偏差应符合表9-3的规定。

检验方法：按表9-3中的检验方法检验。

检查数量：按规范规定的检验批和要求检查。

七、活动地板面层

1. 施工质量控制

（1）活动地板面层宜用于有防尘和防静电要求的专业用房的建筑地面。应采用特制的平压刨花板为基材，表面可饰以装饰板，底层应用镀锌板粘结胶合形成活动地板块，配以横梁、橡胶垫条和可供调节高度的金属支架组装成架空板，应在水泥类面层（或基层）上铺设。

（2）活动地板所有的支座柱和横梁应构成框架一体，并与基层连接牢固；支架抄平后高度应符合设计要求。

（3）活动地板面层应包括标准地板、异形地板和地板附件（即支架和横梁组件）。采用的活动地板块应平整、坚实，面层承载力不应小于 7.5MPa，A 级板的系统电阻应为 $1.0\times10^5\sim1.0\times10^8\Omega$，B 级板的系统电阻应为 $1.0\times10^5\sim1.0\times10^{10}\Omega$。

（4）活动地板面层的金属支架应支承在现浇水泥混凝土基层（或面层）上，基层表面应平整、光洁，不起灰。

（5）当房间的防静电要求较高，需要接地时，应将活动地板面层的金属支架、金属横梁连通跨接，并与接地体相连，接地方法应符合设计要求。

（6）活动板块与横梁接触搁置处应达到四角平整、严密。当活动地板不符合模数时，其不足部分可在现场根据实际尺寸将板块切割后镶补，并应配装相应的可调支撑和横梁。切割边不经处理不得镶补安装，并不得有局部膨胀变形情况。

（7）活动地板在门口处或预留洞口处应符合设置构造要求，四周侧边应用耐磨硬质板材封闭或用镀锌钢板包裹，胶条封边应符合耐磨要求。活动地板与柱、墙面接缝处的处理应符合设计要求，设计无要求时应做木踢脚线；通风口处，应选用异形活动地板铺贴。

（8）用于电子信息系统机房的活动地板面层，其施工质量检验尚应符合现行国家标准《电子信息系统机房施工及验收规范》GB 50462 的规定。

2. 施工质量验收

（1）主控项目

1）活动地板应符合设计要求和国家现行标准的规定，且应具有耐磨、防潮、阻燃、耐污染、耐老化和导静电等性能。

检验方法：观察检查和检查型式检验报告、出厂检验报告、出厂合格证。

检查数量：同一工程、同一材料、同一生产厂家、同一型号、同一规格、同一批号检查一次。

2）活动地板面层应安装牢固，无裂纹、掉角和缺棱等缺陷。

检验方法：观察和行走检查。

检查数量：按规范规定的检验批检查。

（2）一般项目

1）活动地板面层应排列整齐、表面洁净、色泽一致、接缝均匀、周边顺直。

检验方法：观察检查。

检查数量：按规范规定的检验批检查。

2）活动地板面层表面平整度的允许偏差应符合表 9-3 的规定。

检验方法：按表 9-3 中的检验方法检验。

检查数量：按规范规定的检验批和要求检查。

八、金属板面层

1. 施工质量控制

（1）金属板面层采用镀锌板、镀锡板、复合钢板、彩色涂层钢板、铸铁板、不锈钢板、铜板及其他合成金属板铺设。金属板面层及其配件宜使用不锈蚀或经过防锈处理的金属制品。

（2）用于通道（走道）和公共建筑的金属板面层，应按设计要求进行防腐、防滑处理。金属板面层的接地做法应符合设计要求。具有磁吸性的金属板面层不得用于有磁场所。

2. 施工质量验收

（1）主控项目

1）金属板应符合设计要求和国家现行有关标准的规定。

检验方法：观察检查和检查型式检验报告、出厂检验报告、出厂合格证。

检查数量：同一工程、同一材料、同一生产厂家、同一型号、同一规格、同一批号检查一次。

2）面层与基层的固定方法、面层的接缝处理应符合设计要求。

检验方法：观察检查。

检查数量：按规范规定的检验批检查。

3）面层及其附件如需焊接，焊缝质量应符合设计要求和现行国家标准《钢结构工程施工质量验收规范》（GB 50205）的规定。

检验方法：观察检查和按现行国家标准《钢结构工程施工质量验收规范》（GB 50205）规定的方法检验。

检查数量：按规范规定的检验批检查。

4）面层与基层的结合应牢固，无翘边、松动、空鼓等。

检验方法：观察和用小锤轻击检查。

检查数量：按规范规定的检验批检查。

（2）一般项目

1）金属板表面应无裂痕、刮伤、刮痕、翘曲等外观质量缺陷。

检验方法：观察检查。

检查数量：按规范规定的检验批检查。

2）面层应平整、洁净、色泽一致，接缝应均匀，周边应顺直。

检验方法：观察和用钢尺检查。

检查数量：按规范规定的检验批检查。

3）镶边用料及尺寸应符合设计要求，边角应整齐。

检验方法：观察检查和用钢尺检查。

检查数量：按规范规定的检验批检查。

4）踢脚线表面应洁净，与柱、墙面的结合应牢固。踢脚高度及出柱、墙厚度应符合设计要求，且均匀一致。

检验方法：观察和用小锤轻击及钢尺检查。

检查数量：按规范规定的检验批检查。

5）金属板面层表面平整度的允许偏差应符合表 9-3 的规定。

检验方法：按表 9-3 中的检验方法检验。

检查数量：按规范规定的检验批和要求检查。

九、地毯面层

1. 施工质量控制

（1）地毯面层应采用地毯块材或卷材，以空铺法或实铺法铺设。

（2）铺设地毯的地面面层（或基层）应坚实、平整、洁净、干燥，无凹坑、麻面、起砂、裂缝，并不得有油污、钉头及其他凸出物。

（3）地毯衬垫应满铺平整，地毯拼缝处不得露底衬。

（4）空铺地毯面层应符合下列要求：

1）块材地毯宜先拼成整块，然后按设计要求铺设；

2）块材地毯的铺设，块与块之间应挤紧服帖；

3）卷材地毯宜先长向缝合，然后按设计要求铺设；

4）地毯面层的周边应压入踢脚线下；

5）地毯面层与不同类型的建筑地面面层的连接处，其收口做法应符合设计要求。

（5）实铺地毯面层应符合下列要求：

1）实铺地毯面层采用的金属卡条（倒刺板）、金属压条、专用双面胶带、胶粘剂等应符合设计要求；

2）铺设时地毯的表面层宜张拉适度。四周应采用卡条固定；门口处宜用金属压条或双面胶带等固定；

3）地毯周边应塞入卡条和踢脚线下；

4）地毯面层采用胶粘剂或双面胶带粘结时，应与基层粘贴牢固。

（6）楼梯地毯面层铺设时，梯段顶级（头）地毯应固定于平台上，其宽度应不小于标准楼梯、台阶踏步尺寸；阴角处应固定牢固；梯段末级（头）地毯与水平段地毯的连接处应顺畅、牢固。

2. 施工质量验收

（1）主控项目

1）地毯面层采用的材料应符合设计要求和国家现行有关标准的规定。

检验方法：观察检查和检查型式检验报告、出厂检验报告。出厂合格证。

检查数量：同一工程、同一材料、同一生产厂家、同一型号、同一规格、同一批号检查一次。

2）地毯面层采用的材料进入施工现场时，应有地毯、衬垫、胶粘剂中的挥发性有机化合物（VOC）和甲醛限量合格的检测报告。

检验方法：检查检测报告。

检查数量：同一工程、同一材料、同一生产厂家、同一型号、同一规格、同一批号检查一次。

3）地毯表面应平服，拼缝处应粘贴牢固、严密平整、图案吻合。

检验方法：视察检查。

检查数量：按规范规定的检验批检查。

（2）一般项目

1）地毯表面不应起鼓、起皱、翘边、卷边、显拼缝、露线和毛边，绒面毛应顺光一致，毯面应洁净、无污染和损伤

检验方法：观察检查。

检查数量：按规范规定的检验批检查。

2）地毯同其他面层连接处、收口处和墙边、柱子周围应顺直、压紧。

检验方法；观察检查。

检查数量：按规范规定的检验批检查。

十、地面辐射供暖的板块面层

1．施工质量控制

（1）地面辐射供暖的板块面层宜采用缸砖、陶瓷地砖、花岗石、水磨石板块、人造石板块、塑料板等，应在填充层上铺设。

（2）地面辐射供暖的板块面层采用胶结材料粘贴铺设时，填充层的含水率应符合胶结材料的技术要求。

（3）地面辐射供暖的板块面层铺设时不得扰动填充层，不得向填充层内楔入任何物件。

2．施工质量验收

（1）主控项目

1）地面辐射供暖的板块面层采用的材料或产品除应符合计要求和规范的规定外，还应具有耐热性、热稳定性、防水、防潮、防霉变等特点。

检验方法：观察检查和检查质量合格证明文件。

检查数量：同一工程、同一材料、同一生产厂家、同一型号、同一规格、同一批号检查一次。

2）地面辐射供暖的板块面层的伸、缩缝及分格缝应符合设计要求；面层与柱、墙之间应留不小于 10mm 的空隙。

检验方法：观察和用钢尺检查。

检查数量：按规范规定的检验批检查。

3）其余主控项目及其检验方法、检查数量应符合规范的有关规定。

（2）一般项目

一般项目及检验方法、检查数量应符合规范的有关规定。

第四节　木、竹面层铺设

一、一般规定

（1）木、竹地板面层下的木搁栅、垫木、垫层地板等采用木材的树种、选材标准和铺

设时木材含水率以及防腐、防蛀处理等，均应符合现行国家标准《木结构工程施工质量验收规范》GB 50206 的规定。所选用的材料应符合设计要求，进场时应对其断面尺寸、含水率等主要技术指标进行抽检，抽检数量应符合国家现行有关标准的规定。

（2）用于固定和加固用的金属零部件应采用不锈蚀或经过防锈处理的金属件。与厕浴间、厨房等潮湿场所相邻的木、竹面层的连接处应做防水（防潮）处理。

（3）木、竹面层铺设在水泥类基层上，其基层表面应坚硬、平整、洁净、不起砂，表面含水率不应大于 8%。

（4）建筑地面工程的木、竹面层搁栅下架空结构层（或构造层）的质量检验，应符合国家相应现行标准的规定。木、竹面层的通风构造层包括室内通风沟、地面通风孔、室外通风窗等，均应符合设计要求。

（5）木、竹面层的允许偏差和检验方法应符合表 9-4 的规定。

木、竹面层的允许偏差和检验方法　　　　　　　表 9-4

项　目	允许偏差（mm）				检验方法
	实木地板、实木集成地板、竹底板面层			浸渍纸层压木质地板、实木复合地板、软木类地板面层	
	松木地板	硬木地板、竹地板	拼花地板		
板面缝隙宽度	1.0	0.5	0.2	0.5	用钢尺检查
表面平整度	3.0	2.0	2.0	2.0	用 2m 靠尺和楔形塞尺检查
踢脚线上口平齐	3.0	3.0	3.0	3.0	拉 5m 线和用钢尺检查
表面拼缝平直	3.0	3.0	3.0	3.0	
相邻板材高差	0.5	0.5	0.5	0.5	用钢尺和楔形塞尺检查
踢脚线与面层的接缝	1.0				楔形塞尺检查

二、实木地板、实木集成地板、竹地板面层

1. 施工质量控制

（1）实木地板、实木集成地板、竹地板面层应采用条材或块材或拼花，以空铺或实铺方式在基层上铺设。

（2）实木地板、实木集成地板、竹地板面层可采用双层面层和单层面层铺设，其厚度应符合设计要求；其选材应符合国家现行关标准的规定。

（3）铺设实木地板、实木集成地板、竹地板面层时，其木搁栅截面尺寸、间距和稳固方法等均应符合设计要求。木搁栅固定时不得损坏基层和预埋管线。木搁栅应垫实钉牢，与柱、墙之间留 20mm 的缝隙，表面应平直，其间距小宜大于 300mm。

（4）当面层下铺设垫层地板时，垫层地板的髓心向上，板间缝隙不应大于 3mm，与柱、墙之间应留 8～12mm 的空隙。表面应刨平。

（5）实木地板、实木集成地板、竹地板面层铺设时，相邻板材接头位置应错开不小于

300mm 的距离；与柱、墙之间应留 8～12mm 的空隙。

（6）采用实木制作的踢脚线，背面应抽槽并做防腐处理。

2. 施工质量验收

（1）主控项目

1）实木地板、实木集成地板、竹地板面层采用的地板、铺设时的木（竹）材含水率、胶粘剂等应符合设计要求和国家现行有关标准的规定。

检验方法：观察检查和检查型式检验报告、出厂检验报告、出厂合格证。

检查数量：同一工程、同一材料、同一生产厂家、同一型号、同一规格、同一批号检查一次。

2）实木地板、实木集成地板、竹地板面层采用的材料进入施工现场时，应有以下有害物质限量合格的检测报告：

① 地板中的游离甲醛（释放量或含量）；

② 溶剂型胶粘剂中的挥发性有机化合物（VOC）、苯、甲苯＋二甲苯；

③ 水性胶粘剂中的挥发性有机化合物（VOC）和游离甲醛。

检验方法：检查检测报告。

检查数量：同一工程、同一材料、同一生产厂家、同一型号、同一规格、同一批号检查一次。

3）木搁栅、垫木和垫层地板等应做防腐、防蛀处理。

检验方法：观察检查和检查验收记录。

检查数量：按规范规定的检验批检查。

4）木搁栅安装应牢固、平直。

检验方法：观察、行走、钢尺测量等检查和检查验收记录。

检查数量：按规范规定的检验批检查。

5）面层铺设应牢固；粘结应无空鼓、松动。

检验方法：观察、行走或用小锤轻击检查。

检查数量：按规范规定的检验批检查。

（2）一般项目

1）实木地板、实木集成地板面层应刨平、磨光，无明显刨痕和毛刺等现象；图案应清晰、颜色应均匀一致。

检验方法：观察、手摸和行走检查。

检查数量：按规范规定的检验批检查。

2）竹地板面层的品种与规格应符合设计要求，板面应无翘曲。

检验方法：观察、用 2m 靠尺和楔形塞尺检查。

检查数量：按规范规定的检验批检查。

3）面层缝隙应严密；接头位置应错开，表面应平整、洁净。

检验方法：观察检查。

检查数量：按规范规定的检验批检查。

4）面层采用粘、钉工艺时，接缝应对齐，粘、钉应严密；缝隙宽度应均匀一致；表面应洁净，无溢胶现象。

检验方法：观察检查。

检查数量：按规范规定的检验批检查。

5）踢脚线应表面光滑，接缝严密，高度一致。

检验方法：观察和用钢尺检查。

检查数量：按规范规定的检验批检查。

6）实木地板、实木集成地板、竹地板面层表面平整度的允许偏差应符合表 9-4 的规定。

检验方法：按表 9-4 中的检验方法检验。

检查数量：按规范规定的检验批和要求检查。

三、实木复合地板面层

1. 施工质量控制

（1）实木复合地板面层应采用空铺法或粘贴法（满粘或点粘）铺设。采用粘贴法铺设时，粘贴材料应按设计要求选用，并应具有耐老化、防水、防菌和无毒等性能。

（2）实木复合地板面层下衬垫的材料和厚度应符合设计要求。

（3）实木复合地板面层铺设时，相邻板材接头位置应错开不小于 300mm 的距离；与柱、墙之间应留不小于 10mm 的空隙。当面层采用无龙骨的空铺法铺设时，应在面层与柱、墙之间的空隙内加设金属弹簧卡或木楔子，其间距宜为 200～300mm。

（4）大面积铺设实木复合地板面层时，应分段铺设，分段缝的处理应符合设计要求。

2. 施工质量验收

（1）主控项目

1）实木复合地板面层采用的地板、胶粘剂等应符合设计要求和国家现行有关标准的规定。

检验方法：观察检查和检查型式检验报告、出厂检验报告、出厂合格证。

检查数量：同一工程、同一材料、同一生产厂家、同一型号、同一规格、同一批号检查一次。

2）实木复合地板面层采用的材料进入施工现场时，应有以下有害物质限量合格的检测报告：

① 地板中的游离甲醛（释放量或含量）；

② 溶剂型胶粘剂中的挥发性有机化合物（VOC）、苯、甲苯＋二甲苯；

③ 水性胶糙剂中的挥发性有机化食物（VOC）和游离甲醛。

检验方法：检查检测报告。

检查数量：同一工程、同一材料、同一生产厂家、同一型号、同一规格、同一批号检查一次。

3）木格栅、垫木和垫层地板等应做防腐、防蛀处理。

检验方法：观察检查和检查验收记录。

检查数量：按规范的检验批检查。

4）木格栅安装应牢固、平直。

检验方法：观察、行走、钢尺测量等检查和检查验收记录。

检查数量：按规范规定的检验批检查。

5）面层铺设应牢固；粘贴应无空鼓、松动。

检验方法：观察、行走或用小锤轻击检查。

检查数量：按规范规定的检验批检查。

（2）一般项目

1）实木复合地板面层图案和颜色应符合设计要求，图案应清晰，颜色应一致，板面应无翘曲。

检验方法：观察、用 2m 靠尺和楔形塞尺检查。

检查数量：按规范规定的检验批检查。

2）面层缝隙应严密；接头位置应错开，表面应平整、洁净。

检验方法，观察检查。

检查数量：按规范规定的检验批检查。

3）面层采用粘、钉工艺时，接缝应对齐。粘、钉应严密；缝隙宽度应均匀一致；表面应洁净，无溢胶现象。

检验方法：观察检查。

检查数量：按规范规定的检验批检查。

4）踢脚线应表面光滑，接缝严密，高度一致。

检验方法：规察和用钢尺检查。

检查数量：按规范规定的检验批检查。

5）实木复合地板面层表面平整度的允许偏差应符合表 9-4 的规定。

检验方法：按规范表 9-4 中的检验方法检验。

检查数量：按规范规定的检验批和要求检查。

四、浸渍层压木质地板面层

1. 施工质量控制

（1）浸渍纸层压木质地板面层应采用条材或块材。以空铺或粘贴方式在基层上铺设。

（2）浸渍纸层压木质地板面层可采用有垫层地板和无垫层地板的方式铺设。有垫层地板时，垫层地板的材料和厚度应符合设计要求。

（3）浸渍纸层压木质地板面层铺设时，相邻板材接头位置应错开不小于 300mm 的距离；衬垫层、垫层地板及面层与柱、墙之间均应留出不小于 10mm 的空隙。

（4）浸渍纸层压木质地板面层采用无龙骨的空铺法铺设时，宜在面层与基层之间设置衬垫层，衬垫层的材料和厚度应符合设计要求；并应在面层与柱、墙之间的空隙内加设金属弹簧卡或木楔子。其间距宜为 200～300mm。

2. 施工质量验收

（1）主控项目

1）浸渍纸层压木质地板面层采用的地板、胶粘剂等应符合设计要求和国家现行有关标准的规定。

检验方法：观察检查和检查型式检验报告、出厂检验报告、出厂合格证。

检查数量：同一工程、同一材料、同一生产厂家、同一型号、同一规格、同一批号检查一次。

2）浸渍纸层压木质地板面层采用的材料进入施工现场时。应有以下有害物质限量合格的检测报告：

① 地板中的游离甲醛（释放量或含量）；

② 溶剂型胶粘剂中的挥发性有机化合物（VOC）、苯、甲苯＋二甲苯；

③ 水性胶粘剂中的挥发性有机化合物（VOC）和游离甲醛。

检验方法：检查检测报告。

检查数量：同一工程、同一材料、同一生产厂家、同一型号、同一规格、同一批号检查一次。

3）木搁栅、垫木和垫层地板等应做防腐、防蛀处理；其安装应牢固、平直，表面应洁净。

检验方法：观察、行走、钢尺测量等检查和检查验收记录。

检查数量：按规范规定的检验批检查。

4）面层铺设应牢固、平整；粘贴应无空鼓、松动。

检验方法：观察、行走、钢尺测量、用小锤轻击检查。

检查数量：按规范规定的检验批检查。

（2）一般项目

1）浸渍纸层压木质地板面层的图案和颜色应符合设计要求，图案应清晰，颜色应一致，板面应无翘曲。

检验方法：观察、用2m靠尺和楔形塞尺检查。

检查数量：按规范规定的检验批检查。

2）面层的接头应错开、缝隙应严密、表面应洁净。

检验方法：观察检查。

检查数量：按规范规定的检验批检查。

3）踢脚线应表面光滑，接缝严密，高度一致。

检验方法：观察和用钢尺检查。

检查数量：按规范规定的检验批检查。

4）浸渍纸层压木质地板面层表面平整度的允许偏差应符合表9-4的规定。

检验方法：按表9-4中的检验方法检验。

检查数量：按规范规定的检验批和要求检查。

五、软木类地板面层

1. 施工质量控制

（1）软木类地板面层应采用软木地板或软木复合地板的条材或块材，在水泥类基层或垫层地板上铺设。软木地板面层应采用粘贴方式铺设，软木复合地板面层应采用空铺方式铺设。

（2）软木类地板面层的厚度应符合设计要求。软木类地板面层的垫层地板在铺设时，与柱、墙之间应留不大于20mm的空隙，表面应刨平。软木类地板面层铺设时，相邻板材接头位置应错开不小于1/3板长且不小于200mm的距离；面层与柱、墙之间应留出8

～12mm 的空隙；软木复合地板面层铺设时，应在面层与柱、墙之间的空隙内加设金属弹簧卡或木楔子，其间距宜为 200～300mm。

2. 施工质量验收

（1）主控项目

1）软木类地板面层采用的地板、胶粘剂等应符合设计要求和国家现行有关标准的规定。

检验方法：观察检查和检查型式检验报告、出厂检验报告、出厂合格证。

检查数量：同一工程、同一材料、同一生产厂家、同一型号、同一规格、同一批号检查一次。

2）软木类地板面层采用的材料进入施工现场时，应有以下有害物质限量合格的检测报告：

① 地板中的游离甲醛（释放量或含量）；

② 溶剂型胶粘剂中的挥发性有机化合物（VOC）、苯、甲苯＋二甲苯；

③ 水性胶粘剂中的挥发性有机化合物（VOC）和游离甲醛。

检验方法：检查检测报告。

检查数量：同一工程、同一材料、同一生产厂家、同一型号、同一规格、同一批号检查一次。

3）木搁栅、垫木和垫层地板等应做防腐、防蛀处理；其安装应牢固、平直，表面应洁净。

检验方法：观察、行走、钢尺测量等检查和检查验收记录。

检查数量：按规范规定的检验批检查。

4）软木类地板面层铺设应牢固；粘贴应无空鼓、松动。

检验方法：观察、行走检查。

检查数量：按规范规定的检验批检查。

（2）一般项目

1）软木类地板面层的拼图、颜色等应符合设计要求，板面应无翘曲。

检查方法：观察，2m 靠尺和楔形塞尺检查。

检查数量：按规范规定的检验批检查。

2）软木类地板面层缝隙应均匀，接头位置应错开，表面应洁净。

检查方法：观察检查。

检查数量：按规范规定的检验批检查。

3）踢脚线应表面光滑，接缝严密，高度一致。

检验方法：观察和用钢尺检查。

检查数量：按规范规定的检验批检查。

4）软木类地板面层表面平整度的允许偏差应符合表 9-4 的规定。

检验方法：按表 9-4 中的检验方法检验。

检查数量：按规范规定的检验批和要求检查。

六、地面辐射供暖的木板面层

1. 施工质量控制

（1）地面辐射供暖的木板面层宜采用实木复合地板、浸渍纸层压木质地板等，应在填充层上铺设。

（2）地面辐射供暖的木板面层可采用空铺法或胶粘法（满粘或点粘）铺设。当面层设置垫层地板时，垫层地板的材料和厚度应符合设计要求。

（3）与填充层接触的龙骨、垫层地板、面层地板等应采用胶粘法铺设。铺设时，填充层的含水率应符合胶粘剂的技术要求。

（4）地面辐射供暖的木板面层铺设时不得扰动填充层，不得向填充层内楔入任何物件。

2. 施工质量验收

（1）主控项目

1）地面辐射供暖的木板面层采用的材料或产品除应符合设计要求和规范的规定外，还应具有耐热性、热稳定性、防水、防潮、防霉变等特点。

检验方法：观察检查和检查质量合格证明文件。

检查数量：同一工程、同一材料，同一生产厂家、同一型号、同一规格、同一批号检查一次。

2）地面辐射供暖的木板面层与柱、墙之间应留不小于 10mm 的空隙。当采用无龙骨的空铺法铺设时，应在空隙内加设金属弹簧卡或木楔子，其间距宜为 200～300mm。

检验方法：观察和用钢尺检查。

检查数量：按规范规定的检验批检查。

3）其余主控项目及检验方法、检查数量应符合规范的有关规定。

（2）一般项目

1）地面辐射供暖的木板面层采用无龙骨的空铺法铺设时，应在填充层上铺设一层耐热防潮纸（布）。防潮纸（布）应采用胶粘搭接，搭接尺寸应合理，铺设后表面应平整，无皱褶。

检验方法：观察检查。

检查数量：按规范规定的检验批检查。

2）其余一般项目及检验方法、检查数量应符合规范的有关规定。

第五节　分部（子分部）工程验收

建筑地面工程施工质量中各类面层子分部工程的面层铺设与其相应的基层铺设的分项工程施工质量检验应全部合格。

1. 建筑地面工程子分部工程质量验收应检查下列工程质量文件和记录：

（1）建筑地面工程设计图纸和变更文件。

（2）原材料的质量合格证明文件、重要材料或产品的进场抽样复验报告。

（3）各层的强度等级、密实度等的试验报告和测定记录。

（4）各类建筑地面工程施工质量控制文件。

（5）各构造层的隐蔽验收及其他有关验收文件。

2. 建筑地面工程子分部工程质量验收应检查下列安全和功能项目：

（1）有防水要求的建筑地面子分部工程的分项工程施工质量的蓄水检验记录，并抽查复验。

（2）建筑地面板块面层铺设子分部工程和木、竹面层铺设子分部工程采用的砖、天然石材、预制板块、地毯、人造板材以及胶粘剂、胶结料、涂料等材料证明及环保资料。

3. 建筑地面工程子分部工程观感质量综合评价应检查下列项目：

（1）变形缝、面层分格缝的位置和宽度以及填缝质量应符合规定。

（2）室内建筑地面工程按各子分部工程经抽查分别作出评价。

（3）楼梯、踏步等工程项目经抽查分别作出评价。

第十章　建筑装饰装修工程

第一节　抹　灰　工　程

一、一般规定

1. 抹灰工程验收时应检查下列文件和记录：

(1) 抹灰工程的施工图、设计说明及其他设计文件。

(2) 材料的产品合格证书、性能检测报告、进场验收记录和复验报告。

(3) 隐蔽工程验收记录。

(4) 施工记录。

2. 抹灰工程应对水泥的凝结时间和安定性进行复验。

3. 抹灰工程应对下列隐蔽工程项目进行验收：

(1) 抹灰总厚度大于或等于 35mm 时的加强措施。

(2) 不同材料基体交接处的加强措施。

4. 各分项工程的检验批应按下列规定划分：

(1) 相同材料、工艺和施工条件的室外抹灰工程每 500～1000m² 应划分为一个检验批，不足 500m² 也应划分为一个检验批。

(2) 相同材料、工艺和施工条件的室内抹灰工程每 50 个自然间（大面积房间和走廊按抹灰面积 30m² 为一间）应划分为一个检验批，不足 50 间也应划分为一个检验批。

5. 检查数量应符合下列规定：

(1) 室内每个检验批应至少抽查 10%，并不得少于 3 间；不足 3 间时应全数检查。

(2) 室外每个检验批每 100m² 应至少抽查一处，每处不得小于 10m²。

6. 外墙抹灰工程施工前应先安装钢木门窗框、护栏等，并应将墙上的施工孔洞堵塞密实。

7. 抹灰用的石灰膏的熟化期不应少于 15d；罩面用的磨细石灰粉的熟化期不应少于 3d。

8. 室内墙面、柱面和门洞口的阳角做法应符合设计要求。设计无要求时，应采用 1:2 水泥砂浆做成暗护角，其高度不应低于 2m，每侧宽度不应小于 50mm。

9. 当要求抹灰层具有防水、防潮功能时，应采用防水砂浆。

10. 各种砂浆抹灰层，在凝结前应防止快干、水冲、撞击、振动和受冻，在凝结后应采取措施防止沾污和损坏，水泥砂浆抹灰层应在湿润条件下养护。

11. 外墙和顶棚的抹灰层与基层之间及各抹灰层之间必须粘结牢固。

二、一般抹灰工程

一般抹灰工程分为普通抹灰和高级抹灰，当设计无要求时，按普通抹灰验收。

1. 主控项目

（1）抹灰前基层表面的尘土、污垢、油渍等应清除干净，并应洒水润湿。

检验方法：检查施工记录。

（2）一般抹灰所用材料的品种和性能应符合设计要求。水泥的凝结时间和安定性复验应合格。砂浆的配合比应符合设计要求。

检验方法：检查产品合格证书、进场验收记录、复验报告和施工记录。

（3）抹灰工程应分层进行。当抹灰总厚度大于或等于 35mm 时，应采取加强措施。不同材料基体交接处表面的抹灰，应采取防止开裂的加强措施，当采用加强网时，加强网与各基体的搭接宽度不应小于 100mm。

检验方法：检查隐蔽工程验收记录和施工记录。

（4）抹灰层与基层之间及各抹灰层之间必须粘结牢固，抹灰层应无脱层、空鼓，面层应无爆灰和裂缝。

检验方法：观察；用小锤轻击检查；检查施工记录。

2. 一般项目

（1）一般抹灰工程的表面质量应符合下列规定：

1）普通抹灰表面应光滑、洁净、接槎平整，分格缝应清晰。

2）高级抹灰表面应光滑、洁净、颜色均匀、无抹纹，分格缝和灰线应清晰美观。

检验方法：观察；手摸检查。

（2）护角、孔洞、槽、盒周围的抹灰表面应整齐、光滑；管道后面的抹灰表面应平整。

检验方法：观察。

（3）抹灰层的总厚度应符合设计要求；水泥砂浆不得抹在石灰砂浆层上；罩面石膏灰不得抹在水泥砂浆层上。

检验方法：检查施工记录。

（4）抹灰分格缝的设置应符合设计要求，宽度和深度应均匀，表面应光滑，棱角应整齐。

检验方法：观察；尺量检查。

（5）有排水要求的部位应做滴水线（槽）。滴水线（槽）应整齐顺直，滴水线应内高外低，滴水槽的宽度和深度均不应小于 10mm。

检验方法：观察；尺量检查。

（6）一般抹灰工程质量的允许偏差和检验方法应符合表 10-1 的规定。

一般抹灰的允许偏差和检验方法 表 10-1

项次	项　　目	允许偏差（mm）		检 验 方 法
		普通抹灰	高级抹灰	
1	立面垂直度	4	3	用 2m 垂直检测尺检查

项次	项 目	允许偏差（mm）		检 验 方 法
		普通抹灰	高级抹灰	
2	表面垂直度	4	3	用2m靠尺和塞尺检查
3	阴阳角方正	4	3	用直角检测尺检查
4	分格条（缝）直线度	4	3	拉5m线，不足5m拉通线，用钢直尺检查
5	墙裙、勒脚上口直线度	4	3	拉5m线，不足5m拉通线，用钢直尺检查

注：1. 普通抹灰，本表第3项阴角方正可不检查；
  2. 顶棚抹灰，本表第2项表面平整度可不检查，但应平顺。

三、装饰抹灰工程

1. 主控项目

（1）抹灰前，基层表面的尘土、污垢、油渍等应清除干净，并应洒水润湿。

检验方法：检查施工记录。

（2）装饰抹灰工程所用材料的品种和性能应符合设计要求。水泥的凝结时间和安定性复验应合格。砂浆的配合比应符合设计要求。

检验方法：检查产品合格证书、进场验收记录、复验报告和施工记录。

（3）抹灰工程应分层进行。当抹灰总厚度大于或等于35mm时，应采取加强措施。不同材料基体交接处表面的抹灰，应采取防止开裂的加强措施，当采用加强网时，加强网与各基体的搭接宽度不应小于100mm。

检验方法：检查隐蔽工程验收记录和施工记录。

（4）各抹灰层之间及抹灰层与基体之间必须粘结牢固，抹灰层应无脱层、空鼓和裂缝。

检验方法：观察；用小锤轻击检查；检查施工记录。

2. 一般项目

（1）装饰抹灰工程的表面质量应符合下列规定：

1）水刷石表面应石粒清晰、分布均匀、紧密平整、色泽一致，应无掉粒和接槎痕迹。

2）斩假石表面剁纹应均匀顺直、深浅一致，应无漏剁处；阳角处应横剁，并留出宽窄一致的不剁边条，棱角应无损坏。

3）干粘石表面应色泽一致，不露浆、不漏粘，石粒应粘结牢固、分布均匀，阳角处应无明显黑边。

4）假面砖表面应平整、沟纹清晰、留缝整齐、色泽一致，应无掉角、脱皮、起砂等缺陷。

检验方法：观察；手摸检查。

（2）装饰抹灰分格条（缝）的设置应符合设计要求，宽度和深度应均匀，表面应平整光滑，棱角应整齐。

检验方法：观察。

（3）有排水要求的部位应做滴水线（槽）。滴水线（槽）应整齐顺直，滴水线应内高外低，滴水槽的宽度和深度均不应小于10mm。

检验方法：观察；尺量检查。

（4）装饰抹灰工程质量的允许偏差和检验方法应符合表 10-2 的规定。

<table>
<tr><td colspan="7" style="text-align:center">装饰抹灰的允许偏差和检验方法   表 10-2</td></tr>
<tr><td rowspan="2">项次</td><td rowspan="2">项　目</td><td colspan="4">允许偏差（mm）</td><td rowspan="2">检 验 方 法</td></tr>
<tr><td>水刷石</td><td>斩假石</td><td>干粘石</td><td>假面砖</td></tr>
<tr><td>1</td><td>立面垂直度</td><td>5</td><td>4</td><td>5</td><td>5</td><td>用 2m 垂直检测尺检查</td></tr>
<tr><td>2</td><td>表面垂直度</td><td>3</td><td>3</td><td>5</td><td>4</td><td>用 2m 靠尺和塞尺检查</td></tr>
<tr><td>3</td><td>阳角方正</td><td>3</td><td>3</td><td>4</td><td>4</td><td>用直角检测尺检查</td></tr>
<tr><td>4</td><td>分格条（缝）直线度</td><td>3</td><td>3</td><td>3</td><td>3</td><td>拉 5m 线，不足 5m 拉通线，
用钢直尺检查</td></tr>
<tr><td>5</td><td>墙裙、勒脚上口直线度</td><td>3</td><td>3</td><td>—</td><td>—</td><td>拉 5m 线，不足 5m 拉通线，
用钢直尺检查</td></tr>
</table>

四、清水砌体勾缝工程

1. 主控项目

（1）清水砌体勾缝所用水泥的凝结时间和安定性复验应合格。砂浆的配合比应符合设计要求。

检验方法：检查复验报告和施工记录。

（2）清水砌体勾缝应无漏勾，勾缝材料应粘结牢固、无开裂。

检验方法：观察。

2. 一般项目

（1）清水砌体勾缝应横平竖直，交接处应平顺，宽度和深度应均匀，表面应压实抹平。

检验方法：观察；尺量检查。

（2）灰缝应颜色一致，砌体表面应洁净。

检验方法：观察。

第二节　门　窗　工　程

一、一般规定

1. 门窗工程验收时应检查下列文件和记录：

（1）门窗工程的施工图、设计说明及其他设计文件。

（2）材料的产品合格证书、性能检测报告、进场验收记录和复验报告。

（3）特种门窗及其附件的生产许可文件。

（4）隐蔽工程验收记录。

（5）施工记录。

2. 门窗工程应对下列材料及其性能指标进行复验：

（1）人造木板的甲醛含量。

（2）建筑外墙金属窗、塑料窗的抗风压性能、空气渗透性能和雨水渗漏性能。

3. 门窗工程应对下列隐蔽工程项目进行验收：

（1）预埋件和锚固件。

（2）隐蔽部位的防腐、填嵌处理。

4. 各分项工程的检验批应按下列规定划分：

（1）同一品种、类型和规格的木门窗、金属门窗、塑料门窗及门窗玻璃每 100 樘应划分为一个检验批，不足 100 樘也应划分为一个检验批。

（2）同一品种、类型和规格的特种门每 50 樘应划分为一个检验批，不足 50 樘也应划为一个检验批。

5. 检查数量应符合下列规定：

（1）木门窗、金属门窗、塑料门窗及门窗玻璃，每个检验批应至少抽查 5％，并不得少于 3 樘，不足 3 樘时应全数检查；高层建筑的外窗，每个检验批应至少抽查 10％，并不得少于 6 樘，不足 6 樘时应全数检查。

（2）特种门每个检验批应至少抽查 50％，并不得少于 10 樘，不足 10 樘时应全数检查。

6. 门窗安装前，应对门窗洞口尺寸进行检验。

7. 金属门窗和塑料门窗安装应采用预留洞口的方法施工，不得采用边安装边砌口或先安装后砌口的方法施工。

8. 木门窗与砖石砌体、混凝土或抹灰层接触处应进行防腐处理并应设置防潮层；埋入砌体或混凝土中的木砖应进行防腐处理。

9. 当金属窗或塑料窗组合时，其拼樘料的尺寸、规格、壁厚应符合设计要求。

10. 建筑外门窗的安装必须牢固。在砌体上安装门窗严禁用射钉固定。

11. 特种门安装除应符合设计要求和规范规定外，还应符合有关专业标准和主管部门的规定。

二、木门窗制作与安装工程

1. 主控项目

（1）木门窗的木材品种、材质等级、规格、尺寸、框扇的线形及人造木板的甲醛含量应符合设计要求。设计未规定材质等级时，所用木材的质量应符合《建筑装饰装修工程质量验收规范》（GB 50210—2001）附录 A 的规定。

检验方法：观察；检查材料进场验收记录和复验报告。

（2）木门窗应采用烘干的木材，含水率应符合《建筑木门、木窗》（JG/T 122）的规定。

检验方法：检查材料进场验收记录。

（3）木门窗的防火、防腐、防蛀处理应符合设计要求。

检验方法：观察；检查材料进场验收记录。

（4）木门窗的结合处和安装配件处不得有木节或已填补的木节。木门窗如有允许限值以内的死节及直径较大的虫眼时，应用同一材质的木塞加胶填补。对于清漆制品，木塞的木纹和色泽应与制品一致。

检验方法：观察。

（5）门窗框和厚度大于 50mm 的门窗扇应用双榫连接。榫槽应采用胶料严密嵌合，并应用胶楔加紧。

检验方法：观察；手扳检查。

（6）胶合板门、纤维板门和模压门不得脱胶。胶合板不得刨透表层单板，不得有戗槎。制作胶合板门、纤维板门时，边框和横楞应在同一平面上，面层、边框及横楞应加压胶结。横楞和上、下冒头应各钻两个以上的透气孔，透气孔应通畅。

检验方法：观察。

（7）木门窗的品种、类型、规格、开启方向、安装位置及连接方式应符合设计要求。

检验方法：观察；尺量检查；检查成品门的产品合格证书。

（8）木门窗框的安装必须牢固。预埋木砖的防腐处理、木门窗框固定点的数量、位置及固定方法应符合设计要求。

检验方法：观察；手扳检查；检查隐蔽工程验收记录和施工记录。

（9）木门窗扇必须安装牢固，并应开关灵活，关闭严密，无倒翘。

检验方法：观察；开启和关闭检查；手扳检查。

（10）木门窗配件的型号、规格、数量应符合设计要求，安装应牢固，位置应正确，功能应满足使用要求。

检验方法：观察；开启和关闭检查；手扳检查。

2．一般项目

（1）木门窗表面应洁净，不得有刨痕、锤印。

检验方法：观察。

（2）木门窗的割角、拼缝应严密平整。门窗框、扇裁口应顺直，刨面应平整。

检验方法：观察。

（3）木门窗上的槽、孔应边缘整齐，无毛刺。

检验方法：观察。

（4）木门窗与墙体间缝隙的填嵌材料应符合设计要求，填嵌应饱满。寒冷地区外门窗（或门窗框）与砌体间的空隙应填充保温材料。

检验方法：轻敲门窗框检查；检查隐蔽工程验收记录和施工记录。

（5）木门窗批水、盖口条、压缝条、密封条的安装应顺直，与门窗结合应牢固、严密。

检验方法：观察；手扳检查。

（6）木门窗制作的允许偏差和检验方法应符合表 10-3 的规定。

<table>
<tr><td colspan="7">木门窗制作的允许偏差和检验方法　　　　　　　　　　　　　　表 10-3</td></tr>
<tr><td rowspan="2">项次</td><td rowspan="2">项　　目</td><td rowspan="2">构件名称</td><td colspan="2">允许偏差（mm）</td><td rowspan="2" colspan="2">检验方法</td></tr>
<tr><td>普通</td><td>高级</td></tr>
<tr><td rowspan="2">1</td><td rowspan="2">翘曲</td><td>框</td><td>3</td><td>2</td><td colspan="2" rowspan="2">将框、扇平放在检查平台上，用塞尺检查</td></tr>
<tr><td>扇</td><td>2</td><td>2</td></tr>
<tr><td>2</td><td>对角线长度差</td><td>框、扇</td><td>3</td><td>2</td><td colspan="2">用钢尺检查，框量裁口里角，扇量外角</td></tr>
</table>

项次	项　目	构件名称	允许偏差(mm)		检验方法
			普通	高级	
3	表面平整度	扇	2	2	用1m靠尺和塞尺检查
4	高度、宽度	框	0；2	0；−1	用钢尺检查，框量裁口里角，扇量外角
		扇	+2；0	+1；0	
5	裁口、线条结合处高低差	框、扇	1	0.5	用钢直尺和塞尺检查
6	相邻棂子两端间距	扇	2	1	用钢直尺检查

（7）木门窗安装的留缝限值、允许偏差和检验方法应符合表10-4的规定。

木、门窗安装的留缝限值、允许偏差和检验方法　　　　　　　表10-4

项次	项　目	留缝限值(mm)		允许偏差(mm)		检验方法
		普通	高级	普通	高级	
1	门窗槽口对角线长度差	—	—	3	2	用钢尺检查
2	门窗框的正、侧面垂直度	—	—	2	1	用1m垂直检测尺检查
3	框与扇、扇与扇接缝高低差	—	—	2	1	用钢直尺和塞尺检查
4	门窗扇对口缝	1～2.5	1.5～2	—	—	用塞尺检查
5	工业厂房双扇大门对口缝	2～5	—	—	—	
6	门窗扇与上框间留缝	1～2	1～1.5	—	—	
7	门窗扇与侧框间留缝	1～2.5	1～1.5	—	—	
8	窗扇与下框间留缝	2～3	2～2.5	—	—	
9	门扇与下框间留缝	3～5	3～4	—	—	
10	双层门窗内外框间距	—	—	4	3	用钢尺检查
11	无下框时门扇与地面间留缝	外门	4～7	5～6		用塞尺检查
		内门	5～8	6～7		
		卫生间门	8～12	8～10		
		厂房大门	10～20	—		

三、金属门窗安装工程

1. 主控项目

（1）金属门窗的品种、类型、规格、尺寸、性能，开启方向，安装位置，连接方式及铝合金门窗的型材壁厚应符合设计要求。金属门窗的防腐处理及填嵌、密封处理应符合设计要求。

检验方法：观察；尺量检查；检查产品合格证书、性能检测报告、进场验收记录和复验报告；检查隐蔽工程验收记录。

（2）金属门窗框和副框的安装必须牢固。预埋件的数量、位置，埋设方式，与框的连接方式必须符合设计要求。

检验方法：手扳检查；检查隐蔽工程验收记录。

（3）金属门窗扇必须安装牢固，并应开关灵活、关闭严密，无倒翘。推拉门窗扇必须有防脱落措施。

检验方法：观察；开启和关闭检查；手扳检查。

（4）金属门窗配件的型号、规格、数量应符合设计要求，安装应牢固，位置应正确，功能应满足使用要求。

检验方法：观察；开启和关闭检查；手扳检查。

2. 一般项目

（1）金属门窗表面应洁净、平整、光滑、色泽一致，无锈蚀。大面应无划痕、碰伤。漆膜或保护层应连续。

检验方法：观察。

（2）铝合金门窗推拉门窗扇开关力应不大于100N。

检验方法：用弹簧秤检查。

（3）金属门窗框与墙体之间的缝隙应填嵌饱满，并采用密封胶密封。密封胶表面应光滑、顺直，无裂纹。

检验方法：观察；轻敲门窗框检查；检查隐蔽工程验收记录。

（4）金属门窗扇的橡胶密封条或毛毡密封条应安装完好，不得脱槽。

检验方法：观察；开启和关闭检查。

（5）有排水孔的金属门窗，排水孔应畅通，位置和数量应符合设计要求。

检验方法：观察。

（6）钢门窗安装的留缝限值、允许偏差和检验方法应符合表10-5的规定。

钢门窗安装的留缝限值、允许偏差和检验方法　　　　　表10-5

项次	项　　目		留缝限值（mm）	允许偏差（mm）	检 验 方 法
1	门窗槽口宽度、高度	≤1500mm	—	2.5	用钢尺检查
		>1500mm	—	3.5	
2	门窗槽口对角线长度差	≤2000mm	—	5	用钢尺检查
		>2000mm	—	6	
3	门窗框的正、侧面垂直度		—	3	用1m垂直检测尺检查
4	门窗横框的水平度		—	3	用1m水平尺和塞尺检查
5	门窗横框标高		—	5	用钢尺检查
6	门窗竖向偏离中心		—	4	用钢尺检查
7	双层门窗内外框间距		—	5	用钢尺检查
8	门窗框、扇配合间隙		≤2	—	用塞尺检查
9	无下框时门扇与地面间留缝		4～8	—	用塞尺检查

（7）铝合金门窗安装的允许偏差和检验方法应符合表10-6的规定。

铝合金门窗安装的允许偏差和检验方法 表 10-6

项次	项 目		允许偏差（mm）	检 验 方 法
1	门窗槽口宽度、高度	≤1500mm	1.5	用钢尺检查
		>1500mm	2	
2	门窗槽口、对角线长度差	≤2000mm	3	用钢尺检查
		>2000mm	4	
3	门窗框的正、侧面垂直度		2.5	用垂直检测尺检查
4	门窗横框的水平度		2	用 1m 水平尺和塞尺检查
5	门窗横框标高		5	用钢尺检查
6	门窗竖向偏离中心		5	用钢尺检查
7	双层门窗内外框间距		4	用钢尺检查
8	推拉门窗扇与框搭接量		1.5	用钢直尺检查

（8）涂色镀锌钢板门窗安装的允许偏差和检验方法应符合表 10-7 的规定。

涂色镀锌钢板门窗安装的允许偏差和检验方法 表 10-7

项次	项 目		允许偏差（mm）	检 验 方 法
1	门窗槽口宽度、高度	≤1500mm	2	用钢尺检查
		>1500mm	3	
2	门窗槽口对角线长度差	≤2000mm	4	用钢尺检查
		>2000mm	5	
3	门窗框的正、侧面垂直度		3	用垂直检测尺检查
4	门窗横框的水平度		3	用 1m 水平尺和塞尺检查
5	门窗横框标高		5	用钢尺检查
6	门窗竖向偏离中心		5	用钢尺检查
7	双层门窗内外框间距		4	用钢尺检查
8	推拉门窗扇与框搭接量		2	用钢直尺检查

四、塑料门窗安装工程

1. 主控项目

（1）塑料门窗的品种、类型、规格、尺寸，开启方向，安装位置，连接方式及填嵌密封处理应符合设计要求，内衬增强型钢的壁厚及设置应符合国家现行产品标准的质量要求。

检验方法：观察；尺量检查；检查产品合格证书，性能检测报告，进场验收记录和复验报告；检查隐蔽工程验收记录。

（2）塑料门窗框、副框和扇的安装必须牢固。固定片或膨胀螺栓的数量与位置应正确，连接方式应符合设计要求。固定点应距窗角、中横框、中竖框 15～200mm，固定点间距应不大于 600mm。

检验方法：观察；手扳检查；检查隐蔽工程验收记录。

（3）塑料门窗拼樘料内衬增强型钢的规格、壁厚必须符合设计要求，型钢应与型材内腔紧密吻合，其两端必须与洞口固定牢固。窗框必须与拼樘料连接紧密，固定点间距应不大于 600mm。

检验方法：观察；手扳检查；尺量检查；检查进场验收记录。

（4）塑料门窗扇应开关灵活、关闭严密，无倒翘。推拉门窗扇必须有防脱落措施。

检验方法：观察；开启和关闭检查；手扳检查。

（5）塑料门窗配件的型号、规格、数量应符合设计要求，安装应牢固，位置应正确，功能应满足使用要求。

检验方法：观察；手扳检查；尺量检查。

（6）塑料门窗框与墙体间缝隙应采用闭孔弹性材料填嵌饱满，表面应采用密封胶密封。密封胶应粘结牢固，表面应光滑、顺直，无裂纹。

检验方法：观察；检查隐蔽工程验收记录。

2. 一般项目

（1）塑料门窗表面应洁净、平整、光滑，大面应无划痕、碰伤。

检验方法：观察。

（2）塑料门窗扇的密封条不得脱槽。旋转窗间隙应基本均匀。

（3）塑料门窗扇的开关力应符合下列规定：

1）平开门窗扇平铰链的开关力应不大于 80N；滑撑铰链的开关力应不大于 80N，并不小于 30N。

2）推拉门窗扇的开关力应不大于 100N。

检验方法：观察；用弹簧秤检查。

（4）玻璃密封条与玻璃及玻璃槽口的接缝应平整，不得卷边、脱槽。

检验方法：观察。

（5）排水孔应畅通，位置和数量应符合设计要求。

检验方法：观察。

（6）塑料门窗安装的允许偏差和检验方法应符合表 10-8 的规定。

塑料门窗安装的允许偏差和检验方法 表 10-8

项次	项　目		允许偏差(mm)	检验方法
1	门窗槽口宽度、高度	≤1500mm	2	用钢尺检查
		>1500mm	3	
2	门窗槽口对角线长度差	≤2000mm	3	用钢尺检查
		>2000mm	5	
3	门窗框的正、侧面垂直度		3	用 1m 垂直检测尺检查
4	门窗横框的水平度		3	用 1m 水平尺和塞尺检查
5	门窗横框标高		5	用钢尺检查
6	门窗竖向偏离中心		5	用钢直尺检查
7	双层门窗内外框间距		4	用钢尺检查
8	同樘平开窗相邻扇高度差		2	用钢直尺检查
9	平开门窗铰链部位配合间隙		+2；−1	用塞尺检查
10	推拉门窗扇与框搭接量		+1.5；−2.5	用钢直尺检查
11	推拉门窗扇与竖框平行度		2	用 1m 水平尺和塞尺检查

五、特种门安装工程

1. 主控项目

（1）特种门的质量和各项性能应符合设计要求。

检验方法：检查生产许可证、产品合格证书和性能检测报告。

（2）特种门的品种、类型、规格、尺寸、开启方向、安装位置及防腐处理应符合设计要求。

检验方法：观察；尺量检查；检查进场验收记录和隐蔽工程验收记录。

（3）带有机械装置、自动装置或智能化装置的特种门，其机械装置、自动装置和智能化装置的功能应符合设计要求和有关标准的规定。

检验方法：启动机械装置、自动装置或智能化装置，观察。

（4）特种门的安装必须牢固。预埋件的数量、位置、埋设方式，与框的连接方式必须符合设计要求。

检验方法：观察；手扳检查；检查隐蔽工程验收记录。

（5）特种门的配件应齐全，位置应正确，安装应牢固，功能应满足使用要求和特种门的各项性能要求。

检验方法：观察；手扳检查；检查产品合格证书、性能检测报告和进场验收记录。

2. 一般项目

（1）特种门的表面装饰应符合设计要求。

检验方法：观察。

（2）特种门的表面应洁净，无划痕、碰伤。

检验方法：观察。

（3）推拉自动门安装的留缝限值、允许偏差和检验方法应符合表 10-9 的规定。

推拉自动门安装的留缝限值、允许偏差和检验方法　　　　　　表 10-9

项次	项　　目		留缝限值（mm）	允许偏差（mm）	检验方法
1	门槽口宽度、高度	≤1500mm	—	1.5	用钢尺检查
		>1500mm	—	2	
2	门槽口对角线长度差	≤2000mm	—	2	用钢尺检查
		>2000mm	—	2.5	
3	门框的正、侧面垂直度		—	1	用1m垂直检测尺检查
4	门构件装配间隙		—	0.3	用塞尺检查
5	门梁导轨水平度		—	1	用1m水平尺和塞尺检查
6	下导轨与门梁导轨平行度		—	1.5	用钢尺检查
7	门扇与侧框间留缝		1.2～1.8	—	用塞尺检查
8	门扇对口缝		1.2～1.8	—	用塞尺检查

（4）推拉自动门的感应时间限值和检验方法应符合表 10-10 的规定。

项次	项　目	感应时间限值(s)	检验方法
1	开门响应时间	≤0.5	用秒表检查
2	堵门保护延时	16～20	用秒表检查
3	门扇全开启后保持时间	13～17	用秒表检查

（5）旋转门安装的允许偏差和检验方法应符合 10-11 的规定。

旋转门安装的允许偏差和检验方法   表 10-11

项次	项　目	允许偏差（mm）		检验方法
		金属框架玻璃旋转门	木质旋转门	
1	门扇正、侧面垂直度	1.5	1.5	用1m垂直检测尺检查
2	门扇对角线长度差	1.5	1.5	用钢尺检查
3	相邻扇高度差	1	1	用钢尺检查
4	扇与圆弧边留缝	1.5	2	用塞尺检查
5	扇与上顶间留缝	2	2.5	用塞尺检查
6	扇与地面间留缝	2	2.5	用塞尺检查

六、门窗玻璃安装工程

1. 主控项目

（1）玻璃的品种、规格、尺寸、色彩、图案和涂膜朝向应符合设计要求。单块玻璃大于 1.5m² 时应使用安全玻璃。

检验方法：观察；检查产品合格证书、性能检测报告和进场验收记录。

（2）门窗玻璃裁割尺寸应正确。安装后的玻璃应牢固，不得有裂纹、损伤和松动。

检验方法：观察；轻敲检查。

（3）玻璃的安装方法应符合设计要求。固定玻璃的钉子或钢丝卡的数量、规格应保证玻璃安装牢固。

检验方法：观察；检查施工记录。

（4）镶钉木压条接触玻璃处，应与裁口边缘平齐。木压条应互相紧密连接，并与裁口边缘紧贴，割角应整齐。

检验方法：观察。

（5）密封条与玻璃、玻璃槽口的接触应紧密、平整。密封胶与玻璃、玻璃槽口的边缘应粘结牢固，接缝平齐。

检验方法：观察。

（6）带密封条的玻璃压条，其密封条必须与玻璃全部贴紧，压条与型材之间应无明显缝隙，压条接缝应不大于 0.5mm。

检验方法：观察；尺量检查。

2. 一般项目

（1）玻璃表面应洁净，不得有腻子、密封胶、涂料等污渍。中空玻璃内外表面均应洁净，玻璃中空层内不得有灰尘和水蒸气。

检验方法：观察。

（2）门窗玻璃不应直接接触型材。单面镀膜玻璃的镀膜层及磨砂玻璃的磨砂面应朝向室内。中空玻璃的单面镀膜玻璃应在最外层，镀膜层应朝向室内。

检验方法：观察。

（3）腻子应填抹饱满、粘结牢固；腻子边缘与裁口应平齐。固定玻璃的卡子不应在腻子表面显露。

检验方法：观察。

第三节 吊 顶 工 程

一、一般规定

1. 吊顶工程验收时应检查下列文件和记录：

（1）吊顶工程的施工图、设计说明及其他设计文件。

（2）材料的产品合格证书、性能检测报告、进场验收记录和复验报告。

（3）隐蔽工程验收记录。

（4）施工记录。

2. 吊顶工程应对人造木板的甲醛含量进行复验。

3. 吊顶工程应对下列隐蔽工程项目进行验收：

（1）吊顶内管道、设备的安装及水管试压。

（2）木龙骨防火、防腐处理。

（3）预埋件或拉结筋。

（4）吊杆安装。

（5）龙骨安装。

（6）填充材料的设置。

4. 各分项工程的检验批应按下列规定划分：

同一品种的吊顶工程每50间（大面积房间和走廊按吊顶面积30m^{2}为一间）应划分为一个检验批，不足50间也应划分为一个检验批。

5. 检查数量应符合下列规定：

每个检验批应至少抽查10%，并不得少于3间；不足3间时应全数检查。

6. 安装龙骨前，应按设计要求对房间净高、洞口标高和吊顶内管道、设备及其支架的标高进行交接检验。

7. 吊顶工程的木吊杆、木龙骨和木饰面板必须进行防火处理，并应符合有关设计防火规范的规定。

8. 吊顶工程中的预埋件、钢筋吊杆和型钢吊杆应进行防锈处理。

9. 安装饰面板前应完成吊顶内管道和设备的调试及验收。

10. 吊杆距主龙骨端部距离不得大于300mm，当大于300mm时，应增加吊杆。当吊杆长度大于1.5m时，应设置反支撑。当吊杆与设备相遇时，应调整并增设吊杆。

11. 重型灯具、电扇及其他重型设备严禁安装在吊顶工程的龙骨上。

二、暗龙骨吊顶工程

1. 主控项目

(1) 吊顶标高、尺寸、起拱和造型应符合设计要求。

检验方法：观察；尺量检查。

(2) 饰面材料的材质、品种、规格、图案和颜色应符合设计要求。

检验方法：观察；检查产品合格证书、性能检测报告、进场验收记录初复验报告。

(3) 暗龙骨吊顶工程的吊杆、龙骨和饰面材料的安装必须牢固。

检验方法：观察；手扳检查；检查隐蔽工程验收记录和施工记录。

(4) 吊杆、龙骨的材质、规格、安装间距及连接方式应符合设计要求。金属吊杆、龙骨应经过表面防腐处理；木吊杆、龙骨应进行防腐、防火处理。

检验方法：观察；尺量检查；检查产品合格证书、性能检测报告、进场验收记录和隐蔽工程验收记录。

(5) 石膏板的接缝应按其施工工艺标准进行板缝防裂处理。安装双层石膏板时，面层板与基层板的接缝应错开，并不得在同一根龙骨上接缝。

检验方法：观察。

2. 一般项目

(1) 饰面材料表面应洁净、色泽一致，不得有翘曲、裂缝及缺损。压条应平直、宽窄一致。

检验方法：观察；尺量检查。

(2) 饰面板上的灯具、烟感器、喷淋头、风口箅子等设备的位置应合理、美观，与饰面板的交接应吻合、严密。

检验方法：观察。

(3) 金属吊杆、龙骨的接缝应均匀一致，角缝应吻合，表面应平整，无翘曲、锤印。木质吊杆、龙骨应顺直，无劈裂、变形。

检验方法：检查隐蔽工程验收记录和施工记录。

(4) 吊顶内填充吸声材料的品种和铺设厚度应符合设计要求，并应有防散落措施。

检验方法：检查隐蔽工程验收记录和施工记录。

(5) 暗龙骨吊顶工程安装的允许偏差和检验方法应符合表 10-12 的规定。

暗龙骨吊顶工程安装的允许偏差和检验方法　　　　　　表 10-12

项次	项　目	允许偏差（mm）				检 验 方 法
		纸面石膏板	金属板	矿棉板	木板、塑料板、格栅	
1	表面平整度	3	2	2	2	用 2m 靠尺和塞尺检查
2	接缝直线度	3	1.5	3	3	拉 5m 线，不足 5m 拉通线，用钢直尺检查
3	接缝高低差	1	1	1.5	1	用钢直尺和塞尺检查

三、明龙骨吊顶工程

1. 主控项目

(1) 吊顶标高、尺寸、起拱和造型应符合设计要求。

检验方法：观察；尺量检查。

(2) 饰面材料的材质、品种、规格、图案和颜色应符合设计要求。当饰面材料为玻璃板时，应使用安全玻璃或采取可靠的安全措施。

检验方法：观察；检查产品合格证书、性能检测报告和进场验收记录。

(3) 饰面材料的安装应稳固严密。饰面材料与龙骨的搭接宽度应大于龙骨受力面宽度的 2/3。

检验方法：观察；手扳检查；尺量检查。

(4) 吊杆、龙骨的材质、规格、安装间距及连接方式应符合设计要求。金属吊杆、龙骨应进行表面防腐处理；木龙骨应进行防腐、防火处理。

检验方法：观察；尺量检查；检查产品合格证书、进场验收记录和隐蔽工程验收记录。

(5) 明龙骨吊顶工程的吊杆和龙骨安装必须牢固。

检验方法：手扳检查；检查隐蔽工程验收记录和施工记录。

2. 一般项目

(1) 饰面材料表面应洁净、色泽一致，不得有翘曲、裂缝及缺损。饰面板与明龙骨的搭接应平整、吻合，压条应平直、宽窄一致。

检验方法：观察；尺量检查。

(2) 饰面板上的灯具、烟感器、喷淋头、风口箅子等设备的位置应合理、美观，与饰面板的交接应吻合、严密。

检验方法：观察。

(3) 金属龙骨的接缝应平整、吻合、颜色一致，不得有划伤、擦伤等表面缺陷。木质龙骨应平整、顺直，无劈裂。

检验方法：观察。

(4) 吊顶内填充吸声材料的品种和铺设厚度应符合设计要求，并应有防散落措施。

检验方法：检查隐蔽工程验收记录和施工记录。

(5) 明龙骨吊顶工程安装的允许偏差和检验方法应符合表 10-13 的规定。

明龙骨吊顶工程安装的允许偏差和检验方法　　　　　　　　表 10-13

项次	项　目	允许偏差（mm）				检 验 方 法
		石膏板	金属板	矿棉板	塑料板、玻璃板	
1	表面平整度	3	2	3	2	用 2m 靠尺和塞尺检查
2	接缝直线度	3	2	3	3	拉 5m 线，不足 5m 拉通线，用钢直尺检查
3	接缝高低差	1	1	2	1	用钢直尺和塞尺检查

第四节 轻质隔墙工程

一、一般规定

1. 轻质隔墙工程验收时应检查下列文件和记录：
(1) 轻质隔墙工程的施工图、设计说明及其他设计文件。
(2) 材料的产品合格证书、性能检测报告、进场验收记录和复验报告。
(3) 隐蔽工程验收记录。
(4) 施工记录。

2. 轻质隔墙工程应对人造木板的甲醛含量进行复验。

3. 轻质隔墙工程应对下列隐蔽工程项目进行验收：
(1) 骨架隔墙中设备管线的安装及水管试压。
(2) 木龙骨防火、防腐处理。
(3) 预埋件或拉结筋。
(4) 龙骨安装。
(5) 填充材料的设置。

4. 各分项工程的检验批应按下列规定划分：
同一品种的轻质隔墙工程每 50 间（大面积房间和走廊按轻质隔墙的墙面 30m² 为一间）应划分为一个检验批，不足 50 间也应划分为一个检验批。

5. 轻质隔墙与顶棚和其他墙体的交接处应采取防开裂措施。

6. 民用建筑轻质隔墙工程的隔声性能应符合现行国家标准《民用建筑隔声设计规范》(GB 50118) 的规定。

二、板材隔墙工程

板材隔墙工程的检查数量应符合下列规定：
每个检验批应至少抽查 10%，并不得少于 3 间；不足 3 间时应全数检查。

1. 主控项目
(1) 隔墙板材的品种、规格、性能、颜色应符合设计要求。有隔声、隔热、阻燃、防潮等特殊要求的工程，板材应有相应性能等级的检测报告。
检验方法：观察；检查产品合格证书、进场验收记录和性能检测报告。
(2) 安装隔墙板材所需预埋件、连接件的位置、数量及连接方法应符合设计要求。
检验方法：观察；尺量检查；检查隐蔽工程验收记录。
(3) 隔墙板材安装必须牢固。现制钢丝网水泥隔墙与周边墙体的连接方法应符合设计要求，并应连接牢固。
检验方法：观察；手扳检查。
(4) 隔墙板材所用接缝材料的品种及接缝方法应符合设计要求。
检验方法：观察；检查产品合格证书和施工记录。

2. 一般项目

（1）隔墙板材安装应垂直、平整、位置正确，板材不应有裂缝或缺损。

检验方法：观察；尺量检查。

（2）板材隔墙表面应平整光滑、色泽一致、洁净，接缝应均匀、顺直。

检验方法：观察；手摸检查。

（3）隔墙上的孔洞、槽、盒应位置正确、套割方正、边缘整齐。

检验方法：观察。

（4）板材隔墙安装的允许偏差和检验方法应符合表 10-14 的规定。

板材隔墙安装的允许偏差和检验方法　　　　　　　　表 10-14

项次	项　　目	允许偏差（mm）				检验方法
		复合轻质墙板		石膏空心板	钢丝网水泥板	
		金属夹芯板	其他复合板			
1	立面垂直度	2	3	3	3	用 2m 垂直检测尺检查
2	表面平整度	2	3	3	3	用 2m 靠尺和塞尺检查
3	阴阳角方正	3	3	3	4	用直角检测尺检查
4	接缝高低差	1	2	2	3	用钢直尺和塞尺检查

三、骨架隔墙工程

骨架隔墙工程的检查数量应符合下列规定：

每个检验批应至少抽查 10%，并不得少于 3 间；不是 3 间时应全数检查。

1. 主控项目

（1）骨架隔墙所用龙骨、配件、墙面板、填充材料及嵌缝材料的品种、规格、性能和木材的含水率应符合设计要求。有隔声、隔热、阻燃、防潮等特殊要求的工程，材料应有相应性能等级的检测报告。

检验方法：观察；检查产品合格证书、进场验收记录、性能检测报告和复验报告。

（2）骨架隔墙工程边框龙骨必须与基体结构连接牢固，并应平整、垂直、位置正确。

检验方法：手扳检查；尺量检查；检查隐蔽工程验收记录。

（3）骨架隔墙中龙骨间距和构造连接方法应符合设计要求。骨架内设备管线的安装、门窗洞口等部位加强龙骨应安装牢固、位置正确，填充材料的设置应符合设计要求。

检验方法：检查隐蔽工程验收记录。

（4）木龙骨及木墙面板的防火和防腐处理必须符合设计要求。

检验方法：检查隐蔽工程验收记录。

（5）骨架隔墙的墙面板应安装牢固，无脱层、翘曲、折裂及缺损。

检验方法：观察；手扳检查。

（6）墙面板所用接缝材料的接缝方法应符合设计要求。

检验方法：观察。

2. 一般项目

（1）骨架隔墙表面应平整光滑、色泽一致、洁净，无裂缝，接缝应均匀、顺直。

检验方法：观察；手摸检查。

（2）骨架隔墙上的孔洞、槽、盒应位置正确、套割吻合、边缘整齐。

检验方法：观察。

（3）骨架隔墙内的填充材料应干燥，填充应密实、均匀，无下坠。

检验方法：轻敲检查；检查隐蔽工程验收记录。

（4）骨架隔墙安装的允许偏差和检验方法应符合表 10-15 的规定。

骨架隔墙安装的允许偏差和检验方法 表 10-15

项次	项 目	允许偏差（mm）		检 验 方 法
		纸面石膏板	人造木板、水泥纤维板	
1	立面垂直度	3	4	用 2m 垂直检测尺检查
2	表面平整度	3	3	用 2m 靠尺和塞尺检查
3	阴阳角方正	3	3	用直角检测尺检查
4	接缝直线度	—	3	拉 5m 线，不足 5m 拉通线，用钢直尺检查
5	压条直线度	—	3	拉 5m 线，不足 5m 拉通线，用钢直尺检查
6	接缝高低差	1	1	用钢直尺和塞尺检查

四、活动隔墙工程

活动隔墙工程的检查数量应符合下列规定：

每个检验批应至少抽查 20％，并不得少于 6 间；不足 6 间时应全数检查。

1．主控项目

（1）活动隔墙所用墙板、配件等材料的品种、规格、性能和木材的含水率应符合设计要求。有阻燃、防潮等特性要求的工程，材料应有相应性能等级的检测报告。

检验方法：观察；检查产品合格证书、进场验收记录、性能检测报告和复验报告。

（2）活动隔墙轨道必须与基体结构连接牢固，并应位置正确。

检验方法：尺量检查；手扳检查。

（3）活动隔墙用于组装、推拉和制动的构配件必须安装牢固、位置正确，推拉必须安全、平稳、灵活。

检验方法：尺量检查；手扳检查；推拉检查。

（4）活动隔墙制作方法、组合方式应符合设计要求。

检验方法：观察。

2．一般项目

（1）活动隔墙表面应色泽一致、平整光滑、洁净，线条应顺直、清晰。

检验方法：观察；手摸检查。

（2）活动隔墙上的孔洞、槽、盒应位置正确、套割吻合、边缘整齐。

检验方法：观察；尺量检查。

（3）活动隔墙推拉应无噪声。

检验方法：推拉检查。

（4）活动隔墙安装的允许偏差和检验方法应符合表 10-16 的规定。

项次	项　目	允许偏差（mm）	检　验　方　法
1	立面垂直度	3	用2m垂直检测尺检查
2	表面平整度	2	用2m靠尺和塞尺检查
3	接缝直线度	3	拉5m线，不足5m拉通线用钢直尺检查
4	接缝高低差	2	用钢直尺和塞尺检查
5	接缝宽度	2	用钢直尺检查

第五节　玻璃隔墙工程

玻璃隔墙工程的检查数量应符合下列规定：

每个检验批应至少抽查 20％，并不得少于 6 间；不足 6 间时应全数检查。

1. 主控项目

（1）玻璃隔墙工程所用材料的品种、规格、性能、图案和颜色应符合设计要求。玻璃板隔墙应使用安全玻璃。

检验方法：观察；检查产品合格证书、进场验收记录和性能检测报告。

（2）玻璃砖隔墙的砌筑或玻璃板隔墙的安装方法应符合设计要求。

检验方法：观察。

（3）玻璃砖隔墙砌筑中埋设的拉结筋必须与基体结构连接牢固，并应位置正确。

检验方法：手扳检查；尺量检查；检查隐蔽工程验收记录。

（4）玻璃板隔墙的安装必须牢固。玻璃板隔墙胶垫的安装应正确。

检验方法：观察；手推检查；检查施工记录。

2. 一般项目

（1）玻璃隔墙表面应色泽一致、平整洁净、清晰美观。

检验方法：观察。

（2）玻璃隔墙接缝应横平竖直，玻璃应无裂痕、缺损和划痕。

检验方法：观察。

（3）玻璃板隔墙嵌缝及玻璃砖隔墙勾缝应密实平整、均匀顺直、深浅一致。

检验方法：观察。

（4）玻璃隔墙安装的允许偏差和检验方法应符合表 10-17 的规定。

玻璃隔墙安装的允许偏差和检验方法　　表 10-17

项次	项　目	允许偏差（mm）		检 验 方 法
		玻璃砖	玻璃板	
1	立面垂直度	3	2	用2m垂直检测尺检查
2	表面平整度	3	—	用2m靠尺和塞尺检查
3	阴阳角方正	—	2	用直角检测尺检查
4	接缝直线度	—	2	拉5m线，不足5m拉通线，用钢直尺检查
5	接缝高低差	3	2	用钢直尺和塞尺检查
6	接缝宽度	—	1	用钢直尺检查

第六节　饰面板（砖）工程

一、一般规定

1. 饰面板（砖）工程验收时应检查下列文件和记录：

（1）饰面板（砖）工程的施工图、设计说明及其他设计文件。

（2）材料的产品合格证书、性能检测报告、进场验收记录和复验报告。

（3）后置埋件的现场拉拔检测报告。

（4）外墙饰面砖样板件的粘结强度检测报告。

（5）隐蔽工程验收记录。

（6）施工记录。

2. 饰面板（砖）工程应对下列材料及其性能指标进行复验：

（1）室内用花岗石的放射性。

（2）粘贴用水泥的凝结时间、安定性和抗压强度。

（3）外墙陶瓷面砖的吸水率。

（4）寒冷地区外墙陶瓷面砖的抗冻性。

3. 饰面板（砖）工程应对下列隐蔽工程项目进行验收：

（1）预埋件（或后置埋件）。

（2）连接节点。

（3）防水层。

4. 各分项工程的检验批应按下列规定划分：

（1）相同材料、工艺和施工条件的室内饰面板（砖）工程每50间（大面积房间和走廊按施工面积30m²为一间）应划分为一个检验批，不足50间也应划分为一个检验批。

（2）相同材料、工艺和施工条件的室外饰面板（砖）工程每500～1000m²应划分为一个检验批，不足500m²也应划分为一个检验批。

5. 检查数量应符合下列规定：

（1）室内每个检验批应至少抽查10%，并不得少于3间；不足3间时应全数检查。

（2）室外每个检验批每100m²应至少抽查一处，每处不得小于10m²。

6. 外墙饰面砖粘贴前和施工过程中，均应在相同基层上做样板间，并对样板间的饰面砖粘结强度进行检验，其检验方法和结果判定应符合《建筑工程饰面砖粘结强度检验标准》JGJ110的规定。

7. 饰面板（砖）工程的抗震缝、伸缩缝、沉降缝等部位的处理应保证缝的使用功能和饰面的完整性。

二、饰面板安装工程

适用于内墙饰面板安装工程和高度不大于24m、抗震设防烈度不大于7度的外墙饰面板安装工程的质量验收。

1. 主控项目

（1）饰面板的品种、规格、颜色和性能应符合设计要求，木龙骨、木饰面板和塑料饰面板的燃烧性能等级应符合设计要求。

检验方法：观察；检查产品合格证书、进场验收记录和性能检测报告。

（2）饰面板孔、槽的数量、位置和尺寸应符合设计要求。

检验方法：检查进场验收记录和施工记录。

（3）饰面板安装工程的预埋件（或后置埋件）、连接件的数量、规格、位置、连接方法和防腐处理必须符合设计要求。后置埋件的现场拉拔强度必须符合设计要求。饰面板安装必须牢固。

检验方法：手扳检查；检查进场验收记录、现场拉拔检测报告、隐蔽工程验收记录和施工记录。

2. 一般项目

（1）饰面板表面应平整、洁净、色泽一致，无裂痕和缺损。石材表面应无泛碱等污染。

检验方法：观察。

（2）饰面板嵌缝应密实、平直，宽度和深度应符合设计要求，嵌填材料色泽应一致。

检验方法：观察；尺量检查。

（3）采用湿作业法施工的饰面板工程，石材应进行防碱背涂处理。饰面板与基体之间的灌注材料应饱满、密实。

检验方法：用小锤轻击检查；检查施工记录。

（4）饰面板上的孔洞应套割吻合，边缘应整齐。

检验方法：观察。

（5）饰面板安装的允许偏差和检验方法应符合表 10-18 的规定。

饰面板安装的允许偏差和检验方法 　　　　　表 10-18

项次	项目	允许偏差（mm）							检验方法
		石　材			瓷板	木材	塑料	金属	
		光面	剁斧石	蘑菇石					
1	立面垂直度	2	3	3	2	1.5	2	2	用 2m 垂直检测尺检查
2	表面平整度	2	3	—	1.5	1	3	3	用 2m 靠尺和塞尺检查
3	阴阳角方正	2	4	4	2	1.5	3	3	用直角检测尺检查
4	接缝直线度	2	4	4	2	1	1	1	拉 5m 线，不足 5m 拉通线，用钢直尺检查
5	墙裙、勒脚上口直线度	2	3	3	2	2	2	2	拉 5m 线，不足 5m 拉通线，用钢直尺检查
6	接缝高低差	0.5	3	—	0.5	0.5	1	1	用钢直尺和塞尺检查
7	接缝宽度	1	2	2	1	1	1	1	用钢直尺检查

三、饰面砖粘贴工程

适用于内墙饰面砖粘贴工程和高度不大于 100m、抗震设防烈度不大于 8 度、采用满粘法施工的外墙饰面砖粘贴工程的质量验收。

1. 主控项目

(1) 饰面砖的品种、规格、图案、颜色和性能应符合设计要求。

检验方法：观察；检查产品合格证书、进场验收记录、性能检测报告和复验报告。

(2) 饰面砖粘贴工程的找平、防水、粘结和勾缝材料及施工方法应符合设计要求及国家现行产品标准和工程技术标准的规定。

检验方法：检查产品合格证书、复验报告和隐蔽工程验收记录。

(3) 饰面砖粘贴必须牢固。

检验方法：检查样板件粘结强度检测报告和施工记录。

(4) 满粘法施工的饰面砖工程应无空鼓、裂缝。

检验方法：观察；用小锤轻击检查。

2. 一般项目

(1) 饰面砖表面应平整、洁净、色泽一致，无裂痕和缺损。

检验方法：观察。

(2) 阴阳角处搭接方式、非整砖使用部位应符合设计要求。

检验方法：观察。

(3) 墙面凸出物周围的饰面砖应整砖套割吻合，边缘应整齐。墙裙、贴脸凸出墙面的厚度应一致。

检验方法：观察；尺量检查。

(4) 饰面砖接缝应平直、光滑，填嵌应连续、密实；宽度和深度应符合设计要求。

检验方法：观察；尺量检查。

(5) 有排水要求的部位应做滴水线（槽）。滴水线（槽）应顺直，流水坡向应正确，坡度应符合设计要求。

检验方法：观察；用水平尺检查。

(6) 饰面砖粘贴的允许偏差和检验方法应符合表 10-19 的规定。

饰面砖粘贴的允许偏差和检验方法　　　　　　表 10-19

项次	项　目	允许偏差（mm）		检 验 方 法
		外墙面砖	内墙面砖	
1	立面垂直度	3	2	用 2m 垂直检测尺检查
2	表面平整度	4	3	用 2m 靠尺和塞尺检查
3	阴阳角方正	3	3	用直角检测尺检查
4	接缝直线度	3	0.5	拉 5m 线，不足 5m 拉通线，用钢直尺检查
5	接缝高低差	1	2	用钢直尺和塞尺检查
6	接缝宽度	1	1	用钢直尺检查

第七节 幕 墙 工 程

一、一般规定

1. 幕墙工程验收时应检查下列文件和记录：

（1）幕墙工程的施工图、结构计算书、设计说明及其他设计文件。

（2）建筑设计单位对幕墙工程设计的确认文件。

（3）幕墙工程所用各种材料、五金配件、构件及组件的产品合格证书、性能检测报告、进场验收记录和复验报告。

（4）幕墙工程所用硅酮结构胶的认定证书和抽查合格证明；进口硅酮结构胶的商检证；国家指定检测机构出具的硅酮结构胶相容性和剥离粘结性试验报告；石材用密封胶的耐污染性试验报告。

（5）后置埋件的现场拉拔强度检测报告。

（6）幕墙的抗风压性能、空气渗透性能、雨水渗漏性能及平面变形性能检测报告。

（7）打胶、养护环境的温度、湿度记录；双组分硅酮结构胶的混匀性试验记录及拉断试验记录。

（8）防雷装置测试记录。

（9）隐蔽工程验收记录。

（10）幕墙构件和组件的加工制作记录；幕墙安装施工记录。

2. 幕墙工程应对下列材料及其性能指标进行复验：

（1）铝塑复合板的剥离强度。

（2）石材的弯曲强度；寒冷地区石材的耐冻融性；室内用花岗石的放射性。

（3）玻璃幕墙用结构胶的邵氏硬度、标准条件拉伸粘结强度、相容性试验；石材用结构胶的粘结强度；石材用密封胶的污染性。

3. 幕墙工程应对下列隐蔽工程项目进行验收：

（1）预埋件（或后置埋件）。

（2）构件的连接节点。

（3）变形缝及墙面转角处的构造节点。

（4）幕墙防雷装置。

（5）幕墙防火构造。

4. 各分项工程的检验批应按下列规定划分：

（1）相同设计、材料、工艺和施工条件的幕墙工程每 $500\sim1000m^2$ 应划分为一个检验批，不足 $500m^2$ 也应划分为一个检验批。

（2）同一单位工程的不连续的幕墙工程应单独划分检验批。

（3）对于异形或有特殊要求的幕墙，检验批的划分应根据幕墙的结构、工艺特点及幕墙工程规模，由监理单位（或建设单位）和施工单位协商确定。

5. 检查数量应符合下列规定：

（1）每个检验批每 $100m^2$ 应至少抽查一处，每处不得小于 $10m^2$。

（2）对于异形或有特殊要求的幕墙工程，应根据幕墙的结构和工艺特点，由监理单位（或建设单位）和施工单位协商确定。

6．幕墙及其连接件应具有足够的承载力、刚度和相对于主体结构的位移能力。幕墙构架立柱的连接金属角码与其他连接件应采用螺栓连接，并应有防松动措施。

7．隐框、半隐框幕墙所采用的结构粘结材料必须是中性硅酮结构密封胶，其性能必须符合《建筑用硅酮结构密封胶》GB16776 的规定；硅酮结构密封胶必须在有效期内使用。

8．立柱和横梁等主要受力构件，其截面受力部分的壁厚应经计算确定，且铝合金型材壁厚不应小于 3.0mm，钢型材壁厚不应小于 3.5mm。

9．隐框、半隐框幕墙构件中板材与金属框之间硅酮结构密封胶的粘结宽度，应分别计算风荷载标准值和板材自重标准值作用下硅酮结构密封胶的粘结宽度，并取其较大值，且不得小于 7.0mm。

10．硅酮结构密封胶应打注饱满，并应在温度 15～30℃、相对湿度 50％以上、洁净的室内进行；不得在现场墙上打注。

11．幕墙的防火除应符合现行国家标准《建筑设计防火规范》（GB 50016）和《高层民用建筑设计防火规范》（GB 50045）的有关规定外，还应符合下列规定：

（1）应根据防火材料的耐火极限决定防火层的厚度和宽度，并应在楼板处形成防火带。

（2）防火层应采取隔离措施。防火层的衬板应采用经防腐处理且厚度不小于 1.5mm 的钢板，不得采用铝板。

（3）防火层的密封材料应采用防火密封胶。

（4）防火层与玻璃不应直接接触，一块玻璃不应跨两个防火分区。

12．主体结构与幕墙连接的各种预埋件，其数量、规格、位置和防腐处理必须符合设计要求。

13．幕墙的金属框架与主体结构预埋件的连接、立柱与横梁的连接及幕墙面板的安装必须符合设计要求，安装必须牢固。

14．单元幕墙连接处和吊挂处的铝合金型材的壁厚应通过计算确定，并不得小于 5.0mm。

15．幕墙的金属框架与主体结构应通过预埋件连接，预埋件应在主体结构混凝土施工时埋入，预埋件的位置应准确。当没有条件采用预埋件连接时，应采用其他可靠的连接措施，并应通过试验确定其承载力。

16．立柱应采用螺栓与角码连接，螺栓直径应经过计算，并不应小于 10mm。不同金属材料接触时应采用绝缘垫片分隔。

17．幕墙的抗震缝、伸缩缝、沉降缝等部位的处理应保证缝的使用功能和饰面的完整性。

18．幕墙工程的设计应满足维护和清洁的要求。

二、玻璃幕墙工程

适用于建筑高度不大于 150m、抗震设防烈度不大于 8 度的隐框玻璃幕墙、半隐框玻璃幕墙、明框玻璃幕墙、全玻幕墙及点支承玻璃幕墙工程的质量验收。

1. 主控项目

(1) 玻璃幕墙工程所使用的各种材料、构件和组件的质量，应符合设计要求及国家现行产品标准和工程技术规范的规定。

检验方法：检查材料、构件、组件的产品合格证书、进场验收记录、性能检测报告和材料的复验报告。

(2) 玻璃幕墙的造型和立面分格应符合设计要求。

检验方法：观察；尺量检查。

(3) 玻璃幕墙使用的玻璃应符合下列规定：

1) 幕墙应使用安全玻璃，玻璃的品种、规格、颜色、光学性能及安装方向应符合设计要求。

2) 幕墙玻璃的厚度不应小于 6.0mm。全玻璃幕墙肋玻璃的厚度不应小于 12mm。

3) 幕墙的中空玻璃应采用双道密封。明框幕墙的中空玻璃应采用聚硫密封胶及丁基密封胶；隐框和半隐框幕墙的中空玻璃应采用硅酮结构密封胶及丁基密封胶；镀膜面应在中空玻璃的第 2 或第 3 面上。

4) 幕墙的夹层玻璃应采用聚乙烯醇缩丁醛 (PVB) 胶片干法加工合成的夹层玻璃。点支承玻璃幕墙夹层玻璃的夹层胶片 (PVB) 厚度不应小于 0.76mm。

5) 钢化玻璃表面不得有损伤；8.0mm 厚以下的钢化玻璃应进行引爆处理。

6) 所有幕墙玻璃均应进行边缘处理。

检验方法：观察；尺量检查；检查施工记录。

(4) 玻璃幕墙与主体结构连接的各种预埋件、连接件、紧固件必须安装牢固，其数量、规格、位置、连接方法和防腐处理应符合设计要求。

检验方法：观察；检查隐蔽工程验收记录和施工记录。

(5) 各种连接件、紧固件的螺栓应有防松动措施；焊接连接应符合设计要求和焊接规范的规定。

检验方法：观察；检查隐蔽工程验收记录和施工记录。

(6) 隐框或半隐框玻璃幕墙，每块玻璃下端应设置两个铝合金或不锈钢托条，其长度不应小于 100mm，厚度不应小于 2mm，托条外端应低于玻璃外表面 2mm。

检验方法：观察；检查施工记录。

(7) 明框玻璃幕墙的玻璃安装应符合下列规定：

1) 玻璃槽口与玻璃的配合尺寸应符合设计要求和技术标准的规定。

2) 玻璃与构件不得直接接触，玻璃四周与构件凹槽底部应保持一定的空隙，每块玻璃下部应至少放置两块宽度与槽口宽度相同、长度不小于 100mm 的弹性定位垫块；玻璃两边嵌入量及空隙应符合设计要求。

3) 玻璃四周橡胶条的材质、型号应符合设计要求，镶嵌应平整，橡胶条长度应比边框内槽长 1.5%～2.0%，橡胶条在转角处应斜面断开，并应用胶粘剂粘结牢固后嵌入槽内。

检验方法：观察；检查施工记录。

(8) 高度超过 4m 的全玻幕墙应吊挂在主体结构上，吊夹具应符合设计要求，玻璃与玻璃、玻璃与玻璃肋之间的缝隙，应采用硅酮结构密封胶填嵌严密。

检验方法：观察；检查隐蔽工程验收记录和施工记录。

（9）点支承玻璃幕墙应采用带万向头的活动不锈钢爪，其钢爪间的中心距离应大于250mm。

检验方法：观察；尺量检查。

（10）玻璃幕墙四周、玻璃幕墙内表面与主体结构之间的连接节点、各种变形缝、墙角的连接节点应符合设计要求和技术标准的规定。

检验方法：观察；检查隐蔽工程验收记录和施工记录。

（11）玻璃幕墙应无渗漏。

检验方法：在易渗漏部位进行淋水检查。

（12）玻璃幕墙结构胶和密封胶的打注应饱满、密实、连续、均匀，无气泡，宽度和厚度应符合设计要求和技术标准的规定。

检验方法：观察；尺量检查；检查施工记录。

（13）玻璃幕墙开启窗的配件应齐全，安装应牢固，安装位置和开启方向、角度应正确；开启应灵活，关闭应严密。

检验方法：观察；手扳检查；开启和关闭检查。

（14）玻璃幕墙的防雷装置必须与主体结构的防雷装置可靠连接。

检验方法：观察；检查隐蔽工程验收记录和施工记录。

2. 一般项目

（1）玻璃幕墙表面应平整、洁净；整幅玻璃的色泽应均匀一致；不得有污染和镀膜损坏。

检验方法：观察。

（2）每平方米玻璃的表面质量和检验方法应符合表10-20的规定。

每平方米玻璃的表面质量要求和检验方法 表10-20

项次	项 目	质 量 要 求	检 验 方 法
1	明显划伤和长度>100mm的轻微划伤	不允许	观察
2	长度≤100mm的轻微划伤	≤8条	用钢尺检查
3	擦伤总面积	≤500mm²	用钢尺检查

（3）一个分格铝合金型材的表面质量和检验方法应符合表10-21的规定。

一个分格铝合金型材的表面质量要求和检验方法 表10-21

项次	项 目	质 量 要 求	检 验 方 法
1	明显划伤和长度>100mm的轻微划伤	不允许	观察
2	长度≤100mm的轻微划伤	≤2条	用钢尺检查
3	擦伤总面积	≤500mm²	用钢尺检查

（4）明框玻璃幕墙的外露框或压条应横平竖直，颜色、规格应符合设计要求，压条安装应牢固。单元玻璃幕墙的单元拼缝或隐框玻璃幕墙的分格玻璃拼缝应横平竖直、均匀一致。

检验方法：观察；手扳检查；检查进场验收记录。

（5）玻璃幕墙的密封胶缝应横平竖直、深浅一致、宽窄均匀、光滑顺直。

检验方法：观察；手摸检查。

（6）防火、保温材料填充应饱满、均匀，表面应密实、平整。

检验方法：检查隐蔽工程验收记录。

（7）玻璃幕墙隐蔽节点的遮封装修应牢固、整齐、美观。

检验方法：观察；手扳检查。

（8）明框玻璃幕墙安装的允许偏差和检验方法应符合表 10-22 的规定。

明框玻璃幕墙安装的允许偏差和检验方法　　　　表 10-22

项次	项　目		允许偏差(mm)	检 验 方 法
1	幕墙垂直度	幕墙高度≤30m	10	用经纬仪检查
		30m<幕墙高度≤60m	15	
		60m<幕墙高度≤90m	20	
		幕墙高度 90m	25	
2	幕墙水平度	幕墙幅宽≤35m	5	用水平仪检查
		幕墙幅宽>35m	7	
3	构件直线度		2	用 2m 靠尺和塞尺检查
4	构件水平度	构件长度≤2m	2	用水平仪检查
		构件长度>2m	3	
5	相邻构件错位		1	用钢直尺检查
6	分格框对角线长度差	对角线长度≤2m	3	用钢尺检查
		对角线长度>2m	4	

（9）隐框、半隐框玻璃幕墙安装的允许偏差和检验方法应符合表 10-23 的规定。

隐框、半隐框玻璃幕墙安装的允许偏差和检验方法　　　　表 10-23

项次	项　目		允许偏差(mm)	检 验 方 法
1	幕墙垂直度	幕墙高度≤30m	10	用经纬仪检查
		30m<幕墙高度≤60m	15	
		60m<幕墙高度≤90m	20	
		幕墙高度 90m	25	
2	幕墙水平度	层高≤3m	3	用水平仪检查
		层高>3m	5	
3	幕墙表面平整度		2	用 2m 靠尺和塞尺检查
4	板材立面垂直度		2	用垂直检测尺检查
5	板材上沿水平度		2	用 1m 水平尺和钢直尺检查
6	相邻板材板角错位		1	用钢直尺检查
7	阳角方正		2	用直角检测尺检查
8	接缝直线度		3	拉 5m 线，不足 5m 拉通线，用钢直尺检查
9	接缝高低差		1	用钢直尺和塞尺检查
10	接缝宽度		1	用钢直尺检查

342

三、金属幕墙工程

适用于建筑高度不大于 150m 的金属幕墙工程的质量验收。

1. 主控项目

（1）金属幕墙工程所使用的各种材料和配件，应符合设计要求及国家现行产品标准和工程技术规范的规定。

检验方法：检查产品合格证书、性能检测报告、材料进场验收记录和复验报告。

（2）金属幕墙的造型和立面分格应符合设计要求。

检验方法：观察；尺量检查。

（3）金属面板的品种、规格、颜色、光泽及安装方向应符合设计要求。

检验方法：观察；检查进场验收记录。

（4）金属幕墙主体结构上的预埋件、后置埋件的数量、位置及后置埋件的拉拔力必须符合设计要求。

检验方法：检查拉拔力检测报告和隐蔽工程验收记录。

（5）金属幕墙的金属框架立柱与主体结构预埋件的连接、立柱与横梁的连接、金属面板的安装必须符合设计要求，安装必须牢固。

检验方法：手扳检查；检查隐蔽工程验收记录。

（6）金属幕墙的防火、保温、防潮材料的设置应符合设计要求，并应密实、均匀、厚度一致。

检验方法：检查隐蔽工程验收记录。

（7）金属框架及连接件的防腐处理应符合设计要求。

检验方法：检查隐蔽工程验收记录和施工记录。

（8）金属幕墙的防雷装置必须与主体结构的防雷装置可靠连接。

检验方法：检查隐蔽工程验收记录。

（9）各种变形缝、墙角的连接节点应符合设计要求和技术标准的规定。

检验方法：观察；检查隐蔽工程验收记录。

（10）金属幕墙的板缝注胶应饱满、密实、连续、均匀、无气泡，宽度和厚度应符合设计要求和技术标准的规定。

检验方法：观察；尺量检查；检查施工记录。

（11）金属幕墙应无渗漏。

检验方法：在易渗漏部位进行淋水检查。

2. 一般项目

（1）金属板表面应平整、洁净、色泽一致。

检验方法：观察。

（2）金属幕墙的压条应平直、洁净、接口严密、安装牢固。

检验方法：观察；手扳检查。

（3）金属幕墙的密封胶缝应横平竖直、深浅一致、宽窄均匀、光滑顺直。

检验方法：观察。

（4）金属幕墙上的滴水线、流水坡向应正确、顺直。

检验方法；观察；用水平尺检查。

（5）每平方米金属板的表面质量和检验方法应符合表 10-24 的规定。

每平方米金属板的表面质量要求和检验方法　　　　　　　　　表 10-24

项次	项　目	质量要求	检验方法
1	明显划伤和长度>100mm 的轻微划伤	不允许	观察
2	长度≤100mm 的轻微划伤	≤8 条	用钢尺检查
3	擦伤总面积	≤500mm²	用钢尺检查

（6）金属幕墙安装的允许偏差和检验方法应符合表 10-25 的规定。

金属幕墙安装的允许偏差和检验方法　　　　　　　　　表 10-25

项次	项　目		允许偏差 (mm)	检验方法
1	幕墙垂直度	幕墙高度≤30m	10	用经纬仪检查
		30m<幕墙高度≤60m	15	
		60m<幕墙高度≤90m	20	
		幕墙高度 90m	25	
2	幕墙水平度	层高≤3m	3	用水平仪检查
		层高>3m	5	
3	幕墙表面平整度		2	用 2m 靠尺和塞尺检查
4	板材立面垂直度		3	用垂直检测尺检查
5	板材上沿水平度		2	用 1m 水平尺和钢直尺检查
6	相邻板材板角错位		1	用钢直尺检查
7	阳角方正		2	用直角检测尺检查
8	接缝直线度		3	拉 5m 线，不足 5m 拉通线，用钢直尺检查
9	接缝高低差		1	用钢直尺和塞尺检查
10	接缝宽度		1	用钢直尺检查

四、石材幕墙工程

适用于建筑高度不大于 100m、抗震设防烈度不大于 8 度的石材幕墙工程的质量验收。

1. 主控项目

（1）石材幕墙工程所用材料的品种、规格、性能和等级，应符合设计要求及国家现行产品标准和工程技术规范的规定。石材的弯曲强度不应小于 8.0MPa；吸水率应小于 0.8%。石材幕墙的铝合金挂件厚度不应小于 4.0mm，不锈钢挂件厚度不应小于 3.0mm。

检验方法：观察；尺量检查；检查产品合格证书、性能检测报告、材料进场验收记录和复验报告。

（2）石材幕墙的造型、立面分格、颜色、光泽、花纹和图案应符合设计要求。

检验方法：观察。

（3）石材孔、槽的数量、深度、位置、尺寸应符合设计要求。

检验方法：检查进场验收记录或施工记录。

（4）石材幕墙主体结构上的预埋件和后置埋件的位置、数量及后置埋件的拉拔力必须符合设计要求。

检验方法：检查拉拔力检测报告和隐蔽工程验收记录。

（5）石材幕墙的金属框架立柱与主体结构预埋件的连接、立柱与横梁的连接、连接件与金属框架的连接、连接件与石材面板的连接必须符合设计要求，安装必须牢固。

检验方法：手扳检查；检查隐蔽工程验收记录。

（6）金属框架和连接件的防腐处理应符合设计要求。

检验方法：检查隐蔽工程验收记录。

（7）石材幕墙的防雷装置必须与主体结构防雷装置可靠连接。

检验方法：观察；检查隐蔽工程验收记录和施工记录。

（8）石材幕墙的防火、保温、防潮材料的设置应符合设计要求，填充应密实、均匀、厚度一致。

检验方法：检查隐蔽工程验收记录。

（9）各种结构变形缝、墙角的连接节点应符合设计要求和技术标准的规定。

检验方法：检查隐蔽工程验收记录和施工记录。

（10）石材表面和板缝的处理应符合设计要求。

检验方法：观察。

（11）石材幕墙的板缝注胶应饱满、密实、连续、均匀、无气泡，板缝宽度和厚度应符合设计要求和技术标准的规定。

检验方法：观察；尺量检查；检查施工记录。

（12）石材幕墙应无渗漏。

检验方法：在易渗漏部位进行淋水检查。

2. 一般项目

（1）石材幕墙表面应平整、洁净，无污染、缺损和裂痕。颜色和花纹应协调一致，无明显色差，无明显修痕。

检验方法：观察。

（2）石材幕墙的压条应平直、洁净、接口严密、安装牢固。

检验方法：观察；手扳检查。

（3）石材接缝应横平竖直、宽窄均匀；阴阳角石板压向应正确，板边合缝应顺直；凸凹线出墙厚度应一致，上下口应平直；石材面板上洞口、槽边应套割吻合，边缘应整齐。

检验方法：观察；尺量检查。

（4）石材幕墙的密封胶缝应横平竖直、深浅一致、宽窄均匀、光滑顺直。

检验方法：观察。

（5）石材幕墙上的滴水线、流水坡向应正确、顺直。

检验方法：观察；用水平尺检查。

（6）每平方米石材的表面质量和检验方法应符合表 10-26 的规定。

项次	项　　目	质量要求	检验方法
1	裂痕、明显划伤和长度＞100mm 的轻微划伤	不允许	观察
2	长度≤100mm 的轻微划伤	≤8 条	用钢尺检查
3	擦伤总面积	≤500mm²	用钢尺检查

（7）石材幕墙安装的允许偏差和检验方法应符合表 10-27 的规定。

石材幕墙安装的允许偏差和检验方法　　　　表 10-27

项次	项　　目		允许偏差(mm)		检验方法
1	幕墙垂直度	幕墙高度≤30m	10		用经纬仪检查
		30m＜幕墙高度≤60m	15		
		60m＜幕墙高度≤90m	20		
		幕墙高度90m	25		
2	幕墙水平度		3		用水平仪检查
3	板材立面垂直度		3		用水平仪检查
4	板材上沿水平度		2		用 1m 水平尺和钢直尺检查
5	相邻板材板角错位		1		用钢直尺检查
6	幕墙表面平整度		2	3	用垂直检测尺检查
7	阳角方正		2	4	用直角检测尺检查
8	接缝直线度		3	4	拉 5m 线，不足 5m 拉通线，用钢直尺检查
9	接缝高低差		1	—	用钢直尺和塞尺检查
10	接缝宽度		1	2	用钢直尺检查

第八节　涂　饰　工　程

一、一般规定

1. 涂饰工程验收时应检查下列文件和记录：

（1）涂饰工程的施工图、设计说明及其他设计文件。

（2）材料的产品合格证书、性能检测报告和进场验收记录。

（3）施工记录。

2. 各分项工程的检验批应按下列规定划分：

（1）室外涂饰工程每一栋楼的同类涂料涂饰的墙面每 500～1000m² 应划分为一个检验批，不足 500m² 也应划分为一个检验批。

（2）室内涂饰工程同类涂料涂饰的墙面每 50 间（大面积房间和走廊按涂饰面积 30m²

为一间）应划分为一个检验批，不足 50 间也应划分为一个检验批。

（3）检查数量应符合下列规定：

1）室外涂饰工程每 100m² 应至少检查一处，每处不得小于 10m²。

2）室内涂饰工程每个检验批应至少抽查 10％，并不得少于 3 间；不足 3 间时应全数检查。

（4）涂饰工程的基层处理应符合下列要求：

1）新建筑物的混凝土或抹灰基层在涂饰涂料前应涂刷抗碱封闭底漆。

2）旧墙面在涂饰涂料前应清除疏松的旧装修层，并涂刷界面剂。

3）混凝土或抹灰基层涂刷溶剂型涂料时，含水率不得大于 8％；涂刷乳液型涂料时，含水率不得大于 10％。木材基层的含水率不得大于 12％。

4）基层腻子应平整、坚实、牢固，无粉化、起皮和裂缝；内墙腻子的粘结强度应符合《建筑室内用腻子》JG/T3049 的规定。

5）厨房、卫生间墙面必须使用耐水腻子。

（5）水性涂料涂饰工程施工的环境温度应在 5～35℃之间。

（6）涂饰工程应在涂层养护期满后进行质量验收。

二、水性涂料涂饰工程

1. 主控项目

（1）水性涂料涂饰工程所用涂料的品种、型号和性能应符合设计要求。

检验方法：检查产品合格证书、性能检测报告和进场验收记录。

（2）水性涂料涂饰工程的颜色、图案应符合设计要求。

检验方法：观察。

（3）水性涂料涂饰工程应涂饰均匀、粘结牢固，不得漏涂、透底、起度和掉粉。

检验方法：观察；手摸检查。

（4）水性涂料涂饰工程的基层处理应符合相应的要求。

检验方法：观察；手摸检查；检查施工记录。

2. 一般项目

（1）薄涂料的涂饰质量要求和检验方法应符合表 10-28 的规定。

薄涂料的涂饰质量和检验方法　　　　　　　　　　　表 10-28

项次	项目	普通涂饰	高级涂饰	检验方法
1	颜色	均匀一致	均匀一致	观察
2	泛碱、咬色	允许少量轻微	不允许	
3	流坠、疙瘩	允许少量轻微	不允许	
4	砂眼、刷纹	允许少量轻微砂眼，刷纹通顺	无砂眼，无刷纹	
5	装饰线、分色线直线度允许偏差（mm）	2	1	拉 5m 线，不足 5m 拉通线，用钢直尺检查

（2）厚涂料的涂饰质量要求和检验方法应符合表 10-29 的规定。

项次	项　目	普通涂饰	高级涂饰	检验方法
1	颜色	均匀一致	均匀一致	
2	泛碱、咬色	允许少量轻微	不允许	观察
3	点状分布	—	疏密均匀	

（3）复层涂料的涂饰质量要求和检验方法应符合表 10-30 的规定。

复层涂料的涂饰质量和检验方法　　表 10-30

项次	项　目	质量要求	检验方法
1	颜　色	均匀一致	
2	泛碱、咬色	不允许	观察
3	喷点疏密程度	均匀，不允许连片	

（4）涂层与其他装修材料和设备衔接处应吻合，界面应清晰。

检验方法：观察。

三、溶剂型涂料涂饰工程

1. 主控项目

（1）溶剂型涂料涂饰工程所选用涂料的品种、型号和性能应符合设计要求。

检验方法：检查产品合格证书、性能检测报告和进场验收记录。

（2）溶剂型涂料涂饰工程的颜色、光泽、图案应符合设计要求。

检验方法：观察。

（3）溶剂型涂料涂饰工程应涂饰均匀、粘结牢固，不得漏涂、透底、起皮和反锈。

检验方法：观察；手摸检查。

（4）溶剂型涂料涂饰工程的基层处理应符合有关的要求。

检验方法：观察；手摸检查；检查施工记录。

2. 一般项目

（1）色漆的涂饰质量要求和检验方法应符合表 10-31 的规定。

色漆的涂饰质量和检验方法　　表 10-31

项次	项　目	普通涂饰	高级涂饰	检验方法
1	颜色	均匀一致	均匀一致	观察
2	光泽、光滑	光泽基本均匀光滑无挡手感	光泽均匀一致光滑	观察、手摸检查
3	刷纹	刷纹通顺	无刷纹	观察
4		明显处不允许	不允许	观察
5	装饰线、分色线直线度允许偏差（mm）	2	1	拉 5m 线，不足 5m 拉通线，用钢直尺检查

注：无光色漆不检查光泽。

348

（2）清漆的涂饰质量要求和检验方法应符合表 10-32 的规定。

清漆的涂饰质量和检验方法　　　　　　　　　表 10-32

项次	项　目	普通涂饰	高级涂饰	检验方法
1	颜色	基本一致	均匀一致	观察
2	木纹	棕眼刮平、木纹清楚	棕眼刮平、木纹清楚	观察
3	光泽、光滑	光泽基本均匀 光滑无挡手感	光泽均匀一致 光滑	观察、手摸检查
4	刷纹	无刷纹	无刷纹	观察
5	裹棱、流坠、皱皮	明显处不允许	不允许	观察

（3）涂层与其他装修材料和设备衔接处应吻合，界面应清晰。

检验方法：观察。

四、美术涂饰工程

1. 主控项目

（1）美术涂饰所用材料的品种、型号和性能应符合设计要求。

检验方法：观察；检查产品合格证书、性能检测报告和进场验收记录。

（2）美术涂饰工程应涂饰均匀、粘结牢固，不得漏涂、透底、起皮、掉粉和返锈。

检验方法：观察；手摸检查。

（3）美术涂饰工程的基层处理应符合相关的要求。

检验方法：观察；手摸检查；检查施工记录。

（4）美术涂饰的套色、花纹和图案应符合设计要求。

检验方法：观察。

2. 一般项目

（1）美术涂饰表面应洁净，不得有流坠现象。

检验方法：观察。

（2）仿花纹涂饰的饰面应具有被模仿材料的纹理。

检验方法：观察。

（3）套色涂饰的图案不得移位，纹理和轮廓应清晰。

检验方法：观察。

第九节　裱糊与软包工程

一、一般规定

1. 裱糊与软包工程验收时应检查下列文件和记录：

（1）裱糊与软包工程的施工图、设计说明及其他设计文件。

（2）饰面材料的样板及确认文件。

（3）材料的产品合格证书、性能检测报告、进场验收记录和复验报告。

（4）施工记录。

2. 各分项工程的检验批应按下列规定划分：

同一品种的裱糊或软包工程每 50 间（大面积房间和走廊按施工面积 30m² 为一间）应划分为一个检验批，不足 50 间也应划分为一个检验批。

3. 检查数量应符合下列规定：

（1）裱糊工程每个检验批应至少抽查 10%，并不得少于 3 间，不足 3 间时应全数检查。

（2）软包工程每个检验批应至少抽查 20%，并不得少于 6 间，不足 6 间时应全数检查。

4. 基层处理质量应达到下列要求：

（1）建筑物的混凝土或抹灰基层墙面在刮腻子前应涂刷抗碱封闭底漆。

（2）旧墙面在裱糊前应清除疏松的旧装修层，并涂刷界面剂。

（3）混凝土或抹灰基层含水率不得大于 8%；木材基层的含水率不得大于 12%。

（4）基层腻子应平整、坚实、牢固，无粉化、起皮和裂缝；腻子的粘结强度应符合《建筑室内用腻子》（JG/T 3049）N 型的规定。

（5）基层表面平整度、立面垂直度及阴阳角方正应达到《建筑装饰装修工程施工质量验收规范》高级抹灰的要求。

（6）基层表面颜色应一致。

（7）裱糊前应用封闭底胶涂刷基层。

二、裱糊工程

1. 主控项目

（1）壁纸、墙布的种类、规格、图案、颜色和燃烧性能等级必须符合设计要求及国家现行标准的有关规定。

检验方法：观察；检查产品合格证书、进场验收记录和性能检测报告。

（2）裱糊工程基层处理质量应符合裱糊工程基层处理的要求。

检验方法：观察；手摸检查；检查施工记录。

（3）裱糊后各幅拼接应横平竖直，拼接处花纹、图案应吻合，不离缝，不搭接，不显拼缝。

检验方法：观察；拼缝检查距离墙面 1.5m 处正视。

（4）壁纸、墙布应粘贴牢固，不得有漏贴、补贴、脱层、空鼓和翘边。

检验方法：观察；手摸检查。

2. 一般项目

（1）裱糊后的壁纸、墙布表面应平整，色泽应一致，不得有波纹起伏、气泡、裂缝、皱折及斑污，斜视时应无胶痕。

检验方法：观察；手摸检查。

（2）复合压花壁纸的压痕及发泡壁纸的发泡层应无损坏。

检验方法：观察。

（3）壁纸、墙布与各种装饰线、设备线盒应交接严密。

检验方法：观察。

（4）壁纸、墙布边缘应平直整齐，不得有纸毛、飞刺。

检验方法：观察。

（5）壁纸、墙布阴角处搭接应顺光，阳角处应无接缝。

检验方法：观察。

三、软包工程

1. 主控项目

（1）软包面料、内衬材料及边框的材质、颜色、图案、燃烧性能等级和木材的含水率应符合设计要求及国家现行标准的有关规定。

检验方法：观察；检查产品合格证书、进场验收记录和性能检测报告。

（2）软包工程的安装位置及构造做法应符合设计要求。

检验方法：观察；尺量检查；检查施工记录。

（3）软包工程的龙骨、衬板、边框应安装牢固，无翘曲，拼缝应平直。

检验方法：观察；手扳检查。

（4）单块软包面料不应有接缝，四周应绷压严密。

检验方法：观察；手摸检查。

2. 一般项目

（1）软包工程表面应平整、洁净，无凹凸不平及皱折；图案应清晰、无色差，整体应协调美观。

检验方法：观察。

（2）软包边框应平整、顺直、接缝吻合。其表面涂饰质量应符合有关规定。

检验方法：观察；手摸检查。

（3）清漆涂饰木制边框的颜色、木纹应协调一致。

检验方法：观察。

（4）软包工程安装的允许偏差和检验方法应符合表 10-33 的规定。

软包工程安装的允许偏差和检验方法　　　　　　　　　　　　　　**表 10-33**

项次	项　　目	允许偏差(mm)	检验方法
1	垂直度	3	用 1m 垂直检测尺检查
2	边框宽度、高度	0；—2	用钢尺检查
3	对角线长度差	3	用钢尺检查
4	裁口、线条接缝高低差	1	用钢直尺和塞尺检查

第十节　细　部　工　程

一、一般规定

1. 细部工程适用于下列分项工程的质量验收：

（1）橱柜制作与安装。

（2）窗帘盒、窗台板、散热器罩制作与安装。

（3）门窗套制作与安装。

（4）护栏和扶手制作与安装。

（5）花饰制作与安装。

2. 细部工程验收时应检查下列文件和记录：

（1）施工图、设计说明及其他设计文件。

（2）材料的产品合格证书、性能检测报告、进场验收记录和复验报告。

（3）隐蔽工程验收记录。

（4）施工记录。

3. 细部工程应对人造木板的甲醛含量进行复验。

4. 细部工程应对下列部位进行隐蔽工程验收：

（1）预埋件（或后置埋件）。

（2）护栏与预埋件的连接节点。

5. 各分项工程的检验批应按下列规定划分：

（1）同类制品每 50 间（处）应划分为一个检验批，不足 50 间（处）也应划分为一个检验批。

（2）每部楼梯应划分为一个检验批。

二、橱柜制作与安装工程

检查数量应符合下列规定：

每个检验批应至少抽查 3 间（处），不足 3 间（处）时应全数检查。

1. 主控项目

（1）橱柜制作与安装所用材料的材质和规格、木材的燃烧性能等级和含水率、花岗石的放射性及人造木板的甲醛含量应符合设计要求及国家现行标准的有关规定。

检验方法：观察；检查产品合格证书、进场验收记录、性能检测报告和复验报告。

（2）橱柜安装预埋件或后置埋件的数量、规格、位置应符合设计要求。

检验方法：检查隐蔽工程验收记录和施工记录。

（3）橱柜的造型、尺寸、安装位置、制作和固定方法应符合设计要求。橱柜安装必须牢固。

检验方法：观察；尺量检查；手扳检查。

（4）橱柜配件的品种、规格应符合设计要求。配件应齐全，安装应牢固。

检验方法：观察；手扳检查；检查进场验收记录。

（5）橱柜的抽屉和柜门应开关灵活、回位正确。

检验方法：观察；开启和关闭检查。

2. 一般项目

（1）橱柜表面应平整、洁净、色泽一致，不得有裂缝、翘曲及损坏。

检验方法：观察。

（2）橱柜裁口应顺直、拼缝应严密。

检验方法：观察。

（3）橱柜安装的允许偏差和检验方法应符合表 10-34 的规定。

橱柜安装的允许偏差和检验方法 表 10-34

项次	项　目	允许偏差(mm)	检验方法
1	外形尺寸	3	用钢尺检查
2	立面垂直度	2	用 1m 垂直检测尺检查
3	门与框架的平行度	2	用钢尺检查

三、窗帘盒、窗台板和散热器罩制作与安装工程

检查数量应符合下列规定：

每个检验批应至少抽查 3 间（处），不足 3 间（处）时应全数检查。

1. 主控项目

（1）窗帘盒、窗台板和散热器罩制作与安装所使用材料的材质和规格、木材的燃烧性能等级和含水率、花岗石的放射性及人造木板的甲醛含量应符合设计要求及国家现行标准的有关规定。

检验方法：观察；检查产品合格证书、进场验收记录、性能检测报告和复验报告。

（2）窗帘盒、窗台板和散热器罩的造型、规格、尺寸、安装位置和固定方法必须符合设计要求。窗帘盒、窗台板和散热器罩的安装必须牢固。

检验方法：观察；尺量检查；手扳检查。

（3）窗帘盒配件的品种、规格应符合设计要求，安装应牢固。

检验方法：手扳检查；检查进场验收记录。

2. 一般项目

（1）窗帘盒、窗台板和散热器罩表面应平整、洁净、线条顺直、接缝严密、色泽一致，不得有裂缝、翘曲及损坏。

检验方法：观察。

（2）窗帘盒、窗台板和散热器罩与墙面、窗框的衔接应严密，密封胶缝应顺直、光滑。

检验方法：观察。

（3）窗帘盒、窗台板和散热器罩安装的允许偏差和检验方法应符合表 10-35 的规定。

窗帘盒、窗台板和散热器罩安装的允许偏差和检验方法 表 10-35

项次	项　目	允许偏差(mm)	检验方法
1	水平度	2	用 1m 水平尺和塞尺检查
2	上口、下口直线度	3	拉 5m 线，不足 5m 拉通线，用钢直尺检查
3	两端距离洞口长度差	2	用钢直尺检查
4	两端伸出墙厚度差	3	用钢直尺检查

四、门窗套制作与安装工程

检查数量应符合下列规定：

每个检验批应至少抽查 3 间（处），不足 3 间（处）时应全数检查。

1. 主控项目

（1）门窗套制作与安装所使用材料的材质、规格、花纹和颜色、木材的燃烧性能等级和含水率、花岗石的放射性及人造木板的甲醛含量应符合设计要求及国家现行标准的有关规定。

检验方法：观察；检查产品合格证书、进场验收记录、性能检测报告和复验报告。

（2）门窗套的造型、尺寸和固定方法应符合设计要求，安装应牢固。

检验方法：观察；尺量检查；手扳检查。

2. 一般项目

（1）门窗套表面应平整、洁净、线条顺直、接缝严密、色泽一致，不得有裂缝、翘曲及损坏。

检验方法：观察。

（2）门窗套安装的允许偏差和检验方法应符合表 10-36 的规定。

门窗套安装的允许偏差和检验方法　　　　　　　　　　表 10-36

项次	项　目	允许偏差(mm)	检验方法
1	正、侧面垂直度	3	用 1m 垂直检测尺检查
2	门窗套上口水平度	1	用 1m 水平检测尺和塞尺检查
3	门窗套上口直线度	3	拉 5m 线，不足 5m 拉通线，用钢直尺检查

五、护栏和扶手制作与安装工程

检查数量应符合下列规定：

每个检验批的护栏和扶手应全部检查。

1. 主控项目

（1）护栏和扶手制作与安装所使用材料的材质、规格、数量和木材、塑料的燃烧性能等级应符合设计要求。

检验方法：观察；检查产品合格证书、进场验收记录和性能检测报告。

（2）护栏和扶手的造型、尺寸及安装位置应符合设计要求。

检验方法：观察；尺量检查；检查进场验收记录。

（3）护栏和扶手安装预埋件的数量、规格、位置以及护栏与预埋件的连接节点应符合设计要求。

检验方法：检查隐蔽工程验收记录和施工记录。

（4）护栏高度、栏杆间距、安装位置必须符合设计要求。护栏安装必须牢固。

检验方法：观察；尺量检查；手扳检查。

（5）护栏玻璃应使用公称厚度不小于 12mm 的钢化玻璃或钢化夹层玻璃。当护栏一侧距楼地面高度为 5m 及以上时，应使用钢化夹层玻璃。

检验方法：观察；尺量检查；检查产品合格证书和进场验收记录。

2. 一般项目

（1）护栏和扶手转角弧度应符合设计要求，接缝应严密，表面应光滑，色泽应一致，不得有裂缝、翘曲及损坏。

检验方法：观察；手摸检查。

（2）护栏和扶手安装的允许偏差和检验方法应符合表 10-37 的规定。

护栏和扶手安装的允许偏差和检验方法　　　　表 10-37

项次	项　目	允许偏差（mm）	检 验 方 法
1	护栏垂直度	3	用 1m 垂直检测尺检查
2	栏杆间距	3	用钢尺检查
3	扶手直线度	4	拉通线，用钢直尺检查
4	扶手高度	3	用钢尺检查

六、花饰制作与安装工程

检查数量应符合下列规定：

（1）室外每个检验批应全部检查。

（2）室内每个检验批应至少抽查 3 间（处）；不足 3 间（处）时应全数检查。

1. 主控项目

（1）花饰制作与安装所使用材料的材质、规格应符合设计要求。

检验方法：观察；检查产品合格证书和进场验收记录。

（2）花饰的造型、尺寸应符合设计要求。

检验方法：观察；尺量检查。

（3）安装位置和固定方法必须符合设计要求，安装必须牢固。

检验方法：观察；尺量检查；手扳检查。

2. 一般项目

（1）花饰表面应洁净，接缝应严密吻合，不得有歪斜、裂缝、翘曲及损坏。

检验方法：观察。

（2）花饰安装的允许偏差和检验方法应符合表 10-38 的规定。

花饰安装的允许偏差和检验方法　　　　表 10-38

项次	项　目		允许偏差（mm）		检 验 方 法
			室　内	室　外	
1	条型花饰的水平度或垂直度	每米	1	2	拉线和用 1m 垂直检测尺检查
		全长	1	6	
2	单独花饰中心位置偏移		10	15	拉线和用钢尺检查

第十一节　分部工程质量验收

1. 建筑装饰装修工程质量验收的程序和组织应符合《建筑工程施工质量验收统一标准》（GB 50300—2001）第 6 章的规定。

2. 建筑装饰装修工程的子分部工程及其分项工程应按《建筑装饰装修工程质量验收

规范》（GB 50210—2001）附录 B 划分。

3. 建筑装饰装修工程施工过程中，应按《建筑装饰装修工程施工质量验收规范》（GB 50210—2001）各章一般规定的要求对隐蔽工程进行验收，并按《建筑装饰装修工程质量验收规范》（GB 50210—2001）附录 C 的格式记录。

4. 检验批的质量验收应按《建筑工程施工质量验收统一标准》（GB 50300—2001）附录 D 的格式记录。检验批的合格判定应符合下列规定：

（1）抽查样本均应符合本规范主控项目的规定。

（2）抽查样本的 80％以上应符合《建筑装饰装修工程质量验收规范》（GB 50210—2001）一般项目的规定。其余样本不得有影响使用功能或明显影响装饰效果的缺陷，其中有允许偏差的检验项目，其最大偏差不得超过《建筑装饰装修工程质量验收规范》（GB 50210—2001）规定允许偏差的 1.5 倍。

5. 分项工程的质量验收应按《建筑工程施工质量验收统一标准》（GB 50300—2001）附录 E 的格式记录，各检验批的质量均应达到本规范的规定。

6. 子分部工程的质量验收应按《建筑工程施工质量验收统一标准》（GB 50300—2001）附录 F 的格式记录。子分部工程中各分项工程的质量均应验收合格，并应符合下列规定：

（1）应具备《建筑装饰装修工程质量验收规范》（GB 50210—2001）各子分部工程规定检查的文件和记录。

（2）应具备表 10-39 所规定的有关安全和功能的检测项目的合格报告。

有关安全和功能的检测项目表　　　　　　　　　　　　表 10-39

项次	子分部工程	检 测 项 目
1	门窗工程	(1)建筑外墙金属窗的抗风压性能、空气渗透性能和雨水渗漏性能 (2)建筑外墙塑料窗的抗风压性能、空气渗透性能和雨水渗漏性能
2	饰面板(砖)工程	(1)饰面板后置埋件的现场拉拔强度 (2)饰面砖样板件的粘结强度
3	幕墙工程	(1)硅酮结构胶的相容性试验 (2)幕墙后置埋件的现场拉拔强度 (3)幕墙的抗风压性能、空气渗透性能、雨水渗漏性能及平面变形性能

（3）观感质量应符合《建筑装饰装修工程质量验收规范》（GB 50210—2001）各分项工程中一般项目的要求。

7. 分部工程的质量验收应按《建筑工程施工质量验收统一标准》（GB 50300—2001）附录 F 的格式记录。分部工程中各子分部工程的质量均应验收合格，并应按第 6 条的规定进行核查。

当建筑工程只有装饰装修分部工程时，该工程应作为单位工程验收。

8. 有特殊要求的建筑装饰装修工程，竣工验收时应按合同约定加测相关技术指标。

9. 建筑装饰装修工程的室内环境质量应符合国家现行标准《民用建筑工程室内环境污染控制规范》GB 50325 的规定。

10. 未经竣工验收合格的建筑装饰装修工程不得投入使用。

参 考 文 献

[1] 顾勇新．施工项目质量控制．北京：中国建筑工业出版社，2003.

[2] 全国建筑业企业项目经理培训教材编写委员会．施工项目质量与安全管理．北京：中国建筑工业出版社，2002.

[3] 全国一级建造师执业资格考试用书编写委员会．建筑工程管理与实务．北京：中国建筑工业出版社，2012.

[4] 《质量总监》机械工业出版社

[5] 上海市建筑施工行业协会工程质量安全专业委员会．质量员必读．北京：中国建筑工业出版社，2005.

[6] 本书编写组．建筑施工手册(第四版)缩印本．北京：中国建筑工业出版社，2003.

[7] 王彬．建筑工程施工质量监控与验收实用手册．北京：中国建材工业出版社，2004.

[8] 国家标准．建筑工程施工质量验收统一标准 GB 50300—2001．北京：中国建筑工业出版社，2001.

[9] 国家标准．建筑地基基础工程施工质量验收规范 GB 50202—2002．北京：中国建筑工业出版社，2002.

[10] 国家标准．砌体工程施工质量验收规范 GB 50203—2011．北京：中国建筑工业出版社，2011.

[11] 国家标准．混凝土工程施工质量验收规范(2011 版)GB 50204—2002．北京：中国建筑工业出版社，2011.

[12] 国家标准．钢结构工程施工质量验收规范 GB 50205—2001．北京：中国建筑工业出版社，2001.

[13] 国家标准．屋面工程质量验收规范 GB 50207—2002．北京：中国建筑工业出版社，2002.

[14] 国家标准．地下防水工程质量验收规范 GB 50208—2011．北京：中国建筑工业出版社，2011.

[15] 国家标准．建筑地面工程施工质量验收规范 GB 50209—2010．北京：中国建筑工业出版社，2010.

[16] 国家标准．建筑装饰装修工程质量验收规范 GB 50210—2002．北京：中国建筑工业出版社，2002.